一流本科专业一流本科课程建设系列

数据结构（C语言版）

主编 戴 敏
参编 孙 莹

机械工业出版社

本书是国家级一流本科课程配套教材。全书共9章，主要内容包括：算法设计与分析的基础知识，线性结构、树和图等各种基本数据结构的逻辑特点、存储结构、主要操作的实现与应用，递归、查找和排序等典型算法的实现及应用。每节以"问题导入"引入知识点，通过问题分析、算法设计与实现、算法评价展示问题求解过程，并结合教学内容，在问题导入、应用举例和"思想园地"中融入课程思政元素。全书采用C语言作为算法实现语言，各章的"应用举例"中含有很多实用的算法实例和热点应用，既是本章算法的综合运用，也有助于提高读者运用数据结构解决实际问题的能力。每章还设置了不同难度的思考题、练习题和上机实验题，帮助读者理解和掌握重点、难点问题，提高实践能力。

本书可以作为全日制高等院校计算机及信息类专业本科生的专业基础课教材，也可作为广大从事计算机软件开发人员的参考书。为方便教师教学，本书有配套的程序代码、课件、视频等资源。

图书在版编目（CIP）数据

数据结构：C语言版 / 戴敏主编． -- 北京：机械工业出版社，2025.2．--（一流本科专业一流本科课程建设系列教材）． -- ISBN 978-7-111-77601-7

Ⅰ．TP311.12；TP312.8

中国国家版本馆 CIP 数据核字第 2025YT2285 号

机械工业出版社（北京市百万庄大街22号　邮政编码100037）
策划编辑：刘丽敏　　　　责任编辑：刘丽敏　赵晓峰
责任校对：张爱妮　李　杉　封面设计：张　静
责任印制：常天培
河北虎彩印刷有限公司印刷
2025年5月第1版第1次印刷
184mm×260mm・20.5印张・544千字
标准书号：ISBN 978-7-111-77601-7
定价：65.00元

电话服务　　　　　　　　网络服务
客服电话：010-88361066　机　工　官　网：www.cmpbook.com
　　　　　010-88379833　机　工　官　博：weibo.com/cmp1952
　　　　　010-68326294　金　书　网：www.golden-book.com
封底无防伪标均为盗版　　机工教育服务网：www.cmpedu.com

前 言

在党的二十大精神的指引下，走进了数字化、智能化时代的新征程。计算机科学作为推动这一时代进步的重要力量，对人才的培养提出了更高的要求。其中，"数据结构"作为计算机及信息类相关专业的一门重要专业基础课，承载着培养读者逻辑思维、抽象思维以及分析和解决问题能力的重要使命。

本书致力于为读者构建扎实的数据结构基础，通过深入浅出的讲解，读者能够掌握数据结构和算法分析的基本知识，培养数据抽象、复杂程序设计和计算思维能力。在本书编写过程中，注重知识的系统性和完整性，同时也关注知识的应用性和实践性，力求将理论与实践相结合，让读者在掌握理论知识的同时，也能够将理论灵活应用于实际问题的解决中。

本书是国家级一流本科课程的配套教材。本书内容丰富，结构清晰，共9章，从数据结构的基本概念、算法设计与分析的基础知识开始，逐步深入到线性结构、树、图、递归算法设计、查找与排序等核心主题。每一章都配有大量的图表和代码示例，主要知识点配有课程视频，帮助读者更好地理解和掌握数据结构知识，便于读者进行自主学习。

在内容的组织上，按照读者的认知规律和学习特点，通过问题导入、问题分析、算法设计与实现、算法评价的递进顺序，将概念讨论和实际例子相结合，使抽象内容具体化，问题求解过程更形象、易于理解。每章的"应用举例"中介绍了很多实用的算法实例和热点应用，既是本章算法的综合运用，也有助于培养读者运用各种数据结构解决实际问题的能力。此外，在每章都设置了一定数量的思考题、练习题，以及不同难度的上机实验题，可以用于课前思考、课中讨论和课后扩展训练，帮助读者巩固所学知识，提高实践能力。

在编写过程中，结合教学内容，在每节的问题导入和应用举例中融入了课程思政元素，并在每章后增加了"思想园地"，通过应用举例和经典算法背后的故事，引导读者树立推动技术进步的责任意识，培养多角度思考探究问题的职业素养和严谨的工作态度。

本书既适用于全日制高等院校计算机及信息类专业本科生的专业基础课教学，也可作为广大从事计算机软件开发人员的参考书。本书讲授学时为50~80学时，教师可根据学时、专业、授课方式，合理使用书中内容和资源。希望本书能够帮助读者学习数据结构知识，提高程序设计技巧，编写高效率算法，为国家的数字化建设贡献力量。

本书由戴敏主编并负责全书统稿。其中戴敏编写第1~3章、第6~8章，孙莹编写第4~5章、9章。本书的编写难免存在不足和疏漏之处，恳请广大读者不吝赐教，批评指正。

最后，感谢所有参与本书审校的专家和老师，感谢他们的辛勤付出和无私奉献。同时，也感谢广大读者对本书的关注和支持，期待读者朋友对本书提出宝贵的意见和建议，以便不断完善和提高。

编　者

目 录

前言

第1章 绪论 ·· 1
1.1 数据结构研究内容 ·· 1
1.2 基本概念和术语 ·· 4
1.3 算法及其描述方法 ·· 6
1.3.1 什么是算法 ·· 7
1.3.2 什么是"好"算法 ·· 7
1.3.3 算法的描述 ·· 8
1.4 算法分析 ·· 9
1.4.1 算法分析预备知识 ··· 10
1.4.2 算法的时间复杂度 ··· 12
1.4.3 算法的空间复杂度 ··· 14
本章小结 ·· 15
思想园地——好算法是反复修正和优化的结果 ·· 15
思考题 ·· 16
练习题 ·· 17
上机实验题 ·· 18

第2章 线性表 ·· 20
2.1 线性表的逻辑结构 ·· 20
2.1.1 线性表的定义 ·· 20
2.1.2 线性表的抽象数据类型描述 ·· 21
2.2 线性表的顺序存储结构及实现 ·· 22
2.2.1 线性表的顺序存储结构——顺序表 ··· 22
2.2.2 顺序表基本运算的实现 ··· 23
2.2.3 顺序表运算应用举例 ··· 28
2.3 线性表的链式存储结构及实现 ·· 32
2.3.1 单链表 ·· 33
2.3.2 单链表运算应用举例 ··· 41
2.3.3 循环链表 ·· 45
2.3.4 双向链表 ·· 46
2.3.5 静态链表 ·· 50
2.4 顺序表和链表的比较 ·· 50
2.4.1 时间性能比较 ·· 51

目　录

　　2.4.2　空间性能比较 ⋯⋯⋯⋯⋯⋯⋯⋯⋯⋯⋯⋯⋯⋯⋯⋯⋯⋯⋯⋯⋯⋯⋯⋯⋯⋯⋯⋯ 51
　2.5　线性表应用举例 ⋯⋯⋯⋯⋯⋯⋯⋯⋯⋯⋯⋯⋯⋯⋯⋯⋯⋯⋯⋯⋯⋯⋯⋯⋯⋯⋯⋯⋯ 52
　　2.5.1　一元多项式的表示 ⋯⋯⋯⋯⋯⋯⋯⋯⋯⋯⋯⋯⋯⋯⋯⋯⋯⋯⋯⋯⋯⋯⋯⋯⋯⋯ 52
　　2.5.2　多项式的建立与输出 ⋯⋯⋯⋯⋯⋯⋯⋯⋯⋯⋯⋯⋯⋯⋯⋯⋯⋯⋯⋯⋯⋯⋯⋯⋯ 53
　　2.5.3　多项式的加法 ⋯⋯⋯⋯⋯⋯⋯⋯⋯⋯⋯⋯⋯⋯⋯⋯⋯⋯⋯⋯⋯⋯⋯⋯⋯⋯⋯⋯ 54
　本章小结 ⋯⋯⋯⋯⋯⋯⋯⋯⋯⋯⋯⋯⋯⋯⋯⋯⋯⋯⋯⋯⋯⋯⋯⋯⋯⋯⋯⋯⋯⋯⋯⋯⋯⋯⋯ 57
　思想园地——小错误可能导致大故障 ⋯⋯⋯⋯⋯⋯⋯⋯⋯⋯⋯⋯⋯⋯⋯⋯⋯⋯⋯⋯⋯⋯⋯ 58
　思考题 ⋯⋯⋯⋯⋯⋯⋯⋯⋯⋯⋯⋯⋯⋯⋯⋯⋯⋯⋯⋯⋯⋯⋯⋯⋯⋯⋯⋯⋯⋯⋯⋯⋯⋯⋯⋯ 58
　练习题 ⋯⋯⋯⋯⋯⋯⋯⋯⋯⋯⋯⋯⋯⋯⋯⋯⋯⋯⋯⋯⋯⋯⋯⋯⋯⋯⋯⋯⋯⋯⋯⋯⋯⋯⋯⋯ 59
　上机实验题 ⋯⋯⋯⋯⋯⋯⋯⋯⋯⋯⋯⋯⋯⋯⋯⋯⋯⋯⋯⋯⋯⋯⋯⋯⋯⋯⋯⋯⋯⋯⋯⋯⋯⋯ 61

第3章　栈和队列 ⋯⋯⋯⋯⋯⋯⋯⋯⋯⋯⋯⋯⋯⋯⋯⋯⋯⋯⋯⋯⋯⋯⋯⋯⋯⋯⋯⋯⋯⋯⋯ 64

　3.1　栈的逻辑结构 ⋯⋯⋯⋯⋯⋯⋯⋯⋯⋯⋯⋯⋯⋯⋯⋯⋯⋯⋯⋯⋯⋯⋯⋯⋯⋯⋯⋯⋯⋯⋯ 64
　　3.1.1　栈的定义 ⋯⋯⋯⋯⋯⋯⋯⋯⋯⋯⋯⋯⋯⋯⋯⋯⋯⋯⋯⋯⋯⋯⋯⋯⋯⋯⋯⋯⋯⋯ 64
　　3.1.2　栈的抽象数据类型描述 ⋯⋯⋯⋯⋯⋯⋯⋯⋯⋯⋯⋯⋯⋯⋯⋯⋯⋯⋯⋯⋯⋯⋯⋯ 65
　3.2　栈的存储结构 ⋯⋯⋯⋯⋯⋯⋯⋯⋯⋯⋯⋯⋯⋯⋯⋯⋯⋯⋯⋯⋯⋯⋯⋯⋯⋯⋯⋯⋯⋯⋯ 66
　　3.2.1　栈的顺序存储结构及实现 ⋯⋯⋯⋯⋯⋯⋯⋯⋯⋯⋯⋯⋯⋯⋯⋯⋯⋯⋯⋯⋯⋯⋯ 66
　　3.2.2　栈的链式存储结构及实现 ⋯⋯⋯⋯⋯⋯⋯⋯⋯⋯⋯⋯⋯⋯⋯⋯⋯⋯⋯⋯⋯⋯⋯ 69
　3.3　栈的应用举例 ⋯⋯⋯⋯⋯⋯⋯⋯⋯⋯⋯⋯⋯⋯⋯⋯⋯⋯⋯⋯⋯⋯⋯⋯⋯⋯⋯⋯⋯⋯⋯ 72
　　3.3.1　中缀表达式求值 ⋯⋯⋯⋯⋯⋯⋯⋯⋯⋯⋯⋯⋯⋯⋯⋯⋯⋯⋯⋯⋯⋯⋯⋯⋯⋯⋯ 72
　　3.3.2　中缀表达式转换为后缀表达式 ⋯⋯⋯⋯⋯⋯⋯⋯⋯⋯⋯⋯⋯⋯⋯⋯⋯⋯⋯⋯⋯ 77
　　3.3.3　后缀表达式求值 ⋯⋯⋯⋯⋯⋯⋯⋯⋯⋯⋯⋯⋯⋯⋯⋯⋯⋯⋯⋯⋯⋯⋯⋯⋯⋯⋯ 80
　3.4　队列的逻辑结构 ⋯⋯⋯⋯⋯⋯⋯⋯⋯⋯⋯⋯⋯⋯⋯⋯⋯⋯⋯⋯⋯⋯⋯⋯⋯⋯⋯⋯⋯⋯ 82
　　3.4.1　队列的定义 ⋯⋯⋯⋯⋯⋯⋯⋯⋯⋯⋯⋯⋯⋯⋯⋯⋯⋯⋯⋯⋯⋯⋯⋯⋯⋯⋯⋯⋯ 82
　　3.4.2　队列的抽象数据类型描述 ⋯⋯⋯⋯⋯⋯⋯⋯⋯⋯⋯⋯⋯⋯⋯⋯⋯⋯⋯⋯⋯⋯⋯ 83
　3.5　队列的存储结构 ⋯⋯⋯⋯⋯⋯⋯⋯⋯⋯⋯⋯⋯⋯⋯⋯⋯⋯⋯⋯⋯⋯⋯⋯⋯⋯⋯⋯⋯⋯ 83
　　3.5.1　队列的顺序存储结构及实现 ⋯⋯⋯⋯⋯⋯⋯⋯⋯⋯⋯⋯⋯⋯⋯⋯⋯⋯⋯⋯⋯⋯ 83
　　3.5.2　队列的链式存储结构及实现 ⋯⋯⋯⋯⋯⋯⋯⋯⋯⋯⋯⋯⋯⋯⋯⋯⋯⋯⋯⋯⋯⋯ 87
　3.6　队列的应用举例 ⋯⋯⋯⋯⋯⋯⋯⋯⋯⋯⋯⋯⋯⋯⋯⋯⋯⋯⋯⋯⋯⋯⋯⋯⋯⋯⋯⋯⋯⋯ 91
　本章小结 ⋯⋯⋯⋯⋯⋯⋯⋯⋯⋯⋯⋯⋯⋯⋯⋯⋯⋯⋯⋯⋯⋯⋯⋯⋯⋯⋯⋯⋯⋯⋯⋯⋯⋯⋯ 94
　思想园地——创新是引领发展的第一动力 ⋯⋯⋯⋯⋯⋯⋯⋯⋯⋯⋯⋯⋯⋯⋯⋯⋯⋯⋯⋯⋯ 94
　思考题 ⋯⋯⋯⋯⋯⋯⋯⋯⋯⋯⋯⋯⋯⋯⋯⋯⋯⋯⋯⋯⋯⋯⋯⋯⋯⋯⋯⋯⋯⋯⋯⋯⋯⋯⋯⋯ 95
　练习题 ⋯⋯⋯⋯⋯⋯⋯⋯⋯⋯⋯⋯⋯⋯⋯⋯⋯⋯⋯⋯⋯⋯⋯⋯⋯⋯⋯⋯⋯⋯⋯⋯⋯⋯⋯⋯ 95
　上机实验题 ⋯⋯⋯⋯⋯⋯⋯⋯⋯⋯⋯⋯⋯⋯⋯⋯⋯⋯⋯⋯⋯⋯⋯⋯⋯⋯⋯⋯⋯⋯⋯⋯⋯⋯ 96

第4章　字符串和多维数组 ⋯⋯⋯⋯⋯⋯⋯⋯⋯⋯⋯⋯⋯⋯⋯⋯⋯⋯⋯⋯⋯⋯⋯⋯⋯⋯⋯ 98

　4.1　字符串 ⋯⋯⋯⋯⋯⋯⋯⋯⋯⋯⋯⋯⋯⋯⋯⋯⋯⋯⋯⋯⋯⋯⋯⋯⋯⋯⋯⋯⋯⋯⋯⋯⋯⋯ 98
　　4.1.1　串的定义 ⋯⋯⋯⋯⋯⋯⋯⋯⋯⋯⋯⋯⋯⋯⋯⋯⋯⋯⋯⋯⋯⋯⋯⋯⋯⋯⋯⋯⋯⋯ 98
　　4.1.2　串的存储结构 ⋯⋯⋯⋯⋯⋯⋯⋯⋯⋯⋯⋯⋯⋯⋯⋯⋯⋯⋯⋯⋯⋯⋯⋯⋯⋯⋯⋯ 99
　　4.1.3　串的模式匹配 ⋯⋯⋯⋯⋯⋯⋯⋯⋯⋯⋯⋯⋯⋯⋯⋯⋯⋯⋯⋯⋯⋯⋯⋯⋯⋯⋯⋯ 100
　4.2　多维数组 ⋯⋯⋯⋯⋯⋯⋯⋯⋯⋯⋯⋯⋯⋯⋯⋯⋯⋯⋯⋯⋯⋯⋯⋯⋯⋯⋯⋯⋯⋯⋯⋯⋯ 104
　　4.2.1　数组的定义 ⋯⋯⋯⋯⋯⋯⋯⋯⋯⋯⋯⋯⋯⋯⋯⋯⋯⋯⋯⋯⋯⋯⋯⋯⋯⋯⋯⋯⋯ 104
　　4.2.2　数组的抽象数据类型描述 ⋯⋯⋯⋯⋯⋯⋯⋯⋯⋯⋯⋯⋯⋯⋯⋯⋯⋯⋯⋯⋯⋯⋯ 105
　　4.2.3　数组的存储结构与寻址 ⋯⋯⋯⋯⋯⋯⋯⋯⋯⋯⋯⋯⋯⋯⋯⋯⋯⋯⋯⋯⋯⋯⋯⋯ 106
　4.3　特殊矩阵的压缩存储 ⋯⋯⋯⋯⋯⋯⋯⋯⋯⋯⋯⋯⋯⋯⋯⋯⋯⋯⋯⋯⋯⋯⋯⋯⋯⋯⋯⋯ 107
　　4.3.1　对称矩阵的压缩存储 ⋯⋯⋯⋯⋯⋯⋯⋯⋯⋯⋯⋯⋯⋯⋯⋯⋯⋯⋯⋯⋯⋯⋯⋯⋯ 108

Ⅴ

4.3.2　三角矩阵的压缩存储 ··············· 109
　　4.3.3　对角矩阵的压缩存储 ··············· 110
4.4　稀疏矩阵的压缩存储 ····················· 111
　　4.4.1　稀疏矩阵的三元组表示 ············ 111
　　4.4.2　稀疏矩阵的十字链表表示 ········· 114
4.5　应用举例 ···································· 116
　　4.5.1　字符串应用举例 ····················· 116
　　4.5.2　数组应用举例 ······················· 118
本章小结 ··· 121
思想园地——数据压缩与资源优化利用 ······ 121
思考题 ·· 122
练习题 ·· 122
上机实验题 ······································ 123

第5章　递归 ······ 125

5.1　什么是递归 ································ 125
　　5.1.1　递归的定义 ··························· 125
　　5.1.2　何时使用递归 ························ 126
　　5.1.3　递归模型 ······························ 128
5.2　递归调用与实现 ··························· 129
　　5.2.1　函数调用的实现 ····················· 129
　　5.2.2　递归调用的实现 ····················· 130
5.3　递归算法设计 ······························ 132
　　5.3.1　递归算法的设计步骤 ··············· 132
　　5.3.2　递归算法的实现形式 ··············· 133
5.4　递归算法的性能分析 ····················· 133
　　5.4.1　递归算法的时间复杂度分析 ······ 133
　　5.4.2　递归算法的空间复杂度分析 ······ 135
5.5　应用举例 ···································· 135
　　5.5.1　杨辉三角问题 ························ 136
　　5.5.2　迷宫问题 ······························ 137
本章小结 ··· 140
思想园地——递归中的归纳与演绎之道 ······ 140
思考题 ·· 141
练习题 ·· 142
上机实验题 ······································ 142

第6章　树与二叉树 ······ 143

6.1　树的逻辑结构 ······························ 143
　　6.1.1　树的定义和基本术语 ··············· 144
　　6.1.2　树的抽象数据类型描述 ············ 145
　　6.1.3　树的逻辑表示方法 ·················· 146
　　6.1.4　树的性质 ······························ 147
　　6.1.5　树的遍历 ······························ 148
6.2　树的存储结构 ······························ 149
　　6.2.1　双亲表示法 ···························· 149

6.2.2	孩子表示法	150
6.2.3	双亲孩子表示法	151
6.2.4	孩子兄弟表示法	152
6.3	二叉树的逻辑结构	153
6.3.1	二叉树的定义	153
6.3.2	二叉树的性质	155
6.4	二叉树的存储结构	156
6.4.1	二叉树的顺序存储结构	156
6.4.2	二叉树的链式存储结构	158
6.5	二叉树的基本运算	159
6.5.1	二叉树的遍历	160
6.5.2	二叉树的其他运算举例	166
6.6	线索二叉树	168
6.6.1	线索二叉树的概念	169
6.6.2	二叉树的线索化	170
6.6.3	线索二叉树上的运算	172
6.7	树、森林与二叉树的转换	173
6.7.1	树转换为二叉树	174
6.7.2	森林转换为二叉树	175
6.7.3	二叉树转换为树或森林	175
6.8	哈夫曼树及其应用	176
6.8.1	哈夫曼树的基本概念	176
6.8.2	哈夫曼树的构造及实现	177
6.8.3	哈夫曼树的应用	180
6.9	并查集	183
6.9.1	什么是并查集	183
6.9.2	并查集的算法实现	184
本章小结		186
思想园地——哈夫曼和他的压缩算法		186
思考题		187
练习题		188
上机实验题		189

第7章 图   192

7.1	图的逻辑结构	192
7.1.1	图的定义和基本术语	193
7.1.2	图的抽象数据类型描述	196
7.2	图的存储结构及实现	196
7.2.1	邻接矩阵表示法	196
7.2.2	邻接表表示法	199
7.2.3	其他存储方法	202
7.3	图的遍历	203
7.3.1	深度优先遍历	204
7.3.2	广度优先遍历	206
7.4	图的生成树和最小生成树	207
7.4.1	生成树和最小生成树的概念	207

7.4.2	Prim 算法	209
7.4.3	Kruskal 算法	211
7.5	最短路径	214
7.5.1	单源最短路径问题	214
7.5.2	每对顶点之间的最短路径	217
7.6	AOV 网与拓扑排序	220
7.6.1	AOV 网	220
7.6.2	拓扑排序	221
7.7	AOE 网与关键路径	223
7.7.1	AOE 网	224
7.7.2	关键路径	224

本章小结 227
思想园地——主因素建模：破解复杂性的钥匙 227
思考题 228
练习题 229
上机实验题 231

第8章 查找 233

8.1 查找的基本概念 233
8.2 线性表的查找 235
  8.2.1 顺序查找 235
  8.2.2 折半查找 236
  8.2.3 分块查找 240
8.3 树表的查找 241
  8.3.1 二叉排序树 241
  8.3.2 AVL 树 247
  8.3.3 B 树 256
  8.3.4 B+ 树 262
8.4 散列表的查找 264
  8.4.1 散列表的基本概念 264
  8.4.2 散列函数的设计 265
  8.4.3 处理冲突的方法 269
  8.4.4 散列表的查找及性能分析 271
本章小结 273
思想园地——查找技术的发展与挑战 273
思考题 274
练习题 274
上机实验题 276

第9章 排序 278

9.1 概述 278
9.2 插入排序 280
  9.2.1 直接插入排序 280
  9.2.2 希尔排序 282
9.3 交换排序 284
  9.3.1 冒泡排序 284

9.3.2　快速排序 ··· 286
9.4　选择排序 ·· 289
　　9.4.1　简单选择排序 ··· 289
　　9.4.2　堆排序 ··· 291
9.5　归并排序 ·· 295
9.6　基数排序 ·· 298
9.7　各种内排序方法的比较 ·· 303
9.8　外排序简介 ·· 305
本章小结 ·· 306
思想园地——正确的选择需要综合了解 ······························ 306
思考题 ·· 307
练习题 ·· 308
上机实验题 ·· 309

附录　书配二维码视频清单 ······································ 311

参考文献 ·· 317

第1章 绪 论

数据结构是计算机及相关专业的核心课程之一，主要研究用计算机解决问题（特别是非数值计算类问题）时用到的各种数据的组织方法、存储结构及处理方法。随着计算机应用领域的不断扩大，计算机的应用已不再局限于科学计算，而更多地用于控制、管理及数据处理等非数值计算的处理工作。相应的计算机加工处理的对象也由纯粹的数值发展到字符、表格、图像、音频等各种类型的数据。在处理这些数据时，不仅要研究数据的特性，还要研究数据间的关系。因此，解决非数值问题的关键是利用这些特性和关系设计出合适的数据结构。要想编写"好"的程序，必须分析待处理对象的特性以及各处理对象之间存在的关系，这就是"数据结构"这门学科形成与发展的背景。

【学习重点】

① 数据结构及相关概念；
② 数据的逻辑结构和存储结构，以及两者之间的关系；
③ 算法及其特性；
④ 大 O 记号。

【学习难点】

① 抽象数据类型的理解和使用；
② 算法的描述；
③ 算法时间复杂度、空间复杂度分析。

1.1 数据结构研究内容

【问题导入】 在当今科技社会中，人们慢慢地接受了这样一个事实：计算机可以解决非常多的问题。但计算机究竟能解决什么样的问题？怎样解决问题？

在搞清楚这些问题之前，应当首先知道这样一个事实：通常意义下的计算机是没有思维的机器，它并不能自主解决问题，只能机械地执行指令，而这些指令是人设计出来的。计算机能解决什么样的问题，怎样解决，需要靠人教给它。

1. 用计算机解决问题的步骤

一般来说，用计算机解决一个具体问题，大致需要以下三个步骤。

1）分析问题，抽象出一个适当的数据模型。
2）设计相应的算法。
3）编写程序，运行并调试程序，直至得到正确的结果。

1

如果要开发针对实际问题的计算机软件，首先要解决的问题是将现实问题进行抽象，转化为适合编程处理的模型。这种模型不是纯粹的数学模型，而是一种可以描述问题的数据组织形式，并且基于这种数据组织形式可以设计解决问题的算法。抽象数据模型的实质是分析问题，从中提取出计算机处理的对象，并找出这些对象之间的关系，然后用数学的语言加以描述。由不同问题抽象出来的数据模型有很大不同。

2. 数据模型

在计算机发展的初期，使用计算机主要是处理数值计算问题，人们面临的许多问题基本上可以用数学方程进行描述，例如，"鸡兔同笼"问题，可转化为对二元一次方程组进行求解。由于当时所涉及的运算对象是简单的整型、实型或布尔型数据，所以程序设计者的主要精力集中于程序设计的技巧上，而无须重视数据结构。但随着计算机

［视频1-1　数据模型］

应用的不断扩大，许多问题已无法用数学方程来描述，例如，图书资料查询、电话号码自动管理、交通道路规划等问题。解决此类问题的关键是要分析问题中所用到的数据是如何组织的，研究数据之间存在什么样的关系，也就是要建立有效的数据结构来描述要解决的问题，这样就引入了数据结构的知识概念。下面举例说明数据结构的概念。

【例1-1】　学校人事信息管理系统：用计算机实现学校教职工信息管理，可以建立一张按学校职工号排列的教职工信息表（见表1-1），由计算机程序处理教职工信息表，实现增加、删除、修改、查询、统计等功能。

［视频1-2　线性结构］

表1-1　教职工信息表

职工号	姓名	性别	职务
1	张东宇	男	处长
2	李晓敏	女	科长
3	宋彦	女	科员
4	王港	男	科员
5	刘蓓蓓	女	科员
6	肖扬	男	科员
7	谢云飞	男	科长
8	樊凌志	男	主任
9	曹婷婷	女	科员
10	高磊	女	科员

表1-1便是人事信息管理的数据模型，每位教职工的信息放在一行中，称为一个数据元素，所有教职工的信息按照编号顺序依次存放在表中。类似这样的表在不同计算机软件系统中有很多，如学校学生信息管理系统中的学生学籍登记表、图书馆管理系统中的图书目录表等。这类表格有一个共同的特性，就是各数据元素之间的关系是线性的，即一个元素的前面只有一个元素，后面也只有一个元素，第一个数据元素前面和最后一个数据元素后面没有元素。这类数据模型可称为线性的数据结构，即数据对象之间是一种简单的线性关系。

【例1-2】　学校行政机构管理问题：一个典型的学校行政机构如图1-1所示，顶层结点代表整个"学校"，它的下一层结点代表各个部处或学院，如教务处、计算机学院等，再下一层结点代表更小的机构，直到最基层一个小组或一个教研室等。

在图 1-1 中，每一个结点代表一个数据元素，因为一个部处或学院可以包含多个下级部门，元素之间的关系呈现出的是一种层次关系，从上到下按层展开形成一棵倒立的"树"，最上层是"树根"，依层向下射出"结点"和"树叶"。这种"树"形结构的模型在生活中接触得也比较多，如书籍目录、计算机的文件管理系统等。

[视频 1-3　树形结构]

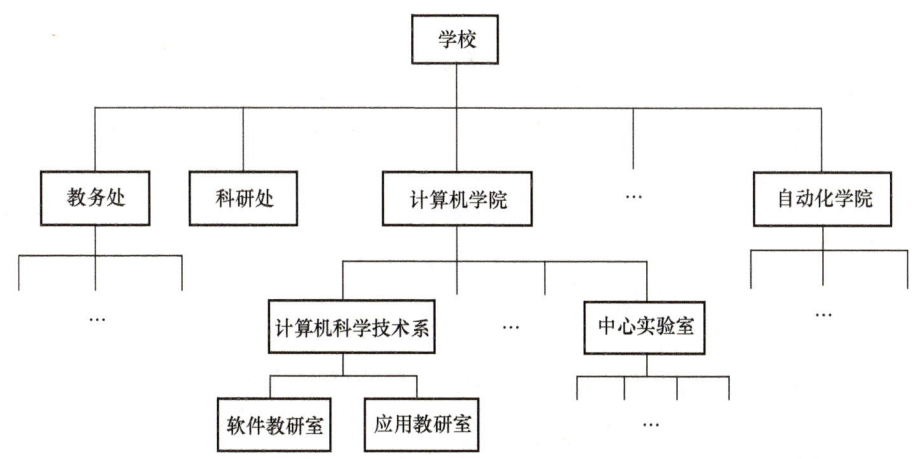

图 1-1　典型的学校行政机构图

【例 1-3】　比赛编排问题：假设有 6 支球队进行足球比赛，分别用 v1，v2，…，v6 表示这 6 支球队，它们之间的比赛情况可以用一个称作图的数据结构来反映，图中每个顶点表示一个球队，如果从顶点 A 到 B 之间存在有向边 <A，B>，则表示球队 A 战胜球队 B。这样，各球队之间的胜负情况可以用一张图表示。图 1-2 表示 v1 队战胜 v2 队，v2 队战胜 v3 队，v3 队战胜 v6 队，等等。

[视频 1-4　图形结构]

在图 1-2 中，每个顶点表示的球队是一个数据元素，顶点之间的连线表示各球队之间的胜负关系，这种元素之间的关系是**多对多**。现实生活中，经常用图来描述生产和生活中的某些特定对象之间的特定关系，如铁路交通图、教学计划编排等。

从前面几个例子可以看出，描述这类非数值计算问题的数据模型不再是数学方程，而是诸如表、树、图之类的结构。非数值计算问题的数据模型正是数据结构课程要讨论的对象。

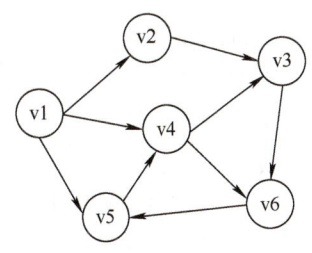

图 1-2　球队胜负关系示意图

1968 年，美国著名计算机科学家克努思教授所著的《计算机程序设计技巧》第一卷 The Art of Computer Programming 出版，书中系统全面地论述了若干种数据的逻辑结构及物理结构。随后，数据的逻辑结构、存储结构及对应每种结构的操作被独立起来，形成了"数据结构"的主要内容。20 世纪 70 年代，随着对数据结构在软件开发领域重要性的认识，数据结构得到越来越广泛的研究，各种版本的数据结构著作相继出现，"数据结构"也作为一门独立的课程开始进入大学课堂。

目前，"数据结构"的发展并未终结，它仍处于高速发展的时代。一方面，从抽象和具体的两种观点研究"数据结构"正在成为趋势；另一方面，计算机及其他各学科的不断发展也必然对数据结构产生重大影响。

1.2 基本概念和术语

【问题导入】 从前面的例子可以看出，在利用计算机解决问题时数据结构很重要，那么什么是数据结构？什么是数据类型？两者的区别与联系是什么？数据结构涉及哪些概念？

为了弄清楚这些概念，方便后面章节的学习，本节主要讨论数据结构中常用的基本概念和术语。

1. 数据

数据（Data）是指能输入到计算机中并能被计算机处理的符号的集合。它是计算机操作对象的总称，能够被计算机识别、存储和加工处理。可以将数据分为两大类：数值数据和非数值数据。数值数据是一些整数、实数或复数，主要用于工程计算、科学计算和商务处理等；非数值数据包括字符、文字、图形、图像、语音等。例如，一个用某种程序语言编写的源程序、一篇文章、一张地图、一幅照片、一首歌曲等，都可以被视为"数据"。今后随着计算机的发展，还将不断扩大数据的范围。

2. 数据元素

数据元素（Data Element）是数据的基本单位。在有些情况下，数据元素也称为元素、结点、顶点、记录等。由于数据的范围非常广泛，因此基本单位也是可大可小的。例如，人事信息管理系统中教职工信息表中的一个记录、文件系统结构树的一个结点、比赛编排问题中的一个顶点等，都被称为一个数据元素。

有时，一个数据元素可由若干个数据项（Data Item）组成，例如，人事信息管理系统中教职工信息表的每一个数据元素就是一个教职工记录，它包括教职工的职工号、姓名、性别、职务等数据项。

3. 数据对象

数据对象（Data Object）是具有相同性质的数据元素的集合，是数据的一个子集。在数据结构课程中讨论的数据通常指的是数据对象。

4. 数据结构

数据结构（Data Structure）是指互相之间存在一定关系的数据元素的集合。在任何问题中，数据元素都不是孤立的，在它们之间都存在着这样或那样的关系，这种数据元素之间的关系称为结构。因此，可以把数据结构看成带结构的数据元素的集合。

按照视角不同，数据结构分为逻辑结构和存储结构。

（1）数据的逻辑结构　数据的逻辑结构（Logical Structure）是指数据元素之间逻辑关系的整体。在形式上，数据的逻辑结构可以用一个二元组来表示：

$$Data\_Structure = (D, R)$$

其中，$D = \{d_i | 1 \leq i \leq n, n \geq 0\}$ 是数据元素的有限集，n 为 D 中数据元素的个数；$R = \{r_i | 1 \leq i \leq m, m \geq 0\}$ 是 D 上关系的有限集，m 为 R 中关系的个数。若 $m = 0$，则 R 是一个空集，表明集合 D 中的数据元素之间不存在任何逻辑关系，彼此独立。

[视频1-5　数据的逻辑结构]

根据数据元素间关系的不同特性，客观世界中数据的逻辑结构归纳起来主要有如下四类。

1）集合结构（Set）：数据元素之间的关系是"属于同一个集合"，除此之外，没有任何关系。集合结构是元素关系极为松散的一种结构。

2）线性结构（Linear Structure）：数据元素之间存在着一对一的关系。

3)**树形结构**(Tree Structure):数据元素之间存在着一对多的关系。
4)**图形结构**(Graph Structure):数据元素之间存在着多对多的关系,图形结构也称作网状结构。树形结构和图形结构也称为非线性结构。

图1-3为四类基本结构的逻辑关系图。

数据的逻辑结构可以看作从具体问题抽象出来的数学模型,是从数据元素的逻辑关系上描述数据的。它是从解决问题的需要出发,为实现必要的功能所建立的数据结构。它属于用户的视图,是面向问题的,例如,人事信息管理系统中建立的按职工号排列的有序表。数据的逻辑结构是独立于计算机的,它与数据在计算机中的存储位置无关。

(2)**数据的存储结构** 研究数据结构的目的是在计算机中实现对它的操作,为此还需要研究如何在计算机中表示一个数据结构。

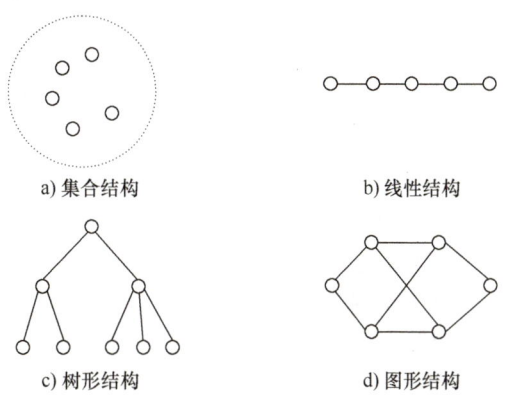

图1-3 四类基本结构的逻辑关系图

数据的**存储结构**(Storage Structure) 是数据及其逻辑结构在计算机中的存储表示,又称为物理结构。存储结构是数据的逻辑结构在计算机中的实现方法,包括数据元素的存储表示和数据元素之间逻辑关系的存储表示。它属于具体实现的视图,是面向计算机的。

在实际应用中,数据的存储方法灵活多样。根据数据元素之间关系在计算机中不同的表示方法,通常有两种不同的存储结构:顺序存储结构和链式存储结构。

[视频1-6 数据的存储结构]

1)**顺序存储结构**(Sequential Storage Structure)用一组**连续**的存储单元依次存储所有数据元素,元素之间的逻辑关系由元素的存储位置间的关系隐含表示,如图1-4a所示,逻辑上相邻的元素存储在物理位置相邻的存储单元中。顺序存储结构是一种最基本的存储表示方法,通常借助于程序设计语言中的数组来实现。

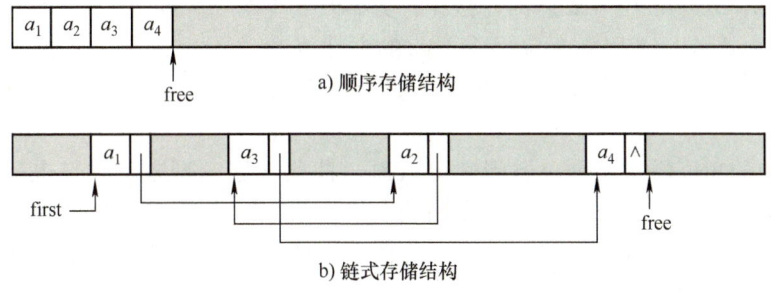

图1-4 顺序存储结构与链式存储结构

2)**链式存储结构**(Linked Storage Structure)用一组**任意**的存储单元存储数据元素,逻辑上相邻的元素不要求其物理位置相邻,元素间的逻辑关系通过附设的指针来表示,如图1-4b所示。链式存储结构通常借助于程序设计语言中的指针来实现。

除了通常采用的顺序存储方法和链式存储方法外,有时为了查找的方便还采用索引存储方法和散列存储方法。

5. 数据类型

数据类型(Data Type)是一组值的集合以及定义在这个集合上的一组操作的总称。它最

早出现在高级程序设计语言中，用来描述程序中操作对象的特性。在用高级语言编写的程序中，每个变量、常量或表达式都有一个它所属的确定的数据类型。类型显式地或隐含地规定了在程序执行期间，变量或表达式所有可能的取值范围，以及在这些值上允许进行的操作。例如，C++语言中的int型变量的取值可以是机器所能表示最小负整数和最大正整数之间的任意一个整数，允许的操作有算术运算（+、-、*、/、%）、关系运算（<、<=、>、>=、==、！=）和逻辑运算（&&、||、!）等。

6. 抽象数据类型

抽象数据类型（Abstract Data Type，ADT）是一个数学模型以及定义在该模型上的一组操作的总称。抽象数据类型可以理解为对数据类型的进一步抽象，它只考虑从求解问题的数学模型中抽象出来的数据逻辑结构和该结构上的基本操作，而不考虑计算机的具体存储结构和运算的具体实现算法。

抽象数据类型的定义通常采用简洁、严谨的文字描述，一般包括抽象数据类型名、数据对象（即数据元素的集合）、数据对象之间逻辑关系和基本运算，其形式如下：

ADT 抽象数据类型名
｛数据对象：数据对象的定义
　数据关系：数据对象之间逻辑关系的定义
　基本运算：基本运算名（参数表）：运算功能描述
｝

【例1-4】 一个形式为 $e_1 + e_2 i$ 的复数的抽象数据类型 Complex 定义如下：

ADT Complex
｛数据对象:D = ｛e_1,e_2 | e_1,e_2 均为实数｝
　数据关系： R = ｛< e_1,e_2 > | e_1 是复数的实部，e_2 是复数的虚部｝
　基本运算：
　AssignComplex(&z,v1,v2)：构造复数 z，其实部和虚部为参数 v1 和 v2 的值。
　DestroyComplex(&z)：销毁复数 z。
　GetReal(z,&real)：用 real 返回复数 z 的实部值。
　GetImag(z,&imag)：用 imag 返回复数 z 的虚部值。
　Add(z1,z2,&sum)：用 sum 返回两个复数 z1、z2 的和。
｝

［视频1-7　抽象数据类型］

从数据结构的角度看，一个求解问题可以通过抽象数据类型来描述。也就是说，抽象数据类型对一个求解问题从逻辑上进行了准确的定义，所以抽象数据类型由数据逻辑结构和运算定义两部分组成。抽象数据类型的实现者要依据这些定义实现其存储结构和各种运算的具体算法。

1.3　算法及其描述方法

【问题导入】 计算机编程所需要的不仅是将那些人所理解的指令转换为计算机可以理解的语言，大多数情况下，程序员必须先设计出求解问题的算法。那么，什么是算法？算法与程序有什么区别？什么样的算法是"好"算法？如何描述求解问题的算法？

在计算机领域，一个算法实质上是针对所处理的问题，在数据的逻辑结构和存储结构的基础上施加的一种运算。算法与数据结构的关系紧密，在设计算法时先要确定相应的数据结构，而在讨论某一种数据结构时也必然会涉及相应的算法。由于数据的逻辑结构和存储结构不是唯一的，算法的设计思想和技巧也不是唯一的，所以处理同一个问题的算法也不是唯一的。

1.3.1 什么是算法

1. 算法的定义

算法（Algorithm）是对特定问题求解步骤的一种描述，是指令的有限序列。其中每一条指令表示计算机的一个或多个操作。

虽然在计算机中研究算法是最近几十年的事情，但是有很多著名的算法已经存在上千年了。例如，利用辗转相除法求两个正整数 m 和 $n(m>n)$ 的最大公约数的欧几里得算法可以表述为：

第一步：将 m 除以 n 得到余数 r。

第二步：如果 r 等于 0，则 n 为最大公约数，输出 n，算法结束；否则执行第三步。

第三步：令 $m=n$，$n=r$，重新执行第一步。

［视频 1-8　算法定义］

2. 算法的特性

一个算法应该具有如下 5 个重要特性。

1）有穷性：一个算法必须在有穷步之后结束，且每一步都在有穷时间内完成。如上述的欧几里得算法，无论 m、n 是什么正整数，在执行若干次辗转相除之后，终归可以得到它们之间的最大公约数。例如 $m=36$，$n=24$ 时，最大公约数为 12。

［视频 1-9　算法特性］

2）确定性：算法的每一步（每一条指令）必须有确切的含义，不存在二义性。在任何条件下，算法都只有一条执行路径，即对于相同的输入只能得出相同的输出。

3）可行性：算法中的每一步都可以通过已经实现的基本运算的有限次执行得以实现。如上述欧几里得算法中，每一个操作都是基本操作，都可以在有限时间内完成。

4）输入：一个算法有零个或多个输入，这些输入通常取自某个特定的数据对象集合，它就是在算法执行之前的初始值。例如，上述欧几里得算法中的输入是 m、n 的值。

5）输出：一个算法具有一个或多个输出，通常这些输出与输入之间存在某种特定的关系。例如，上述欧几里得算法中最后得到的输出是最大公约数。

> **说明**：算法与程序的区别
>
> 　　**程序**（Program）是指使用某种计算机语言对一个算法的具体实现，而算法侧重于对解决问题的方法描述。原则上，算法可以用任何一种程序设计语言实现。算法必须满足有穷性，而程序不一定满足有穷性。例如，操作系统在用户没有退出、不出现故障或系统断电的情况下，理论上可以无限时运行，即使没有作业需要处理，它仍处于动态等待中，因此操作系统是一个程序而不是一个算法。另一方面，程序中的指令必须是机器可执行的，而算法中的指令则无此限制。当然，算法也可以直接用计算机程序来描述，本书很多时候就直接用程序描述算法。

1.3.2 什么是"好"算法

要设计一个好算法，通常要考虑以下几个方面。

（1）正确性　算法的执行结果应当满足预先规定的功能和性能要求，即对于任意合法的输入，算法都能得出正确的结果。

（2）可读性　算法应该容易理解和实现，也就是可读性好。为了达到这个要求，一个算法应当逻辑清晰、层次分明、易读易懂。

（3）健壮性　算法应具有很好的容错性。对不合法的输入，算法应能做出反应或进行处理，而不至产生错误动作或陷入瘫痪。例如，对于前面的欧几里德算法，要求输入的正整数 $m>n$，当输入的 m、n 的值不满足这个条件时，算法不应继续计算，而应报告输入错误，并中止程序的执行，以便进行处理。

［视频 1-10　好算法］

（4）高效性　算法的效率包括时间效率和空间效率。时间效率主要指算法的执行时间。对于同一个问题，如果有多个算法可以解决，执行时间短的算法效率高。空间效率反映了算法执行过程中需要的存储空间。一个"好"算法应该具有较短的执行时间并占用较少的存储空间。当然，时间效率与空间存储量需求都与处理问题的规模有关，例如，对 100 个正整数进行排序和对 1000000 个正整数进行排序时，所花的执行时间或存储空间显然有一定的差别。

1.3.3　算法的描述

算法可以使用各种不同的方法来描述。常用的描述算法的方法有自然语言、流程图、程序设计语言和伪代码等。下面以前面提到的欧几里得算法的描述为例进行介绍。

1. 自然语言

用自然语言描述算法的优点是便于人们阅读和理解算法，缺点是容易出现二义性，并且算法通常比较冗长。通常用自然语言来粗线条地描述算法思想。

欧几里得算法用自然语言描述如下：

［视频 1-11　自然语言描述］

> ① 输入 m 和 n；
> ② 求 m 除以 n 的余数 r；
> ③ 若 r 等于 0，则 n 为最大公约数，算法结束；否则执行第④步；
> ④ 将 n 的值放在 m 中，将 r 的值放在 n 中；
> ⑤ 重新执行第②步。

2. 流程图

可以使用流程图描述算法，其特点是描述过程直观易懂，缺点是严密性不如程序设计语言，灵活性不如自然语言，因此通常用来描述一些比较简单的算法。欧几里得算法用流程图描述如图 1-5 所示。

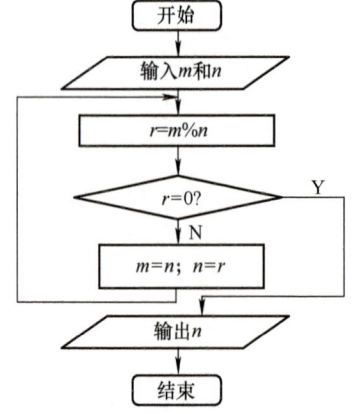

图 1-5　欧几里得算法用流程图描述　　［视频 1-12　流程图描述］

3. 程序设计语言

用以上两种方法描述的算法都不能直接在计算机上执行,若要执行算法需要将它转换成可执行的程序。也可以直接使用某种程序设计语言来描述算法,优点是能由计算机直接执行,缺点是抽象性差,容易使人陷入语言描述细节,不容易直观理解算法逻辑,此外,还需要设计者掌握程序设计语言及其编程技巧。通常在算法需要验证情况下,直接使用程序设计语言描述算法。欧几里得算法用 C 语言描述如图 1-6 所示。

```
1  #include <stdio.h>
2  int ComFactor(int m, int n)
3  {
4      int r = m % n;
5      while (r != 0)
6      {
7          m = n;  n = r;
8          r = m % n;
9      }
10     return n;
11 }
12 int main( )
13 {
14     int x = ComFactor(35, 25);
15     printf("最大公约数是: %d\n", x);
16     return 0;
17 }
```

图 1-6 欧几里得算法用 C 语言描述

[视频 1-13 程序语言描述]

4. 伪代码

为了解决理解与执行这两者之间的矛盾,人们常常使用一种称为伪代码的描述方法来进行算法描述。伪代码(Pseudo-code)介于高级程序设计语言和自然语言之间,它采用某一程序设计语言的基本语法,操作指令可以结合自然语言来设计。伪代码不是一种实际的编程语言,但在表达能力上类似于编程语言,它忽略高级程序设计语言中一些严格的语法规则与描述细节,因此比程序设计语言更容易描述和被人理解;它比自然语言更接近程序设计语言,虽然不能直接执行,但很容易被转换成高级语言。使用伪代码描述算法的优点是表达能力强、抽象性强,容易理解、容易实现,因此,伪代码也被称为"算法语言"或"第一语言"。

[视频 1-14 伪代码描述]

欧几里得算法的伪代码描述如下:

① r = m % n;
② 循环如下操作,直到 r 等于 0
   m = n;   n = r;   r = m % n;
③ 输出 n

1.4 算法分析

【问题导入】 计算机能处理数十亿、数万亿比特的信息。例如,我国在 2023 年发布的超级计算机——天河星逸,计算性能已经达到 62 亿亿次/s,在这个数量级上进行算法设计是一种崭新的实践。但是,一些能很好解决小问题的程序在处理大问题时就变得很糟。因此,在进行大规模计算时不能忽视算法的复杂度和有效性。那么，针对大型问题的求解算法，如何评价算法性能的优劣呢？

算法性能的优劣，主要取决于算法在执行过程中所耗费的时间和所占用的空间，因此可以从一个算法的时间复杂度与空间复杂度来评价算法。

1.4.1 算法分析预备知识

1. 影响算法运行时间的因素

将一个算法转换成程序并在计算机上执行时，其运行所需要的时间取决于下列因素。

1）运行程序的计算机的机器指令的品质和速度。

2）书写程序的语言。

3）编译程序所生成目标代码的质量。对于代码优化较好的编译程序其所生成的程序质量较高。

4）问题的规模。在进行问题求解时，算法所使用的空间、时间的多少，与求解问题的规模相关。例如，对 100 个正整数进行排序和对 1000000 个正整数进行排序时，所占用的空间和耗费的时间显然是不同的，这里待排序的正整数的个数就是问题的规模。算法运行耗费的时间和求解问题的规模是紧密相连的，在通常情况下，问题的规模越大，运行时间将越长。

前三个因素表明算法的执行时间依赖于软件和硬件的环境。程序的运行时间不但与计算机的机器指令相关，而且与书写语言以及编译程序所生成的目标代码的质量相关。这就意味着，不能把在某台具体的计算机上运行的绝对时间，作为衡量相应算法好坏的标准。换句话说，不能采用在某一计算机上运行的绝对时间单位，如秒、分……作为衡量某一算法时间复杂度的优劣标准，因为仅考虑算法在计算机中所耗费的绝对时间，判断算法的优劣是不全面的。

如果将上述各种与计算机相关的软、硬件因素都确定下来，一个特定算法的执行时间 T 就只依赖于问题的规模（通常用正整数 n 表示），或者说它是问题规模的函数，记作 $T(n)$。因此，算法时间分析就是要求出算法执行时间与问题规模 n 之间的关系 $T(n)$。

2. 程序步分析

一个算法通常由控制结构（顺序、循环、分支）和原操作（指固有数据类型的操作）构成，算法执行时间取决于两者的总和效果，即

算法执行时间 = 每条语句的执行时间之和 = ∑（一条语句执行次数×执行该语句所需时间）

撇开与计算机软、硬件有关的因素，假定每条语句执行一次时间为单位时间，则一个算法的执行时间是该算法中所有语句的执行次数（也称频度）之和。这时，就可以使用程序步（Program Step）分析方法计算算法中语句的执行频度和。

程序步是指在语法上或语义上有意义的一段指令序列，该程序段的执行时间与问题实例的特征（如规模）无关。例如：注释语句的程序步数为 0；声明语句的程序步数为 0；每个简单语句，如赋值语句、读语句、写语句的程序步数为 1。

【例 1-5】 下面以求一个数组元素累加之和的 sum 函数为例，来说明如何计算一个算法的程序步数。表 1-2 为 sum 函数的程序步数，该算法的总程序步数为 $2n+3$，n 为数组元素个数。

[视频 1-15 程序步分析]

表 1-2 sum 函数的程序步数

程序语句	一次执行所需程序步数	执行次数	程序步数
float sum(float a[ ],int n)	0	1	0
{float s; int i;	0	1	0
s = 0.0;	1	1	1
for(i = 0; i < n; i ++)	1	n + 1	n + 1
s + = a[i];	1	n	n
return s;	1	1	1
}	0	1	0
	总程序步数		2n + 3

使用程序步数分析算法性能不依赖具体的物理计算机,可以有效地比较算法的优劣。但是,算法执行所需要的程序步的精确计算往往很困难,即使能够给出,也可能是个相当复杂的函数。而且,不同的程序步在计算机上的实际执行时间通常是不同的,程序步数并不能确切反映程序运行的实际时间。这种分析得出的不是时间量,而是增长趋势的分析。$T(n) = 2n + 3$ 意味着随着问题规模 n 增大,算法执行时间呈线性增长,这也意味着某些系数并不是反映算法优劣的主要因素。当问题规模 n 充分大时,用算法语句执行次数在渐进意义下的"阶"来评价算法的优劣更加合适。下面先引入相关的数学概念,然后讨论如何运用它们在数量级上估计一个算法的执行时间。

3. 大 O 记号

定义 如果存在两个正的常数 c 和 n_0,当 $n \geqslant n_0$ 时,都有 $T(n) \leqslant cf(n)$ 成立,则称 $T(n) = O(f(n))$。

上述表达式中"O"读作"大 O"(Order 的简写,指数量级)。该定义说明了函数 $T(n)$ 和 $f(n)$ 具有相同的增长趋势,并且 $T(n)$ 的增长至多趋同于函数 $f(n)$ 的增长。大 O 记号用来描述增长率的上限,即 $f(n)$ 是 $T(n)$ 的一个上界,其含义如图 1-7 所示。

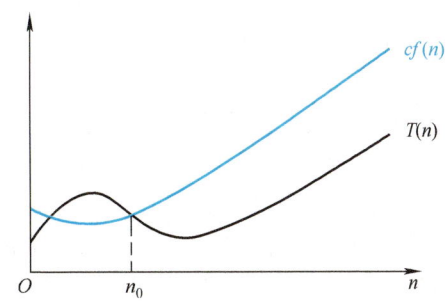

图 1-7 大 O 记号的含义

[视频 1-16 大 O 记号]

【例 1-6】 设 $T(n) = (n+1)^2$。当 $n_0 = 1$,$C = 4$ 时,$T(n) \leqslant Cn^2$ 成立。所以,$T(n) = O(n^2)$。

【例 1-7】 设 $T(n) = 3n^3 + 2n^2$。当 $n_0 = 0$,$C = 5$ 时,$T(n) \leqslant Cn^3$。所以,$T(n) = O(n^3)$。同样的道理,若取 $n_0 = 0$ 及 $C = 5$,有 $T(n) \leqslant Cn^4$。所以,$T(n) = O(n^4)$ 同样是成立的。

从例 1-6 可以发现,时间复杂度函数 $T(n)$ 的上界有多个。这种情况下,究竟取哪一个上界表示它的增长率的上界呢?

大 O 表示法以函数的渐进性为特征，但是并没有给出这个函数和这个上界的接近程度。这就意味着，这个上界既可能非常接近，也可能相距很远。从算法的时间复杂度的角度进行分析，$T(n) = O(f(n))$ 意味着找到了 $T(n)$ 的一个上界 $f(n)$，但 $f(n)$ 最好是一个"紧贴"的渐进界，或者说找到一个最小的上界。在例 1-7 中 $T(n) = O(n^4)$ 是没有意义的，因为有"紧贴"的渐进界 n^3 存在。

1.4.2 算法的时间复杂度

1. 时间复杂度

一个算法是由控制结构和原操作构成的，其执行时间取决于两者的综合效果。从例 1-5 的程序步分析过程可以看出，整个算法的执行时间与原操作执行次数成正比，原操作对算法运行时间的贡献最大，是算法中最重要的操作。由于算法分析不是绝对时间的比较，通常以算法中原操作重复执行的次数作为算法的时间度量。一般情况下，算法中原操作重复执行的次数是规模 n 的某个函数 $T(n)$。许多时候要精确地计算 $T(n)$ 是困难的，因此只考虑当问题规模充分大时（在极限的情况 $n \to +\infty$），算法中原操作的执行次数在渐进意义下的阶，称作算法的渐进时间复杂度（Asymptotic Complexity），简称为算法的时间复杂度（Time Complexity），通常用大 O 记号表示，记作 $T(n) = O(f(n))$。

例如，例 1-5 中算法的语句频度（程序步数）为 $T(n) = 2n + 3$。若取 $f(n) = n$，则该算法的时间复杂度可用下式计算：

$$\lim_{n \to \infty} \frac{T(n)}{f(n)} = \lim_{n \to \infty} \frac{2n+3}{n} = 2 \neq 0$$

显然，该算法的时间复杂度为 $T(n) = O(f(n)) = O(n)$。

[视频 1-17 时间复杂度]

当算法的时间复杂度采用数量级的形式表示时，求一个算法的时间复杂度比计算一个算法的执行程序步数要方便得多。这时只需要分析影响算法运行时间的主要部分就可以求出该算法的时间复杂度，而不必对算法中的每一步进行详细分析。通常，对主要部分的分析也可以简化，只需要分析基本语句的执行次数（或语句频度）关于 n 的增长率或阶即可，基本语句一般是指算法中最深层循环内的原操作。例如。在下列程序段中，

```
S = 0;
for (i = 1; i < n; ++i)
    S = S + i;
```

$S = S + i$ 是语句频度增长最快的项，它的执行次数与 n 的增长率成正比，所以这段程序的时间复杂度为 $T(n) = O(n)$。

2. 时间复杂度的求和定理、求积定理

下面介绍一下估算算法时间复杂度时经常用到的两个定理。

求和定理： 假定 $T_1(n)$、$T_2(n)$ 是程序 P_1、P_2 的时间复杂度，并且 $T_1(n) = O(f(n))$，$T_2(n) = O(g(n))$，那么先执行 P_1，再执行 P_2 的总时间复杂度为 $T_1(n) + T_2(n) = O(\max(f(n), g(n)))$。多个并列程序段就属于这种情况。

证明： 根据定义，对于某些常数 C_1、n_1 及 C_2、n_2，由已知可得在 $n \geq n_1$ 时，$T_1(n) \leq C_1 f(n)$ 成立；在 $n \geq n_2$ 时，$T_2(n) \leq C_2 g(n)$ 成立。

设 n_1 和 n_2 之间的最大值为 n_0，即 $n_0 = \max(n_1, n_2)$。

那么，在 $n \geq n_0$ 时，$T_1(n) + T_2(n) \leq C_1 f(n) + C_2 g(n)$ 成立，所以 $T_1(n) + T_2(n) \leq (C_1 + C_2) \max(f(n), g(n))$。

求积定理： 假定 $T_1(n)$、$T_2(n)$ 是程序 P_1、P_2 的时间复杂度，并且 $T_1(n) = O(f(n))$，

$T_2(n) = O(g(n))$，那么 $T_1(n) \times T_2(n) = O(f(n) \times g(n))$。多层嵌套循环就属于这种情况。

证明： 根据已知，在 $n \geq n_1$ 时，$T_1(n) \leq C_1 f(n)$ 成立；在 $n \geq n_2$ 时，$T_2(n) \leq C_2 g(n)$ 成立。其中 C_1、n_1 及 C_2、n_2 都是常数。所以，在 $n \geq \max(n_1, n_2)$ 时，$T_1(n) \times T_2(n) \leq C_1 C_2 f(n) \times g(n)$，所以，$T_1(n) \times T_2(n) = O(f(n) \times g(n))$。

【例 1-8】 计算下列程序段的时间复杂度。
```
void example (float x[ ][ ], int m, int n, int k)
{   float sum [ ];
    for (i=0; i<m; i++)              //x[ ][ ]中各行数据累加
    { sum[i] = 0.0;
        for (j=0; j<n; j++)
            sum[i] + = x[i][j];
    }
    for (i = 0; i<m; i++)            //打印各行数据和
        Printf ("Line%d:%d", i, sum [i]);
}
```
解： 函数 example( ) 中既有并列的程序段，又有嵌套的循环。对于并列执行的一系列语句，计算时间复杂度时可以应用求和定理；对于嵌套执行的程序段，可以应用求积定理。这样，上述函数 example( ) 的渐进时间复杂度为 $O(\max(m \times n, m))$。

3. 算法的最好、最坏和平均时间复杂度

对于某些算法，即使问题规模相同，如果输入数据不同，其时间开销也不同。例如，在下面的冒泡排序算法中，算法中基本操作重复执行的次数随问题输入量的排列次序不同而不同。

【例 1-9】 分析冒泡排序算法的时间复杂度。
```
void bubble_Sort (int a[ ], int n )                //冒泡排序算法
{ for (int i = n - 1, change = 1; i > = 1 &&change; i - -)
    { change = 0;
        for (j=0; j<i;  j++)
            if (a[j] > a[j+1])
                { Swap(j+1, j);                    //发生逆序，交换相邻元素
                    change = 1;                    //做"发生了交换"标志
                }
    }
}
```
解： 上述算法中，"交换序列中相邻两个元素"为基本操作。如果数组 a 中初始序列为自小至大有序（正序）时，算法运行过程中不发生数据交换，基本操作的执行次数为 0，这是**最好情况**；当初始序列为自大至小有序（逆序）时，基本操作的执行次数为 $n(n-1)/2$，n 为 a 中元素的个数，这是**最坏情况**。

对这类算法的分析，一种解决的办法是考虑它对所有可能的输入数据集的期望值，此时相应的时间复杂度为算法的**平均时间复杂度**。如果假设 a 中初始输入数据可能出现 $n!$ 种排列情况的概率相等，则冒泡排序算法的平均时间复杂度 $T_{\text{arg}}(n) = O(n^2)$。然而，很多情况下各种输入数据集出现的概率难以确定，算法的平均时间复杂度也就难以确定。因此，另一种更可行也更常用的办法是讨论算法在最坏情况下的时间复杂度，即分析最坏情况，以估算算法

执行时间的一个上界。例如，上述冒泡排序算法的最坏情况为 a 中的数据按逆序排列，则冒泡排序算法在最坏情况下的时间复杂度为 $T(n) = O(n^2)$。本书以后各章中讨论时间复杂度时，除特别指明外，均指最坏情况下的时间复杂度。

算法的时间复杂度是衡量算法好坏的重要指标。若将常见的时间复杂度按数量级递增排列，则依次为：常数阶 $O(1)$、对数阶、线性阶、线性对数阶、二次方阶、三次方阶、⋯、指数阶、阶乘等，即

$$O(1) < O(\log_2 n) < O(n) < O(n\log_2 n) < O(n^2) < O(n^3) < \cdots < O(2^n) < O(n!)$$

不同量级时间复杂度的增长趋势如图 1-8 所示。从图 1-8 中可以看出，算法时间复杂度的数量级越低，算法的效率就越高。当算法的时间复杂度为指数函数和阶乘函数时，算法的效率极低，特别是当 n 较大时，算法的运行时间几乎无法接受。因此，应尽量选用多项式阶的算法 $O(n^k)$，尽量少用指数阶的算法。

［视频 1-18　不同量级时间复杂度］

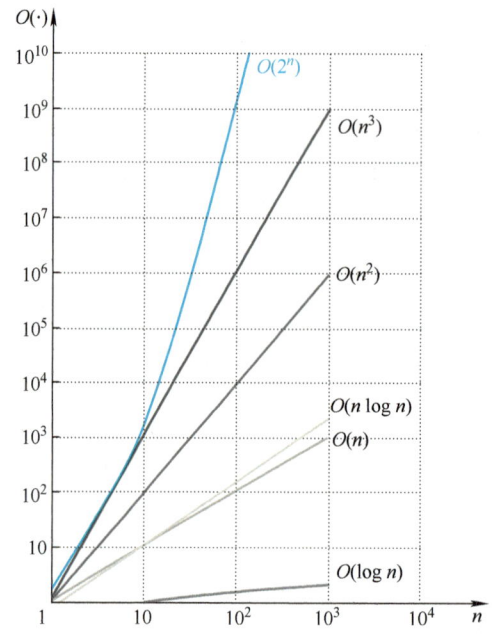

图 1-8　不同量级时间复杂度的增长趋势

1.4.3　算法的空间复杂度

一个算法的**空间复杂度**（Space Complexity）是指算法执行过程中所需要的辅助存储空间数量。

1. 算法执行所需的存储空间

一般情况下，算法执行所需的存储空间包括以下三部分。

1）程序本身所占用的空间，即存储算法所占用的存储空间，主要包括程序代码、常量、定长成分的结构变量等所占的空间。这部分空间由实现算法的语言和实现算法的描述语句所决定，语句和程序越短，所占用的存储空间越少，而与所处理数据的大小和个数无关，或者称与问题的实例特征无关。

［视频 1-19　空间复杂度］

2）算法的输入、输出所占用的存储空间。这部分空间基本上由问题的规模决定，一般不

会随算法的不同而改变。

3)算法执行过程中临时占用的空间,即算法执行所需要的额外空间,如临时工作单元、递归过程中的工作栈等。这部分空间的大小往往与算法密切相关,会随算法的不同而不同。

从上述分析可以看出,算法执行所需的前两部分空间的大小不会因算法的不同而有太大的变化,更不会有数量级上的差别,可以看作固定的部分。而算法执行过程中临时占用的存储空间,会随算法的不同而不同,可看作可变部分。因此,评价一个算法的空间复杂度时,通常只考虑算法执行过程中所占用的临时空间的大小。

2. 渐进空间复杂度

空间复杂度也是度量一个算法好坏的标准,是对算法所需存储空间的度量,它也是问题规模 n 的函数。与时间复杂度类似,当问题的规模逐渐增大,在极限的情况,即 $n \to +\infty$ 时,空间复杂度函数的极限称为渐进空间复杂度,简称空间复杂度,记作 $S(n) = O(f(n))$,其中 n 为问题的规模(或大小)。

当一个算法的空间复杂度为一个常量,即不随处理数据的大小(问题规模)而改变时,可表示为 $O(1)$;当一个算法的空间复杂度与 n 呈线性关系时,可表示为 $O(n)$。例如,例 1-8 中函数 example() 执行过程中,为 sum 数组分配了相应的内存空间,sum 数组用来存放 m 行数据的每行累加和,因此其空间复杂度为 $O(m)$。

对于一个算法,其时间复杂度和空间复杂度往往是相互影响的。当追求一个较好的时间复杂度时,可能会使空间复杂度的性能变差,即可能导致占用较多的存储空间;反之,当追求一个较好的空间复杂度时,可能会使时间复杂度的性能下降,两者之间有一种制约关系。因此,当设计一个算法(特别是大型算法)时,要综合考虑算法的各项性能、处理问题的规模、算法描述语言的特性、算法运行的机器等各方面因素,只有这样才能设计出比较好的算法。

本章小结

数据结构重点研究非数值计算的程序设计问题中,计算机需要处理的数据对象和对象之间的关系。具体来说,包括程序中涉及的数据逻辑结构,数据在计算机中如何表示和存储,以及相关操作及其实现。主要学习要点如下。

1)了解用计算机解决问题的一般步骤,以及数据结构在其中的作用。
2)掌握数据、数据对象、数据元素、数据类型、抽象数据类型等术语的含义。
3)理解数据结构的定义,数据的逻辑结构、存储结构和运算之间的关系。
4)掌握各种逻辑结构(线性结构、树和图)的特点。
5)了解各种存储结构,特别是顺序存储结构、链式存储结构的区别。
6)掌握算法的定义及特性、算法的描述方法。
7)掌握算法的时间复杂度、空间复杂度分析方法,能从时间和空间角度对算法性能进行分析。

思想园地——好算法是反复修正和优化的结果

算法的设计和实现类似于房屋的设计和建筑。先从最基本的概念出发考虑房子的修建。设计师的工作是给出满足要求的规划,工程师的工作是确认规划是正确且可行的(以保证房子不会在短时间内倒塌),建设工人的工作是按照规划建筑房子。在所有阶段,都要考虑造价并进行分析。算法的设计也如此,先考虑基本的思想和方法,然后做出规划并证明规划是可行的，且代价是可接受的，最后在具体计算机上实现算法。在实际问题求解中，很多时候直观的方法（基本的思想和方法）并不总是最好的，需要寻找更好的方法不断改进和优化算法。下面以最大子列问题求解算法的改进优化过程为例，来说明好算法是反复修正和优化的结果。

最大子列问题（也称为最大子序列和问题）是一个经典的算法问题。它的目标是要求在给定的整数序列中找到一个连续的子序列，使得这个子序列的和最大。这个问题有多种解决方法，其中一种经典的方法是使用 Kadane 算法。Kadane 算法是一个简单而有效的算法，但在实际应用中其求解过程也经历了多次改进和优化。

1. 直观的方法

解决这个问题最直观的方法是暴力法，即穷举所有可能的子序列，计算它们的和，然后找出最大和。这种方法的时间复杂度是 $O(n^2)$，对于较大的数列计算效率非常低。

2. 改进方法：Kadane 算法

运用动态规划的思想提出了 Kadane 算法。Kadane 算法的初始版本非常简单，在遍历整个序列过程中维护两个变量：max_so_far 和 current_max。max_so_far 用于保存到目前为止找到的最大子列和，current_max 则保存了以当前元素为结尾的子列的最大和。在遍历整数序列时更新这两个变量，并在遍历结束时返回 max_so_far。这样，只扫描一次数列，就能找到最大子列和，算法的时间复杂度降低到了 $O(n)$，大大提高了计算效率。

3. 优化：处理负数子列

Kadane 算法的初始版本有一个问题：如果序列中包含负数，它可能会错误地跳过一些包含负数的子列。例如，对于序列 [-2, -3, 4, -1, -2, 1, 5, -3]，Kadane 算法的初始版本会返回 4（子列 [4]），但实际上最大子列和是 6（子列 [1, 5]）。

为了解决这个问题，在每次更新 current_max 时，不再只是简单地将当前元素加到 current_max 上，而是取当前元素和 current_max + 当前元素中的较大值。这样，如果当前元素是一个负数，并且以当前元素为结尾的子列的和比当前元素本身还小，就可以放弃这个子列，重新开始计算新的子列的和。

4. 再优化：处理全负数数组

即使进行了上述优化，如果序列中的所有元素都是负数，Kadane 算法仍然会返回第一个元素作为最大子列和，这显然是不正确的，因为应该返回整个序列的和作为最大子列和。

为了解决这个问题，可以在初始化 max_so_far 和 current_max 时，将它们的值都设为序列的第一个元素。这样，即使序列中的所有元素都是负数，Kadane 算法也能正确地返回整个序列的和作为最大子列和。

5. 进一步优化

除了上述两个优化之外，还可以对 Kadane 算法进行其他优化，例如使用并行计算来加速处理过程，或者使用更高效的数据结构来存储和访问数组元素。这些优化都可以进一步提高 Kadane 算法的性能和效率。

随着算法在各种不同的场景中应用，可能还会发现新的问题和瓶颈。一个好算法并不是一开始就完美无缺，它需要通过不断的实验、测试、反馈和修正来逐步完善。这个过程反映了科学家和工程师在追求技术卓越的过程中，不断学习和适应新挑战的能力。

思考题

1. 用计算机解决问题的一般步骤是什么？
2. 数据结构是一门研究什么内容的学科？

3. 数据元素之间的关系在计算机中有几种表示方法？各有什么特点？

4. 数据的逻辑结构是否可以独立于存储结构来考虑？反之，数据的存储结构是否可以独立于逻辑结构来考虑？

5. 如果一个算法多层嵌套地调用了其他算法，它是否违反了"可行性"的要求？

6. 如果一个算法内部有一个根据系统状态会转移到不同指令地址的开关，它是否违反了"确定性"的要求？

7. 评价一个好算法，您是从哪几方面来考虑的？

练习题

1. 填空题

1) 数据结构被形式地定义为（D，R），其中 D 是_____的有限集合，R 是 D 上的_____有限集合。

2) 线性结构中元素之间存在_____关系，树形结构中元素之间存在_____关系，图形结构中元素之间存在_____关系。

3) _____是数据的最小单位，_____是讨论数据结构时涉及的最小数据单位。

4) 数据结构的三要素是指_____、_____和_____。

5) 算法的五个重要特性是_____、_____、_____、_____和_____。

6) 一般情况下，一个算法的时间复杂度是_____的函数。

2. 判断题

1) 一旦一个问题的数据模型确定，求解该问题的算法是唯一的。（   ）

2) 数据结构是数据对象与对象中数据元素之间关系的集合。（   ）

3) 数据元素是数据的最小单位。（   ）

4) 数据的逻辑结构是指各数据元素之间的逻辑关系，是用户按使用需要建立的。（   ）

5) 数据的逻辑结构与数据元素本身的内容和形式无关。（   ）

6) 从逻辑关系上讲，数据结构主要分为两大类：线性结构和非线性结构。（   ）

3. 选择题

1) 数据结构中，与所使用的计算机无关的是数据的（   ）。

A. 存储结构　　　　B. 逻辑结构　　　　C. 物理结构　　　　D. 存储和物理结构

2) 数据在计算机存储器内表示时，物理地址与逻辑地址相同并且是连续的，称之为（   ）。

A. 存储结构　　　　B. 逻辑结构　　　　C. 顺序存储结构　　D. 链式存储结构

3) 某算法的时间复杂度为 $O(n^2)$，表明该算法的（   ）。

A. 问题规模是 n^2　　　　　　　　B. 执行时间等于 n^2

C. 执行时间与 n^2 成正比　　　　　D. 问题规模与 n^2 成正比

4) 计算机所处理的数据一般具有某种内在联系，这是指（   ）。

A. 数据和数据之间存在某种关系　　B. 元素和元素之间存在某种关系

C. 元素内部具有某种结构　　　　　D. 数据项和数据项之间存在某种关系

5) 对于数据结构的描述，下列说法中不正确的是（   ）。

A. 相同的逻辑结构对应的存储结构也必相同

B. 数据结构由逻辑结构、存储结构和基本操作三方面组成

C. 对数据结构基本操作的实现与存储结构有关

D. 数据的存储结构是数据的逻辑结构在计算机内的实现

6) 算法分析的目的是（　　）。

A. 找出数据结构的合理性　　　　B. 研究算法中的输入和输出的关系

C. 分析算法的效率以求改进　　　D. 分析算法的易懂性和文档性

4. 求下面各程序段的渐进时间复杂度（用大 O 表示法表示）

1) ```
int i, p = 1, s = 0;
for (i = 0; i < n; i++)
    { p *= i;
      s += p;
    }
```

2) ```
for (i = 0; i < m; i++)
    for (j = 0; j < n; j++)
        A[i][j] = i * j;
```

3) ```
int i = 1;
while (i <= n)
    i = i * 3;
```

4) ```
sum = 0;
for (i = 0; i < n; i++)
    for (j = 0; j < n; j++)
        sum++;
```

5) ```
sum = 0;
for (i = 0; i < n; i++)
    for (j = 0; j < i; j++)
        sum++;
```

6) ```
sum = 0;
for (i = 0; i < n; i++)
    for (j = 0; j < i * i; j++)
        for (k = 0; k < j; k++)
            sum++;
```

7) ```
sum = 0;
for (i = 0; i < n; i++)
    for (j = 0; j < i * i; j++)
        if (j % i == 0)
            for (k = 0; k < j; k++)
                sum++;
```

## 上机实验题

1. 求 $1 \sim n$ 的连续整数和。

目的：通过对比同一问题不同解法的绝对执行时间，体会不同算法的优劣。

内容：对于给定的正整数 $n$，编写算法求 $1 + 2 + \cdots + n$ 的和。要求分别用逐个累加与 $n(n+1)/2$（高斯法）两种解法求解；实现算法并用数据进行测试，对于相同的 $n$，给出这两
```

种解法的求和结果与求解时间。

2. 常见算法时间函数的增长趋势分析。

目的：理解常见算法时间函数的增长情况。

内容：编写算法对于 $1\sim n$ 的每个整数 n；输出 $\log_2 n$、$\sqrt{n}$、n、$n\log_2 n$、n^2、n^3、2^n 和 $n!$ 的值。

3. 求素数的个数。

目的：通过对比同一问题不同解法的绝对执行时间，体会如何设计"好"算法。

内容：编写算法求 $1\sim n$ 之间素数的个数。要求设计两种求解算法，实现算法并用数据进行测试，对于相同的 n，给出两种解法的结果与求解时间。

第 2 章　线　性　表

线性表是简单且常用的一种线性结构。线性表的数据元素之间是一种线性关系，数据元素"一个接一个地排列"。本章将详细介绍线性表的基本概念、逻辑结构、线性表的顺序存储结构和链式存储结构及基本运算的实现等。虽然讨论的是线性表，但涉及的许多问题具有一定的普遍性，因此，本章是本书的重点，也是后续章节的重要基础。

【学习重点】

① 线性表的定义、逻辑特点；
② 线性表的顺序存储结构、基本操作的实现和性能分析；
③ 线性表的链式存储结构、基本操作的实现和性能分析；
④ 顺序表和链表的比较。

【学习难点】

① 线性表的抽象数据类型定义，及其与顺序存储结构和链式存储结构之间的关系；
② 基于顺序表的算法设计方法和性能分析；
③ 基于链表（特别是单链表）的算法设计方法和性能分析。

2.1　线性表的逻辑结构

【问题导入】　本书第 1 章将学校人事信息管理系统（例 1-1）中的教职工信息描述为一张表（表 1-1），表中各个数据元素之间的关系是线性的，称为线性表。在现实生活中，有哪些问题可以抽象为线性表？线性表有哪些特点？

在实际应用中，线性表的例子很多。例如，英文字母表（A，B，…，Z）就是一个简单的线性表，表中的每一个英文字母是一个数据元素，每个元素之间存在唯一的顺序关系，如字母 B 的前面是字母 A，字母 B 后面是字母 C。在较为复杂的线性表中，数据元素可由若干数据项组成，这种情况下，常把数据元素称为记录（Record），第 1 章表 1-1 的教职工信息表是一个线性表，表中每个数据元素由职工号、姓名、性别、职务共 4 个数据项组成。

2.1.1　线性表的定义

线性表（Linear List）是 $n(n \geq 0)$ 个具有相同类型的数据元素的有限序列。该序列中所包含数据元素的个数 n 称为线性表的长度，长度为零（当 $n=0$ 时）的线性表为空的线性表（简称空表）。一个线性表通常记为：

$$L = (a_1, a_2, \cdots, a_{i-1}, a_i, a_{i+1}, \cdots, a_n)$$

其中，L 为线性表的表名。$a_i(1 \leqslant i \leqslant n)$ 称为数据元素，下标 i 表示该元素在线性表中的位置或序号（逻辑序号），a_i 是表中的第 i 个元素。a_1 是表中第一个元素，又称<u>表头</u>元素，a_n 是最后一个元素，又称<u>表尾</u>元素。

线性表的逻辑结构如图 2-1 所示。

[视频 2-1　线性表定义]

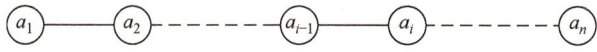

图 2-1　线性表的逻辑结构示意图

线性表中数据元素之间是一对一的关系，即每个数据元素有且仅有一个直接前驱和一个直接后继。a_{i-1} 称为 a_i 的<u>直接前驱</u>，a_{i+1} 称为 a_i 的<u>直接后继</u>，而元素 a_1 没有前驱，元素 a_n 无后继。因此，线性表 L 可用二元组表示为：L = (D,R)，其中

$$D = \{a_i \mid a_i \in \text{ElemType}, 1 \leqslant i \leqslant n, n \geqslant 0\}$$
$$R = \{<a_{i-1}, a_i> \mid a_{i-1}, a_i \in D, 2 \leqslant i \leqslant n\}$$

这里将线性表中数据元素的类型抽象为 ElemType。ElemType 的数据类型根据具体问题而定，例如，在字符串中，它是字符型；在教职工信息表中，它是用户自定义的教工结构体类型。可以通过 typedef 语句在使用前把它定义为任何一种具体类型，例如，若把它定义为整数类型，则为：

typedef int ElemType；

2.1.2　线性表的抽象数据类型描述

线性表是一种灵活的数据结构，对线性表的数据元素不仅可以进行存取访问，还可以进行插入、删除等操作，其抽象数据类型定义为：

ADT List {

数据对象：$D = \{a_i \mid a_i \in \text{ElemType}, 1 \leqslant i \leqslant n, n \geqslant 0\}$

数据关系：$R = \{<a_{i-1}, a_i> \mid a_{i-1}, a_i \in D, 2 \leqslant i \leqslant n\}$

基本操作：

　　InitList（&L）：初始化线性表，构造一个空的线性表 L。

　　DestroyList（&L）：销毁线性表 L，释放线性表 L 所占用的存储空间。

　　Length（L）：求线性表 L 的长度。

　　GetItem（L，i，&e）：取线性表 L 中第 i 个数据元素，用 e 返回该元素的值。

　　Locate（L，x）：在线性表 L 中查找值等于 x 的数据元素。

　　Insert（&L，i，x）：在线性表 L 的第 i（$1 \leqslant i \leqslant n+1$）个位置处插入一个新元素 x。

　　Delete（&L，i，&e）：删除线性表 L 中第 i（$1 \leqslant i \leqslant n$）个元素，用 e 返回其值。

　　Empty（L）：判断线性表 L 是否为空，若为空表返回真，否则返回假。

}

说明：

1）对于不同的应用，线性表的基本操作不相同。

2）上述操作是一些常用的基本运算，而不是它的全部运算，对于实际问题中更复杂的操作，可以运用这些基本操作组合来实现。例如，线性表的插入运算，可以将新元素插入到第 i 个位置，也可以将其插入到值为 x 的元素的位置前面。

> 3）在上面各操作中定义的线性表 L，仅仅是一个抽象在逻辑结构层次的线性表，尚未涉及它的存储结构，因此每个操作在逻辑结构层次上尚不能用某种程序语言写出具体的算法，而算法的实现只有在存储结构确立之后。

2.2 线性表的顺序存储结构及实现

【问题导入】 从解决问题的需要出发，学校人事信息管理系统中的教职工信息被抽象为一个线性表（表1-1），接下来就要考虑如何在计算机中实现这个线性表，包括如何存储每个教职工信息（数据元素），以及如何表示数据元素之间的线性关系？

在实际应用中，数据的存储方法灵活多样。根据数据元素之间的关系在计算机中不同的表示方法，线性表常用的存储结构有两种：顺序存储结构和链式存储结构。用顺序存储结构实现的线性表称为顺序表，用链式存储结构实现的线性表称为链表。下面将分别介绍这两种存储结构，以及在这两种存储结构上如何实现线性表的基本运算。

2.2.1 线性表的顺序存储结构——顺序表

线性表的顺序存储是指在内存中用一段地址连续的存储空间依次存储线性表的各个元素。用这种存储结构实现的线性表称为顺序表（Sequential List）。因为内存中的地址空间是线性的，因此，顺序表用物理上的相邻实现数据元素之间的逻辑相邻关系，既简单又自然。

在程序设计语言中，一维数组在内存中占用的存储空间就是一组连续的存储区域，因此，通常用一维数组来实现顺序表，也就是把线性表中相邻的元素存储到数组中相邻的位置，使数据元素的序号和存放它的数组下标之间一一对应。由于在 C/C++ 语言中数组的下标是从 0 开始的，而线性表中元素序号从 1 开始，因此，数据元素 a_i 存储在数组下标的第 $i-1$ 单元中。

考虑到线性表有插入、删除等运算，即表长是可变的，因此数组的容量需要大于线性表的长度。用 MaxSize 表示数组的长度，用 length 表示线性表的长度，用数组 data 来存储线性表 $A = (a_1, a_2, a_3, \cdots, a_n)$，则线性表 A 对应的顺序存储结构如图 2-2 所示。

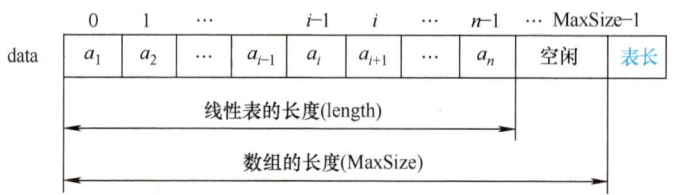

图 2-2 线性表 A 对应的顺序存储结构示意图

由于线性表中所有元素的数据类型是相同的，因此每个元素占用的存储空间也是相同的。假设每个数据元素占用 d 个存储单元，若线性表中第一个数据元素 a_1 的存储地址为 $\text{Loc}(a_1)$，则第 i 个数据元素的地址（元素 a_i 的存储地址）为：

$$\text{Loc}(a_i) = \text{Loc}(a_1) + (i-1) \times d, 1 \leq i \leq n \tag{2-1}$$

式中，$\text{Loc}(a_1)$ 是线性表中第一个数据元素的存储地址，称为线性表的存储首地址或基址。

从式（2-1）可以看出，在线性表中每个数据元素 a_i 的存储地址是该数据元素在表中位置 i 的线性函数，只要知道顺序表首地址和每个数据元素所占地址单元的个数，利用地址公式就可以直接求出第 i 个数据元素的

[视频2-2 顺序表]

地址,从而实现线性表中数据元素的快速存取,其算法的时间复杂度为 $O(1)$,与线性表的长度无关。由此可知,顺序表具有按数据元素的序号随机存取的特点,是一种随机存取(Random Access)结构。

在定义一个线性表的顺序存储类型时,需要定义一个数组来存储线性表中所有数据元素,并定义一个整型变量来存储线性表的长度。为了便于操作线性表,可以把存储数据元素的数组和存储线性表长度的变量同时声明在一个结构类型中,则顺序表的类型定义如下:

```
# define MaxSize 100        // 顺序表可能的最大容量,假设为 100
typedef int ElemType        /* 每个数据元素的数据类型 ElemType 可为任何类型,假设为整型 */
typedef struct SqList
{  ElemType data[MaxSize];
   int length;              // 顺序表长度
} SqList;                   // 顺序表数据类型为 SqList
```

> **说明:**
> 可以使用 SqList 类型直接定义顺序表,也可以采用顺序表指针方式定义顺序表,例如: SqList * L 或 SqList Q,都可以定义一个顺序表,但前者通过指针 L 间接地定义顺序表,后者是直接定义顺序表。前者引用顺序表表长的方式为 L -> length,表头元素 a_1 存在 L -> data [0]中;后者引用表长的方式为 Q. length,表尾元素 a_n 存在 Q. data [Q. length - 1] 中。本章的算法中多用顺序表指针方式访问顺序表,主要是为了方便顺序表的释放算法设计,并且在函数之间传递顺序表指针时会节省为形参分配的空间。

2.2.2 顺序表基本运算的实现

定义线性表的顺序存储结构之后,就可以讨论在该结构上如何实现顺序表的基本运算了。下面给出初始化顺序表、建立顺序表、求顺序表长度、遍历运算、插入运算、删除运算和查找运算等基本运算的实现算法。

1. 初始化顺序表

初始化顺序表的功能是构造一个空的顺序表 L,只需要为顺序表动态申请一段地址连续的存储空间,并将表长置为 0。顺序表的存储空间可通过 malloc(sizeof(SqList)) 动态分配来获得。具体算法描述见算法 2.1。本算法的时间复杂度为 $O(1)$。

[视频 2-3 顺序表初始化]

算法 2.1 初始化顺序表算法

```
int init_SqList(SqList * &L)
{  //构造一个空的顺序表 L,成功返回 1,否则返回 0
   L = (SqList * )malloc(sizeof(SqList));   //动态分配存储空间
   if (!L) return 0;        //存储分配失败,返回 0
   L -> length = 0;         // 顺序表为空,长度为 0
   return 1;
}
```

调用上述算法构造顺序表 L 后,需要将顺序表 L 的地址返回给对应的实参,也就是说 L

是输出型参数,所以在形参 L 的前面加上引用符号"&"。

2. 建立顺序表

建立一个长度为 n 的顺序表 L,将给定数组 a 中的元素作为顺序表的数据元素依次放到顺序表 L 中。具体算法描述见算法 2.2。本算法的时间复杂度为 $O(n)$。

算法 2.2 建立顺序表算法

```
int  Create_SqList(SqList *L, ElemType a[ ], int n)
{   // 由 a 中的元素建立顺序表 L,成功返回 1,否则返回 0
    int i;
    if ( n > MaxSize)
    {    printf("顺序表容量不够!");
         return 0;
    }  //无法建立顺序表 L,返回 0
    for (i = 0; i < n; i++)
        L -> data[i] = a[i];    //将数组元素 a[i]存入顺序表 L
    L -> length = n;    // 顺序表长度为 n
    return 1;
}
```

3. 求顺序表长度

求顺序表 L 的长度,实际上只要返回 length 的值即可。具体算法见算法 2.3。算法的时间复杂度为 $O(1)$。

算法 2.3 求顺序表长度算法

```
int  Length_SqList(SqList *L)
{   // 返回顺序表 L 的长度
    return (L -> length);
}
```

4. 遍历运算

遍历运算依次输出顺序表 L 中各个元素的值。具体算法见算法 2.4。本算法的时间复杂度为 $O(n)$。

算法 2.4 顺序表遍历算法

```
void  Print_SqList(SqList *L)
{   // 输出顺序表 L 中各个元素的值
    int i;
    for (i = 0; i < L ->length; i ++)
        printf("% d", L->data[i]);    //输出 data[i]的值(假设为 int 型)
    printf("\n");
}
```

5. 插入运算

插入运算在顺序表 L 的第 i($1 \leqslant i \leqslant n+1$)个位置上插入一个值为 x 的新元素,插入后使原表长为 n 的顺序表;

$$(a_1, a_2, \cdots, a_{i-1}, a_i, a_{i+1}, \cdots, a_n)$$

成为表长为 $n+1$ 的顺序表：

$$(a_1, a_2, \cdots, a_{i-1}, x, a_i, a_{i+1}, \cdots, a_n)$$

算法思路：由于顺序表中的数据元素在计算机中是连续存放的，若在第 i 个位置上插入一个值为 x 的新元素，就必须将表中下标位置为 $i, i+1, \cdots, n$ 上的结点依次向后移动到 $i+1$, $i+2, \cdots, n+1$ 的位置上，空出第 i 个位置，在该位置上插入 x。仅当插入位置 $i = n+1$ 时，才无须移动结点。新结点插入后，顺序表的长度变为 length + 1。

当然，从算法健壮性的角度考虑，设计算法时还要考虑存储空间是否在未插入前已经处于满状态？在顺序表满的情况下要提示用户不能再做插入，否则产生溢出错误。另外，还要考虑插入位置 i 值是否合理？i 的合理取值范围为 $1 \leq i \leq n+1$，其中 n 为表长。

综合上述考虑，在顺序表上完成插入运算要通过以下步骤进行。

1）判断插入位置 i 是否合理，若不合理则提示错误，并中止程序运行。
2）检查顺序表的存储空间是否已满，若满则提示用户不能再做插入。
3）为保持顺序表的存储特点，必须先将顺序表中数据元素 a_n ~ a_i 从原存储单元依次后移一个存储单元（向表尾方向移动），为新元素让出位置。
4）将 x 置入空出的第 i 个位置。
5）修改顺序表的长度，使顺序表的长度加 1。

具体算法描述见算法 2.5。

[视频 2-4 顺序表插入]

算法 2.5 顺序表插入算法

```
int Insert_SqList(SqList *L, int i, ElemType x)
{   // 在顺序表 L 第 i 个位置插入一个值为 x 的新元素，插入成功返回 1，否则返回 0
    int m;
    if ((i < 1) || (i > L->length + 1))  //检查插入位置的正确性
    {   printf("插入位置i不合理!");
        return 0;
    } //插入位置不合理
    if (L->length >= MaxSize - 1)  //顺序表已满
    {   printf("顺序表已满,不能再插入!");
        return 0;
    } // 顺序表已满,无法插入
    for (m = L->length; m >= i; m--)
        L->data[m] = L->data[m-1];  // 结点后移
    L->data[i-1] = x;  //新元素插入
    L->length++;  //表长 +1
    return 1;  //插入成功,返回
}
```

顺序表插入前后的比较如图 2-3 所示。

插入算法的时间性能分析：

顺序表上的插入运算，时间主要消耗在了数据元素的移动上，在第 i 个位置上插入值为 x 的数据元素，从 a_i 到 a_n 都要向后移动一个位置，共需要移动 $n-i+1$ 个数据元素，而 i 的取值范围为 $1 \leq i \leq n+1$，即有 $n+1$ 个位置可以插入。设在第 i 个位置上进行插入的概率为 p_i，则

平均移动数据元素的次数：

$$E_{\text{insert}} = \sum_{i=1}^{n+1} p_i(n-i+1) \qquad (2\text{-}2)$$

设 $p_i = 1/(n+1)$，即为等概率情况，则：

$$E_{\text{insert}} = \sum_{i=1}^{n+1} p_i(n-i+1) = \frac{1}{n+1}\sum_{i=1}^{n+1}(n-i+1) = \frac{n}{2} \qquad (2\text{-}3)$$

说明在顺序表上做插入操作时，平均来说需移动顺序表中一半的数据元素。显然，顺序表上插入算法的时间复杂度为 $O(n)$。

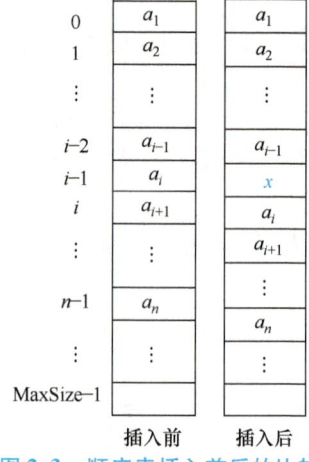

图 2-3　顺序表插入前后的比较

6. 删除运算

删除运算删除顺序表 L 的第 i（$1 \leq i \leq n$）个元素，删除后使原表长为 n 的顺序表：

$$(a_1, a_2, \cdots, a_{i-1}, a_i, a_{i+1}, \cdots, a_n)$$

成为表长为 $n-1$ 的顺序表：

$$(a_1, a_2, \cdots, a_{i-1}, a_{i+1}, \cdots, a_n)$$

算法思路：由于顺序表中数据元素是连续存放的，若删除顺序表中第 i 元素（在第 $i-1$ 个下标单元中），就必须将顺序表中下标位置为 i, $i+1$, $\cdots$, n 上的结点（第 $i+1$, $i+2$, $\cdots$, n 个元素）依次向前移动到 $i-1$, i, $\cdots$, $n-1$ 的位置上，才能保持顺序表的存储特点。删除结点后，线性表的长度变为 length -1。当然，从算法健壮性的角度考虑，也需要考虑 i 值的合理性。i 的合理取值范围为 $1 \leq i \leq n$，其中 n 为顺序表表长。

综合上述考虑，在顺序表上完成删除运算的基本步骤如下。

1）检查删除位置 i 是否合理，若不合理则提示错误，并中止程序运行。

2）将表中数据元素 $a_{i+1} \sim a_n$ 从原存储单元依次前移一个存储单元（向表头方向移动）。

3）修改顺序表的长度，使顺序表的长度减 1。

具体算法描述见算法 2.6。

［视频 2-5　顺序表删除］

算法 2.6　顺序表删除算法

```
int  Delete_SqList(SqList *L, int i,ElemType &e)
{//删除顺序表 L 中第 i 个数据元素,删除数据元素的值保存到 e 中,成功返回 1,否则返回 0
    if ((i < 1) || (i > L->length))     // 检查删除位置的正确性
    {    printf("删除位置 i 不合理!");
         return 0;
    }//删除位置不合理,返回 0
    e = L->data[i-1];   /*删除第 i 个元素后,该数据元素就不存在,如果需要,先取出 data[i-1]的值保存*/
    for (i; i <= L->length - 1; i++)
         L->data[i-1] = L->data[i];    //结点前移
    L->length--;    //顺序表表长 -1
    return 1;       //删除成功,返回
}
```

顺序表删除数据元素前后的比较如图 2-4 所示。

删除算法的时间复杂度分析：

与插入运算相同，顺序表删除运算的时间也主要消耗在移动顺序表中数据元素上，删除第 i 个数据元素时，其后面的数据元素 $a_{i+1} \sim a_n$ 都要向前移动一个位置，共移动了 $n-i$ 个数据元素，所以平均移动数据元素的次数：

$$E_{\text{delete}} = \sum_{i=1}^{n} p_i(n-i) \qquad (2\text{-}4)$$

在等概率情况下，$p_i = 1/n$，则：

$$E_{\text{delete}} = \sum_{i=1}^{n} p_i(n-i) = \frac{1}{n}\sum_{i=1}^{n}(n-i) = \frac{n-1}{2} \qquad (2\text{-}5)$$

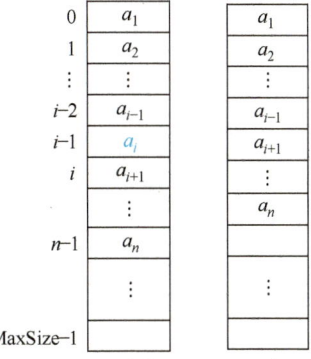

图 2-4　顺序表删除数据元素前后的比较

说明在顺序表上进行删除运算时，平均来说大约也要移动表中一半的数据元素，该算法的时间复杂度为 $O(n)$。

7. 查找运算

（1）按位置查找

按位置查找运算查找顺序表的第 $i(1 \le i \le n)$ 个数据元素。由于顺序表 L 的第 i 个数据元素存储在 data 数组中下标为 $i-1$ 的位置，直接返回该数据元素值即可。具体算法描述见算法 2.7。本算法的时间复杂度为 $O(1)$。

[视频 2-6　按位置查找]

算法 2.7　按位置查找算法

```
int GetElem_SqList(SqList *L, int i, ElemType &e)
{//查找顺序表L第i个数据元素,数据元素的值保存到e中,成功返回1,否则返回0
    if ((i<1) || (i > L->length))    // 检查查找位置的正确性
    {    printf("查找位置i不合理!");
        return 0;
    }
    e = L->data[i-1];   //取第i个数据元素值,保存到e中
    return 1;    //查找成功,返回
}
```

（2）按值查找

按值查找是指在顺序表 L 中查找与给定值 x 相等的第一个数据元素。

算法思路：在顺序表 L 中完成该运算最简单的方法是，从第一个数据元素 a_1 起依次和 x 比较，直到找到一个与 x 相等的数据元素，则返回它在顺序表中的逻辑序号；或者查遍整个顺序表都没有找到与 x 相等的元素，表明查找失败，返回 0。具体算法描述见算法 2.8。

[视频 2-7　按值查找]

算法 2.8　按值查找算法

```
int LocateElem_SqList(SqList *L, ElemType x)
{   // 在顺序表L中查找值为x的元素,查找成功,返回数据元素逻辑序号,否则返回0
    int i = 1;
    while (i <= L->length && L->data[i-1] != x)
        i++;
```

```
    if (i > L->length)
        {   printf("查找失败!");
            return 0;
        }
    else   return  i;      //返回的是数据元素序号,不是存储位置,两者差1
}
```

按值查找算法的时间性能分析:

本算法的主要运算是比较,显然比较的次数与 x 在表中的位置有关,也与表长有关。当 $a_1 = x$ 时,比较一次成功;当 $a_n = x$ 时,比较 n 次成功;当 $a_i = x$ 时比较 i 次成功。

若搜索概率 p_i 相等,即元素 x 在顺序表中每一个位置的可能性相同,$p_i = 1/n$,则:

$$E_{\text{locate}} = \sum_{i=1}^{n} p_i \times i = \frac{1}{n} \sum_{i=1}^{n} i = \frac{n+1}{2} \tag{2-6}$$

可以说在顺序表中查找值为 x 的数据元素,平均比较次数为 $(n+1)/2$,该算法的时间复杂度为 $O(n)$。

2.2.3 顺序表运算应用举例

顺序表上的操作有很多,前面只介绍了一些基本运算的实现算法。运用顺序表的基本算法,可以实现顺序表上的各种运算。

【例 2-1】 利用顺序表建立表 1-1 所示的教职工信息管理程序,要求实现下列功能。
1) 可以在花名册的任何位置插入新的教职工信息。
2) 可以根据职工号删除教职工信息。
3) 可以输出全体教职工的信息。

算法思路: 以 2.2.2 节介绍的顺序表的创建、插入、删除算法为基础,做适当修改实现教职工信息管理。

表 1-1 中每位教职工的信息包括职工号、姓名、性别、职务 4 个数据项,因此顺序表中每个数据元素的数据类型可以定义为:

```
typedef   struct   ElemType
{   int id;                //职工号
    char name[20];         //姓名
    char gender[2];        //性别
    char duties[20];       //职务
} ElemType;    // 教职工信息的数据类型为 ElemType
```

具体程序实现示例见算法 2.9。

算法 2.9 教职工信息管理程序(顺序表)

```
#include <stdio.h>
#include <stdlib.h>
#include <string.h>
#define MaxSize 100    // 顺序表可能的最大容量,假设为 100

typedef   struct   ElemType
{  int id;              //职工号
   char name[20];       //姓名
```

```c
    char gender[2];        //性别
    char duties[20];       //职务
}ElemType;    // 教职工信息的数据类型为ElemType

typedef struct SqList
{   ElemType   data[MaxSize];
    int    length;       // 顺序表长度
}SqList;   // 顺序表数据类型为SqList

/* 以下为按职工号进行查找的函数 */
int   FindId(SqList *L, int id)
{  // 在表中查找职工号为id的元素,查找成功返回数据元素逻辑序号,否则返回0
    int i = 1;
    while (i <= L->length && L->data[i-1].id!=id)
        i++;
    if (i > L->length)
       { printf("\n%s%d%s","没有职工号为",id,"的职工!");
         return 0;
       }
    else  return  i;      //返回的是数据元素序号,不是存储位置,两者差1
}
/* 输出顺序表中每个教职工的信息:职工号、姓名、性别、职务 */
void  Print_S(SqList *L)
{  // 输出顺序表L中每位教职工的信息
   int i;
   for (i = 0; i < L->length; i++)
        printf("\n%d%s%s%s",L->data[i].id,L->data[i].name,L->data[i].gender,L->data[i].duties);
        printf("\n");
}
//下面用到的与2.2.2节中相应算法相同的函数省略

int main()
{ int i, id, tag;   //tag用来表示相应操作是否成功,1表示操作成功,0表示失败
  ElemType s[10], e;
  SqList *workers;
  tag = init_SqList(workers);   //初始化顺序表算法同算法2.1
  if(tag==1)
  {  //插入5个职工信息
     printf("\n%s\n","请输入5个职工的职工号、姓名、性别、职务:");
     for (i=0; i<5; i++)
        scanf("%d %s %s %s",&s[i].id,&s[i].name,&s[i].gender,&s[i].duties);
     tag = Insert_SqList(workers, 1,s[0]);     //插入算法同算法2.5
     tag = Insert_SqList(workers, 2,s[1]);
     tag = Insert_SqList(workers, 3,s[2]);
     tag = Insert_SqList(workers, 4,s[3]);
```

```
    tag = Insert_SqList(workers, 5, s[4]);
}
//输出教职工信息
printf("\n%目前教职工信息为:");
Print_S(workers);
//删除元素
printf("\n请输入要删除职工的职工号:");
scanf("%d", &id);
i = FindId(workers, id);
if(i! = 0)
    tag = Delete_SqList(workers, i, e);    /*删除同算法 2.6,被删除教职工信息保存在变量 e 中*/
//输出教职工信息
printf("\n%目前教职工信息为:");
Print_S(workers);
return 1;
}
```

【运行结果】

请输入 5 个职工的职工号、姓名、性别、职务:
1 张东宇 男 处长
2 李晓敏 女 科长
3 宋彦 女 科员
4 王港 男 科员
5 刘蓓蓓 女 科员

目前教职工信息为:
1 张东宇 男 处长
2 李晓敏 女 科长
3 宋彦 女 科员
4 王港 男 科员
5 刘蓓蓓 女 科员

请输入要删除职工的职工号:3
目前教职工信息为:
1 张东宇 男 处长
2 李晓敏 女 科长
4 王港 男 科员
5 刘蓓蓓 女 科员

下面再通过一个例子介绍比较通用的顺序表算法设计方法。

【例 2-2】 已知两个顺序表 A 和 B,其数据元素均按从小到大的非递减次序排列,编写一个算法将它们合并成一个顺序表 C,要求 C 的数据元素也是从小到大非递减次序排列。

算法思路:依次扫描顺序表 A 和 B 的数据元素,比较当前数据元素的值,将较小值的数据元素赋给顺序表 C,如此直到一个顺序表扫描完毕,然后将未扫描完的那个顺序表中余下部分赋给顺序表 C 即可。顺序表 C 的容量要能够容纳 A、B 两个顺序表相加的长度。具体程序实现示例见算法 2.10。

算法 2.10 顺序表合并算法

```c
#include <stdio.h>
#include <stdlib.h>
#define MaxSize 100    // 顺序表可能的最大容量,假设为 100
typedef int Elemtype;   //每个数据元素的数据类型 Elemtype 可为任何类型
typedef struct SqList
{   Elemtype data[MaxSize];
    int length;    // 顺序表长度
}SqList;  // 顺序表数据类型为 SqList
int Merge_SqList(SqList *C, SqList *A, SqList *B)
{   //将两个非递减次序排列的顺序表 A 和 B 合并为一个新的有序顺序表 C
    int i,j,k;
    i=0; j=0; k=0;
    C->length = A->length + B->length;    // 顺序表 C 长度为表 A、表 B 长度之和
    while(i<=A->length-1 && j<=B->length-1)
        if(A->data[i] < B->data[j])
        {  C->data[k] = A->data[i];
           k++; i++;
        }//顺序表 A 元素较小,将其存入顺序表 C 相应位置
        else
        {  C->data[k] = B->data[j];
           k++; j++;
        }//顺序表 B 元素较小,将其存入顺序表 C 相应位置
    while(i<=A->length-1)
    {  C->data[k] = A->data[i];
       k++; i++;
    } // 插入顺序表 A 的剩余元素
    while(j<=B->length-1)
    {  C->data[k] = B->data[j];
       k++; j++;
    } // 插入顺序表 B 的剩余元素
    return 1;
}
//下面用到的与 2.2.2 节中相应算法相同的函数省略

int main()
{ int n,tag;
  SqList *A,*B,*C;
  int a[20] = {2,5,9,12,35,46};
  int b[20] = {1,11,12,28,46,58,64,71,90};
  tag = init_SqList(A);
  if(tag==1)  tag = Create_SqList(A,a,6);    //创建顺序表 A
  if(tag==1)
  { printf("\n%s","元素值为:");
```

```
        Print_SqList(A);
    }
    tag = init_SqList(B);
    if(tag == 1)    tag = Create_SqList(B, b, 9);    //创建顺序表 B
    if(tag == 1)
    { printf("\n%s", "元素值为:");
        Print_SqList(B);
    }
    tag = init_SqList(C);
    if(tag == 1)    Merge_SqList(C, A, B);    //有序表 A 与 B 合并
    if(tag == 1)
    { n = Length_SqList(C);
        printf("\n%s%d", "合并后长度为:", n);
        printf("\n%s", "合并后元素值为:");
        Print_SqList(C);
    }
    else    printf("顺序表合并失败!");
    return 1;
}
```

算法的时间复杂度为 $O(m+n)$,其中 m 是顺序表 A 的表长, n 是顺序表 B 的表长。

【运行结果】

元素值为:2 5 9 12 35 46
元素值为:1 11 12 28 46 58 64 71 90
合并后长度为:15
合并后元素值为:1 2 5 9 11 12 12 28 35 46 46 58 64 71 90

2.3 线性表的链式存储结构及实现

【问题导入】 顺序表利用数据元素在物理位置上的相邻实现了逻辑上的相邻,它要求用连续的存储单元顺序存储线性表中各数据元素,这使得顺序表有以下缺点。

1)对顺序表进行插入、删除操作需要移动大量数据元素,平均来说要移动顺序表中一半的数据元素,影响了运算效率。

2)顺序表的容量难以确定。用于实现顺序表的数组长度必须事先确定,当线性表长度变化较大时,难以确定合适的存储规模。

3)造成存储空间的"碎片"。数组要求占用连续的存储空间,即使存储单元数超过所需数目,如果不连续也不能使用,容易造成存储空间出现"碎片"。

那么,在实现线性表时,有没有办法克服上述缺点呢?

造成顺序表上述缺点的根本原因是存储空间是静态分配的,为了克服顺序表的上述缺点,可以采用存储空间动态分配的方式实现线性表,即采用链式存储结构实现线性表。

线性表链式存储结构不需要用地址连续的存储单元来实现,因为它不要求逻辑上相邻的两个数据元素物理上也相邻,它是通过"链"建立起数据元素之间的逻辑关系,因此对线性表进行插入、删除运算不需要移动数据元素。用链式存储结构实现的线性表称为链表

(Linked List)，根据链接方式不同，链表可分为单链表、循环链表、双向链表。下面分别介绍各种链表及其基本运算的实现。

2.3.1 单链表

1. 单链表的存储方式

单链表（Singly Linked List）是用一组任意的存储单元来存储线性表中的数据元素。那么，怎样表示出数据元素之间的线性关系呢？

为建立起数据元素之间的线性关系，对每个数据元素 a_i，除了存放数据元素自身的信息 a_i 之外，还需要和 a_i 一起存放其直接后继 a_{i+1} 所在的地址信息，这两部分信息组成一个数据元素的存储影像，称为结点（Node），单链表结点的结构如图 2-5 所示。存放数据元素自身信息的域称为数据域，存放其直接后继结点地址的域称为指针域，在 C/C++语言中通常采用指针来实现。

图 2-5　单链表结点的结构

单链表中每个结点的存储地址放在其前驱结点的 next 域中，而第一个元素无前驱，因此需要单链表第一个结点的地址存放到一个指针变量（如 head）中，这样才可以找到链表的第一个结点。把指向单链表第一个结点的指针称为头指针。单链表中最后一个结点没有后继，其指针域不指向任何结点，需要置空，通常用 NULL 或 "∧" 表示，表明链表到此结束。例如，线性表 (a_1, a_2, a_3, a_4, a_5, a_6, a_7, a_8)，若用单链表表示，在内存中对应的存储结构如图 2-6 所示。

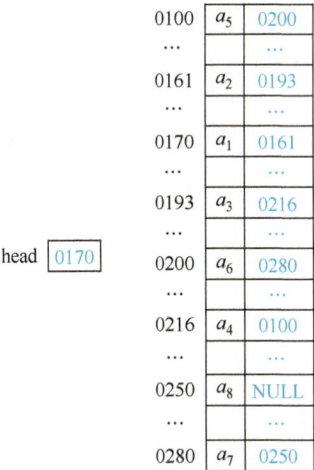

图 2-6　单链表的存储结构示例　　［视频 2-8　单链表］

对于一个单链表，一旦知道了头指针，就可以从第一个结点的地址开始"顺藤摸瓜"，找到链表中的每个结点。因此，通常用"头指针"来标识一个单链表，如单链表 L、单链表 head 等，是指某单链表的第一个结点的地址放在了指针变量 L 或 head 中。若头指针为 "NULL"，则称该链表为空表。

作为线性表的一种存储结构，关心的是结点间的逻辑结构，而对每个结点的实际地址并不关心，所以通常直接用箭头来表示结点的指针域，这样单链表通常用如图 2-7 所示的简化示意图来表示。

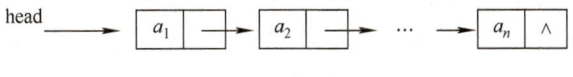

图 2-7　单链表简化示意图

2. 单链表的实现

链表是由一个个结点构成的，假设线性表中每个数据元素的类型为 ElemType，则上述单链表结点的数据类型定义如下：

typedef　int　ElemType;
typedef　struct　LNode
　　{　ElemType　data;　//数据域，存放数据元素值
　　　struct　LNode　*next;　//指针域，存放直接后继结点地址
　　}　LNode;

> **说明**：
> 　　上面定义的 LNode 是结点的类型，单链表的头指针是指向 LNode 类型结点的指针变量。可以用 LNode 类型定义单链表的头指针变量：
> 　　　　　　　LNode　*head; // head 为单链表的头指针
> 　　为了增强程序的可读性，也可以将指向 LNode 类型结点的指针声明为 LinkList 类型，即
> 　　　　　　　typedef　LNode　*LinkList;
> 　　这样，就可以直接用 LinkList 类型来定义单链表的头指针，如
> 　　　　　　　LinkList　head; // head 为单链表的头指针

在实际应用中，为了方便实现单链表的各种运算，通常在单链表的第一个结点之前再增加一个类型相同的结点，称为"表头结点"或"头结点"。设置头结点的目的是统一空表与非空表的操作，简化链表操作的实现。头结点的数据域可以不存放任何数据，仅标志表头，也可以存放一些特殊信息，如链表的长度。链表中存储第一个数据元素和最后一个数据元素的结点分别称为<u>首元结点</u>和<u>尾结点</u>。例如，图 2-8a、图 2-8b 分别是带头结点单链表的空表和非空表的示意图。本书若无特殊说明，各种链表的运算都是在带头结点的链表上实现的。

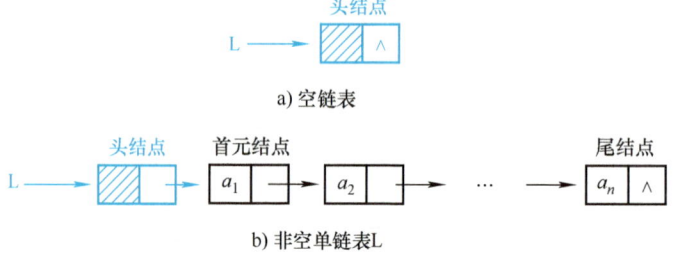

图 2-8　带头结点的单链表

3. 单链表基本运算的实现

> **说明**：
> 　　指针变量、指针、指针所指结点、结点值的区别
> 　　假设用 LNode *p 定义了一个指针变量，则 p 的值（如果有的话）是一个指针（某结点的地址）。有时为了叙述方便，将"指针变量"简称为"指针"，将"头指针变量"简称为"头指针"。指针 p 所指向的某个 LNode 类型的结点用 *p 表示，有时为了叙述方便，将"指针 p 所指结点"简称为"结点 p"。
> 　　在单链表中，结点 p 由两个域组成：存放数据元素的 data 域和存放直接后继结点地址的 next 指针域，分别用 p->data 和 p->next 来表示（等同于 (*p).data 和 (*p).next），p->data 的值是一个数据元素，p->next 的值是一个指针。如图 2-9 所示，指针 p 指向结点 a_i，则 p->next 指向结点 a_{i+1}。

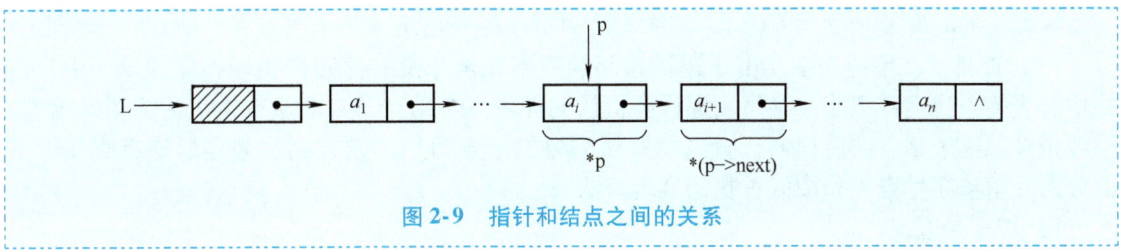

图 2-9　指针和结点之间的关系

单链表的基本运算有遍历、求表长、查找、插入、删除、建立单链表等，下面详细讨论在带头结点的单链表上实现线性表的几种基本运算。

（1）遍历　单链表的遍历是指依次访问单链表中的所有结点且仅访问一次。该运算逐一访问单链表 L 的每个数据结点，并输出每个结点的 data 域的值。

算法思路：设置一个工作指针 p 指向当前访问的结点，从首元结点开始，当指针 p 指向某个结点时，输出该结点的数据域，之后沿着每个结点的指针链依次向后访问，直到表尾结点为止。具体算法见算法 2.11。

算法 2.11　遍历单链表

```
void  Print_LinkList（LNode *L）
{   LNode *p;
    p = L->next;     // p 指向首元结点
    while（p!=NULL）
        { printf("%d", p->data);     //输出 p 结点的 data 域（假设为 int 型）
          p = p->next;
        }
    printf("\n");
}
```

本算法的时间复杂度为 $O(n)$，其中 n 为单链表中数据结点的个数。

（2）求表长　求表长运算返回单链表 L 中数据结点的个数。

由于在单链表的存储结构中没有存储单链表的长度，所以此算法需要遍历单链表，对被访问的数据结点进行计数，最后返回计数值。

算法思路：在单链表遍历操作的基础上，从首元结点开始，依次访问结点并进行计数，直到最后一个结点为止（对于带头结点的单链表，长度不包括头结点）。具体来说，设置一个工作指针 p 指向当前访问的结点，初始时 p 指向表头结点；设一个计数器 count，初始时 count = 0；若 p 所指结点后面还有结点，p 向后移动，计数器加 1。具体算法见算法 2.12。

［视频 2-9　求表长］

算法 2.12　求单链表长度

```
int  Length_LinkList（LNode *L）
{   LNode *p;
    int  count = 0;
    p = L->next;   // p 指向首元结点
    while（p!=NULL）
        {count++; p = p->next;}
    return  count;
}
```

本算法的时间复杂度为 $O(n)$，其中 n 为单链表中数据结点的个数。

（3）查找　在单链表中，由于逻辑相邻的数据元素并没有存储在物理相邻的单元中，因此单链表的查找运算不能像顺序表那样随机访问任意一个结点，只能从单链表的头指针出发，顺着指针域逐个结点向后搜索，直到找到所需要的结点为止，或者到达表尾后结束查找。下面分别介绍按序号查找和按值查找的实现算法。

1）按序号查找。

按序号查找运算在长度为 n 的单链表 L 中找到序号为 i 的数据元素（第 i 个数据结点），如果存在第 i 个数据结点，则将其 data 域的值赋给变量 e，查找成功，否则查找失败。

算法思路：在单链表遍历的基础上，从单链表首元结点起，当工作指针 p 指向某个结点时，判断当前结点是否是第 i 个数据结点，若是，则将其 data 域的值赋给变量 e，查找成功；否则，继续向后找下一个结点，直到表尾为止。若没有找到第 i 个结点，返回 0。具体算法描述见算法 2.13。

[视频 2-10　按序号查找]

算法 2.13　查找单链表中第 i 个结点

```
int GetItem_LinkList（LNode *L, int i, ElemType &e）
{//在单链表 L 中查找第 i 个数据元素，查找成功，通过 e 返回其值，否则返回 0
    LNode *p = L->next;    // p 指向首元结点
    int  j = 1;
    if（i <= 0）   return 0;  // i 值不合理，返回 0
    while（p! = NULL && j < i）   //找第 i 个结点 p
        { p = p->next;   j++; }
    if（p == NULL）   return 0;   // 找不到第 i 个元素
    else
        { e = p->data;   return 1; }    // 若找到，查找成功
}
```

本算法的时间复杂度为 $O(n)$，其中 n 为单链表中数据结点的个数。

2）按值查找。

按值查找运算在单链表 L 中查找值为 x 的第一个元素。如果查找成功，返回元素的逻辑序号，否则返回 0，表示查找失败。

算法思路：从单链表的第一个元素结点起，判断当前结点的值是否等于 x，若是则查找成功，否则继续比较下一个元素，直到表尾为止，若找不到则返回空。具体算法描述见算法 2.14。

[视频 2-11　按值查找]

算法 2.14　在单链表中查找值为 x 的结点

```
int Locate_LinkList（LNode *L, ElemType  x）
{   //在单链表 L 中查找值为 x 的结点，找到返回其序号，否则返 0
    LNode *p = L->next;   // p 指向首元结点
    int i = 1;
    while（p! = NULL && p->data ! = x）
        { p = p->next;   i++; }  // 向后查找
    if（p == NULL）
```

```
            {  printf("\n%s", "无值为 x 的元素,查找失败");
                return 0;
            }     // 若找不到值为 x 的元素,返回 0
        else
            return i;    // 查找成功,返回其逻辑序号
}
```

本算法的时间复杂度为 $O(n)$,其中 n 为单链表中数据结点的个数。

(4)插入 由于在单链表中逻辑上相邻的数据元素的物理存储位置不一定相邻,而是利用指针实现线性表中各元素之间的逻辑关系,因此,单链表中的插入运算不需要移动元素,只需要修改元素之间的链接关系就可以改变元素之间的前驱、后继关系。

如图 2-10 所示,假设指针 p 指向单链表中某结点,指针 s 指向待插入的值为 x 的新结点,若将新结点 *s 插入到结点 *p 的后面,则修改结点间链接关系的操作如下:

① s -> next = p -> next;
② p -> next = s;

注意:这两步修改元素之间链接关系的指针操作顺序不能交换。

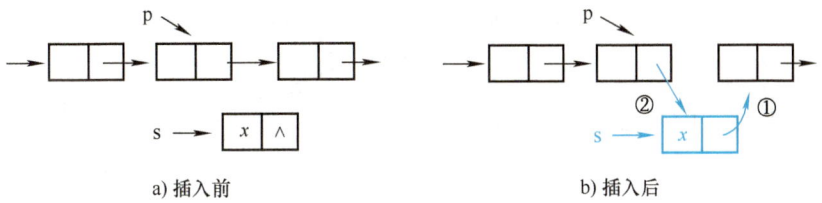

a) 插入前   b) 插入后

图 2-10 单链表中结点插入示意图

从上面结点插入修改链接关系的操作可以看出,要在单链表中插入一个新元素,需要找到插入位置的前驱结点。下面以在单链表 L 的第 i 个位置插入一个新元素 x 为例,介绍插入算法的实现。

算法思路:要在单链表 L 的第 i 个结点之前插入一个新结点,首先应该从链表头开始,查找第 i 个结点的前驱结点(即第 $i-1$ 个结点)是否存在,若存在用指针 p 指向它,否则插入失败,返回 0;然后为新结点申请存储空间并将 x 的值存入其数据域;最后通过修改元素之间的链接关系插入新结点,插入成功。从算法健壮性的角度考虑,还需要考虑 i 值的合理性,i 的合理取值范围为 $1 \leq i \leq n+1$,其中 n 为表长。具体算法描述见算法 2.15。

[视频 2-12 单链表的插入]

算法 2.15 在单链表第 i 个结点前插入值为 x 的新元素

```
int   Insert_LinkList( LNode *L, int i, ElemType x )
{    //在带头结点单链表 L 的第 i 个结点前插入新元素 x
     LNode   *p, *s;
     int count = 0;
     p = L;     // p 指向头结点
     while ( p ! = NULL && count < i - 1 )
          { p = p -> next;   count ++ ; }     //查找第 i-1 个结点
     if ( p == NULL )
```

```
            { printf("i 值不合理，插入失败"); return 0; }   //未找到第 i-1 个结点
    else
        { s = (LNode * ) malloc(sizeof(LNode));
            // 申请一块 LNode 类型的存储单元，并将其地址赋给 s
            s -> data = x;
            s -> next = p -> next;   //新结点插入在第 i-1 个结点的后面
            p -> next = s;
            return 1;
        }
}
```

单链表的插入运算中，不需要移动元素，但必须从表头结点开始查找第 $i-1$ 个结点。一旦找到插入位置，则插入结点的操作只需要修改链接关系就可以完成。在长度为 n 的单链表上查找结点的时间复杂度为 $O(n)$，因此插入算法的时间复杂度为 $O(n)$。

（5）删除　在单链表中进行删除操作与插入操作一样，不需要移动元素，只需要修改元素之间的链接关系来改变元素之间逻辑关系。如图 2-11 所示，若要在单链表中删除指针 p 所指结点的后继结点，仅需要修改 p 结点的指针域即可，修改指针的操作为：

$$p \rightarrow next = p \rightarrow next \rightarrow next;$$

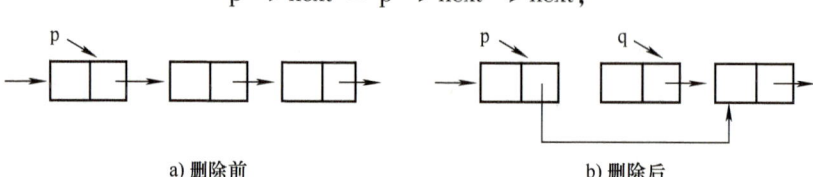

a) 删除前　　　　　　　　　　b) 删除后

图 2-11　单链表中删除结点示意图

一般情况下，删除一个结点后还需要释放其存储空间，删除结点并释放其存储空间的操作为：

q = p -> next;　//q 指向被删除结点
p -> next = q -> next;　//修改结点间的链接关系
free(q);　//释放结点 q 的空间

从上面操作可以看出，要在单链表中删除一个结点，需要找到其前驱结点。下面以删除单链表 L 中第 i 个数据元素为例，介绍删除算法的实现。

算法思路：要删除单链表中的第 i 个数据结点，首先应该从表头结点开始，查找第 i 个结点的前驱结点（即第 $i-1$ 个结点）是否存在，若存在用指针 p 指向它；若 p 有后继结点，用 q 指向其后继结点，修改链接关系删除 q 所指结点（第 i 个结点），否则删除失败，返回 0；为了方便存储空间的再利用，算法最后应该释放被删除结点占用的空间。从算法健壮性的角度考虑，还需要考虑 i 值的合理性，i 的合理取值范围为 $1 \leq i \leq n$，其中 n 为表长。具体算法描述见算法 2.16。

[视频 2-13　单链表的删除]

算法 2.16　删除单链表中第 i 个数据结点

```
int  Delete_LinkList( LNode * L, int i, ElemType &e )
{ // 删除单链表 L 中的第 i 个数据结点
    LNode   * p, * q;
```

```
         int count = 0；
         p = L； // p 指向头结点
         while (p! = NULL && count < i - 1)
             {p = p -> next； count ++；}      //查找第 i - 1 个结点
         if (p == NULL)
             {printf ("i 值不合理，删除失败")； return 0；}  //未找到第 i - 1 个结点
         else
         { q = p -> next； // q 指向第 i 个结点
             if (q == NULL)   //不存在第 i 个结点，返回 0
                 { printf ("i 值不合理，删除失败")； return 0； }
             e = q -> data； //保存被删除结点的值
             p -> next = q -> next； //修改链接关系，删除第 i 个结点
             free(q)；     // 释放 q 结点
             return 1；
         }
     }
```

单链表的删除操作与插入操作情况相同，时间主要耗费在查找删除位置上（找前驱结点，即第 $i-1$ 个结点），因此删除算法的时间复杂度为 $O(n)$。

（6）建立单链表 假设线性表中数据元素的类型为 int 型，下面讨论如何由数组 a 中的元素建立一个有 n 个数据结点的单链表。建立单链表的常用方法有两种：头插法和尾插法。

1）头插法。

算法思路：该方法从一个空表开始依次读取数组 a 中的元素，每读取一个元素则申请一个新结点（用指针 p 指向它），将读取的数据存到新结点的数据域中，然后把新结点 p 插入到当前链表的头结点之后，重复上述过程，直至数组 a 的所有元素读完为止。

假设数组 a 的元素为 {36，44，25，87，53}，图 2-12 展示了用头插法建立单链表的过程。

[视频 2-14 头插法创建链表]

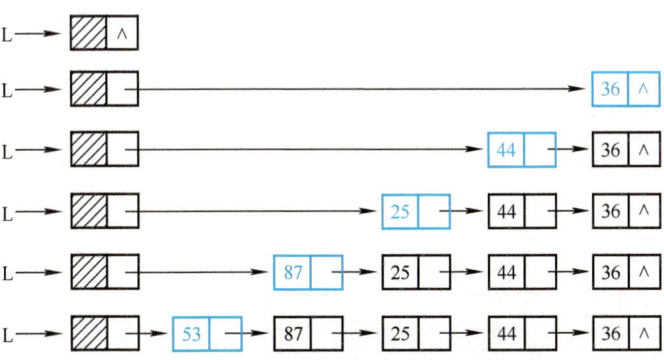

图 2-12 头插法建立单链表

使用头插法建立单链表的具体算法见算法 2.17。

算法 2.17　头插法建立单链表

```
int  Create_LinkListF (LNode *&L, ElemType a[ ], int n)
{   LNode *p;
    int i;
    L = (LNode *) malloc(sizeof(LNode));
    L -> next = NULL;    //建立一个空链表
    for (i = 0; i < n; i ++)
        {  p = (LNode *) malloc(sizeof(LNode));    //为新结点分配存储单元
           if (!p)  return 0;
           else
               {  p -> data = a[i];
                  p -> next = L -> next;    L -> next = p;    //修改链接关系
               }
        }
    return 1;
}
```

本算法的时间复杂度为 $O(n)$，其中 n 为单链表中数据结点的个数。

用头插法建立链表，因为每次新结点插入到了链表头部，因此链表中结点的顺序与数组 a 中元素的顺序是相反的。

2）尾插法。

算法思路：该方法从一个空表开始依次读取数组 a 中的元素，每读取一个元素则申请一个新结点（用指针 p 指向它），将读入的数据存到新结点的数据域中，然后把新结点插入到当前链表的尾结点之后，重复上述过程，直至数组 a 中的所有元素读完为止。

因为每次要将新结点插入到单链表的尾部，为此需要增设一个尾指针 r，使其始终指向当前单链表的尾结点，每插入一个新结点后让 r 指向这个新结点（新的尾结点）。

[视频 2-15　尾插法创建链表]

假设数组 a 的元素为 {36，44，25，87，53}，图 2-13 展示了尾插法建立单链表的过程。

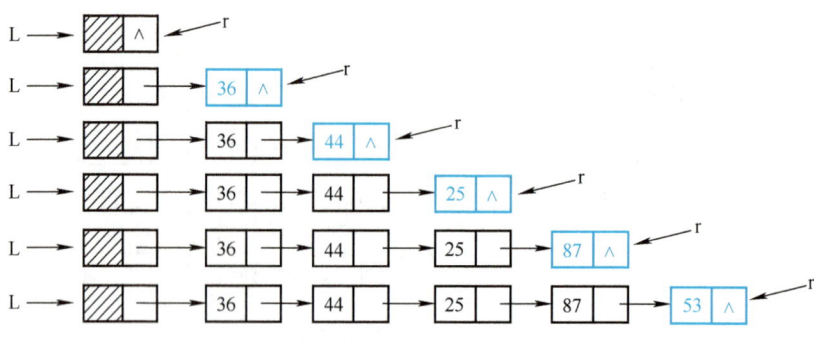

图 2-13　尾插法建立单链表

使用尾插法建立单链表的具体算法见算法 2.18。

算法 2.18　尾插法建立单链表

```
int Create_LinkListR (LNode * &L, ElemType a[ ], int n)
{   LNode * p, * r;
    int i;
    r = L = (LNode *) malloc(sizeof(LNode));
    L -> next = NULL;    //建立一个空链表,初始时头指针、尾指针都指向头结点
    for (i = 0; i < n; i++)
        { p = (LNode *) malloc(sizeof(LNode));   //为新结点分配存储单元
          if (!p) return 0;
          else
             { p -> data = a[i];    p -> next = NULL;
               r -> next = p;    //将新结点插入表尾
               r = p;       //r 指向新的尾结点
             }
        }
    return 1;
}
```

本算法的时间复杂度为 $O(n)$,其中 n 为单链表中数据结点的个数。

用尾插法建立单链表,因为每次新结点插入到了链表尾部,因此链表中结点的顺序与数组 a 中元素的顺序相同。

2.3.2　单链表运算应用举例

前面介绍了在单链表上进行一些基本操作的实现算法,运用上述基本操作,可以实现单链表上的各种运算。

【例 2-3】　利用单链表作为存储结构实现教职工信息管理程序,要求实现下列功能。

1) 可以在花名册的任何位置插入新的教职工信息。

2) 可以根据职工号删除教职工信息。

3) 可以输出全体教职工的信息。

算法思路: 以 2.3.1 节介绍的单链表的插入、删除算法为基础,做适当修改实现教职工信息管理。具体程序实现示例见算法 2.19。

算法 2.19　教职工信息管理程序(单链表)

```
#include <stdio.h>
#include <stdlib.h>
#include <string.h>
typedef struct ElemType
    { int id;              //职工号
      char name[20];       //姓名
      char gender[20];     //性别
      char duties[20];     //职务
    } ElemType;   // 教职工信息的数据类型为 ElemType
typedef struct LNode
    { ElemType data;   //数据域,存放元素值
```

```c
        struct   LNode   *next;    //指针域，存直接后继结点地址
    }LNode;
/*输出单链表中每个教职工的信息：职工号、姓名、性别、职务*/
void  Print_L(LNode *L)
{   //  输出单链表L中每个教职工的信息
    LNode   *p = L->next;    //p指向首元结点
    while (p! = NULL)
    {   printf("\n%d %s %s %s", p->data.id, p->data.name, p->data.gender, p->data.duties);
        p = p->next;
    }
    printf("\n");
}
/*在单链表中删除职工号为id的元素*/
int   DeleteId (LNode *L, int id, ElemType &e )
{ // 删除单链表L中职工号为id的数据结点
    LNode   *p, *q;
    p = L;    // p指向头结点
    while ( p->next! = NULL && p->next->data.id! = id )
        p = p->next;    //查找第i-1个结点
    if ( p->next == NULL )    //未找到职工号为id的结点
    {  printf("\n%s%d%s", "没有职工号为", id, "的职工!"); return 0;   }
    else
    {  q = p->next;    // q指向要删除的结点
        e = q->data;    //保存被删除结点的值
        p->next = q->next;    //修改链接关系，删除第i个结点
        free(q);       // 释放q结点
        return 1;
    }
}
int main( )
{  int i, id, tag;    //tag用来表示相应操作是否成功，1表示操作成功，0表示操作失败
    ElemType s[10], e;
    LNode *p, *workerL;
    workerL = (LNode *) malloc(sizeof(LNode));
    workerL->next = NULL;    //建立一个空链表
    //插入5个职工信息
    printf("\n%s\n", "请输入5个教职工的职工号、姓名、性别、职务:");
    for (i = 0; i < 5; i++)
    {  scanf("%d %s %s %s", &s[i].id, &s[i].name, &s[i].gender, &s[i].duties);
        tag = Insert_LinkList(workerL, i+1, s[i]);    //插入算法同算法2.15
    }
    //输出教职工信息
    printf("\n%目前教职工信息为:");
    Print_L (workerL);
    //删除元素
    printf("\n请输入要删除教职工的职工号:");
```

```
        scanf("%d", &id);
        tag = DeleteId (workerL, id, e);      //被删除教职工信息保存在变量 e 中
        //输出教职工信息
        printf("\n%目前教职工信息为:");
        Print_L (workerL);
        return 1;
}
```

【运行结果】

请输入 5 个教职工的职工号、姓名、性别、职务：
1 张东宇 男 处长
2 李晓敏 女 科长
3 宋彦 女 科员
4 王港 男 科员
5 刘蓓蓓 女 科员

目前教职工信息为:
1 张东宇 男 处长
2 李晓敏 女 科长
3 宋彦 女 科员
4 王港 男 科员
5 刘蓓蓓 女 科员

请输入要删除教职工的职工号：1
目前教职工信息为:
2 李晓敏 女 科长
3 宋彦 女 科员
4 王港 男 科员
5 刘蓓蓓 女 科员

对于例 2-2 中有序表的合并问题，如果采用单链表作为存储结构，实现算法也会不同。

【例 2-4】 已知两个单链表 A 和 B，其元素均按从小到大的非递减次序排列，编写算法将单链表 A 和 B 合并成一个按元素值非递减次序排列（允许有相同值）的有序链表 C，要求用单链表 A、B 中的原结点形成，不能重新申请结点。

算法思路：利用单链表 A、B 有序的特点，当两个表不为空时，依次对单链表 A、B 的当前元素进行比较，将当前值较小者从原来链表中删除，插入到表 C 的表尾；如此重复，直到一个表已到表尾，则将另一个表的剩余元素直接链接到表 C 尾部，得到的表 C 则为非递减有序表。具体程序实现示例见算法 2.20。

算法 2.20　有序链表归并算法

```
#include <stdio.h>
#include <stdlib.h>
typedef int ElemType;
typedef struct LNode
    { ElemType data;    //数据域，存放元素值
```

```c
    struct LNode *next;    //指针域,存放直接后继结点的地址
} LNode;
int Merge_LinkList(LNode *&C, LNode *A, LNode *B)
{ //将两个有序单链表 A、B 归并为一个新的有序单链表 C
    LNode *pa, *pb, *Cr, *s;
        // pa、pb 分别为表 A、B 的临时工作指针,Cr 为表 C 尾指针,s 为临时工作指针
    pa = A->next;  pb = B->next;
    free(B);  //释放链表 B 的头结点
    if (pa == NULL && pb == NULL)  return 0;  //若单链表 A、B 为空,不需要合并
    C = Cr = A;  C->next = NULL;  //用单链表 A 的头结点作为表 C 的头结点,表 C 置空
    while (pa && pb)
        { if ( pa->data < pb->data )
                { s = pa;  pa = pa->next; }
            else
                { s = pb;  pb = pb->next; }   //从原单链表 A、B 上删除较小者
            s->next = Cr->next;   Cr->next = s;   //插入到表 C 的尾部
            Cr = s;   //Cr 指向表尾
        }
    if  (pa == NULL)  Cr->next = pb;
    else  //若一个表已到表尾,将另一个表的剩余部分直接链接到表 C 尾部
        Cr->next = pa;
    return 1;
}

int main()
{ int n, tag;
  LNode *A, *B, *C;
  int a[20] = {46, 35, 29, 12, 8, 4};
  int b[20] = {1, 7, 12, 28, 46, 58, 64, 71, 90};
  tag = Create_LinkListF(A, a, 6);      //头插法建立链表 A
  if (tag == 1)
    { n = Length_LinkList (A);
      printf("\n%s%d\n", "表 A 长 & 元素:", n);
      Print_LinkList (A);
    }
  tag = Create_LinkListR(B, b, 9);     //尾插法建立链表 B
  if (tag == 1)
    { n = Length_LinkList (B);
      printf("\n%s%d\n", "表 B 长 & 元素:", n);
      Print_LinkList (B);
    }
  tag = Merge_LinkList(C, A, B);    //将链表 A 和 B 合并为链表 C
  if (tag == 1)
    { n = Length_LinkList (C);
      printf("\n%s%d", "合并后表 C 长度为:", n);
      printf("\n%s", "表 C 数据元素值为:");
```

```
        Print_LinkList（C）；
    }
    return 1；
}
```

该算法的时间复杂度为 $O(m+n)$，m 和 n 分别是单链表 A 和 B 的长度。
【运行结果】

表 A 长 & 元素：6
4 8 12 29 35 46
表 B 长 & 元素：9
1 7 12 28 46 58 64 71 90
合并后表 C 长度为：15
表 C 数据元素值为：1 4 7 8 12 12 28 29 35 46 46 58 64 71 90

2.3.3 循环链表

单链表中最后一个结点的指针域是空指针，如果将链表最后一个结点的指针改为指向链表的头结点，就使得链表头尾结点相连形成一个环形，这种首尾相接的单链表称为循环单链表，简称**循环链表**（Circular Linked List）。为了使空表和非空表的处理一致，通常也附设一个头结点。带头指针的循环单链表的结构如图 2-14 所示。

［视频 2-16　循环链表］

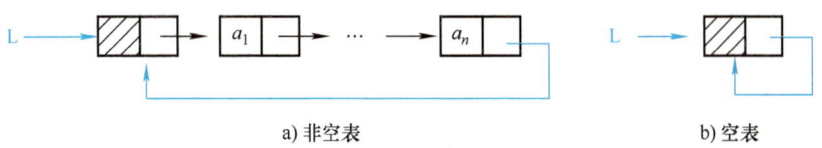

a) 非空表　　　　　　　　　b) 空表

图 2-14　带头指针的循环单链表的结构

在用头指针指示的循环链表中，查找首结点 a_1 的时间复杂度为 $O(1)$，然而查找尾结点 a_n 时，则必须从头指针开始遍历整个链表，其时间复杂度为 $O(n)$。在很多实际问题中，链表的操作常常发生在表的首、尾两端，此时头指针指示的循环链表就显得不够方便。因此，在实际应用中，有时用**尾指针**（Rear Pointer）来指示循环链表。图 2-15 所示为带尾指针的循环单链表，通过尾指针 rear 可以直接访问尾结点，rear –> next –> next 则表示指向首元结点，无论查找 a_1 还是 a_n 都很方便，其时间复杂度都是 $O(1)$。

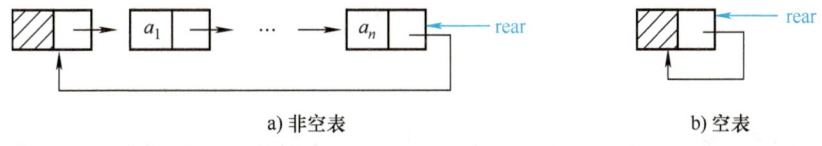

a) 非空表　　　　　　　　　b) 空表

图 2-15　带尾指针的循环单链表

对于单链表，从一个已知结点出发，只能访问该结点及其后继结点，无法访问该结点之前的结点；而对于循环链表，只要知道表中任意一个结点的地址，就可搜寻到所有其他结点，遍历整个链表。

循环单链表只对单链表的链接方式稍作改变，没有增加任何存储量，因而循环链表存储结构的数据类型定义与单链表相同。循环单链表的基本操作的实现也与单链表基本相同，二者的主要差别在于：判断是否到达表尾的条件不同。在单链表中，用指针域是否为 NULL 作为判断表尾结点的条件；而在循环链表中，则以工作指针是否等于某一指定指针（如头指针或尾指针）作为判断到达表尾的条件，其他操作基本没有变化。

2.3.4 双向链表

单链表中的每个结点中只有一个指向其后继结点的指针域 next，因此单链表中从某一结点出发只能找到其后继结点，若要寻找其前驱结点，只能从该链表的头指针开始顺着指针链逐个结点向后查找，也就是说找后继结点的时间复杂度是 $O(1)$，找前驱结点的时间复杂度是 $O(n)$。循环链表虽然能够实现从任一结点出发沿着指针链找到其前驱结点，但需要遍历整个链表，时间复杂度也是 $O(n)$。如果希望快速找到表中任一结点的前驱结点，可以在单链表的每个结点里再增加一个指向其直接前驱结点的指针域 prior，这样形成的链表中就有两条方向不同的链，称为**双向链表**（Double Linked List）。双向链表的结点结构如图 2-16 所示。

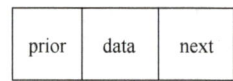

图 2-16 双向链表的结点结构

其中，data 为数据域，存放数据元素；prior 为前驱指针域，存放该结点的直接前驱结点的地址；next 为后继指针域，存放该结点的直接后继结点的地址。

与单链表的类型声明类似，假设线性表中每个数据元素的类型为 ElemType，则双向链表结点的数据类型定义如下：

```
typedef struct  DuLnode
{   ElemType  data;    //数据域
    struct  DuLnode  *prior, *next;   //指针域
}DuLnode;
```

［视频 2-17 双向链表］

与单链表类似，双向链表通常也是由头指针标识，也可以增加头结点或将头结点和尾结点链接起来构成循环双链表。图 2-17a 是带头结点的双向链表的空表和非空表的示意图；图 2-17b 是带头结点的双向循环链表的空表和非空表的示意图。

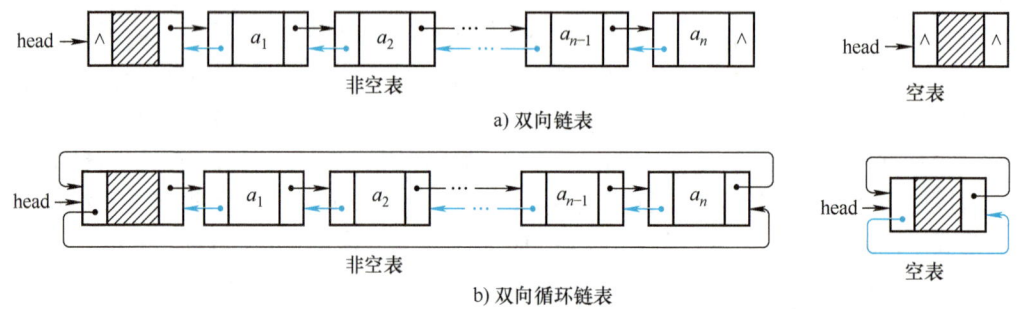

图 2-17 带头结点的双向链表与双向循环链表

在双向链表中，通过某个结点的指针 p，即可以直接得到它的后继结点的指针 p -> next，也可以直接得到它的前驱结点的指针 p -> prior。如图 2-18 所示，设 p 指向双向链表中某一结点，则循环链表具有如下对称性：

$$p \text{ -> } prior \text{ -> } next = p = p \text{ -> } next \text{ -> } prior$$

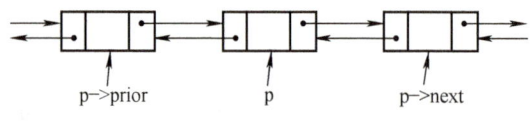

图 2-18 双向链表中结点

在双向链表中（包括双向循环链表），求表长、按位置查找、按值查找、遍历等不涉及结点指针的操作，可以顺着链表的一个方向进行，操作的实现与单链表或循环链表中相应操作基本相同。对于插入、删除操作，由于涉及两个方向指针的修改，与单链表操作不同。下面介绍双向链表中的插入操作、删除操作及建立双向链表的实现。

1. 插入操作

设指针 p 指向双向链表中第某个结点，s 指向待插入的值为 x 的新结点，将 s 结点插入到 p 结点的后面，结点插入的示意图如图 2-19 所示。

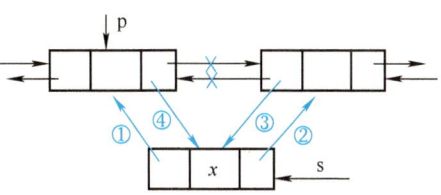

图 2-19 双向链表中的结点插入

其中，修改链接关系的操作如下：

① s –> prior = p；
② s –> next = p –> next；
③ p –> next –> prior = s；
④ p –> next = s。

> **说明：**
> 上述指针修改的顺序不是唯一的，但也不是任意的，在修改第②和③步的指针时，要用到 p->next 以找到 p 的后继结点，所以第④步的指针修改要在第②和③步的指针修改完成之后才能进行。由于双向链表是一种对称结构，已知当前结点指针 p 时，可以很容易得到 p 的前驱和后继结点的地址，使得在结点 p 之前或之后执行插入操作都很容易。上面是在 p 结点之后插入新结点的指针修改操作，读者可以自己写在 p 结点之前插入结点的指针修改操作。

下面以在双向链表 L 的第 i 个位置插入一个值为 x 的新元素为例，介绍双向链表插入操作的实现算法。

算法思路： 与单链表的插入运算相似，若要在双向链表的第 i 个结点前插入一个新元素 x，应该从链表头开始，顺着指针链查找第 $i-1$ 个结点是否存在，若存在则用指针 p 指向该结点，否则插入失败；然后为新结点申请存储空间并将 x 值存入其数据域；最后通过修改元素之间的链接关系插入新结点，插入成功，要注意修改链接关系时需要修改两个方向的链。从算法健壮性的角度考虑，还需要考虑 i 值的合理性，i 的合理取值范围为 $1 \leq i \leq n+1$，其中 n 为表长。具体算法实现见算法 2.21。

[视频 2-18 双向链表的插入]

算法 2.21 在双向链表中插入结点

```
int ListInsert_Dul(DuLnode *L, int i, ElemType x)
{ // 在双向链表的第 i 个结点前插入一个新元素 x
    DuLnode *p, *s;
    int count = 0;
    p = L;  // p 指向头结点
    while (p != NULL && count < i-1)
    { p = p->next;  count ++; }      //找第 i-1 个结点
    if (p == NULL)
```

```
        printf("i 值不合理,插入失败"); return 0; } //未找到第 i-1 个结点
    else
    { s = (DuLnode *)malloc(sizeof(DuLnode));   // 为新结点申请存储空间
        s -> data = x;
        s -> prior = p;
        s -> next = p -> next;
        if (p -> next! = NULL) //若 p 有后继,修改 p -> next 结点的前驱指针
            p -> next -> prior = s;
        p -> next = s;
        return 1;
    }
}
```

本算法的时间复杂度为 $O(n)$,其中 n 为双向链表中数据结点的个数。

2. 删除操作

设指针 p 指向双向链表中第 i 个结点,从双向链表中删除 p 所指结点的操作示意图如图 2-20 所示。修改链接关系的操作如下:

① p -> prior -> next = p -> next;

② p -> next -> prior = p -> prior。

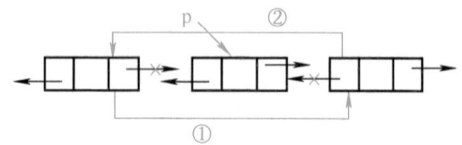

图 2-20 双向链表中删除结点

下面以删除双向链表 L 中第 i 个数据元素为例,介绍双向链表删除操作的实现算法。

算法思路:要删除双向链表中的第 i 个数据元素,首先应该从链表头开始,顺着指针链查找第 i 个结点是否存在,若存在则用指针 p 指向它,否则插入失败;然后修改链接关系,删除第 i 个结点;最后释放被删除结点占用的空间,删除成功。与双向链表中的插入一样,删除操作修改链接关系时也要注意修改两个方向指针。从算法健壮性的角度考虑,还需要考虑 i 值的合理性,i 的合理取值范围为 $1 \leq i \leq n$,其中 n 为表长。具体算法描述见算法 2.22。

[视频 2-19 双向链表的删除]

算法 2.22　删除双向链表中结点

```
int    ListDelete_Dul (DuLnode *L, int i, ElemType &e)
{ //删除双向链表中第 i 个数据结点
    int count = 0;
    DuLnode *p = L;  // p 指向头结点
    while (p! = NULL && count < i)
        { p = p -> next;  count ++; }     //找第 i 个结点
    if (p == NULL)
        { printf("i 值不合理,删除失败"); return 0; } // 未找到第 i 个结点
    else
        { e = p -> data;  //保存被删除结点的值
        p -> prior -> next = p -> next;
        if (p -> next! = NULL)   p -> next -> prior = p -> prior;
        //若 p 有后继结点,修改 p -> next 结点的前驱指针
```

```
            free（p）；    // 释放结点空间
            return 1；
        }
}
```

本算法的时间复杂度为 $O(n)$，其中 n 为双向链表中数据结点的个数。

3. 建立双向链表

由数组 a 中的元素整体建立双向链表也有两种方法：头插法和尾插法。

（1）头插法　使用头插法建立双向链表的过程与头插法建立单链表相似，具体算法见算法 2.23。

算法 2.23　头插法建立双向链表

```
int  Create_DuListF（DuLnode *&L, ElemType a[ ], int n）
{//由含有 n 个元素的数组 a 创建带头结点的双向链表 L
    DuLnode *p；
    int i；
    L =（DuLnode *）malloc（sizeof（DuLnode））；
    L->prior = L->next = NULL；    //建立一个空链表
    for（i＝0；i＜n；i＋＋）
        { p =（DuLnode *）malloc（sizeof（DuLnode））；    //为新结点分配存储单元
          if（!p）  return 0；
          else
             { p->data = a[i]；
               p->next = L->next；    //将 p 插入到头结点之后
               if（L->next!＝NULL）    L->next->prior = p；
                   //若 L->next 不为空，修改 L->next 的前驱指针
               L->next = p；
               p->prior = L；
             }
        }
    return 1；
}
```

本算法的时间复杂度为 $O(n)$，其中 n 为双向链表中数据结点的个数。用头插法建立的链表，链表中结点的顺序与数组 a 中元素的顺序是相反的。

（2）尾插法　使用尾插法建立双向链表的过程与尾插法建立单链表相似，具体算法见算法 2.24。

算法 2.24　尾插法建立双向链表

```
int Create_DuListR（DuLnode *&L, ElemType a[ ], int n）
{  DuLnode *p, *r；
   int i；
   /*建立一个空链表，初始时头指针、尾指针都指向头结点*/
   r = L =（DuLnode *）malloc（sizeof（DuLnode））；
   L->prior = L->next = NULL；        for（i＝0；i＜n；i＋＋）
```

```
        { p = ( DuLnode * ) malloc( sizeof( DuLnode ) ) ;   //为新结点分配存储单元
          if ( !p )   return 0;
          else
            { p -> data = a[ i ] ;     p -> next = NULL ;
              r -> next = p;     p -> prior = r;   //将新结点插入表尾
              r = p;       // r 指向新的尾结点
            }
        }
        return 1;
}
```

本算法的时间复杂度为 $O(n)$,其中 n 为单链表中数据结点的个数。用尾插法建立的链表,链表中结点的顺序与数组 a 中元素的顺序相同。

2.3.5 静态链表

静态链表(Static Linked List)是一种用数组描述的链表,它借助数组来描述线性表的链式存储结构。它在逻辑上模拟了链表的特点(允许不改变数据元素的物理位置,只要重新链接就能改变这些数据元素的逻辑顺序),但在物理存储上仍然是连续的。由于它是利用数组定义的,在整个运算过程中存储空间的大小不会变化,因此称为静态链表。

静态链表中的每个数据元素(通常称为结点)包含两个部分:数据域和游标(或称指针域)。数据域用于存储数据元素,游标用于存储后继数据元素所在数组下标,类似于链表中的指针。静态链表的存储结构定义如下:

```
typedef struct SNode
    { ElemType   data;       // 数据域,ElemType 为数据元素类型
      int    next;           // 指针域,存储下一个数据元素的下标
    } SList[ MaxSize ];
```

图 2-21 是用一维数组表示的静态链表的存储示意图,其中 data[0] 单元为头结点。

静态链表尽管模拟了链表的链接结构,但物理存储上仍然是连续的,这意味着它在初始化时就必须确定最大容量。但静态链表不需要

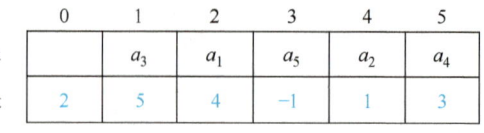

图 2-21 用一维数组表示的静态链表的存储示意图

动态分配内存,可以减少内存碎片,并且在静态链表中插入或删除数据元素不需要移动大量数据元素,只需要改变相应的指针域。

静态链表适用于那些需要频繁进行插入和删除操作,但又不希望每次操作都进行动态分配内存的场景。例如,在操作系统中管理进程控制块(PCB),或者在编译原理中实现符号表的管理等,静态链表可以提供高效的性能。本书在后续章节中,会使用静态链表来存储树或图数据结构。

2.4 顺序表和链表的比较

【问题导入】 前面给出了线性表的两种不同存储结构:顺序存储结构和链式存储结构。它们的存储方式、基本运算实现方式不同,优缺点也不相同。如果实际问题需要采用线性表

来解决，应该怎样选择存储结构？

通常情况下，需要根据实际问题，从时间性能、空间性能等方面对不同存储结构进行比较，才能最终选择（或设计出）比较适宜的存储结构。

2.4.1 时间性能比较

时间性能比较是对不同存储结构的基本操作的时间复杂度进行比较。

顺序表的特点是逻辑上相邻数据元素物理存储位置也相邻，它是一种随机存取结构，而链表则是一种顺序存取结构，因此它们对各种操作有完全不同的算法和时间复杂度。例如，要查找线性表中的第 i 个元素，对于顺序表可以直接计算出 a_i 的地址，不用去查找，其时间复杂度为 $O(1)$；而链表必须从链头开始，依次向后查找，所需平均时间为 $O(n)$。

在链表中，逻辑上相邻数据元素物理存储位置不一定相邻，它使用指针实现数据元素之间的逻辑关系，因此，在链表中进行插入、删除操作不需要移动数据元素，在给出插入位置的指针时，进行插入、删除操作时所需的时间仅为 $O(1)$；而在顺序表中进行插入、删除操作时，平均需要移动表中一半的元素，时间复杂度为 $O(n)$。当线性表中数据元素个数较多时，特别是当每个数据元素占用的存储空间较大时，移动数据元素的时间开销很大。对于许多应用，插入和删除是最主要的操作，在链表中进行插入、删除操作，虽然也需要查找插入/删除位置，但操作主要是比较操作，从这个角度而言，链表优于顺序表。

从时间上讲，如果线性表需要频繁查找却很少进行插入和删除操作，或其操作与数据元素在线性表中的位置相关，宜采用顺序表作为存储结构；如果线性表需要频繁进行插入和删除操作，宜采用链表作为存储结构。

2.4.2 空间性能比较

空间性能比较是对不同存储结构所占用的存储空间大小进行比较。

首先定义结点的存储密度（Storage Density）：

$$存储密度 = \frac{结点中数据元素占用的存储量}{整个结点占用的存储量}$$

顺序表中每个结点只存储数据元素，其存储密度为 1；而链表的每个结点除了存储数据元素，还要存储指示元素之间逻辑关系的指针。如果结点的数据域占据的空间较小，则指针的结构性开销就占去了整个存储空间的大部分，其存储密度小于 1。因此，从结点的存储密度上讲，顺序表的存储空间效率更高。

由于顺序表的存储空间是静态分配的，需要预先明确它的存储规模，也就是说要对"MaxSize"有合适的设定，设定过大会造成存储空间的浪费，设定过小又容易发生上溢。因此，当对线性表的长度或存储规模难以估计时，不宜采用顺序表作为存储结构。链表不需要预分配空间，也不需要提前知道线性表的长度，只要内存有可分配的空闲空间，就可以在程序运行时为链表中每个结点动态分配空间，不需要时还可以动态回收。因此，当线性表的长度变化较大或难以估计其存储规模时，宜采用链表作为存储结构。

从空间上讲，如果线性表长度变化不大而且事先容易确定其大小时，使用顺序表的空间效率会更高；如果线性表中元素个数变化较大或者事先无法估计其长度，最好使用链表实现。

总之，线性表的顺序存储结构和链式存储结构各有优缺点，选择哪一种存储结构是由实际问题中的主要因素决定，应根据实际问题进行综合考虑，才能选定比较适宜的实现方法。

2.5 线性表应用举例

【问题导入】 假设你是一名软件开发人员,需要为一家教育软件公司开发一个数学教育软件,其中一个功能是帮助中学生学习和练习一元多项式的运算。具体要求如下。

1)能够输入一个一元多项式。
2)能够输出多项式的标准形式。
3)能够实现两个多项式的加、减运算等。

面对这样的应用需求,应该如何表示和存储一元多项式?如何实现一元多项式的相关运算呢?

为了实现上述功能,可以使用线性表来存储一元多项式的各项,即把多项式中的系数和指数组成线性表,利用线性表操作实现多项式的运算。本节以一元多项式问题为例,来介绍线性表的具体应用。

2.5.1 一元多项式的表示

在数学上,一个一元 n 次多项式可以按升幂表示为:

$$P_n(x) = a_0 + a_1x + a_2x^2 + \cdots + a_nx^n = \sum_{i=0}^{i=n} a_i x^i \qquad (2\text{-}7)$$

式中,$a_i x^i$($1 \leq i \leq n$)是一元 n 次多项式的项,a_i 为系数,x 为变量,i 为指数。一个一元 n 次多项式可以由它的 $n+1$ 个系数唯一确定,因此,在计算机中可以用一个线性表 $(a_0, a_1, a_2, \cdots, a_n)$ 来表示,每一项的指数 i 隐含在其系数 a_i 的序号里。

线性表可以采用顺序存储结构或者链式存储结构实现,下面分析一下这两种存储结构在实现一元多项式时的利弊。

1. 顺序存储结构

将多项式中的各系数依次存放到一个一维数组中,为了表示系数和项的对应关系,i 次幂项的系数 a_i 应存放在下标为 i 的数组元素中,即使 a_i 的值为 0,相应的数组元素也不能挪作它用,如图 2-22 所示。

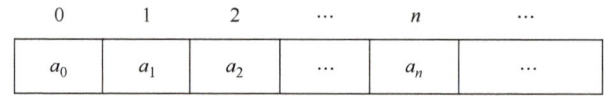

图 2-22 用一维数组表示的一元 n 次多项式

这样,一元多项式在计算机中的表示非常直观,而且两个多项式相加时只要将相应的两个数组下标相同的数组元素的值相加,算法非常简单。但是,对于存在大量系数为 0 的多项式(称为稀疏多项式),例如:

$$P_{201}(x) = 5 + 8x^{201}$$

采用顺序存储结构时,由于系数为零的项需要全部保留,阶为 201 的多项式占用的数组元素个数多达 202 项,而实际只有两个数组元素非零,存储空间的浪费很大。一个较好的存储结构只存储非零项,但是需要在存储非零系数的同时存储相应的指数,这样一个一元 n 次多项式的每一个非零项可由系数和指数唯一表示。例如,上面举例的 $P_{201}(x)$ 可以用线性表 ((5, 0), (8, 201)) 来表示。

两个指数相差很多的一元 n 次多项式相加会改变多项式的系数和指数。若相加的某两项的指数不等,则两项应分别加在结果中,将引起顺序表的插入;若某两项的指数相等,则系数相加,若相加后系数为零,将引起顺序表的删除。因此,用顺序表表示一元 n 次多项式,实现多项式的加法和乘法等运算时性能不好。

2. 链式存储结构

采用链式存储结构实现多项式时,每个结点存放一元 n 次多项式中的一个项的信息,包括该项的系数和指数,零系数项不需要存储。当用一个单链表表示一元 n 次多项式时,单链表中每个结点的结构如图 2-23 所示,包括两个数据域:系数项 coef 和指数项 exp,用来存储项的系数和指数;一个指针域 next,用来指向下一个项结点。各结点按照指数由小到大的顺序链接起来,该单链表便成为有序的单链表。

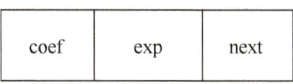

图 2-23 单链表中一元 n 次多项式的结点结构

例如,多项式 $A(x) = 1 - 10x^6 + 2x^8 + 7x^{14}$ 可以用图 2-24 所示的带头结点的单链表表示。

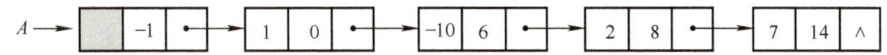

图 2-24 用单链表表示的多项式

用单链表表示多项式省去了零系数项占用的大量空间,而且多项式的项数可以在运算过程中动态地增长,因此不会出现顺序中的存储溢出问题。另外,对于由于加法操作引起的插入或删除数据项操作,可以在链表上通过修改结点的指针域完成这种插入和删除运算,不需要移动大量数据项。

2.5.2 多项式的建立与输出

一般使用带头结点的单链表来实现一元 n 次多项式。每个多项式结点的数据类型定义为:

```
typedef struct PolyNode
{   int coef；  //系数
    int exp；   //指数
    Struct PolyNode *next；  //指针域
} PolyNode；
```

1. 建立多项式

建立多项式的思路是先建立一个空链表,然后逐个输入多项式系数和指数项,并将新输入多项式结点插入到表尾,具体算法实现见算法 2.25。为简化程序,算法中每次输入的系数和指数都是按指数递增的顺序,算法会更简单,时间复杂度也可达到 $O(n)$,其中 n 是一元多项式的项数。如果允许按随意顺序输入系数和指数,则新结点要插入到链表的适当位置,以保证链表按指数有序。

算法 2.25 建立一元多项式的算法

```
int Create_Poly(PolyNode *&L)
{//采用尾插法逐个插入结点,建立多项式链表 L
    PolyNode *p, *r；
    int i, n, coef, exp；
    r = L = (PolyNode *) malloc(sizeof(PolyNode))；
    L->next = NULL；   //建立一个空链表,初始时头指针、尾指针都指向头结点
    printf("\n 请输入多项式的项数 n = ")；
    scanf("%d", &n)；
```

```
        for (i=1; i<=n; i++)   //逐项输入多项式系数、指数,并插入链表
        {   printf("\n%s%d%s", "请输入第", i, "项的系数和指数(空格分隔):");
            scanf("%d %d", &coef, &exp);
            p = (PolyNode *) malloc(sizeof(PolyNode));   //为新结点分配存储单元
            if (!p)   return 0;
            else
                {   p -> coef = coef;   p -> exp = exp;   p -> next = NULL;
                    r -> next = p;      //将新结点插入表尾
                    r = p;       // r指向新的尾结点
                }
        }
        return 1;
}
```

2. 输出多项式

对于已经按升幂方式链接的一元多项式链表,输出算法只需沿着多项式链表的指针输出就可以了。但是,为了能够按多项式的标准形式输出,有几个细节要特别处理,第一,对于常数项 (x^0),不输出符号"x",其他次幂用"x^"+e的方式输出"x"后面的指数;第二,如果下一项的系数是正数,本项输出后要输出"+",对于下一项系数为负或者没有下一项的情况,不需要输出"+"。具体的算法实现参看算法 2.26。

算法 2.26 一元多项式的输出算法

```
void   Print_Poly(PolyNode *L)
{   PolyNode   *p;
    p = L -> next;   // p指向多项式第一项结点
    while (p! = NULL)
    {   if(p -> exp ==0) printf("%d", p -> coef);   //常数项不输"x"
        else printf("%d%s%d", p -> coef, "x^", p -> exp);   //输出系数和指数
        p = p -> next;
        if(p -> coef >0)   printf(" +");   //若下一项系数为正数,输出" +"
    }
    printf("\n");
}
```

2.5.3 多项式的加法

一元多项式相加运算规则:对于两个一元多项式中所有指数相同的项,对应的系数相加,若其和不为零,则构成"和多项式"中的一项;对于两个一元多项式中所有指数不相同的项,则分别加到"和多项式"中去。

例如,有两个多项式 $A = 1 - 10x^6 + 2x^8 + 7x^{14}$,$B = -x^4 + 10x^6 - 3x^{10} + 8x^{14} + 4x^{18}$,它们的链表表示如图 2-25a 所示。多项式 A 和多项式 B 相加后的结果存放到一个"和多项式"(用链表 C 表示)中,要求"和多项式"中的结点重新生成,如图 2-25b 所示。

1. 算法思路

下面以 PolyNode 类型定义的链式存储结构为例,描述两个多项式相加运算的实现。为了便于处理,链表中所有结点均按指数递增顺序排列。

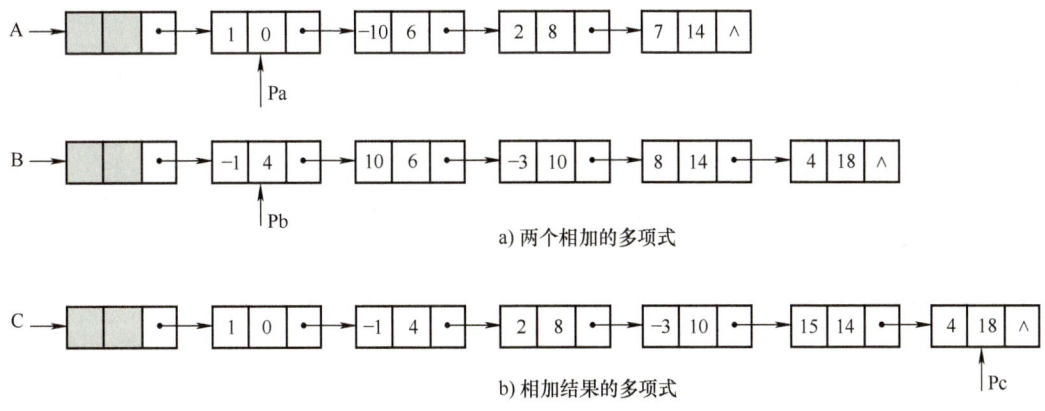

图 2-25 两个多项式相加运算示意图

设 A、B 分别为两个相加多项式链表的头指针，C 为和多项式链表的头指针。两个多项式 A 和 B 相加的过程可描述如下。

1）设工作指针 Pa、Pb、Pc 分别指向 A、B、C 多项式链表中当前正在处理的某个结点，初始时 Pa、Pb 分别指向链表 A、B 的首元结点（第一项多项式），Pc 指向和多项式链表 C 的头结点。

2）当 Pa 和 Pb 都不为空时（两个多项式都未扫描到表尾），比较指针 Pa 和 Pb 指向结点的指数。

① 若 Pa -> exp 小于 Pb -> exp，复制 Pa 结点并将其插入到和多项式链表 C 的表尾，指针 Pa、Pc 后移。

② 若 Pa -> exp 大于 Pb -> exp，复制 Pb 结点并将其插入到和多项式链表 C 的表尾，指针 Pb、Pc 后移。

③ 若 Pa -> exp 等于 Pb -> exp，则两个结点的系数相加，即 $x = Pa -> coef + Pb -> coef$。如果系数之和 x 为零，则和多项式中并不存在等于该幂指数的项，指针 Pa、Pb 分别后移；否则将相加后的系数及相应幂指数形成一个新的结点插入和多项式链表 C 的表尾，指针 Pc 后移指向表尾，Pa、Pb 同样后移。

3）重复第 2 步，直到一个多项式链表已处理完，即 Pa（或 Pb）为空，则将另一个非空多项式链表剩余部分复制并插入到和多项式链表 C 的表尾。

2. 算法实现

算法 2.27 是实现两个多项式相加运算的示例代码。

算法 2.27 一元多项式相加算法

```
#include <stdio.h>
#include <stdlib.h>
typedef struct PolyNode{
    int coef;  //系数
    int exp;   //指数
    struct PolyNode *next;  //指针域
} PolyNode;
```

下面用到的与 2.5.2 节中相应算法相同的函数省略。

```
PolyNode *Add_Poly(PolyNode *A, PolyNode *B)
{ // 多项式 A、B 用带头结点的单链表表示
```

```c
    PolyNode *C, *S;
    PolyNode *Pa, *Pb, *Pc;
    int x;
    Pa = A->next; Pb = B->next;
    C = (PolyNode *) malloc(sizeof(PolyNode));
    Pc = C; Pc->next = NULL;  //创建和多项式链表C的头结点
    while(Pa && Pb)
        { if (Pa->exp == Pb->exp)
            { x = Pa->coef + Pb->coef;   //指数相等时系数相加
              if (x!=0)
                { S = (PolyNode *) malloc(sizeof(PolyNode));
                         // 为新的和多项式结点申请空间
                  S->coef = x; S->exp = Pa->exp; S->next = NULL;
                  Pc->next = S; Pc = S;  //将和结点插入到链表C的表尾
                }
              Pa = Pa->next; Pb = Pb->next;
            }
          else if (Pa->exp < Pb->exp)
            { S = (PolyNode *) malloc(sizeof(PolyNode));
                      // 为新的和多项式结点申请空间
              S->coef = Pa->coef; S->exp = Pa->exp; S->next = NULL;
              Pc->next = S; Pc = S;  // 将和结点插入到链表C的表尾
              Pa = Pa->next;
            }
          else
            { S = (PolyNode *) malloc(sizeof(PolyNode));
                      // 为新的和多项式结点申请空间
              S->coef = Pb->coef; S->exp = Pb->exp; S->next = NULL;
              Pc->next = S; Pc = S;  // 将和结点插入到链表C的表尾
              Pb = Pb->next;
            }
        } // while
    while (Pa)  //若多项式A未处理完
        { S = (PolyNode *) malloc(sizeof(PolyNode)); //为新的和结点申请空间
          S->coef = Pa->coef; S->exp = Pa->exp; S->next = NULL;
          Pc->next = S; Pc = S; // 将和结点插入到链表C的表尾
          Pa = Pa->next;
        }
    while (Pb)  //若多项式B未处理完
        { S = (PolyNode *) malloc(sizeof(PolyNode)); //为新的和结点申请空间
          S->coef = Pb->coef; S->exp = Pb->exp; S->next = NULL;
          Pc->next = S; Pc = S; // 将和结点插入到链表C的表尾
          Pb = Pb->next;
        }
    return C;
}
```

```
int main( )
{   int i,tag;
    PolyNode *A,*B,*C;
    tag = Create_Poly(A);
    printf("\n%s","A 多项式为:");
    Print_Poly(A);
    tag = Create_Poly(B);
    printf("\n%s","B 多项式为:");
    Print_Poly(B);
    C = Add_Poly (A, B);
    printf("\n%s","和多项式 C 为:");
    Print_Poly(C);
    return 1;
}
```

【运行结果】

```
请输入多项式的总项数 n = 5
请输入第 1 项的系数和指数（空格分隔）: 4   0
请输入第 2 项的系数和指数（空格分隔）: 6   3
请输入第 3 项的系数和指数（空格分隔）: 2   5
请输入第 4 项的系数和指数（空格分隔）: 12  8
请输入第 5 项的系数和指数（空格分隔）: 4   10
A 多项式为: 4 + 6x^3 + 2x^5 + 12x^8 + 4x^10
请输入多项式的总项数 n = 7
请输入第 1 项的系数和指数（空格分隔）: 3   1
请输入第 2 项的系数和指数（空格分隔）: 4   3
请输入第 3 项的系数和指数（空格分隔）: -12 8
请输入第 4 项的系数和指数（空格分隔）: 9   11
请输入第 5 项的系数和指数（空格分隔）: 7   20
请输入第 6 项的系数和指数（空格分隔）: 20  25
请输入第 7 项的系数和指数（空格分隔）: 8   40
B 多项式为: 3x^1 + 4x^3 - 12x^8 + 9x^11 + 7x^20 + 20x^25 + 8x^40
和多项式 C 为: 4 + 3x^1 + 10x^3 + 2x^5 + 4x^10 + 9x^11 + 7x^20 + 20x^25 + 8x^40
```

本算法中要求"和多项式"链表 C 中的结点另外生成，当然也可以直接利用两个相加多项式中原来的结点，无须生成新的和多项式结点。感兴趣的读者可以在算法 2.27 的基础上稍作修改实现相应算法。当然，也可以利用线性表实现一元多项式的减法、乘法等其他运算。

本章小结

线性表是一种典型的线性结构，也是一种常用的数据结构。本章主要介绍了线性表逻辑结构和存储结构的实现方法，以及在两种存储结构（顺序表和链表）上如何实现线性表的基本操作。本章主要学习要点如下。

1）理解线性表的逻辑结构特性，能将具体问题抽象为线性表描述。

2）掌握线性表的两种存储结构（顺序表与链表）的存储特点、实现方式的差异，能根据实际问题选择/设计适合的存储结构。

3）掌握顺序表上基本操作的实现算法和顺序表通用算法设计方法，并进行性能分析。

4）掌握单链表上基本操作的实现算法和单链表通用算法设计方法，并进行性能分析。

5）掌握双向链表的特点和双向链表上通用算法设计方法，并进行性能分析。

6）掌握循环链表的特点及与非循环链表操作的差别。

7）能综合运用线性表解决一些实际问题：能通过分析将问题抽象为线性表表示，并能根据实际问题的需要，选择/设计适宜的存储结构，设计算法实现基本运算。

思想园地——小错误可能导致大故障

1999 年 1 月 3 日，美国宇航局（NASA）发射了"火星极地着陆者"探测器。该探测器的任务是登陆火星南极地区，进行土壤和气候环境的观察。探测器还携带了两台名为"深空 -2 号"的撞击器，目的是高速撞击火星地面，钻入地下大约 0.6m，检测火星的地热流等相关参数。然而，1999 年 12 月 3 日，当"火星极地着陆者"接近火星并准备着陆时，与地面控制中心失去了联系。

随后的调查认为，故障的原因是由计算机软件中一行编码错误引起的。软件故障使系统错误地理解为着陆器已经接触到火星表面，导致探测器的反冲降落发动机在着陆过程中提前关机，使探测器从距离地面大约 130ft（1ft = 0.3048m）高空自由坠落而损毁。

在"火星极地着陆者"的案例中，因为程序设计中的小错误（例如，未能正确处理着陆时产生的虚假信号）导致了整个任务的失败。有些人认为，NASA 的大型复杂代码的测试不能总是识别和防止所有可能的错误。之前的测试次数已经够多了，当所有输入都处于"正常"操作的预期范围时，已经证明这些代码能按预期的方式工作。但在操作参数变化到异常区域时，他们并没有进行足够的测试来确定可能的结果。

这个案例不仅是一个技术失误，更是一个关于工作态度和责任心的问题。在计算机系统的设计过程中，小错误如果不被及时纠正，可能会引发严重的后果。这要求我们在设计和实施计算机系统时，必须保持严谨认真的科学态度，对每一个细节都要精确地考虑和测试。

这种态度不仅体现在技术层面上，还体现在对社会责任的认识上。作为计算机科学家和工程师，我们不仅要追求技术的创新和进步，更应该意识到我们的工作对社会的影响，并始终将用户的利益放在首位，确保技术的稳定性和安全性，以保护公众的利益不受损害。

思考题

1. 如果一个元素集合中每个元素都有一个且仅有一个直接前驱和一个直接后继，它是线性表吗？

2. 顺序表的存储特点是什么？顺序存储结构中数据元素之间逻辑关系如何表示？

3. 链表的存储特点是什么？它与顺序表的根本区别是什么？

4. 单链表操作中有头指针 L，为什么还需要引入工作指针 P？

5. 线性表的顺序存储结构有三个弱点：其一，插入或删除操作时需要移动大量数据元素；其二，由于难以估计大小，必须预先分配较大的空间，往往使存储空间不能得到充分利用；其三，预先设定的容量难以扩充。线性表的链式存储结构是否一定能够克服上述三个弱点，试讨论之。

6. 链表结点只能通过链表的头指针才能访问，如果一个结点失去了指向它的指针，将产生什么后果？如何在做插入或删除时避免这种后果？

7. 采用顺序存储结构、链式存储结构实现线性表的优点与缺点是什么？

8. 某线性表最常用的操作是在尾元素之后插入一个数据元素和删除第一个数据元素，采用如下几种不同存储方式进行相应操作的时间复杂度分别是多少？采用哪种最节省运算时间？单链表，双链表，带头指针的循环单链表，带尾指针的循环单链表。

9. 请描述利用线性表数据结构求解问题的一般过程。

练习题

1. 填空题

1）线性表是最简单、最常用的一种数据结构。线性表中结点的集合是_____的，结点间关系是_____的。

2）顺序表是将线性表中的结点按其_____依次存放在内存中一组连续的存储单元中，使线性表中相邻的结点存放在_____的存储单元中。

3）在顺序表中插入或删除一个数据元素，移动数据元素个数与_____有关。

4）在一个长度为 n 的顺序表中，在第 i 个数据元素位置（$1 \leq i \leq n+1$）插入一个新数据元素时，需向后移动_____个数据元素；删除第 i 个数据元素（$1 \leq i \leq n$）时，需向前移动_____个数据元素。

5）在顺序表中访问任意一结点的时间复杂度均为_____，因此，顺序表也称为_____的数据结构。

6）顺序表中逻辑上相邻的数据元素的物理位置_____相邻。单链表中逻辑上相邻的数据元素的物理位置_____相邻。

7）一个具有 n 个结点的单链表，在 p 所指结点后插入一个新结点的时间复杂度为_____；在值为 x 的结点后插入一个新结点的时间复杂度为_____。

8）设单链表中指针 p 指向某个结点，若要删除该结点的后继结点，则修改指针的操作为_____。

9）如果将单链表最后一个结点的指针域改为存放链表中头结点的地址值，这样就构成了_____。

10）为了能够快速查找到线性表中某个元素的直接前驱，可以在每个元素的结点中再增加一个指向其前驱的指针域，这样就构成了_____。

2. 选择题

1）一个顺序表的第一个数据元素的存储地址是 100，每个数据元素的长度为 2，则第 5 个数据元素的地址是（　　）。
  A. 110　　　　　　B. 108　　　　　　C. 100　　　　　　D. 120

2）线性表采用链式存储结构时，要求内存中可用存储单元的地址（　　）。
  A. 必须是连续的　　　　　　　　　B. 部分地址必须是连续的
  C. 一定是不连续的　　　　　　　　D. 连续或不连续都可以

3）线性表 L 在（　　）的情况下宜采用链式存储结构实现。
  A. 需经常修改线性表 L 中的结点值　　B. 需不断对线性表 L 进行删除插入
  C. 线性表 L 中含有大量的结点　　　　D. 线性表 L 中结点结构复杂

4）向一个有 127 个数据元素的顺序表中插入一个新数据元素，等概率情况下，平均需要移动（　　）个数据元素。

A. 8　　　　　　B. 63.5　　　　　C. 63　　　　　　D. 7

5）链式存储结构所占存储空间（　　）。

A. 分两部分，一部分存放结点值，另一部分存放表示结点间关系的指针

B. 只有一部分，存放结点值

C. 只有一部分，存放表示结点间关系的指针

D. 分两部分，一部分存放结点值，另一部分存放结点所占单元数

6）单链表的存储密度（　　）。

A. 大于 1　　　　B. 等于 1　　　　C. 小于 1　　　　D. 不能确定

7）设线性表 L = (a_1, a_2, …, a_{n-1}, a_n)，下列关于线性表的叙述中正确的是（　　）。

A. 每个数据元素都有一个直接前驱和直接后继

B. 线性表中至少要有一个数据元素

C. 表中诸数据元素的排列顺序必须由小到大或由大到小

D. 除第一个数据元素和最后一个数据元素外，其余每个数据元素都有一个且仅有一个直接前驱和直接后继

8）单链表的每个结点中包括一个指针 next，它指向该结点的后继结点。现要将指针 q 所指的新结点插入到指针 p 所指结点的后面，下面操作序列中（　　）是正确的。

A. q = p -> next;　　p -> next = q -> next;

B. p -> next = q -> next;　　q = p -> next;

C. q -> next = p -> next;　　p -> next = q;

D. p -> next = q;　　q -> next = q -> next;

9）设一个有序的单链表中有 n 个结点，现要求插入一个新结点后使得单链表仍然保持有序，则该操作的时间复杂度为（　　）。

A. $O(\log_2 n)$　　B. $O(1)$　　　　C. $O(n^2)$　　　　D. $O(n)$

10）在一个以 h 为头指针的单循环链中，指针 p 指向链尾的条件是（　　）。

A. p -> next = h;　　　　　　　　B. p -> next = NULL;

C. p -> next -> next = h;　　　　D. P -> data = -1;

11）设单循环链表中结点的结构为（data, next），且 rear 是指向非空的带头结点的单循环链表的尾结点的指针。若想删除链表第一个数据元素（首元结点），则应执行（　　）。

A. s = rear; rear = rear -> next; free(s);

B. rear = rear -> next; free(rear);

C. rear = rear -> next -> next; free(rear);

D. s = rear -> next -> next; rear -> next -> next = s -> next; free(s);

3. 算法设计题

1）设计一个算法，从顺序表中删除值为 x 的第一个数据元素。

2）已知在带头结点的单链表 L，设计一个算法在单链表 L 中值为 x 的结点之前插入一个数据元素值为 e 的新结点。

3）已知带头结点的单链表 L，设计一个时间复杂度为 $O(n)$ 的算法，将单链表 L 倒置，要求：倒置后的链表仍使用原链表的存储空间。倒置前后的链表如图 2-26 所示。

4）已知带头结点的单链表 L，设计一个算法删除单链表中数据值重复的结点，并分析算

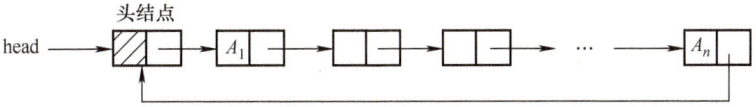

图 2-26　链表转置示意图

法的时间复杂度。例如，图 2-27a 所示删除前的单链表删除数据值重复结点后的单链表如图 2-27b 所示。

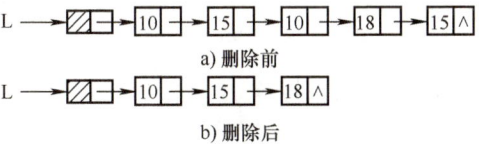

图 2-27　单链表删除重复结点示例

上机实验题

1. 顺序表基本运算练习

目的：掌握顺序表存储结构和基本运算算法设计。

内容：

1) 内容描述：编写算法实现顺序表建表运算，并在此基础上实现各种基本运算。
2) 要求：假设顺序表的元素类型 ElemType 为 char，完成以下功能：

① 初始化顺序表 L。
② 依次插入数据元素 a、b、c、d、e。
③ 输出顺序表 L。
④ 输出顺序表 L 的长度。
⑤ 判断顺序表 L 是否为空。
⑥ 输出顺序表 L 的第 3 个数据元素。
⑦ 输出数据元素 c 的位置。
⑧ 在第 4 个数据元素位置上插入数据元素 f。
⑨ 输出顺序表 L。
⑩ 删除顺序表 L 的第 3 个数据元素。
⑪ 输出顺序表 L。
⑫ 释放顺序表 L。

2. 单链表基本运算练习

目的：掌握单链表存储结构和基本运算算法设计。

内容：

1) 内容描述：编写算法实现单链表建表运算并在此基础上实现各种基本运算。

2）要求：假设单链表的元素类型 ElemType 为 char，完成以下功能：
① 初始化单链表 L。
② 采用尾插法依次插入数据元素 a、b、c、d、e。
③ 输出单链表 L。
④ 输出单链表 L 的长度。
⑤ 判断单链表 L 是否为空。
⑥ 输出单链表 L 的第 3 个数据元素。
⑦ 输出数据元素 c 的位置。
⑧ 在第 4 个数据元素位置上插入数据元素 f。
⑨ 输出单链表 L。
⑩ 删除单链表 L 的第 3 个数据元素。
⑪ 输出单链表 L。
⑫ 释放单链表 L。

3. 双链表基本运算练习

目的：掌握双链表存储结构和基本运算算法设计。

内容：

1）内容描述：编写算法实现双链表建表运算并在此基础上实现各种基本运算。

2）要求：假设双链表的元素类型 ElemType 为 char，完成以下功能：
① 初始化双链表 L。
② 采用尾插法依次插入数据元素 a、b、c、d、e。
③ 在第 4 个数据元素位置上插入数据元素 f。
④ 输出双链表 L。
⑤ 删除双链表 L 的第 3 个数据元素。
⑥ 输出双链表 L。
⑦ 释放双链表 L。

4. 基于单链表的算法设计

目的：掌握基于单链表的算法设计方法。

内容：

1）问题描述：已知单链表 L（带头结点）是一个递增有序表，设计并实现一个算法，删除表中值大于 min 且小于 max 的结点（若表中有这样的结点），同时释放被删除结点的空间。

2）要求：min 和 max 是两个给定参数。

3）分析算法时间复杂度。

5. 约瑟夫（Josephus）环问题

目的：综合运用线性表解决实际问题。

内容：

1）问题描述：设有编号为 $1,2,\cdots,n$ 的 $n(n>0)$ 个人按顺时针方向围坐一圈，每人持有一个正整数密码。开始给定一个正整数 m，从第一个人按顺时针方向自 1 开始报数，报到 m 者出圈，不再参加报数，这时将出列者的密码作为 m，从出列者顺时针方向的下一人开始重新自 1 开始报数，报到 m 者出圈，如此下去，直到所有人都出圈为止。设计算法，对于任意给定的 n 和 m，求 n 个人的出圈次序。

2）要求：采用顺序存储结构和链式存储结构实现上述算法。

3）分析算法时间复杂度。

6. 一元稀疏多项式加减计算器

目的：深入掌握单链表应用的算法设计。

内容：

1）问题描述：用单链表存储一元稀疏多项式，编写算法实现一个简单的一元多项式运算器。

2）要求：能根据从键盘输入的系数和指数建立多项式；能实现两个多项式的相加、相乘运算；能输出多项式运算结果。

3）分析算法时间复杂度。

7. 职工信息的综合运算

目的：深入掌握单链表应用的算法设计。

内容：

1）问题描述：设计一个程序实现职工信息的存储与管理。

2）要求：每个职工的信息包含职工编号（no）、姓名（name）、部门（dep），要求采用单链表存储结构实现如下功能：

① 建立一个带头结点的单链表 L。

② 从键盘逐个输入职工信息。

③ 显示所有职工记录。

④ 查找某部门的所有职工并输出其信息。

⑤ 删除指定职工编号的职工记录。

⑥ 按职工编号对所有职工记录进行递增排序。

第3章

栈和队列

栈和队列是两种常用的数据结构，广泛应用于操作系统、编译系统等软件系统中。从数据结构角度看，栈和队列是两种特殊的线性表，它们的逻辑结构和线性表相同，只是其运算规则较线性表有更多的限制。更确切地说，一般线性表上的插入、删除运算不受限制，而栈和队列上的插入、删除运算均受到某种特殊限制，因此，栈和队列也被称为是操作受限的线性表。

【学习重点】

① 栈和队列的定义及逻辑特性；
② 基于顺序栈和链栈的基本操作的实现；
③ 基于循环队列和链队列的基本操作的实现；
④ 栈与队列的比较。

【学习难点】

① 循环队列的组织及队空、队满判定条件；
② 栈与队列的应用。

3.1 栈的逻辑结构

【问题导入】 在文本编辑器（如 WPS）中，通常都提供了"撤销"和"重做"功能。当用户执行了一个操作时，编辑器会记录用户的操作，以便用户可以单击"撤销"按钮返回到之前的某个操作状态。那如何实现文本编辑器中的撤销和重做功能呢？当用户执行一系列操作后，如何记录这些操作以便可以依次撤销？如果用户撤销了一些操作然后又进行了新的操作，如何处理之前的撤销记录呢？

在计算机科学中，栈是一种非常基本且重要的数据结构，具有后进先出的特性。在编辑器撤销功能的实现中，通过栈的后进先出特性，可以方便地记录用户的操作历史，并实现依次撤销返回到之前的操作。当然，栈的应用不仅仅局限于编辑器中的撤销功能，它在日常生活的许多场景下都有应用。

3.1.1 栈的定义

栈（Stack）是一种只允许在表的一端进行插入操作或删除操作的线性表。表中允许进行插入、删除操作的一端称为栈顶（Top），另一端称为栈底（Bottom），如图 3-1 所示。栈顶的当前位置是动态的，

［视频 3-1 栈的定义］

由一个称为栈顶指针的位置指示器来指示。当栈中没有数据元素时为空栈。栈的插入操作通常称进栈或入栈（Push），栈的删除操作通常称出栈或退栈（Pop）。

根据栈的定义，每次进栈的数据元素都放在当前栈顶元素之前成为新的栈顶元素，每次出栈的数据元素都是当前栈顶元素。这样，最后进入栈的数据元素总是最先退出栈，因此，栈具有"后进先出"（Last In First Out，LIFO）的特性，因此栈又被称为是后进先出的线性表，简称为 LIFO 表。

在日常生活中，有很多栈结构的例子。例如，餐厅里有一叠摞在一起的盘子，每次从中拿取盘子，只能从最上面一个开始拿，要往上再继续放盘子，也只能放在最上面，就符合栈结构的定义。

【例 3-1】 有三个数据元素按 A、B、C 的次序依次进栈，且每个数据元素只允许进一次栈，则可能的出栈序列有多少种？

解：可能的出栈序列如下：

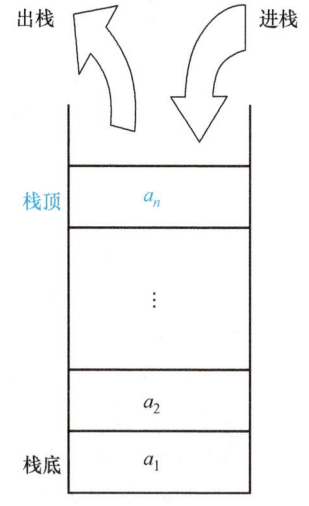

图 3-1 栈示意图

A 进 A 出 B 进 B 出 C 进 C 出	ABC
A 进 A 出 B 进 C 进 C 出 B 出	ACB
A 进 B 进 B 出 A 出 C 进 C 出	BAC
A 进 B 进 B 出 C 进 C 出 A 出	BCA
A 进 B 进 C 进 C 出 B 出 A 出	CBA

但出栈序列不可能为 CAB。

> **说明：**
>
> 栈是对插入和删除操作的位置进行了限制，并没有限制插入和删除操作进行的时间，因此，对于按相同顺序进栈的元素，通过不同时间的进栈、出栈操作，可以得到多种不同的输出序列。
>
> n 个不同的元素通过一个栈产生的出栈序列的个数为：
>
> $$\frac{1}{n+1}C_{2n}^n = \frac{1}{n+1} \times \frac{(2n)!}{n! \times n!} \quad (\text{第 } n \text{ 个 Catalan 数})$$
>
> 例如，$n=3$ 时出栈序列个数为 5；$n=4$ 时出栈序列个数为 14。

3.1.2 栈的抽象数据类型描述

栈的数据元素之间仍然是线性关系，只是对插入、删除操作的位置进行了限制，其抽象数据类型的定义为：

ADT Stack {

　　数据对象：$D = \{a_i \mid a_i \in \text{ElemType}, 1 \leqslant i \leqslant n, n \geqslant 0\}$

　　数据关系：$R = \{<a_{i-1}, a_i> \mid a_{i-1}, a_i \in D, 2 \leqslant i \leqslant n\}$

　　基本操作：

　　　　InitStack(&S)：栈的初始化操作，用于构造一个空栈 S。

　　　　DestoryStack(&S)：销毁栈，释放栈 S 所占用的存储空间。

　　　　IsEmpty(S)：判断栈 S 是否为空栈，若 S 为空栈，返回 TRUE，否则返回 FALSE。

　　　　GetTop(S,&e)：取栈顶元素，若栈 S 非空，用 e 返回当前栈顶元素值。

　　　　Push(&S,x)：进栈，将元素 x 插入栈 S 中，操作完成后 x 为新的栈顶元素。

　　　　Pop(&S,&e)：出栈，若栈 S 非空，删除当前栈顶元素，并将其值赋给 e。

}

实际应用中，还可以根据需要增加其他必要的栈运算，如求栈的长度，判断栈满等。

3.2 栈的存储结构

【问题导入】 如何在计算机中存储栈？如何实现栈"后进先出"的逻辑特性？

栈是操作受限的线性表，所以栈也可以像线性表一样采用顺序存储结构和链式存储结构两种不同的存储结构实现。

3.2.1 栈的顺序存储结构及实现

1. 顺序栈的存储结构

采用顺序存储结构的栈称为**顺序栈**（Sequential Stack），是用一组地址连续的存储单元依次存放栈中的数据元素。由栈的定义可知，栈底的位置是固定不变的，栈顶位置是随着进栈和出栈操作而动态变化的，所以顺序栈需用一个变量 top 来指示当前栈顶元素在数组中的位置，通常称 top 为栈顶指针。为此，顺序栈存储结构的数据类型定义如下：

\# define MaxSize 100 // 假定预分配的栈存储空间最多 100 个元素
typedef int ElemType； // 假定栈中元素的数据类型为整型
typedef struct
　{　ElemType　data[MaxSize]； // 存放栈中数据元素
　　　int top； // 栈顶指针，存放栈顶元素在 data 数组中的下标
　} SeqStack；

本节采用栈指针的方式创建和使用顺序栈：SeqStack　*s。

通常将 data 数组的 0 下标端设为栈底，这样空栈时栈顶指针 s －> top = －1；进栈时，栈顶指针加 1，即 s －> top ++；出栈时，栈顶指针减 1，即 s －> top －－。顺序栈中栈顶指针和栈中数据元素之间的关系如图 3-2 所示。

[视频 3-2　顺序栈]

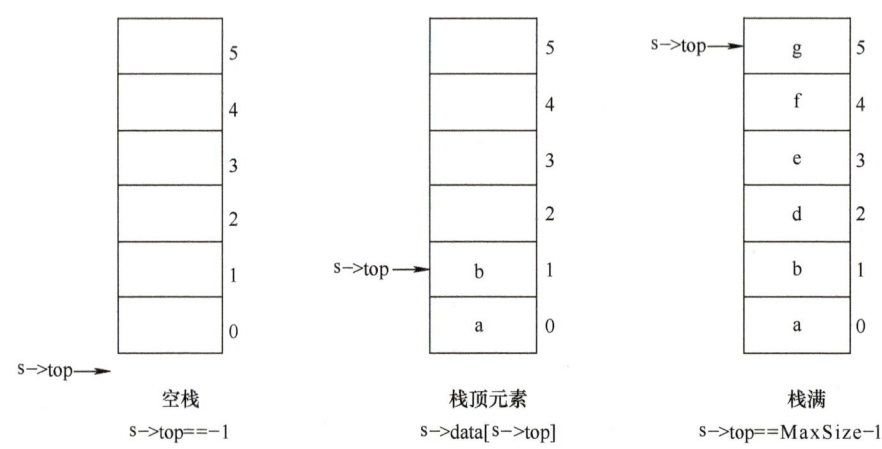

图 3-2　顺序栈中栈顶指针和栈中数据元素之间的关系

2. 顺序栈的基本运算

（1）栈的初始化（置空栈）

该运算创建一个空栈，由 s 指向它，实际上就是为顺序栈分配地址连续的栈空间，并将栈顶指针设置为 －1。具体算法描述见算法 3.1。

算法 3.1　栈的初始化

```
int InitStack(SeqStack * &s)
{    s = (SeqStack * )malloc(sizeof(SeqStack));    // 动态申请栈存储空间
    if(s! = NULL)
        {    s -> top = -1;    return 1;    }    // 将顺序栈置空
    else
        {    printf("内存空间申请失败!\n");
    return 0;
        }
}
```

本算法的时间复杂度为 $O(1)$。

（2）销毁栈

该运算释放顺序栈 s 占用的存储空间，具体算法描述见算法 3.2。

算法 3.2　销毁栈

```
void DestoryStack(SeqStack * s)
{    free(s);        // 释放顺序栈占用的内存空间
    printf("栈已销毁!\n");
    return;
}
```

本算法的时间复杂度为 $O(1)$。

（3）判断栈是否为空栈

该运算判断一个栈是否为空（栈空条件为 s -> top == -1），栈空返回 1，否则返回 0。

算法 3.3　判断栈是否为空栈

```
int IsEmpty(SeqStack * s)
{
    return(s -> top == -1)? 1:0;    // 栈为空返回 1,否则返回 0
}
```

本算法的时间复杂度为 $O(1)$。

（4）进栈操作

对于顺序栈，由于栈空间的大小已经确定，所以数据元素进栈时应首先判断栈的状态。若栈未满，当前栈顶指针 top 加 1，然后将进栈元素 x 置于当前栈顶指针 top 所指的存储单元中，返回 1；若栈已满（s -> top >= MaxSize - 1），无法进行进栈操作，返回 0。具体算法描述见算法 3.4。

［视频 3-3　顺序栈进栈操作］

算法 3.4　进栈操作

```
int Push(SeqStack * s,ElemType x)
{
    if(s -> top >= MaxSize - 1)
```

```
        {  printf("栈满!栈发生上溢,程序运行终止!\n");
            return 0;
        }
        else{  s -> top ++ ;           // 栈顶指针加 1,指向新的栈顶
               s -> data[s -> top]= x; // 将数据元素 x 压进栈
        }
    return 1;
}
```

本算法的时间复杂度为 $O(1)$。

(5) 出栈操作

数据元素出栈时应首先判断栈是否为空栈,栈为空栈时,无法进行出栈操作,返回 0;若栈非空,将栈顶元素值赋给 e,同时栈顶指针减 1,使其指向新的栈顶。具体算法描述见算法 3.5。

[视频 3-4 顺序栈出栈操作]

算法 3.5 出栈操作

```
int Pop(SeqStack *s,ElemType &e)
{
    if(s -> top == -1)
        { printf("栈空!出栈操作失败!\n");
            return 0;
        }
    else
        {e = s -> data[s -> top];
         s -> top -- ;
         return 1;
        }
}
```

本算法的时间复杂度为 $O(1)$。

(6) 取栈顶元素

该运算在栈 s 不为空时,读取栈顶元素赋值给 e,成功返回 1,否则返回 0。与出栈操作不同的是,该操作不改变栈的状态,即栈顶指针不变。具体算法描述见算法 3.6。

算法 3.6 取栈顶元素

```
int GetTop(SeqStack *s,ElemType &e)
{
    if(s -> top == -1)
        { printf("栈空!取栈顶元素失败!\n");
            return 0;
        }
    else
        {e = s -> data[s -> top];
         return 1;
        }
}
```

本算法的时间复杂度为 $O(1)$。

3. 共享栈

当一个程序中需要同时使用两个相同类型的顺序栈时，为了防止上溢错误，需要为每个栈预先分配较大的存储空间。这时极有可能出现这样的情况：第一个栈已满，再进栈就溢出了，但另一个栈还有很多未用存储空间，这样不利于内存空间的共享，会降低内存空间的使用效率。解决这个问题的一种方法是将两个栈安排在同一个连续的存储空间中，让两个栈共享同一存储空间。如图 3-3 所示，将两个栈的栈底分别设在同一存储空间的两端，每个栈从各自的栈底向中间延伸。这种用一个数组来实现两个栈，称为共享栈（Share Stack）。

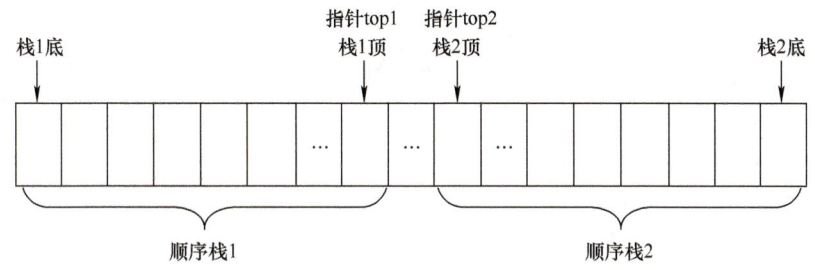

图 3-3　栈共享内存空间示意图

在图 3-3 所示的共享栈中，当一个栈里的元素较多，超过共享空间的一半时，只要另一个栈的元素不多，那么前者就可以占用后者的部分存储空间，当整个共享空间被两个栈占满（即两个栈顶相遇）时，才会发生上溢。因此，两个栈共享一个长度为 n 的存储空间和两个栈分别占用两个长度为 $\lfloor n/2 \rfloor$ 和 $\lceil n/2 \rceil$ 的存储空间比较，前者发生上溢的概率比后者要小得多。共享栈的数据类型可以描述为：

typedef int ElemType；　　//假设栈中元素的数据类型为整型
typedef struct ｛
　　ElemType　data[MaxSize]；　　//存放共享栈中的数据元素
　　int top1，top2；　　//两个栈的栈顶指针
｝DSStack；　　//共享栈的类型

在实现共享栈的基本运算时，需要增加一个形参 i，指出是对哪个栈进行操作，如 $i=1$ 表示对栈 1 进行操作，$i=2$ 表示对栈 2 进行操作。对于共享栈，基本操作如下。

1）栈空条件：栈 1 为空，top1 == -1；栈 2 为空，top2 == MaxSize。
2）栈满条件：top1 == top2 - 1。
3）数据元素 x 进栈操作：$i=1$ 时，top1 ++，data[top1] = x；$i=2$ 时，top2 --，data[top2] = x。
4）数据元素 x 出栈操作：$i=1$ 时，x = data[top1]，top1 --；$i=2$ 时，x = data[top2]，top2 ++。

3.2.2　栈的链式存储结构及实现

1. 链栈的存储结构

采用链式存储结构的栈称为链栈（Linked Stack）。链表有多种，通常采用单链表来实现链栈。

链栈是一种操作受限的单链表，其插入和删除操作仅限制在栈顶进行，显然以单链表的头部作为栈顶最方便。由于只在链表头部进行操作，故链表没有必要像单链表那样为了运算

方便附加一个头结点。栈顶指针就是链表的头指针,如图 3-4 所示,链栈就是无头结点的单链表(头指针此时称为栈顶指针)。链栈无栈满问题,栈空间可进行扩充。

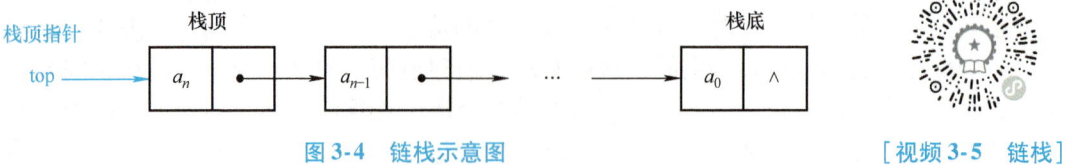

图 3-4　链栈示意图

［视频 3-5　链栈］

链栈的结点结构与单链表结点结构相同,结点的数据类型定义如下:
typedef int ElemType;　　　　// 假定栈元素的数据类型为整型
typedef struct Linknode{
　　ElemType　data;
　　struct Linknode ＊next;
}Linknode;

2. 链栈的基本运算

(1) 链栈的初始化(置空栈)

该运算初始化一个空链栈 s。由链栈的存储结构和类型定义可知,链栈的栈顶指针能唯一地标识一个栈,并且链栈不带头结点,所以其初始化工作只需声明一个栈顶指针 s,并置 s 的值为空(NULL)即可。操作如下:

Linknode ＊s;
s = NULL;

本算法的时间复杂度为 $O(1)$。

(2) 判断栈是否为空栈

该运算判断一个栈 s 是否为空(栈空条件为 s == NULL),栈空返回 1,否则返回 0。具体算法描述见算法 3.7。

算法 3.7　判断栈是否为空栈

```
int IsEmpty(Linknode ＊s)
{
    return(s == NULL)? 1:0;    // 栈为空返回1,否则返回0
}
```

本算法的时间复杂度为 $O(1)$。

(3) 进栈操作

该运算将值为 x 的数据元素插入到栈 s 的栈顶,插入成功返回 1,否则返回 0。由于链栈的空间可以动态扩充,在系统内存空间允许的情况下,链栈无栈满问题。在进栈操作前,应先申请一个结点空间(用 p 指向该结点),将该结点插入链栈的栈顶(第一个结点)位置:

p -> data = x;　// 将进栈元素置入新申请结点的数据区
p -> next = s;　　//将 p 结点插入,并将其设为栈顶
s = p;

链栈的进栈操作具体算法描述见算法 3.8。

［视频 3-6　链栈进栈操作］

算法 3.8　链栈的进栈操作

```
int Push(Linknode *&s,ElemType x)
{   Linknode *p;
    p=(Linknode *)malloc(sizeof(Linknode));
    if(p){  p->data=x;         // 将进栈数据元素置入新申请结点的数据区
            p->next=s;
            s=p;
            return 1;
        }
    else{   printf("内存空间不足!\n");
            return 0;
        }
}
```

本算法的时间复杂度为 $O(1)$。

（4）出栈操作

该运算在栈 s 不为空的条件下，删除栈顶数据元素，并将元素的值赋给参数 e，删除成功返回 1，否则返回 0。

数据元素出栈时应首先判断栈是否为空栈，栈为空栈（s==NULL）时，无法进行出栈操作，返回 0；若栈非空，将栈顶数据元素的值赋给 e，并将当前栈顶数据元素从链栈中删除（s=s->next），释放已删除结点占用的内存空间。

具体算法描述见算法 3.9。

[视频 3-7　链栈出栈操作]

算法 3.9　链栈的出栈操作

```
int Pop(Linknode *&s,ElemType &e)
{   Linknode *temp;
    if(s){  temp=s;
            e=s->data;        // 用 e 返回栈顶数据元素的值
            s=s->next;
            free(temp);       // 释放删除结点所占存储空间
            return 1;
        }
    else{   printf("栈空，无法删除!\n");
            return 0;
        }
}
```

本算法的时间复杂度为 $O(1)$。

（5）读取栈顶数据元素

该运算在栈 s 不为空的条件下，读取栈顶数据元素的值，并将其赋值给参数 e，成功返回 1，否则返回 0。与出栈操作不同的是，该操作不改变栈的状态，即栈顶指针不变。具体算法描述见算法 3.10。

算法 3.10　链栈读取栈顶数据元素

```
int GetTop(Linknode *s,ElemType &e)
{   if(s)
    {   e = s->data;      // 用 e 返回栈顶数据元素的值
        return 1;
    }
    else{ printf("当前栈为空!\n");
        return 0;
    }
}
```

本算法的时间复杂度为 $O(1)$。

3.3　栈的应用举例

【问题导入】　栈的结构明确、操作简单，在许多算法和程序设计中都是非常有用的工具。在实际应用中，运用栈结构可以解决什么样的问题呢？

利用栈的后进先出特性，可以解决许多需要顺序访问和临时存储的问题。在实际应用中，如果要解决的问题具有"后进先出"的特性，如括号匹配、历史记录管理、树的遍历、表达式求值以及函数调用等，都可以利用栈设计方案。本节通过简单表达式求值的求解过程来说明栈的应用。

表达式求值是编译程序中的一个基本问题。表达式一般由运算数和运算符构成。运算符根据运算数的个数可分为单目运算符、双目运算符和多目运算符，根据运算类型分有算术运算、逻辑运算、关系运算等。本节只讨论双目运算的算术表达式的求值。

3.3.1　中缀表达式求值

1. 问题描述

以中缀表达式（运算符位于两个运算数中间）形式，从键盘输入一个简单的算术表达式，运算符可以有 +、-、*、/、% 和括号 ( )，以 "#" 作为表达式输入结束标志（#为定界符），请根据运算符优先级对输入的表达式求值并输出结果。

2. 问题分析

运算符包括 +、-、*、/、%、( ) 和 #，运算规则如下：

1）运算符的优先级从高到低为 ( )；*、/、%；+、-；#。
2）有括号时先算括号内的，后算括号外的，多层括号由内向外进行。
3）运算符 +、-、*、/、% 的结合性为自左向右，即同优先级自左向右计算。

根据上述三条规则，表达式中算术运算符之间的优先关系见表 3-1。

表 3-1　算术运算符之间的优先关系表

运算符之间 优先关系		当前读入运算符						
		+	-	*	/	%	(	)	#
栈顶运算符	+	>	>	<	<	<	<	>	>
	-	>	>	<	<	<	<	>	>
	*	>	>	>	>	>	<	>	>

（续）

运算符之间 优先关系		当前读入运算符							
		+	-	*	/	%	(	)	#
栈顶运算符	/	>	>	>	>	>	<	>	>
	%	>	>	>	>	>	<	>	>
	(	<	<	<	<	<	<	=	>
	)	>	>	>	>	>		>	>
	#	<	<	<	<	<	<		=

注：1. "#"作为表达式的定界符，为了便于运算将其视为运算符进行处理。
    2. 表3-1中的空白项表示在表达式中两个运算符不会先后出现。

可以用一个二维数组来表示上述运算符的优先关系，假设用3表示大于关系、2表示等于关系、1表示小于关系、0表示二者之间无关系，则表3-1表示的运算符之间的优先关系可以用如下二维数组表示：

int priority[8][8]={3,3,1,1,1,1,3,3,
　　　　　　　　　　3,3,1,1,1,1,3,3,
　　　　　　　　　　3,3,3,3,3,1,3,3,
　　　　　　　　　　3,3,3,3,3,1,3,3,
　　　　　　　　　　3,3,3,3,3,1,3,3,
　　　　　　　　　　1,1,1,1,1,1,2,3,
　　　　　　　　　　3,3,3,3,3,0,3,3,
　　　　　　　　　　1,1,1,1,1,1,1,2};

3. 算法设计

从键盘输入的表达式可以作为一个字符串存储，如表达式"3+2*(4+2*2-1)-5#"，其求值过程为自左向右扫描表达式，当扫描到3+2时不能马上计算，因为后面可能还有优先级更高的运算，因此，其处理过程中应该设置两个栈：**运算数栈 OPND** 和 **运算符栈 OPTR**，处理过程如下。

1）将运算数栈 OPND 初始化为空，将运算符栈 OPTR 栈初始化为表达式的定界符#。

2）自左向右扫描表达式，对每一个字符执行下述操作，直到遇到定界符（以#作为表达式的结束标志）。

① 若当前字符是运算数，入 OPND 栈。

② 若当前字符是运算符，并且该运算符优先级比运算符栈 OPTR 栈顶运算符优先级高，则当前运算符入 OPTR 栈，继续处理下一个字符。

③ 若当前运算符优先级比 OPTR 栈顶运算符优先级低，则从 OPND 栈出栈两个运算数，从 OPTR 栈出栈一个运算符进行运算，并将其运算结果入 OPND 栈中，继续处理当前字符。

④ 若当前运算符优先级与 OPTR 栈顶运算符优先级相同，从 OPTR 栈出栈一个运算符，继续处理下一个字符。

3）输出 OPND 栈的栈顶数据元素，即为表达式的运算结果。

算法的流程图如图3-5所示。

【例3-2】 中缀表达式"3+2*(4+2*2)-5#"求值过程中 OPND 栈和 OPTR 栈的状态变化情况见表3-2。

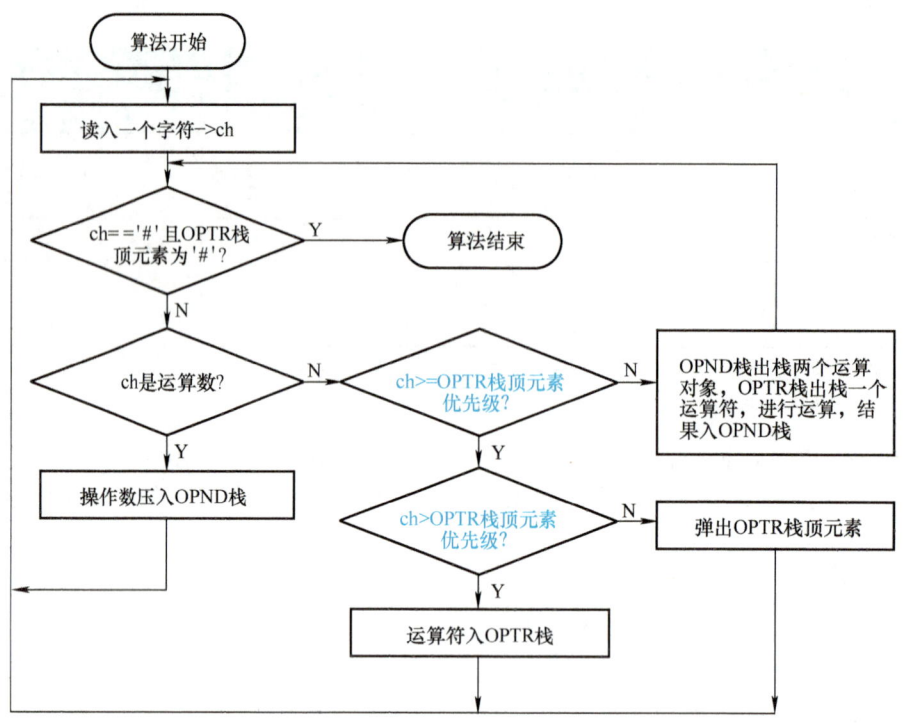

图 3-5 表达式求值算法的流程图

表 3-2 表达式 "3+2*(4+2*2)-5#" 求值过程的栈状态变化表

步骤	读入字符	运算数栈 OPND（栈底→栈顶）	运算符栈 OPTR（栈底→栈顶）	说明
1	3	3	#	3 进 OPND 栈
2	+	3	# +	+优先级高，进 OPTR 栈
3	2	3，2	# +	2 进 OPND 栈
4	*	3，2	# + *	*优先级高，进 OPTR 栈
5	(	3，2	# + * (	(优先级高，进 OPTR 栈
6	4	3，2，4	# + * (	4 进 OPND 栈
7	+	3，2，4	# + * (+	+优先级高，进 OPTR 栈
8	2	3，2，4，2	# + * (+	2 进 OPND 栈
9	*	3，2，4，2	# + * (+ *	*优先级高，进 OPTR 栈
10	2	3，2，4，2，2	# + * (+ *	2 进 OPND 栈
11	)	3，2，4，4	# + * (+	）优先级低，计算 2*2=4，结果进 OPND 栈
		3，2，8	# + * (	）优先级低，计算 4+4=8，结果进 OPND 栈
		3，2，8	# + *	（与）优先级相同，（出栈
12	-	3，16	# +	-优先级低，计算 2*8=16，结果入 OPND 栈
		19	#	-优先级低，计算 3+16=19，结果进 OPND 栈
		19	# -	-优先级高，进 OPTR 栈
13	5	19，5	# -	5 进 OPND 栈
14	#	14	#	#优先级低，计算 19-5=14，结果进 OPND 栈
		14	#	当前读入字符为'#'且 OPTR 栈顶元素为'#'，算法结束

运用链栈实现中缀表达式求值的程序示例见算法 3.11。程序说明：为简单起见，表达式的运算数要求为一位整数（0~9），表达式输入以#结束，如"3+2*(4+2*2)-5#"。另外，在程序中不进行表达式正确性判断，要求输入表达式必须正确无误。表达式正确性判断方法属于编译原理课程中的语法分析范畴。

算法 3.11 中缀表达式求值

```
#include <stdio.h>
#include <stdlib.h>
typedef int ElemType;
typedef struct Linknode
    { ElemType data;       //数据域，存放数据元素值
      struct Linknode *next; //指针域，存放直接后继结点地址
    } Linknode;
int priority[8][8]={ 3,3,1,1,1,1,3,3,
                     3,3,1,1,1,1,3,3,
                     3,3,3,3,3,1,3,3,
                     3,3,3,3,3,1,3,3,
                     3,3,3,3,3,1,3,3,
                     1,1,1,1,1,1,2,3,
                     3,3,3,3,3,0,3,3,
                     1,1,1,1,1,1,1,2};
int sub(ElemType c)
{/* 功能：通过运算符获得其在优先关系数组 priority 中的下标值 */
        switch(c){
            case '+':
                return 0;
            case '-':
                return 1;
            case '*':
                return 2;
            case '/':
                return 3;
            case '%':
                return 4;
            case '(':
                return 5;
            case ')':
                return 6;
            case '#':
                return 7;
        }
}

//下面用到的与 3.2.2 节中相应算法相同的函数省略

void infixexp_caclu()
{   ElemType x1,x2,i,j,op,topchar;
```

```c
    char ch;
    Linknode * OPTR = NULL;
    Linknode * OPND = NULL;
    Push(OPTR,'#');         // 将表达式的开始标志'#'压进 OPTR 栈
    printf("输入求值表达式(以#结束):");
    ch = getchar();
    GetTop(OPTR,topchar);
    while(!(ch == '#' && topchar == '#'))
    {   if(ch == '+' || ch == '-' || ch == '*' || ch == '/' || ch == '%' || ch == '(' || ch == ')' || ch == '#')
        {   i = sub(topchar);    /*获取栈顶运算符在优先关系数组 priority 中的下标值*/
            j = sub(ch);         /*获取当前运算符在优先关系数组 priority 中的下标值*/
            if(priority[i][j]==1)   //栈顶运算符优先级小于当前运算符优先级
                {Push(OPTR,ch);      ch = getchar();}
            if(priority[i][j]==2)   //优先级相同
                {Pop(OPTR,topchar);  ch = getchar();}
            if(priority[i][j]==3)   //栈顶运算符优先级大于当前运算符优先级
                {Pop(OPTR,op);Pop(OPND,x2); Pop(OPND,x1);
            switch(op)
               { case '+':
                    Push(OPND,x1 + x2);
                    break;
                 case '-':
                    Push(OPND,x1 - x2);
                    break;
                 case '*':
                    Push(OPND,x1 * x2);
                    break;
                 case '/':
                    Push(OPND,x1/x2);
                    break;
                 case '%':
                    Push(OPND,x1%x2);
               }
            }
        }
        else {  Push(OPND,ch - 48);    //将数字字符转换成数字,再压进栈
                ch = getchar();
             }
        GetTop(OPTR,topchar);
    }
    GetTop(OPND,topchar);
    printf("表达式的值 = %d\n",topchar);
}

int main()
{   char postex[20];
```

```
        infixexp_caclu();
        return 1;
}
```

【运行结果】

```
输入求值表达式（以#结束）：3+2*(4+2*2)-5#
表达式的值=14
```

3.3.2 中缀表达式转换为后缀表达式

1. 问题描述

算术表达式的另一种形式是后缀表达式（也称逆波兰表达式），就是算术表达式中运算符在运算数的后面，如"2+4*5"的后缀表达式为"245*+"。在后缀表达式中已经考虑了算法的优先级，没有括号，只有运算数和运算符，而且越放在前面的运算符优先级越高。因此，为了处理方便，编译程序常把中缀表达式转换成等价的后缀表达式。

2. 问题分析

将一个中缀表达式转换成后缀表达式时，运算数之间的相对次序是不变的，但运算符需要按照优先级改变相对次序，同时还要去除括号，所以在转换时需要用到一个栈暂存运算符，从左向右扫描算术表达式，将遇到的运算数直接存放到后缀表达式中，将遇到的每一个运算符或者左括号都暂时保存到栈中，而且先执行的运算符先出栈。

3. 算法设计

假设用字符数组 postex 存储转换后的后缀表达式，转换过程中用来存储运算符的临时栈为 OPTR，初始时为空，则将输入的中缀表达式转换成后缀表达式的过程如下。

1）将栈 OPTR 初始化为空，将定界符#压进栈底，设 $m=0$。

2）自左向右扫描从键盘输入的表达式，对每一个字符执行下述操作，直到遇到定界符（以#作为表达式的结束标志）。

① 若当前运算符优先级比 OPTR 栈顶运算符优先级低，则将 OPTR 栈顶元素出栈，存放到 postex[m] 中，且 m++。

② 若当前运算符优先级与 OPTR 栈顶运算符优先级相同，则将 OPTR 栈顶数据元素出栈，继续处理下一字符。

③ 若当前运算符优先级比 OPTR 栈顶运算符优先级高，则将该运算符入 OPTR 栈，继续处理下一字符。

④ 若当前字符是运算数，将其存放到 postex[m] 中，且 m++，继续处理下一字符。

3）将'\0'存入 postex[m]，postex 数组存储的即为转换后的后缀表达式。

【例 3-3】 中缀表达式"3+2*(4+2*2)-5#"转换为后缀表达式的过程见表 3-3，转换后的后缀表达式"32422*+*+5-#"。

表 3-3 表达式"3+2*(4+2*2)-5#"转换为后缀表达式的过程

步骤	读入字符	postex	栈 S（栈底→栈顶）	说明
1	3	3	#	3 存入 postex
2	+	3	#+	+优先级高，进 OPTR 栈
3	2	3,2	#+	2 存入 postex
4	*	3,2	#+*	*优先级高，进 OPTR 栈

(续)

步骤	读入字符	postex	栈 S（栈底→栈顶）	说明
5	(	3, 2	# + * (	（优先级高，进 OPTR 栈
6	4	3, 2, 4	# + * (	4 存入 postex
7	+	3, 2, 4	# + * (+	+优先级高，进 OPTR 栈
8	2	3, 2, 4, 2	# + * (+	2 存入 postex
9	*	3, 2, 4, 2	# + * (+ *	*优先级高，进 OPTR 栈
10	2	3, 2, 4, 2, 2	# + * (+ *	2 存入 postex
11	)	3, 2, 4, 2, 2, *	# + * (+	）优先级低，出栈 OPTR 栈顶数据元素*，存入 postex
		3, 2, 4, 2, 2, *	# + * (	）优先级低，出栈 OPTR 栈顶数据元素+，存入 postex
		3, 2, 4, 2, 2, *, +	# + *	（与）优先级相同，(出栈
12	-	3, 2, 4, 2, 2, *, +, *	# +	-优先级低，出栈 OPTR 栈顶数据元素*，存入 postex
		3, 2, 4, 2, 2, *, +, *, +	#	-优先级低，出栈 OPTR 栈顶数据元素+，存入 postex
		3, 2, 4, 2, 2, *, +, *, +	# -	-优先级高，进 OPTR 栈
13	5	3, 2, 4, 2, 2, *, +, *, +, 5	# -	5 存入 postex
14	#	3, 2, 4, 2, 2, *, +, *, +, 5, -	#	#优先级低，出栈 OPTR 栈顶数据元素-，存入 postex
		3, 2, 4, 2, 2, *, +, *, +, 5, -	#	当前读入字符为'#'且 OPTR 栈顶数据元素为'#'，算法结束

中缀表达式转换为后缀表达式的程序示例见算法 3.12。程序说明：为简单起见，表达式的运算数要求为一位整数（0~9），表达式输入以#结束，如"3 + 2 * (4 + 2 * 2) - 5#"形式。另外，程序中不进行表达式正确性判断，要求输入表达式必须正确无误。

算法 3.12　中缀表达式转换为后缀表达式

```
#include <stdio.h>
#include <stdlib.h>
typedef int ElemType;
typedef struct Linknode
{   ElemType data;     //数据域,存放数据元素值
    struct Linknode *next;    //指针域,存放直接后继结点地址
} Linknode;
int priority[8][8]={ 3,3,1,1,1,1,3,3,
                     3,3,1,1,1,1,3,3,
                     3,3,3,3,3,1,3,3,
                     3,3,3,3,3,1,3,3,
                     3,3,3,3,3,1,3,3,
                     1,1,1,1,1,1,2,3,
                     3,3,3,3,3,0,3,3,
                     1,1,1,1,1,1,1,2 };
```

```c
int sub(ElemType c){
/* 功能：通过运算符获得其在优先关系数组 priority 中的下标值 */
    switch(c){
        case '+':
            return 0;
        case '-':
            return 1;
        case '*':
            return 2;
        case '/':
            return 3;
        case '%':
            return 4;
        case '(':
            return 5;
        case ')':
            return 6;
        case '#':
            return 7;
    }
}

//下面用到的与 3.2.2 节中相应算法相同的函数省略

void trans_to_postexp(char postex[ ])
{   //将中缀表达式转换为后缀表达式
    int m=0;
    ElemType i,j,op,topchar;
    char ch;
    Linknode *OPTR=NULL;
    Push(OPTR,'#'); // 将表达式的开始标志'#'压入 OPTR 栈
    printf("输入中缀表达式(以#结束):");
    ch=getchar();
    GetTop(OPTR,topchar);
    while(!(ch=='#' && topchar=='#'))
    { if(ch=='+'||ch=='-'||ch=='*'||ch=='/'||ch=='%'||ch=='('||ch==')'||ch=='#')
        { i=sub(topchar);    /*获取栈顶运算符在优先关系数组 priority 中的下标值*/
          j=sub(ch);         /*获取当前运算符在优先关系数组 priority 中的下标值*/
          if(priority[i][j]==1)//栈顶运算符优先级小于当前运算符优先级
          { Push(OPTR,ch);
            ch=getchar();
          }
          if(priority[i][j]==2)    //优先级相同
          { Pop(OPTR,topchar);
            ch=getchar();
```

```
            }
            if(priority[i][j]==3)    //栈顶运算符优先级大于栈当前运算符优先级
            {   Pop(OPTR,op);
                postex[m]=op;
                m++;
            }
        }
        else
            {   postex[m]=ch;
                m++;
                ch=getchar();
            }
        GetTop(OPTR,topchar);
    }
    postex[m]='\0';
    printf("转换的后缀表达式为：%s\n",postex);
}
int main()
{   char postex[20];
    trans_to_postexp(postex);
    return 1;
}
```

【运行结果】

输入中缀表达式（以#结束）：3+2*(4+2*2)-5#
转换的后缀表达式为：32422*+*+5-

3.3.3 后缀表达式求值

在后缀表达式中，所有的计算按照运算符出现的顺序从左向右进行，不用再考虑运算符的优先级。后缀表达式的求值过程用到一个栈 OPND，求值过程如下。

1）将栈 OPND 初始化为空。

2）自左向右扫描后缀表达式 postex，对每一个字符执行下述操作，直到 postex 表达式扫描结束。

① 若当前字符是运算数，将其进栈 OPND，处理下一个字符；

② 若当前字符是运算符，则从栈 OPND 中连续出栈两个运算数，执行运算符对应的运算，并将计算结果进栈 OPND，继续处理下一字符。

3）输出 OPND 栈的栈顶元素，即为表达式的运算结果。

【例3-4】 后缀表达式"32422*+*+5-#"的求值过程见表3-4。

表3-4 后缀表达式"32422*+*+5-#"的求值过程

步骤	读入字符	栈 S（栈底→栈顶）	说明
1	3	3	3 进栈 OPND
2	2	3，2	2 进栈 OPND

(续)

步骤	读入字符	栈 S（栈底→栈顶）	说明
3	4	3，2，4	4 进栈 OPND
4	2	3，2，4，2	2 进栈 OPND
5	2	3，2，4，2，2	2 进栈 OPND
6	*	3，2，4，4	从 OPND 出栈两个运算数，计算 2 * 2 = 4，结果入 OPND 栈
7	+	3，2，8	从 OPND 出栈两个运算数，计算 4 + 4 = 8，结果入 OPND 栈
8	*	3，16	从 OPND 出栈两个运算数，计算 2 * 8 = 16，结果入 OPND 栈
9	+	19	从 OPND 出栈两个运算数，计算 3 + 16 = 19，结果进 OPND 栈
10	5	19，5	5 进 OPND 栈
11	-	14	从 OPND 出栈两个运算数，计算 19 - 5 = 14，结果入 OPND 栈
12	#	14	输出栈顶元素，算法结束

后缀表达式求值的程序示例见算法 3.13。

算法 3.13 后缀表达式求值

```
#include <stdio.h>
#include <stdlib.h>
typedef  int ElemType;
typedef  struct  Linknode
    { ElemType  data;      //数据域，存放元素值
      struct  Linknode  * next;   //指针域，存放直接后继结点地址
    } Linknode;

//下面用到的与 3.2.2 节中相应算法相同的函数省略

void postexp_caclu( char postexp[ ])
{ //后缀表达式求值
    ElemType i,x1,x2,topchar;
    i = 0;
    Linknode * OPND = NULL;
    while( postexp[i] ! = '#')
    { if( postexp[i] == '+' || postexp[i] == '-' || postexp[i] == '*' || postexp[i] == '/' || postexp[i] == '%' || postexp[i] == '(' || postexp[i] == ')')
            { Pop( OPND,x2);
              Pop( OPND,x1);
              switch( postexp[i])
              {case '+':
                  Push( OPND,x1 + x2);
                  break;
               case '-':
                  Push( OPND,x1 - x2);
                  break;
               case '*':
                  Push( OPND,x1 * x2);
                  break;
```

```
                    case '/':
                        Push(OPND, x1/x2);
                        break;
                    case '%':
                        Push(OPND, x1%x2);
                }
            }
            else    Push(OPND, postexp[i]-48);  //将数字字符转换成数字,再压进栈
            i++;
        }
        GetTop(OPND, topchar);
        printf("表达式的值=%d\n", topchar);
}

int main()
{    char postex[20];
     printf("输入后缀表达式(以#结束):");
     scanf("%s", &postex);
     postexp_caclu(postex);
     return 1;
}
```

【运行结果】

输入后缀表达式（以#结束）：32422＊＋＊＋5－#
表达式的值=14

3.4 队列的逻辑结构

【问题导入】 在现实生活中，经常能看到为了等待服务而排起的长队。例如，在繁忙的餐厅，顾客可能需要等待才能被安排座位。为了确保等待体验尽可能公平和高效，餐厅应该如何记录顾客的到达顺序，并据此安排座位？如果一个顾客等不及了选择离开，餐厅如何更新等待列表？

队列作为一种数据结构，它允许在一端添加元素，并在另一端移除元素，具有先进先出（First-In-First-Out，FIFO）的特性。在上面餐厅等位的例子中，可以利用队列维护顾客等待服务的个体的顺序，确保公平性和效率。

3.4.1 队列的定义

队列（Queue）是一种只允许在表的一端进行插入，而在另一端进行删除的操作受限的线性表。把允许删除的一端叫作<u>队头</u>（Front），允许插入的一端叫作<u>队尾</u>（Rear）。向队列中插入新元素称为入队（Enqueue），新元素进队后成为新的队尾元素。从队列中删除元素称为出队（Dequeue），元素出队后，其直接后继元素就成为新的队头元素。当队列中没有元素时称为空队列。

队列的入队和出队操作，与日常生活中的排队是一致的，最早进入队列的元素最早离开。因此，队列具有先进先出的特性，所以队列又称为<u>先进先出</u>的线性表，简称为 FIFO 表。

如图 3-6 所示，队列中依次加入元素 a_1, a_2, $\cdots$, a_n 之后，a_1 是队头元素，a_n 是队尾元素。出队的次序只能是 a_1, a_2, $\cdots$, a_n。

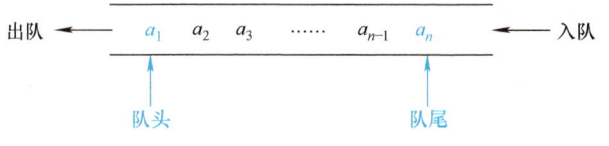

图 3-6 队列示意图

[视频 3-8 队列的定义]

队列在程序设计中经常出现，一个最典型的例子就是操作系统中的作业排队。若计算机系统中同时有若干作业运行，运行的结果都需要通过通道输出，那么就需要按作业请求输出的先后次序排队，这个输出缓冲通道就是一个队列。当一个作业的结果传输完毕，可以接收新的输出任务时，排在队头的作业先从作业队列中出队做输出操作，所有新申请输出的作业都从队尾入队。

3.4.2 队列的抽象数据类型描述

队列的数据元素之间仍然是线性关系，只是对插入、删除操作的位置进行了限制，其抽象数据类型的定义为：

ADT Queue {

数据对象：$D = \{a_i \mid a_i \in \text{ElemType}, 1 \leq i \leq n, n \geq 0\}$

数据关系：$R = \{<a_{i-1}, a_i> \mid a_{i-1}, a_i \in D, 2 \leq i \leq n\}$

基本操作：

　　InitQueue(&Q)：队列的初始化操作，用于构造一个空队列 Q。

　　DestoryQueue(&Q)：销毁队列，释放队列 Q 所占用的存储空间。

　　QueueEmpty(Q)：判断队列 Q 是否为空，若为空，返回 1，否则返回 0。

　　EnQueue(&Q, x)：入队操作。若队列 Q 未满，将数据元素 x 插入到队列 Q 的队尾。

　　DeQueue(&S, &e)：出队操作。若队列 Q 非空，则队头元素出队，并将其值赋给 e。

}

实际应用中，还可以根据需要增加其他必要的队列运算，如读取队头元素、判断队列是否满（注意：此操作只适用于顺序存储的队列）等。

3.5 队列的存储结构

【问题导入】 如何在计算机中实现队列？它是如何实现"先进先出"的？

队列是运算受限的线性表，因此线性表的存储结构对队列同样适用。队列也有顺序存储结构和链式存储结构两种存储结构，顺序存储结构的队列称为顺序队列，链式存储结构的队列称为链队列。下面对两种存储结构分别进行讨论。

3.5.1 队列的顺序存储结构及实现

1. 顺序队列

队列的顺序存储结构称为<u>顺序队列</u>（Sequential Queue）。与顺序栈相同，顺序队列也使用一个地址连续的存储单元来依次存放当前队列中的数据元素,由于队头和队尾位置随出队和入队操作而变化,因此需设置两个指示指针 front 和 rear,分别指示当前队列队头数据元素和队尾数据元素的位置。

假设队列中数据元素个数最多不超过 MaxSize,所有数据元素具有相同的数据类型 ElemType,则顺序队列 SeqQueue 类型的声明如下:

```
# define MaxSize 100;    /*假定预分配的队列最大长度为 100 个数据元素*/
typedef  int  ElemType;   /*队列数据元素的数据类型,假设为 int */
typedef struct {
    ElemType  data[MaxSize];  /*存储数据元素 */
    int  front;      /* 队头指针,指向队头数据元素 */
    int  rear;       /* 队尾指针,指向队尾数据元素的下一个位置 */
}SeqQueue;
SeqQueue *Q;
```
本节采用队列指针的方式建立和使用顺序队列。

为了某些运算方便,规定队头指针 front 总是指向当前队头数据元素,队尾指针总是指向当前队尾数据元素的后一个位置。队头指针 front 和队尾指针 rear 的初值在队列初始化时设置为 0(初始化为空队列)。入队时,将新数据元素插入 rear 所指的数据位置,然后将 rear 加 1。出队时,删去 front 所指的数据元素,然后将 front 加 1 并返回被删除数据元素。顺序队列中队头指针和队尾指针的变化情况如图 3-7 所示。

[视频 3-9 顺序队列]

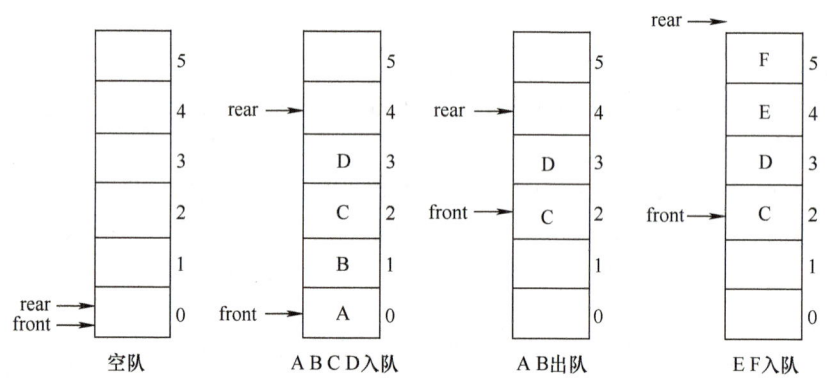

图 3-7 顺序队列中队头指针和队尾指针的变化情况

在顺序队列中,进行入队和出队操作时可能产生溢出现象。

(1)"下溢"现象 当队列为空时,进行出队运算产生的溢出现象,称为"下溢"。在程序设计中,"下溢"现象可通过判断队列是否为空进行控制。

(2)"真上溢"现象 当队列满时,进行入队运算产生空间溢出的现象,称为"真上溢"。"真上溢"是一种出错状态,在程序设计中可通过判断队列是否已满进行控制。

(3)"假上溢"现象 由于在入队和出队操作中,队头指针与队尾指针只增加不减小,致使被删数据元素的空间永远无法重新利用。当队列中实际的数据元素个数远远小于存储空间的规模时,也可能由于队尾指针已超越队列空间的上界而不能做入队操作。这种现象称为"假上溢"。

2. 循环队列

解决假溢出的方法是把队列存储空间看作首尾相连的环,即允许队列直接从数组下标最大的位置延续到数组下标最小的位置,队列的这种头尾相接的顺序存储结构称为**循环队列**(Circular Queue),如图 3-8 所示。

1)循环队列的存储区域被当作首尾相接的表,队头、队尾指针加 1 时从 MaxSize − 1 直接回到 0,这种变化可用 C 语言的取模运算实现。

2)进行入队操作和出队操作时,队头指针和队尾指针的变化情况用 C 语言中取模运算(%)表示如下:

[视频 3-10 循环队列]

① 循环队列进行入队操作时,队尾指针加 1:

rear = (rear + 1)% MaxSize

② 循环队列出队操作,队头指针加 1:

front = (front + 1)% MaxSize

③ 循环队列初始化:

front = rear = 0

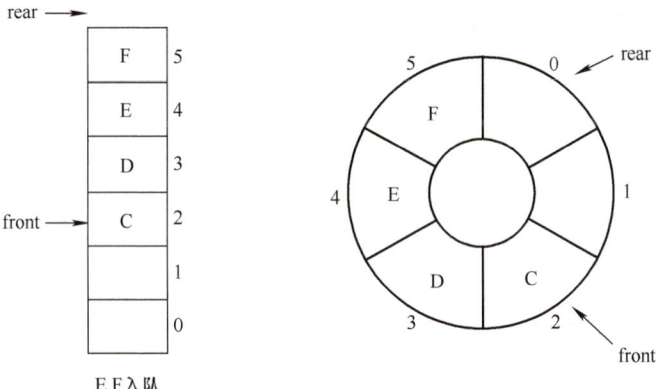

图 3-8 循环队列示意图

3)因为循环队列入队时队尾指针加 1,队尾指针向前追赶队头指针,出队时队头指针加 1,队头指针向前追赶队尾指针,所以队空和队满时头尾指针均相等。这样一来,无法通过 front == rear 来判断队列的"空"和"满"。解决此问题有两种处理方法:

第一种处理方法,另设一个状态标志位来区别"队空"和"队满"。

第二种处理方法,少用一个数据元素空间,约定以队头指针在队尾指针的下一位置上(指环状的下一位置)作为队列满的标志。即若队列的最大长度为 MaxSize,则该空间所表示的循环队列最多允许存储 MaxSize − 1 个数据元素,而 rear 所指的存储单元始终为空值(不使用),如图 3-9 所示。

本节采用第二种处理办法,这样队空与队满的判定条件分别如下。

循环队列空的标志是:front == rear。

循环队列满的标志是:(rear + 1)% MaxSize == front。

3. 循环队列的基本操作

在循环队列中实现队列基本运算的算法如下:

(1)循环队列初始化

该运算构造一个空队列 Q,将 front 和 rear 设置为初始状态,即 0 值,初始化成功返回 1,

否则返回 0。具体算法实现见算法 3.14。

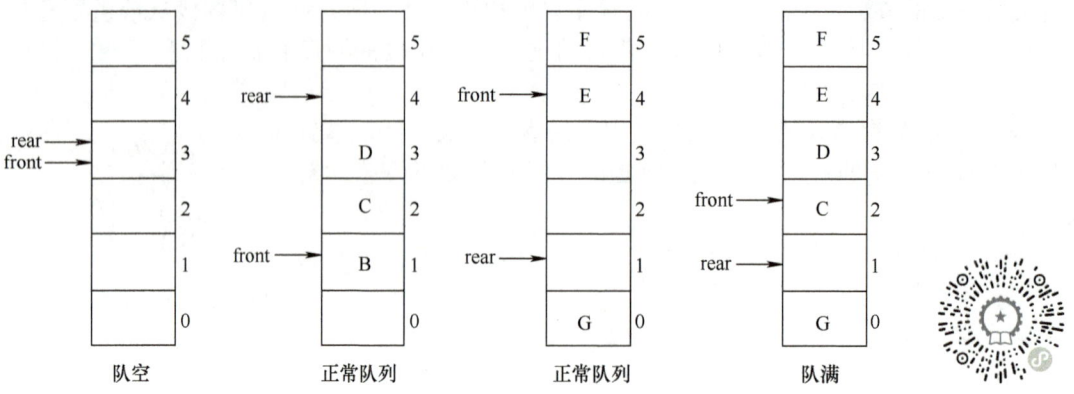

图 3-9　循环队列状态示意图

[视频 3-11　队列初始化]

算法 3.14　循环队列初始化

```
int InitQueue(SeqQueue *&Q)
{   Q=(SeqQueue *)malloc(sizeof(SeqQueue));  /* 申请存储空间 */
    if(!Q){printf("申请存储空间失败,程序运行终止!\n");
            return 0;  /* 申请存储空间失败,程序运行终止 */
          }
    Q->front=Q->rear=0;    /* 队列置空 */
    return 1;
}
```

本算法的时间复杂度为 $O(1)$。

（2）销毁队列

该运算释放队列 Q 占用的存储空间。算法实现见算法 3.15。

算法 3.15　销毁队列

```
int DestoryQueue(SeqQueue *&Q)
{   free(Q);
    printf("队列已销毁,空间已释放!\n");
}
```

本算法的时间复杂度为 $O(1)$。

（3）判断队列是否为空

该运算判断队列 Q 是否为空，若为空返回 1，否则返回 0。具体算法实现见算法 3.16。

算法 3.16　判断队列是否为空

```
int QueueEmpty(SeqQueue *Q)
{
    return(Q->front==Q->rear)?1:0;  /* 队列为空返回1,否则返回0 */
}
```

本算法的时间复杂度为 $O(1)$。

（4）入队操作

该运算首先判断队列 Q 是否已满，若队列不满，先将数据元素 x 插入到队尾指针所指位置，然后 rear 指针循环增 1，入队成功返回 1，否则返回 0。具体算法实现见算法 3.17。

［视频 3-12　入队操作］

算法 3.17　循环队列入队操作

```
int EnQueue(SeqQueue *Q, ElemType x)
{   if((Q->rear+1)% MaxSize==Q->front)
    {   printf("队满，入队操作失败!\n");  /* 队满，不能入队 */
        return 0;
    }
    else{  Q->data[Q->rear]=x;   /* 插入数据元素存入队尾 */
           Q->rear=(Q->rear+1)%MaxSize;  /* 修改尾指针，入队完成 */
           return 1;
        }
}
```

本算法的时间复杂度为 $O(1)$。

（5）出队操作

该运算首先判断队列 Q 是否为空，若队列不空，取出队头指针 front 所指位置的数据元素，将其值赋给 e，然后 front 指针循环增 1，出队成功返回 1，否则返回 0。具体算法实现见算法 3.18。

［视频 3-13　出队操作］

算法 3.18　循环队列出队操作

```
int DeQueue(SeqQueue *Q,ElemType &e)
{  if(Q->front==Q->rear)
    {   printf("队空，出队操作失败!\n");  /* 队空 */
        return 0;
    }
    else{  e=Q->data[Q->front];   /* 取出队头数据元素，由实参带回 */
           Q->front=(Q->front+1)%MaxSize;  /* 修改头指针，出队完成 */
           return 1;
        }
}
```

本算法的时间复杂度为 $O(1)$。

3.5.2　队列的链式存储结构及实现

1. 链队列的存储结构

采用链式存储结构实现的队列称为链队列（Linked Queue）。链表有多种，本节采用单链表来实现链队列。

链队列是限定仅在表头删除和表尾插入的单链表。显然，仅仅有头指针不便于在表尾进行插入操作，因此需要再增加一个尾指针，使其指向单链表的最后一个结点。于是，一个链队列可以由一个头指针 front 和一个尾指针 rear 唯一地确定。

为了使空队列和非空队列操作一致，与单链表类似，在链队列队头结点前附加了一个头结点。链队列的存储结构如图 3-10 所示，队头指针 front 指向头结点，队尾指针 rear 指向队尾结点。

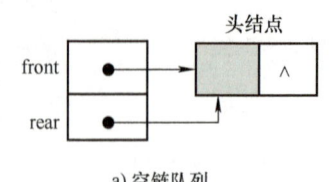

a) 空链队列

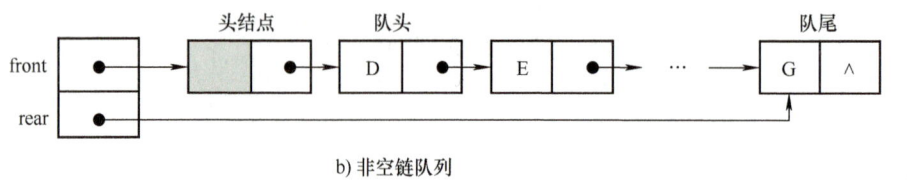

b) 非空链队列

图 3-10　链队列的存储结构示意图　　　　　　　　　　[视频 3-14　链队列]

链队列中数据结点的结构与单链表中结点的结构相同，其数据类型定义为：
typedef　int　ElemType；　/* 假设队列数据元素类型为 int 形 */
typedef struct LNode{
　　ElemType　data；
　　struct　LNode * next；
}LNode；

对于一个链队列可以由它的队头指针 front 和队尾指针 rear 唯一地确定，因此可以将链队列的数据类型声明描述为：
typedef struct{
　　LNode　* front；　//队头指针指向头结点
　　LNode　* rear；　　//队头指针指向队尾结点
}LinkQueue；

本节采用队列指针 Q 定义和使用链队列：
LinkQueue　* Q；

带头结点的链队列为空队列的条件为：队头指针 = 队尾指针（Q -> front == Q -> rear）。

2. 链队列的基本运算

和链栈类似，链队列的长度仅与运行时系统可分配的存储空间有关，故无须考虑队满上溢问题。链队列上对应队列基本运算的算法实现如下。

（1）初始化（置空队列）

该运算构造一个空队列 Q（带头结点），首先创建一个链队列结点，用于存储链队列的队头指针 front 和队尾指针 rear；然后申请一个头结点，并将链队列的 front 和 rear 指针均指向该结点；初始化成功返回 1，否则返回 0。具体算法实现见算法 3.19。

[视频 3-15　链队列初始化]

算法 3.19　链队列初始化

```
int InitQueue(LinkQueue *&Q)
{   LNode *p;
    Q=(LinkQueue *)malloc(sizeof(LinkQueue));  /* 创建链队结点 */
    p=(LNode *)malloc(sizeof(LNode));  /* 申请头结点存储空间 */
    if(p!=NULL)
    {   p->next=NULL;  /* 头结点指针域置空 */
        Q->front=Q->rear=p;
        return 1;
    }
    else
    {   printf("初始化失败!\n");  /* 初始化失败 */
        return 0;
    }
}
```

本算法的时间复杂度为 $O(1)$。

（2）销毁队列

该运算释放队列 Q 占用的全部存储空间，包括头结点和所有数据结点的存储空间，需要从队头到队尾顺着指针链逐个释放结点，操作成功返回 1，否则返回 0。具体算法实现见算法 3.20。

算法 3.20　销毁队列

```
int DestoryQueue(LinkQueue *&Q)
{   LNode *p,*q;
    p=Q->front;                    //p 指向头结点
    while(p->next!=NULL)           //队列不为空时,逐个释放数据结点
    {   q=p->next;
        p->next=q->next;
        free(q);
    }
    free(p);                       //释放头结点
    free(Q);                       //释放链队结点
    printf("队列已销毁,空间已释放!\n");
}
```

本算法的时间复杂度为 $O(n)$，其中 n 为链队列的长度。

（3）判断链队列是否为空

该运算判断队列 Q 是否为空，若为空返回 1，否则返回 0。判断链队列为空的条件为：Q->front == Q->rear。具体算法实现见算法 3.21。

算法 3.21　判断链队列是否为空

```
int QueueEmpty(LinkQueue *Q)
{
    return(Q->front==Q->rear)?1:0;  /* 链队列为空返回 1,链队列非空返回 0 */
}
```

本算法的时间复杂度为 $O(1)$。

（4）入队操作

该运算将一个值为 x 的新结点插入链队列的队尾。首先申请一个新结点 p，将入队数据元素的值 x 赋予该结点 data 域，并将该结点 next 指针域置空（p －> next = NULL），然后将 p 结点插入到队尾结点的后面，即 Q －> rear －> next = p，最后修改队尾指针，使其指向新插入的结点，插入成功返回 1，否则返回 0。具体算法实现见算法 3.22。

[视频 3-16　入队操作]

算法 3.22　链队列入队操作

```
int  EnQueue(LinkQueue *Q,ElemType x)
{  LNode *p;
   p = (LNode *)malloc(sizeof(LNode));    /*申请结点空间*/
   if(!p){
          printf("申请队列结点空间失败,程序运行终止!\n");
          return 0;
       }
   else{  p －> data = x;
          p －> next = NULL;
          Q －> rear －> next = p;
          Q －> rear = p;
          return 1;
       }
}
```

本算法的时间复杂度为 $O(1)$。

（5）出队操作

出队操作时，首先判断队列是否为空（队空条件：Q －> front == Q －> rear）。若队列为空，将产生下溢。若队列非空，将队头数据元素的值赋给参数 e，并删除队头结点 p（p = Q －> front －> next）：Q －> front －> next = p －> next。

若出队结点是链队列中最后一个结点（Q －> rear = p），表明 p 是队列中唯一结点，删除 p 后，队列应置为空：Q －> rear = Q －> front。

[视频 3-17　出队操作]

最后，释放 p 结点所占存储空间。出队成功返回 1，否则返回 0。具体算法实现见算法 3.23。

算法 3.23　链队列出队操作

```
int DeQueue(LinkQueue *Q,ElemType &e)
{  LNode *p;
   if(Q －> front == Q －> rear)
     {  printf("队列为空，出队操作失败!\n");  /* 空队列 */
        return 0;
     }
   else
```

```
        p = Q -> front -> next;    /* p 指向队头结点 */
        e = p -> data;    /* 队头数据元素的值通过实参返回 */
        Q -> front -> next = p -> next;    /* 删除队头结点 */
        if( Q -> rear == p )    /* 若p是队中最后一个结点，出队后队列置为空 */
            Q -> rear = Q -> front;
        free(p);    /* 释放出队结点所占存储空间 */
        return 1;
    }
}
```

本算法的时间复杂度为 $O(1)$。

(6) 读取队头数据元素

队列非空时，该运算读取链队列队头数据元素的值，并将其值赋给参数 e，成功返回1，否则返回0。读取队头操作不影响链队列状态，队头指针和队尾指针均保持不变。具体算法实现见算法3.24。

算法 3.24 读取队头数据元素

```
int GetHead( LinkQueue *Q, ElemType &e)
{
    if( Q -> front == Q -> rear )
    {
        printf("队列为空，取队头数据元素失败!\n");    /* 空队列，读取队头数据元素失败 */
        return 0;
    }
    else
    {
        e = Q -> front -> next -> data;    /* 队头数据元素的值通过实参返回 */
        return 1;
    }
}
```

本算法的时间复杂度为 $O(1)$。

3.6 队列的应用举例

【问题导入】 队列在计算机科学中有哪些典型应用？什么类型的问题适合使用队列来解决？

队列在计算机科学中有着广泛的应用，主要用于管理各种需要按顺序处理的项目。例如，操作系统中使用队列来管理待处理的任务或进程（任务调度），使用队列来管理内存中的页面或进程（内存管理）等。队列还可用于模拟现实世界中的排队现象，帮助分析和预测系统行为。

在实际应用中，队列通常作为一个存放临时数据的容器。如果先存入的数据先处理，则可以使用队列解决此类问题。本节通过舞伴问题的求解过程介绍队列的应用。

1. 问题描述

假设在周末舞会上，男士和女士进入舞厅时，男女各自排成一队。跳舞开始时，依次从男队和女队的队头位置各出一人配成舞伴。若两队初始人数不相同，则较长的那一队中未配对者等待下一轮舞曲。现要求设计一个算法模拟上述舞伴配对问题。

2. 问题分析

在舞伴问题中，先到达的男士或女士先加入到各自的队列中，先入队的男士或女士亦先出队配成舞伴，因此该问题具体有典型的先进先出特性，可用队列作为数据结构进行算法设计。

因为进入舞厅的男士和女士要分别排队，需设置两个队列 Mdancers 和 Fdancers，分别代表男队和女队。假设将所有进入舞厅的男士和女士按进场顺序记录存放在一个数组 dancer 中作为输入，依次扫描该数组的各元素，并根据性别来决定入场者进入男队还是女队。当数组 dancer 处理完，两个队列入队完成之后，依次将两队当前的队头元素出队配成舞伴，直至某队列变空为止。此时，若某队列中仍有等待配对者，输出此队列中等待者的人数及排在队头的等待者的名字，他（或她）将是下一轮舞曲开始时第一个可获得舞伴的人。

3. 算法设计

由于需要根据舞者的性别判断进入的队列，因此舞者（队列元素）的信息至少应该包括姓名、性别信息，本节算法中队列数据元素的类型声明为：

```
typedef struct{
    char name[20];   /* 姓名 */
    char sex;        /* 性别，'F'表示女性，'M'表示男性 */
}Person;
```

算法 3.25 是使用链队列实现舞伴问题的程序示例。

［视频 3-18 舞伴问题］

算法 3.25 舞伴问题算法

```
#include <stdio.h>
#include <stdlib.h>
typedef struct{
    char name[20];   /* 姓名 */
    char sex;        /* 性别，'F'表示女性，'M'表示男性 */
}Person;
typedef Person ElemType;   /* 假设队列数据元素类型为整型 */
typedef struct LNode{
    ElemType data;
    struct LNode *next;
}LNode;

typedef struct{
    LNode *front;    //队头指针指向头结点
    LNode *rear;     //队头指针指向队尾结点
}LinkQueue;

//下面用到的与 3.5.2 节中相应算法相同的函数省略

// 函数 count 功能:用于统计队列中数据元素个数 */
int count(LinkQueue *Q)
{   LNode *p;
    int num=0;
    if(QueueEmpty(Q))   return 0;    /* 队空返回 0 */
```

```
          else
              for(p = Q -> front -> next;p;p = p -> next)    num ++ ;
      return num; /* 返回队列长度 */
}


void DancePartner(ElemType dancer[ ],int num)
{    /* 数组 dancer 中存放跳舞的男女,num 是跳舞的人数 */
     int i,tag;
     ElemType p;
     LinkQueue * Mdancers, * Fdancers;
     tag = InitQueue(Mdancers);    /* 男士队列初始化 */
     tag = InitQueue(Fdancers);    /* 女士队列初始化 */
     for(i = 0;i < num;i ++ )    /* 依次将跳舞者依其性别入队 */
        {   p = dancer[i];
            if(p.sex == 'F')
                 tag = EnQueue(Fdancers,p);    /* 排入女队 */
            else
                 tag = EnQueue(Mdancers,p);    /* 排入男队 */
        }
     printf("舞伴配对如下:\n");
     while(!QueueEmpty(Fdancers)&&!QueueEmpty(Mdancers))
        /* 依次输出男女舞伴名 */
        {   tag = DeQueue(Fdancers,p);                /* 女士出队 */
            printf("% - 20s  <====>",p.name);        /* 打印出队女士名 */
            tag = DeQueue(Mdancers,p);                /* 男士出队 */
            printf("%20s\n",p.name);                 /* 打印出队男士名 */
        }
     if(!QueueEmpty(Fdancers))    // 输出女士剩余人数及队头女士的名字
        {   printf("\n 还有%d 位女士等待下一轮舞曲时获得舞伴!\n",count(Fdancers));
            tag = GetHead(Fdancers,p);    /* 取队头 */
            printf("%s 女士将第一个获得舞伴!\n",p.name);
        }else
     if(!QueueEmpty(Mdancers))    // 输出男队剩余人数及队头者名字
        {   printf("\n 还有%d 位男士等待下一轮舞曲时获得舞伴!\n",count(Mdancers));
            tag = GetHead(Mdancers,p);
            printf("%s 先生将第一个获得舞伴!\n",p.name);
        }
}

int main( )
{   int n = 10;
    ElemType
dancer[10]= { {"M1",'M'},{"M2",'M'},{"M3",'M'},{"M4",'M'},{"F1",'F'},{"M5",'M'},{"M6",'
M'},{"F2",'F'},{"F3",'F'},{"F4",'F'} };
    DancePartner(dancer,10);
    return 1;
}
```

【运行结果】

舞伴配对如下：

$$M1 <====> F1$$
$$M2 <====> F2$$
$$M3 <====> F3$$
$$M4 <====> F4$$

还有 2 位男士等待下一轮舞曲时获得舞伴！
M5 先生将第一个获得舞伴！

本章小结

栈和队列是两种常用的数据结构，它们都是操作受限的线性表。栈只允许在表的一端进行插入和删除，又称为"后进先出"的线性表；队列允许在表的一端插入在另一端删除，又称为"先进先出"的线性表。栈和队列都可以采用顺序和链式两种存储结构来实现。本章详细描述了顺序栈、链栈、循环队列和链队列及基本操作的实现方式，并结合表达式求值、舞伴问题介绍了栈和队列的应用。主要学习要点如下：

1）理解栈和队列的逻辑特性以及它们之间的差异。
2）掌握栈的两种存储结构（顺序栈与链栈）的存储特点、实现方式的差异，注意顺序栈和链栈中栈满和栈空的条件判断。
3）掌握基于顺序栈和链栈实现栈的基本操作的算法设计方法。
4）掌握队列的两种存储结构（循环队列与链队列）的存储特点、实现方式的差异，注意循环队列和链队列的队满和队空的条件判断。
5）掌握循环队列和链队列实现队列的基本操作的算法设计方法。
6）能够运用栈和队列解决实际问题：知道何时使用哪种数据结构，通过分析能将问题抽象为栈和队列表示，并选择/设计适宜的存储结构实现，设计算法实现基本运算。

思想园地——创新是引领发展的第一动力

创新在技术发展和应用中扮演着至关重要的角色，这一点在栈和队列的应用中同样体现得淋漓尽致。下面通过栈和队列在现代操作系统和人工智能中的创新应用，来说明创新是如何引领这些领域的发展。

在操作系统中，经常应用栈和队列来实现内存管理、任务调度和进程管理等。在传统的实现中，它们通常以固定大小或者在运行时动态分配内存的方式存在于内存中。然而，在多任务、多线程的现代操作系统环境下，这种传统实现方式可能会遇到一些问题，例如：在多线程环境中，多个线程可能同时访问栈或队列，这需要同步机制来防止数据竞争和不一致的状态；在分布式系统或者需要跨网络通信的环境中，传统的栈和队列可能不适合跨机器的数据共享和处理等。为了解决这些问题，传统的栈和队列在现代操作系统中通过增加并发支持、分布式扩展等方式进行了技术创新，以适应现代操作系统的使用需求。例如，通过锁、原子操作或者无锁编程技术，提供线程安全的栈和队列实现，来确保并发访问时的数据一致性。

随着云计算和大数据技术的发展，为了满足大规模数据处理和复杂人工智能任务需求，提出了分布式栈和队列，通过将数据分散到多个节点上进行处理，大大提高了数据处理的速度和效率；在深度学习中，栈和队列结构被用于神经网络模型中的数据流动和控制流管理；另外，还实现了优先级队列、双端队列等更高级的数据结构，这些数据结构提供更多的灵活性和功能，以适应不同的应用场景。这些创新的应用使得机器学习模型能够处理更加复杂的任务，如自然语言处理、图像识别等，推动了人工智能技术的快速发展。

从前面的例子可以看出，无论是在基础的计算机系统管理，还是在高级的软件开发和人工智能领域，栈和队列在解决实际问题中的创新应用，不仅推动了计算机科学的发展，也为各行各业提供了更强大的数据处理能力，进一步推动了相关领域和行业的发展，从而推动了整个社会的进步。创新不仅仅是技术的更新换代，更是思维方式和工作方法的革新，它能够激发新的需求，创造新的价值，从而引领整个社会向前发展。

思考题

1. 如何理解栈的"后进先出"特性？现实生活中哪些问题可以用栈的特性解决？
2. 顺序栈和顺序表的实现有何不同？链栈和单链表的实现有何不同？
3. 在一个算法中需要建立多个栈时可以选用下列三种方案之一，试问这三种方案各有什么优缺点？
   1）分别用多个顺序存储空间建立多个独立的栈。
   2）多个栈共享一个顺序存储空间。
   3）分别建立多个独立的链式栈。
4. 如何理解队列的"先进先出"特性？现实生活中哪些问题可以用队列的特性解决？
5. 举例说明顺序队列的"假溢出"现象，并给出解决方案。
6. 循环队列的优点是什么？如何判断它的空和满？
7. 对于循环队列 Q，Q -> rear - Q -> front 的结果在什么情况下是正数，在什么情况下是负数？
8. 如果需要用到两个相同类型的栈，可以用一个数组 data[0..MaxSize - 1] 来实现这两个栈，称为共享栈。如果需要多个队列，可以像共享栈一样设置共享队列吗？
9. 可以使用循环单链表作为链式队列的存储结构吗？
10. 与其他数据结构（如栈和线性表等）相比，队列有什么优势和局限性？
11. 如何避免队列过长导致的性能问题？

练习题

1. 设将整数 1、2、3、4 依次进栈，只要出栈时栈非空，则可进行出栈操作。请回答下列问题。
   1）若进栈次序为 push(1)，pop()，push(2)，push(3)，pop()，pop()，push(4)，pop()，则出栈的数字序列为什么？
   2）能否得到出栈序列 423 和 432？并说明为什么不能得到或如何得到。
   3）请分析 1、2、3、4 的 24 种排列中，哪些序列可以通过相应的进栈、出栈得到。
2. 对于循环队列，如果知道队头指针和队列中数据元素个数，则可以计算出队尾指针。若已知循环队列中 front、rear、count（数据元素个数）三者中的两个，请写出根据两个已知条件推导出另一个的方法或公式。

3. 设有一顺序栈 S，元素 s1，s2，s3，s4，s5，s6 依次进栈，如果 6 个元素出栈的顺序是 s2，s3，s4，s6，s5，s1，则栈的容量至少应该是多少？

4. 假设以数组 queue 存放循环队列的数据元素，同时设变量 rear 和 qlen 分别指示循环队列中的队尾位置和队列中数据元素的个数。请问，该循环队列的队满的条件是什么？入队和出队操作如何实现？

上机实验题

1. 十进制数与 N 进制数据的转换

目的：掌握顺序栈基本运算的实现，掌握栈应用的算法设计。

内容：

1）问题描述：将从键盘输入的十进制数转换为 N（如二进制、八进制、十六进制）进制数据。

2）实验要求：利用顺序栈实现数制转换问题。

3）实现提示：转换方法利用辗转相除法。所转换的 N 进制数按低位到高位的顺序产生，而通常的输出是从高位到低位的，恰好与计算过程相反，因此转换过程中每得到一位 N 进制数则进栈保存，转换完毕后依次出栈则正好是转换结果。

2. 括号匹配问题

目的：掌握栈应用的算法设计。

内容：

1）问题描述：假设表达式中允许包含 3 种括号，即圆括号'()'、方括号'[ ]'和大括号'{ }'，设计一个算法判断一个算术表达式的圆括号是否正确配对。如果正确配对，输出 YES，否则输出 NO。

2）实验要求：输入一个表达式字符串包含（，[，{，)，]，}，正确输出 YES，错误输出 NO 并换行。

3）实现提示：利用栈结构实现括号匹配判断。

3. 判断"回文"问题

目的：掌握栈应用的算法设计。

内容：

1）问题描述：所谓回文，是指从前向后顺读和从后向前读都一样的字符序列，例如"abba"和"abcba"均是回文。设计一个算法判断给定字符串是否是回文。

2）实验要求：从键盘输入一个字符串，判断其是否是回文，是回文输出 YES，否则输出 NO。

3）实现提示：利用栈结构判断一个字符串是否是"回文"。从左向右读取字符，并和栈顶元素比较，若不相等，字符进栈，若相等，则出栈。如此继续，若栈空，字符串是"回文"，否则不是。

4. 链队列基本运算

目的：掌握链队列中各种基本运算的算法设计。

内容：

1）问题描述：若使用不带头结点的单向链表表示链队列，试为其设计初始化、判断队空、出队、入队及读取队头元素等 5 个基本操作的算法。

2）实验要求：链队列不带头结点，设计算法分别实现初始化、判断队空、出队、入队及读取队头元素等 5 个基本操作。

3）注意空队列与非空队列的操作区别。

5. 停车场管理问题

目的：深入掌握栈和队列应用的算法设计。

内容：

1）问题描述：设有一个可以停放 n 辆汽车的狭长停车场，它只有一个大门可以供车辆进出。车辆按到达停车场的早晚依次从停车场最里面向大门口处停放（最先到达的第一辆车放在停车场的最里面）。如果停车场已放满 n 辆车，则后来的车辆只能在停车场大门外的便道上等待，一旦停车场内有车走开，则排在便道上的第一辆车就进入停车场。停车场内如有某辆车要开走，在它之后进入停车场的车都必须先退出停车场为它让路，待其开出停车场后，这些车辆再依原来的次序进场。每辆车在离开停车场时，都应根据它在停车场内停留的时间长短交费。如果停留在便道上的车未进停车场就要离去，允许其离去，不收停车费，并且仍然保持在便道上等待的车辆的次序。编写程序模拟该停车场的管理。

2）实验要求：要求程序输出每辆车到达后的停车位置（停车场或便道上），以及某辆车离开停车场时应缴纳的费用和它在停车场内停留的时间。

3）实现提示：以栈模拟停车场，以队列模拟便道，按照从终端读入的车辆"到达""离开"信息模拟停车场管理。

第4章

字符串和多维数组

字符串简称为串,是以字符作为数据元素的线性表。串的处理在计算机非数值处理中占有重要地位,如信息检索系统、文字编辑、符号处理等许多领域,都是以字符串作为处理对象的。本章介绍串的基本概念、存储结构和模式匹配。

数组可以看成线性表在下述含义上的扩展:线性表中的数据元素本身也是一个数据结构。例如,二维数组可以看作数据元素是线性表的线性表。在程序设计语言中大都提供了数组作为基本数据类型。本章重点讨论数组的逻辑结构、存储结构,以及特殊矩阵和稀疏矩阵的压缩存储。

【学习重点】

① 模式匹配算法;
② 数组的存储结构及寻址;
③ 特殊矩阵、稀疏矩阵的压缩存储。

【学习难点】

① 改进的模式匹配 KMP 算法;
② 稀疏矩阵的压缩存储方法。

4.1 字符串

【问题导入】 在文本编辑器中,如何实现文本的复制、粘贴和查找替换等功能?搜索引擎如何根据用户输入的关键词在大量文本中查找相关信息?这里涉及哪些字符串的处理和匹配算法?

这些问题都是实际应用中常见的字符串处理和应用场景。字符串是对字符序列的抽象,它可以看作线性表的一种特殊形式。本节将介绍字符串的定义、串的存储结构和串的模式匹配。

4.1.1 串的定义

字符串(String)简称串,是由零个或多个字符组成的有限序列。串中所含字符的个数称为串的长度,长度为零的串称为空串。通常,将一个字符串表示为:

$$S = "a_1a_2 \cdots a_n"$$

其中,S 是串名,双引号(或单引号)是定界符,不属于串的内容,用于将串与标识符(如变量名等)加以区分。串中的每个 a_i($1 \leq i \leq n$)代表一个字符,不同的机器和编程语言对合法字符（即允许使用的字符）有不同的规定，一般情况下，英文字母、数字（0，1，…，9）和常用的标点符号以及空格符都是合法的字符。下面是几个字符串的例子：

S1 = "abcd34"，长度为 6 的字符串；

S2 = "73e2"，长度为 4 的字符串；

S3 = ""，空串，长度为 0；

S4 = "□□□"，空格串，长度为 3，为了表述清楚，在串中空格字符用"□"表示。

两个串相等当且仅当两个串的长度相等并且各个对应位置上的字符都相等。一个串中任意个连续的字符组成的子序列称为该串的**子串**（Substring），相应地，含子串的串称为**主串**（Primary String），子串的第一个字符在主串中的序号称为子串在主串中的**位置**（Location）。

串的抽象数据类型定义为：

ADT String {

 数据对象：$D = \{a_i \mid a_i \in \text{char}, 1 \leq i \leq n, n \geq 0\}$

 数据关系：$R = \{<a_{i-1}, a_i> \mid a_{i-1}, a_i \in D, 2 \leq i \leq n\}$

 基本操作：

  StrAssign(&S,cstr)：给字符串 S 赋值，即生成值等于 cstr 的串 S。

  DestroyStr(&S)：销毁串，释放串 S 所占用的存储空间。

  StrLength(S)：求串 S 的长度。

  StrCopy(&S,T)：复制串，将串 T 复制给串 S。

  StrEqual(S,T)：判断串 S 和 T 是否相等。

  StrConc(S,T)：串连接，将串 S 和 T 连接在一起。

  SubStr(S,i,j)：求子串，返回串 S 中从第 i（$1 \leq i \leq n$）个字符开始的由连续 j 个字符组成的子串。

  InsStr(S1,i,S2)：子串插入，将串 S2 插入到串 S1 的第 i（$1 \leq i \leq n+1$）个位置。

  DelStr(S,i,j)：子串删除，从串 S 中删除从第 i（$1 \leq i \leq n$）个字符开始的长度为 j 的子串。

  RepStr(S,i,j,T)：子串替换，用串 T 替换串 S 中从第 i（$1 \leq i \leq n$）个字符开始的 j 个字符。

  DispStr(S)：串输出，输出串 S 的所有字符值。

}

上述操作是字符串一些常用的运算，并不是它的全部运算。不同的编程语言提供了不同的字符串处理函数和类，例如，C 语言中的 strcpy、strlen、strcmp 等函数。根据不同的应用场景，可以设计算法实现字符串处理。

4.1.2 串的存储结构

与线性表一样，字符串可以采用顺序存储结构和链式存储结构来实现。采用顺序存储结构时，字符串中的字符在内存中是连续存放的，通过索引可以快速访问字符串中的任何字符。另外，许多字符串操作（如复制、连接、查找子字符串）在顺序存储结构中实现起来更简单和高效，如字符串复制可以通过简单的内存块复制操作来实现。因此，大多数编程语言中，字符串都是采用顺序存储结构。

在字符串的顺序存储结构中，一般有三种方法表示串的长度。

1）用一个变量来表示串的长度。例如，字符串"abcdefg"的顺序存储结构如图 4-1 所示。

2）在串尾存储一个不会在串中出现的特殊字符作为字符串的终结符。例如，在 C/C++

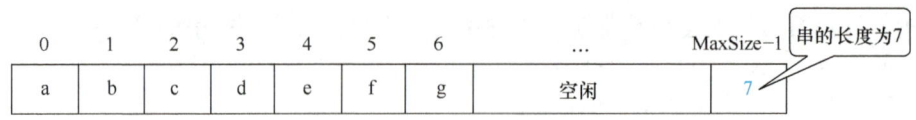

图 4-1　串的顺序存储结构 1

语言中用'\0'来表示串的结束，如图 4-2 所示。这种顺序存储结构不能直接得到串的长度，而是通过判断当前字符是否为'\0'来确定串是否结束，从而求得串的长度。

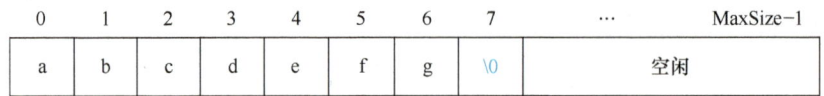

图 4-2　串的顺序存储结构 2

3）用数组的 0 号单元存放串的长度，串值从 1 号单元开始存放，如图 4-3 所示。

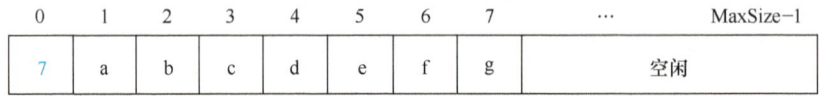

图 4-3　串的顺序存储结构 3

顺序存储结构有许多优点，但在某些特定的应用场景下，例如，当字符串需要频繁地进行插入或删除操作时，链式存储结构可能更高效。字符串的链式存储实现与单链表相似，有兴趣的读者可以自己实现。

4.1.3　串的模式匹配

串的模式匹配是指在一个主字符串中查找一个子字符串的过程。例如，给定两个字符串 $S = "a_1 a_2 \cdots a_n"$ 和 $T = "b_1 b_2 \cdots b_n"$，在主串 S 中查找与串 T 相等的子串的过程称为模式匹配（Pattern Matching）。通常把 S 称为目标串（Target String），把 T 称为模式字符串（Pattern String）。模式匹配成功是指在目标串 S 中找到了一个模式串 T，不成功则指目标串 S 中不存在模式串 T。

模式匹配是一个比较复杂的串操作，许多人对此提出了很多效率各不相同的算法，其中比较经典的是暴力（Brute Force，BF）算法和 KMP（Knuth - Morris - Pratt）算法。

1. BF 算法

BF 算法是一种带回溯的匹配算法，其基本思想是：从主串 S 的第一个字符开始和模式串 T 的第一个字符比较，若相等，则继续比较后续字符；否则，从主串 S 的第二个字符开始和模式串 T 的第一个字符进行比较，以次类推，直至主串 S 或模式串 T 中所有字符比较完毕。若从目标串 S 的第 i 个字符开始，每个字符依次和模式串 T 中的对应字符相等，则匹配成功，返回位置 i（i 是模式串 T 中的第一个字符在目标串 S 中出现的位置）；否则，匹配失败，即模式串 T 不是目标串 S 的子串。

假设目标串 S 中含有 n 个字符，模式串 T 中含有 m 个字符，用 i 扫描目标串 S 的字符，用 j 扫描模式串 T 的字符，则 BF 算法的具体步骤可描述如下。

1）在目标串 S 和模式串 T 中设置比较的起始下标 i 和 j。

2）重复下面操作，直到目标串 S 或模式串 T 的所有字符都比较完毕。
① 如果 S[i] 等于 T[j]，则继续目标串 S 和模式串 T 的下一个字符（即 $i++$，$j++$）；
② 否则，将下标 i 和 j 回溯，准备下一趟比较。
3）如果模式串 T 中所有字符均比价完，则匹配成功，返回匹配的开始位置；否则匹配失败，返回 0。

【例 4-1】 设目标串 S = "ababaca"，模式串 T = "abac"，请写出采用 BF 算法进行模式匹配的过程。

解：对于本题，采用 BF 算法的模式匹配过程如图 4-4 所示。

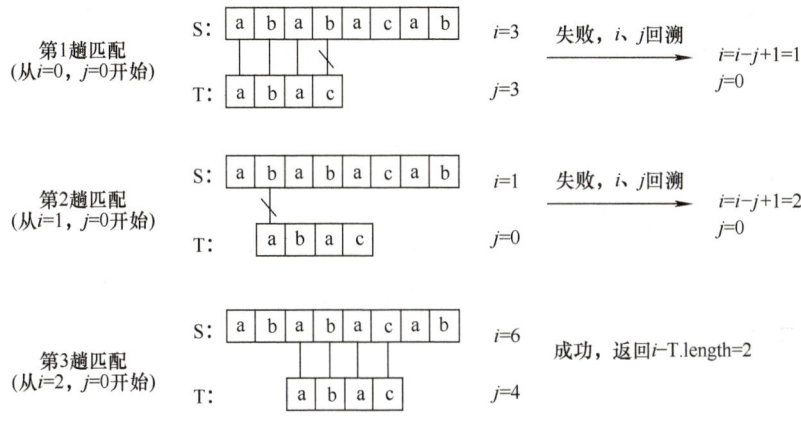

图 4-4　BF 算法的模式匹配过程

BF 算法的具体实现见算法 4.1。

算法 4.1　BF 算法

```
int Match_BF(char s[],char t[])
/* 在目标串 s 中匹配模式串 t，匹配成功返回匹配的开始位置；匹配失败，返回 0 */
    int i,j;
    i = 0；j = 0；// 设置比较的起始下标
    while((s[i]!='\0')&&(t[j]!='\0'))
    {  if(s[i]==t[j])  //当前字符匹配成功，继续匹配下一个字符
        {  i++；j++；}
        else  // 当前字符匹配失败，回溯
        {  i==i-j+1；// 主串 s 从下一个字符开始匹配
            j=0；// 模式串 t 从头开始匹配
        }
    }
    // 判断是否匹配成功
    if(t[j]=='\0')  return i-j+1；  //返回匹配成功的起始位置(不是下标)
    else  return 0；// 匹配失败,返回 0
}
```

性能分析：这个算法简单且易于理解，但效率不高，主要原因是目标串指针 i 在若干个字符比较相等后，若有一个字符比较不相等，就需要回溯（即 $i=i-j+1$）。假设目标串 s 长度为 n，模式串 t 长度为 m，该算法在最好情况下（即目标串的前 m 个字符正好等于模式串的 m

个字符）的时间复杂度为 $O(m)$；在最坏情况下（每趟不成功的匹配都发生在模式串 t 的最后一个字符）的时间复杂度为 $O(n\times m)$。可以证明该算法的平均时间复杂度也是 $O(n\times m)$。

2. KMP 算法

KMP 算法是由三位学者 D. E. Knuth、J. H. Morris 和 V. R. Pratt 共同提出的，称为 Knuth - Morris - Pratt 算法，简称 KMP 算法。KMP 算法与 BF 算法相比有较大的改进，主要是通过模式本身的特点，在模式匹配过程中避免了已匹配字符的比较，消除了目标串指针的回溯，从而提高了匹配效率。

KMP 算法的**基本思想**是：当一次字符比较失败时，能够利用已经比较过的信息，将模式向右"滑动"尽可能远的一段距离后，继续进行比较。这个"滑动"的距离是由模式本身决定的，称为"**部分匹配**"值。

显然，关键问题是如何确定"部分匹配"值。对于模式串 T 的每个字符 T[j]（$0 \leq j \leq m-1$）存在一个整数 k，使得模式串 T 中开头的 k 个字符（T[0]T[1]…T[k-1]）依次与 T[j] 的前 k 个字符（T[j-k]T[j-k+1]…T[j-1]）相同。如果这样的 k 有多个，取其中最大的一个，这个 k 就是"部分匹配"值。

模式串 T 中的每一个字符 T[j] 都对应一个 k 值，这个 k 值仅依赖于模式串本身字符序列的构成，与目标串 S 无关。在 KMP 算法中，用 next[j] 表示 T[j]（$0 \leq j \leq m-1$）对应的 k 值。next[j] 的取法如下：

$$next[j] = \begin{cases} -1 & \text{当 } j = 0 \text{ 时} \\ \max\{k \mid 1 \leq k < j \text{ 且 } T[0] \sim T[k-1] = T[j-k] \sim T[j-1]\} & \text{存在 } k \text{ 值} \\ 0 & \text{其他情况} \end{cases}$$

(4-1)

假设目标串 S 中含有 n 个字符，模式串 T 中含有 m 个字符，用 i 扫描目标串 S 的字符，用 j 扫描模式串 T 的字符，则 KMP 算法的具体步骤可描述如下。

1）在目标串 S 和模式串 T 中分别设置比较的起始下标 i 和 j。
2）重复下面操作，直到目标串 S 或模式串 T 的所有字符都比较完毕。
① 如果 S[i] 等于 T[j]，则继续目标串 S 和模式串 T 的下一个字符（即 $i++$，$j++$）。
② 否则，将下标 j 回溯 next[j]，即 $j = next[j]$。
③ 如果 $j = -1$，则将下标 i 和 j 分别加 1，准备下一趟比较。
3）如果模式串 T 中所有字符均比较完，则匹配成功，返回匹配的开始位置；否则匹配失败，返回 0。

【**例 4-2**】 设目标串 S = "ababaca"，模式串 T = "abac"，请写出采用 KMP 算法进行模式匹配的过程。

解：首先根据式（4-1）计算模式串"abac"部分匹配值。模式串 T 对应的 next 数组见表 4-1。

表 4-1　模式串 T 的 next 数组值

j	0	1	2	3
T[j]	a	b	a	c
next[j]	-1	0	0	1

采用 KMP 算法的模式匹配过程如图 4-5 所示。
KMP 算法的具体实现见算法 4.2。

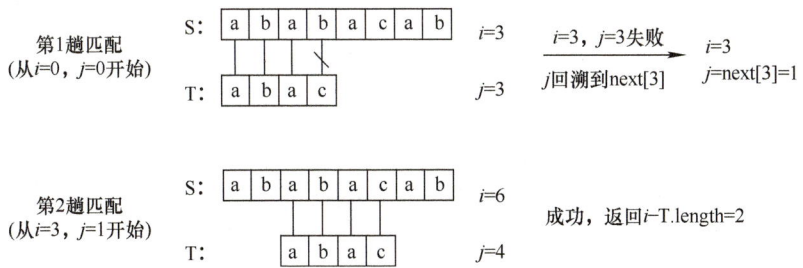

图 4-5　KMP 算法的模式匹配过程

算法 4.2　KMP 算法

```
void ComputeNextArray(char t[ ],int m,int next[ ])
{   // 计算部分匹配表(next[ ])
    int k = 0;         // 最长部分匹配值 k
    next[0]= -1;       // next[0]总是 -1
    int i = 1;
    while(i < m)       // 循环计算 next[i]的值
    {   if(t[i]==t[k])
        {   k ++ ;
            next[i]==k;
            i ++ ;
        }
        else if(k!=0)   k = next[k -1];
        else  { next[i]=0;i ++ ;}
    }
}
int Match_KMP(char s[ ],char t[ ])    // KMP 模式匹配函数
{//在目标串 s 中匹配模式串 t,匹配成功返回匹配的开始位置;匹配失败返回 0
    int i,j,m,n;
    n = strlen(s);       //目标串长度 n
    m = strlen(t);       //模式串长度 m
    if(m ==0)   return 0;   // 如果模式串长度为 0,返回 0
    if(n < m)   return 0;   //如果目标串长度小于模式串长度,匹配失败
    int * next = (int * )malloc(sizeof(int) * m);
    computenextArray(t,m,next);   //计算 next 数组
    i = 0;　j = 0;       // 设置比较的起始下标
    while(i < n)
    {   if(t[j]==s[i])
        {   i ++ ;  j ++ ;}
        if(j == m)      // 模式完全匹配,返回匹配的起始位置
        {   free(next);
            return i - j +1;
        }
        else if(i < n && t[j] != s[i])     //不匹配,移动部分匹配值
        {   if(j != 0)   j = next[j -1];
            else     i = i +1;
```

            }
        }
        // 模式未找到
        free(next);
        return 0;
}
```

**性能分析**：KMP算法的平均时间复杂度和最坏情况时间复杂度都是 $O(n+m)$，其中 $n$ 是目标串的长度，$m$ 是模式串的长度。这是因为 KMP 算法在匹配过程中，每当发生不匹配时，模式串的滑动距离由部分匹配表（next 数组）决定，这样可以跳过已经匹配过的部分，避免重复比较，这使得它在最坏情况下也能保持较高的匹配速度。KMP 算法在匹配之前需要计算部分匹配表，这个过程的时间复杂度是 $O(m)$。虽然预处理需要额外的时间，但是这个时间通常是可以接受的，因为它只在确定模式串时需要计算一次。

KMP 算法适用于模式串较长且重复字符较多的场景。在这种情况下，KMP 算法可以显著减少不必要的比较次数，提高匹配效率。因此，在处理大规模数据和需要快速匹配的应用场景中，如处理大数据量的文本搜索或者字符串处理时，KMP 算法的优势更加明显。

## 4.2 多维数组

【问题导入】 图像通常由多个像素点组成，每个像素点具有颜色、亮度等属性。在图像处理中，如何表示一幅图像的像素数据？如何操作和处理这些像素数据实现图像的滤波、旋转等效果？

多维数组，特别是二维数组，非常适合用于存储和操作图像数据。每个元素代表一个像素点，可以存储该像素点的颜色值或亮度值。多维数组在实际应用中能够高效地存储和操作具有多个维度的数据。前面讨论线性结构的顺序存储表示时使用的多是一维数组，本节主要讨论多维数组的存储与访问。

### 4.2.1 数组的定义

从逻辑结构的角度，一维数组（Array）是由 $n(n>1)$ 个类型相同的数据元素构成的有限序列，每个数据元素称为一个数组元素，数组元素用下标识别。

数组可以看作线性表的推广，例如，一维数组可以看作一个线性表；多维数组是线性表在维数上的扩张，也就是线性表中的元素又是线性表。例如，对于图 4-6 所示的二维数组，它由 $m$ 行和 $n$ 列组成，其中每个元素都可用下标变量 $A[i][j]$ 来表示，其中 $i$ 为元素的行下标（$1 \leq i \leq m$），$j$ 为元素的列下标（$1 \leq j \leq n$）。二维数组的每个元素都受行关系和列关系的约束，其中每一行都是一个线性表，而每一列也可看作一个线性表，因此，二维数组 $A$ 可看成由 $m$ 个行向量或 $n$ 个列向量组成的线性表。

$$A_{m \times n} = \begin{pmatrix} a_{11} & a_{12} & \cdots & a_{1n} \\ a_{21} & a_{22} & \cdots & a_{2n} \\ \vdots & \vdots & & \vdots \\ a_{m1} & a_{m2} & \cdots & a_{mn} \end{pmatrix}$$

图 4-6　二维数组

[视频 4-1　数组的定义]
```

上述二维数组 A 可看成如下线性表：
$$A = (p_1, p_2, p_3, \cdots, p_n)$$
其中每个 $p_j(1 \leq j \leq n)$ 本身也是一个线性表，$p_j = (a_{1j}, a_{2j}, a_{3j}, \cdots, a_{mj})$。

同样，也可以将上述二维数组 A 可看成如下线性表：
$$A = (q_1, q_2, q_3, \cdots, q_m)$$
其中每个 q_i（$1 \leq i \leq m$）本身也是一个线性表，$q_i = (a_{i1}, a_{i2}, a_{i3}, \cdots, a_{in})$。

同理，三维数组也可看作一个线性表，其中每个数据元素均为一个二维数组。以次类推，一个 d 维数组可看作数组元素为 $d-1$ 维数组的线性表。所以，数组是线性表的推广。本章重点讨论二维数组。

数组中每个元素都由一个值和一组下标来描述。"值"表示数组元素的数据信息，一组下标用于确定该数组元素在数组中的逻辑位置，下标的个数取决于数组的维数。例如，一维数组的元素 a_i 由一个下标 i 描述；二维数组的元素 a_{ij} 由两个下标 i, j 描述，其中 i 表示该元素所在的行号，j 表示该元素所在的列号；推广到多维数组，对于 d 维数组，其元素在数组中的相对位置要由 d 个下标决定。

4.2.2 数组的抽象数据类型描述

数组是一个具有固定格式和数量的数据集合，一旦定义了一个数组，其维数及各维的长度就确定了，数据元素数目不再发生变化，在数组上一般不能执行插入或删除某个数据元素的操作，因此，除了初始化和销毁之外，数组上通常只有两种操作。

1）读操作（取值）：给定一组下标，读取相应的数据元素的值。
2）写操作（赋值）：给定一组下标，存储或修改相应的数据元素。

d 维数组的抽象数据类型描述如下：

ADT Array
{ 数据对象：$D = \{a_{i1, i2, \cdots, ij, \cdots, id} \mid a_{i1, i2, \cdots, ij, \cdots, id} \in \text{ElemType}, i = 1, 2, \cdots, m$（设某一维的长度为 m），$j = 1, 2 \cdots, d\}$
数据关系：$R = \{r_1, r_2, \cdots, r_d\}$，其中 $r_j = \{< a_{i1, i2, \cdots, ij, \cdots, id}, a_{i1, i2, \cdots, i(j+1), \cdots, id} > \mid a_{i1, i2, \cdots, ij, \cdots, id}, a_{i1, i2, \cdots, i(j+1), \cdots, id} \in D, j = 1, 2, \cdots, d\}$
基本操作：
InitArray($\&A$)：初始化数组，为数组 A 分配存储空间。
DestoryArray($\&A$)：销毁数组，释放数组 A 所占用的存储空间。
Read(A, index_1, index_2, $\cdots$, index_d)：A 是已存在的 d 维数组，index_1, index_2, $\cdots$, index_d 是指定的 d 维下标（下标均在有效范围内），该运算返回由下标指定的数组 A 中对应元素的值。
Write(A, x, index_1, index_2, $\cdots$, index_d)：A 是已存在的 d 维数组，index_1, index_2, $\cdots$, index_d 是指定的 d 维下标（下标均在有效范围内），该运算将 x 的值赋给数组 A 中由该下标指定的元素。
}

几乎所有的计算机高级程序设计语言中都实现了数组结构，数组已被定义为一种数据类型，可以直接使用数组来存放数据，并使用数组的运算符来完成相应的功能。

> 说明：
> 本章的数组是作为一种数据结构讨论的，而 C/C++ 中的数组是一种数据类型，前者可以借助后者来存储，像前面讲过的顺序表、顺序栈等就是借助一维数组这种数据类型来存储的，但二者不能混淆。

4.2.3 数组的存储结构与寻址

由于数组一般不能执行插入或删除操作，一旦建立了数组，其元素个数以及各个元素的位置（元素之间的关系）也随之确定，而且，数组的主要操作是读、写操作，而这两种操作本质上对应一种操作——寻址，即根据一组下标定位相应的数组元素。因此，数组适宜采用顺序存储结构。

数组的顺序存储是指在计算机的内存中用一组连续的存储单元依次存放数组的各个元素。对于一维数组，只要按元素的下标顺序依次分配到各存储单元即可；而对于多维数组，由于内存单元是一维结构，而多维数组是多维结构，因此，需要将多维结构映射到一维结构，就是说必须按某种规定的次序将数组元素排成一个线性序列，然后将这个线性序列依次存放在内存的一组连续存储单元中。下面以二维数组为例，说明如何将多维关系映射为一维关系。

对于二维数组，其映射方法有两种：**以行序为主序（行优先）存储和以列序为主序（列优先）存储**。

1. 二维数组的行优先存储（Row Major Order）

以行序为主序存储就是按先行后列的顺序存储，即先存储行号较小的元素，行号相同的先存储列号较小的元素，一行存储完再存储下一行。例如，对于如图 4-6 所示的二维数组 $A_{m \times n}$，按行优先顺序存放时，先存放第 1 行，接着存放第 2 行……最后存放第 m 行，按行优先存储的示意图如图 4-7 所示。

［视频 4-2 数组的存储］

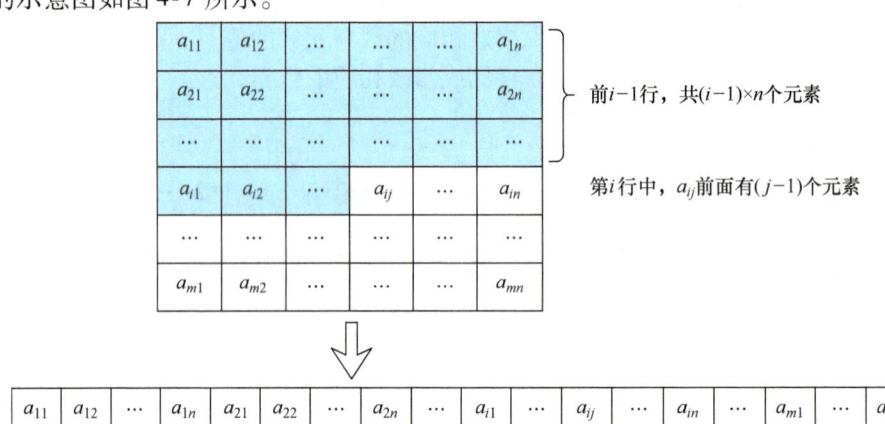

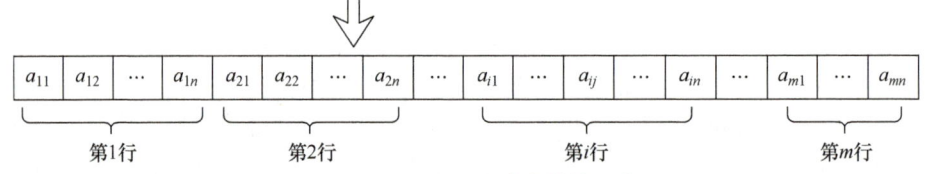

图 4-7 数组 A 按行优先存储的示意图

数组采用顺序存储结构，很容易根据数组元素的下标计算出数组元素的存储地址。对于二维数组 $A_{m \times n}$，假设数组的第一个数组元素 a_{11} 的存储地址用 $LOC(a_{11})$ 表示，并且约定每个数组元素占用 d 个存储单元，则按行优先顺序存储时，该二维数组中任一数组元素 a_{ij} 的存储地址 $LOC(a_{ij})$ 可由式（4-2）确定：

$$LOC(a_{ij}) = LOC(a_{11}) + [(i-1) \times n + (j-1)] \times d \tag{4-2}$$

说明：

以上讨论假设二维数组的行列下界均为 1。在实际应用中，C 语言允许下标下界为 0，这种情况下，地址计算公式就与前面的讨论有所不同。更一般情况下，假设二维数组的行下界是 l_1，行上界是 l_2，列下界是 c_1，列上界是 c_2，则式（4-2）可改写为：

$$LOC(a_{ij}) = LOC(l_1 c_1) + [(i - l_1) \times (c_2 - c_1 + 1) + (j - c_1)] \times d \tag{4-3}$$

2. 二维数组的列优先存储（Column Major Order）

以列序为主序存储就是按先列后行的顺序存储，即先存储列号较小的元素，列号相同的先存储行号较小的元素，一列存储完再存储下一列。仍以数组 $A_{m \times n}$ 为例，按列优先顺序存放时，先存放第 1 列，接着存放第 2 列……最后存放第 n 列，按列优先存储的示意图如图 4-8 所示。

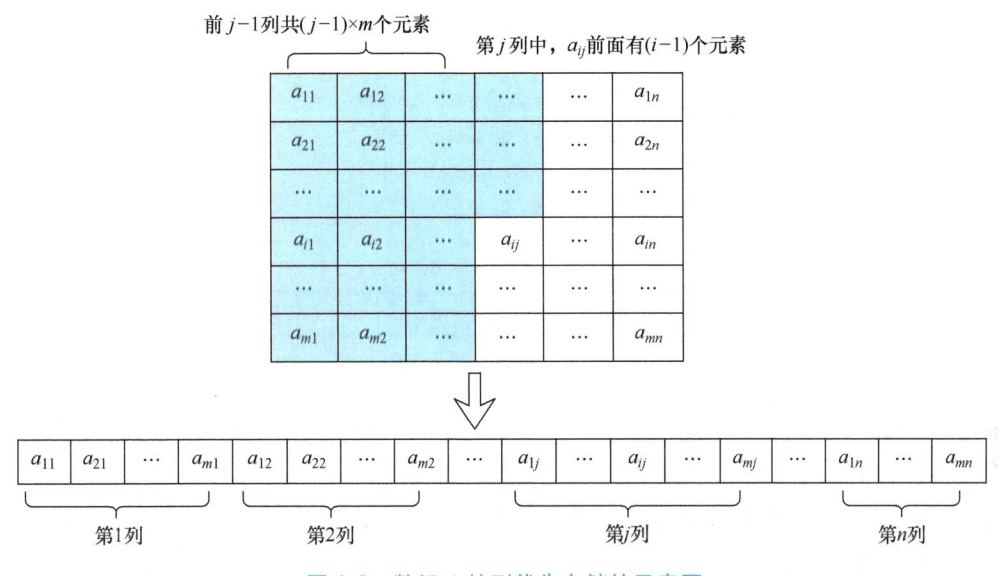

图 4-8 数组 A 按列优先存储的示意图

按列优先顺序存储时，该二维数组中任一数组元素 a_{ij} 的存储地址 $LOC(a_{ij})$ 可由式（4-4）确定：

$$LOC(a_{ij}) = LOC(a_{11}) + [(j-1) \times m + (i-1)] \times d \qquad (4\text{-}4)$$

同样，在更一般情况下，假设二维数组的行下界是 l_1，行上界是 l_2，列下界是 c_1，列上界是 c_2，则式（4-4）可改写为式（4-5）：

$$LOC(a_{ij}) = LOC(l_1 c_1) + [(j-c_1) \times (l_2 - l_1 + 1) + (i - l_1)] \times d \qquad (4\text{-}5)$$

从前面的讨论可以看出，二维数组无论按行优先存储还是按列优先存储，都可以在 $O(1)$ 的时间内计算出指定下标元素的存储地址，具有**随机存取**特性。

类似地，可以将以上二维数组的存储方法推广到更高维数组。对于高维数组，按行优先存储的思路是最右边的下标先变化，即最右下标从小到大，循环一遍后，右边第二个下标再变化……以此类推，最后是最左下标。按列优先存储的思路是最左边的下标先变化，即最左下标从小到大，循环一遍后，左边第二个下标再变化……以此类推，最后是最右下标。

4.3 特殊矩阵的压缩存储

【问题导入】 在数值分析中，经常需要处理三对角矩阵，这类矩阵的非零元素仅出现在主对角线及其两侧。如何针对三对角矩阵的特殊结构，设计一种有效的压缩存储方法，以节省存储空间并加速相关的数值计算？

矩阵是很多科学和工程计算问题中的处理对象。在实际应用中，有些矩阵中非零元素或零元素的分布有一定规律，称为**特殊矩阵**（Special Matrix）。为了节省存储空间，特别是对阶数很高的矩阵，可以利用元素的分布规律对矩阵进行压缩存储，以提高存储空间效率，并使矩阵的各种运算能有效地进行。

压缩存储的**基本思想**是：为多个值相同的元素只分配一个存储空间。下面分别讨论对称矩阵、三角矩阵、对角矩阵等特殊矩阵的压缩存储。

4.3.1 对称矩阵的压缩存储

若一个 n 阶方阵 A 中的元素满足下列关系：$a_{ij} = a_{ji}$（$1 \leq i, j \leq n$），则称 A 为**对称矩阵**（Symmetric Matrix）。5 阶对称矩阵及其压缩存储如图 4-9 所示。

$$A = \begin{pmatrix} 3 & 6 & 4 & 7 & 8 \\ 6 & 2 & 8 & 4 & 2 \\ 4 & 8 & 1 & 6 & 9 \\ 7 & 4 & 6 & 0 & 5 \\ 8 & 2 & 9 & 5 & 7 \end{pmatrix}$$

0	1	2	3	4	5	6	7	8	9	10	11	12	13	14
3	6	2	4	8	1	7	4	6	0	8	2	9	5	7

图 4-9　5 阶对称矩阵及其压缩存储

对称矩阵关于主对角线对称，因此只需存储矩阵的上三角或下三角部分（包括主对角线）即可。这样，原来存储矩阵 A 原来需要 $n \times n$ 个存储单元，现在只需要 $n \times (n+1)/2$ 个存储单元，节约了一半存储空间，当 n 很大时，这是可观的一部分存储资源。

下面以存储下三角部分为例，说明如何实现对称矩阵的压缩存储。因为下三角中共有 $n \times (n+1)/2$ 个元素，不失一般性，假设将这些元素按行优先顺序存储到一维数组 S 中，对称矩阵的压缩存储如图 4-10 所示。

[视频 4-3　对称矩阵的压缩存储]

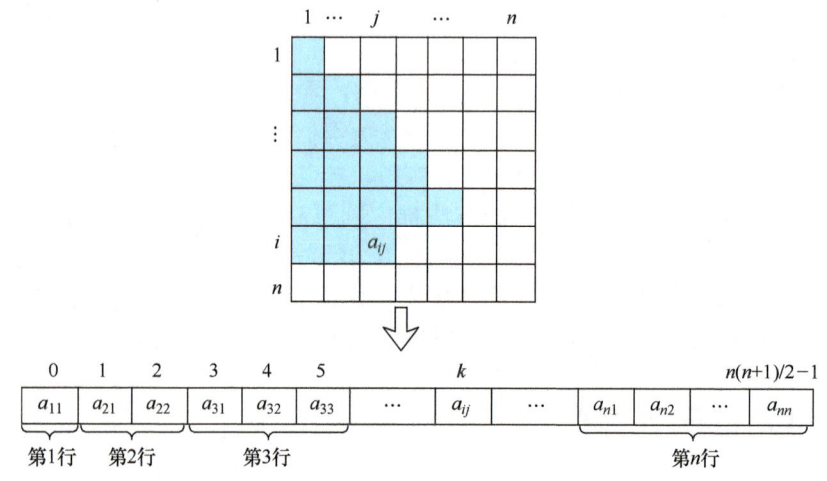

图 4-10　对称矩阵的压缩存储

在图 4-10 中，对称矩阵中某一个元素 a_{ij} 存储到了 S 中，那么 S 与对称矩阵中的元素 a_{ij} 之间存储位置对应关系是什么呢？即 k 与 i、j 之间的对应关系是什么？下面分两种情况讨论：

1）若 a_{ij} 是对称矩阵中主对角线或者下三角中的元素，即 $i \geq j$ 且 $1 \leq i \leq n$，按行优先顺序存储到数组 S 中后，它前面有 $i-1$ 行，共有 $1+2+\cdots+i-1 = i \times (i-1)/2$ 个元素，而 a_{ij} 又是它所在第 i 行中的第 j 个元素，所以在上面的排列顺序中，a_{ij} 是第 $i \times (i-1)/2 + j$ 个元素，由于数组

S 的下标是从 0 开始的，因此 a_{ij} 在数组 S 中的下标 k 与 i、j 的关系为：$k = i \times (i-1)/2 + (j-1)$。

2）若 a_{ij} 是对称矩阵中上三角部分的元素，即 $i < j$。因为 $a_{ij} = a_{ji}$，这样访问上三角中的元素 a_{ij} 时就去访问和它对应的下三角中的 a_{ji} 即可，因此将行列下标交换就是上三角中的元素在数组 S 中的对应关系：$k = j \times (j-1)/2 + (i-1)$。

综上所述，对于对称矩阵中的任意元素 a_{ij}，得到 k 与 i、j 之间的关系如下：

$$k = \begin{cases} i \times (i-1)/2 + (j-1) & i \geq j \\ j \times (j-1)/2 + (i-1) & i < j \end{cases} \tag{4-6}$$

4.3.2 三角矩阵的压缩存储

三角矩阵如图 4-11 所示，其中图 4-11a 所示为<u>下三角矩阵</u>（Lower Triangular Matrix），主对角线以上元素均为常数 c；图 4-11b 所示为<u>上三角矩阵</u>（Upper Triangular Matrix），主对角线以下元素均为常数 c。

$$\begin{bmatrix} 9 & c & c & c & c \\ 5 & 6 & c & c & c \\ 4 & 8 & 1 & c & c \\ 3 & 7 & 4 & 2 & c \\ 8 & 3 & 7 & 4 & 3 \end{bmatrix} \qquad \begin{bmatrix} 2 & 5 & 8 & 7 & 0 \\ c & 2 & 9 & 4 & 6 \\ c & c & 2 & 5 & 3 \\ c & c & c & 0 & 8 \\ c & c & c & c & 6 \end{bmatrix}$$

a）下三角矩阵　　　　　　　　b）上三角矩阵

图 4-11　三角矩阵

1. 下三角矩阵

下三角矩阵的压缩存储与对称矩阵类似，不同之处在于存完下三角中的元素之后，还要存储对角线上方的重复元素 c，因为重复元素是同一个常数，所以可共享一个存储空间，这样下三角矩阵共需压缩存储 $n \times (n+1)/2 + 1$ 个元素，其中 n 为下三角矩阵的阶数。假设将下三角矩阵按行优先顺序压缩存储到一维数组 S 中，如图 4-12 所示。

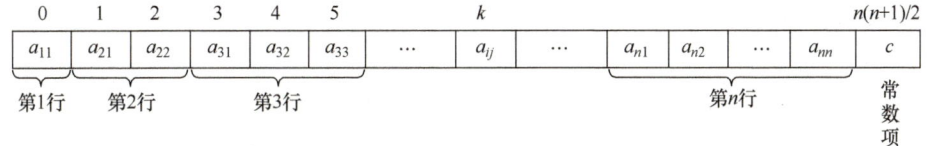

图 4-12　下三角矩阵的压缩存储

下三角矩阵中任一元素 a_{ij} 在数组 S 中的下标 k 与 i、j 的对应关系为：

$$k = \begin{cases} i \times (i-1)/2 + (j-1) & i \geq j \\ n \times (n-1)/2 & i < j \end{cases} \tag{4-7}$$

2. 上三角矩阵

上三角矩阵的压缩存储思想与下三角矩阵类似，按行优先顺序存储上三角部分，最后存储对角线下方的常数。这样，第 1 行存储 n 个元素，第 2 行存储 $n-1$ 个元素……第 p 行存储 $(n-p+1)$ 个元素，a_{ij} 的前面有 $i-1$ 行，共存储：

$$n + (n-1) + \cdots + (n-i+1) = \sum_{p=1}^{i-1}(n-p) + 1 = (i-1) \times (2n-i+2)/2$$

个元素，而 a_{ij} 是它所在第 i 行中的第 $(j-i+1)$ 个元素。若将上三角矩阵按行优先顺序压缩

存储到一维数组 S 中，如图 4-13 所示。由于数组 S 的下标是从 0 开始的，所以，a_{ij} 在数组 S 中的下标 $k=(i-1)\times(2n-i+2)/2+j-i$。

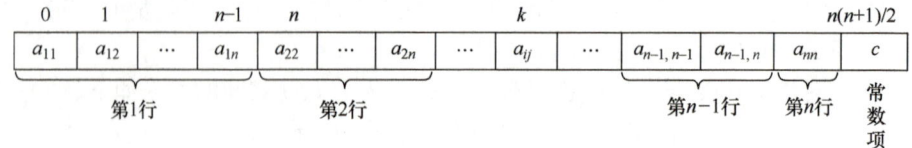

图 4-13 上三角矩阵的压缩存储

综上所述，上三角矩阵中任一元素 a_{ij} 在数组 S 中的下标 k 与 i、j 的对应关系为：

$$k=\begin{cases}(i-1)\times(2n-i+2)/2+(j-i) & i\leqslant j\\ n\times(n-1)/2 & i>j\end{cases} \tag{4-8}$$

4.3.3 对角矩阵的压缩存储

若一个 n 阶方阵 $\boldsymbol{A}$ 的所有非零元素都集中在以主对角线为中心的带状区域中，则称其为 n 阶对角矩阵（Diagonal Matrix）。对角矩阵也称为带状矩阵，其主对角线上、下方各有 m 条非零元素构成的次对角线，即当 $|i-j|\geqslant m$ 时，$a_{ij}=0$，这时称 $w=2m-1$ 为矩阵 $\boldsymbol{A}$ 的带宽。例如，图 4-14a 是一个带宽为 3（$w=3$，$m=5$）的对角矩阵。

对角矩阵也可以采用压缩存储。

一种压缩方法是将 $\boldsymbol{A}$ 压缩到一个 n 行 w 列的二维数组 B 中，如图 4-14b 所示，当某行非零元素的个数小于带宽 w 时，在非零元素后补零，则将 a_{ij} 映射到 $b_{i'j'}$，其映射关系为：

$$\begin{cases}i'=i\\ j'=j-i+m\end{cases} \tag{4-9}$$

另一种压缩方法是将对角矩阵压缩到一维数组 C 中去，按行优先顺序存储其非零元素，如图 4-14c 所示。读者可以按其压缩规律，找到相应的映射函数。例如，对于图 4-14 所示的对角矩阵，带宽 $w=3$，$\boldsymbol{A}$ 中第 1 行和第 n 行只有 2 个非零元素，其余各行有 3 个非零元素，压缩存储元素的总数为 $3\times(n-2)+4$。矩阵中任一元素 a_{ij} 在数组 C 中下标 k 与 i、j 的对应关系为：$k=2\times i+j-3$。

$$\boldsymbol{A}=\begin{pmatrix}a_{11}&a_{12}&0&0&0\\a_{21}&a_{22}&a_{23}&0&0\\0&a_{32}&a_{33}&a_{34}&0\\0&0&a_{43}&a_{44}&a_{45}\\0&0&0&a_{54}&a_{55}\end{pmatrix}$$

a) $w=3$ 的5阶对角矩阵

$$\boldsymbol{B}=\begin{pmatrix}0&a_{11}&a_{12}\\a_{21}&a_{22}&a_{23}\\a_{32}&a_{33}&a_{34}\\a_{43}&a_{44}&a_{45}\\a_{54}&a_{55}&0\end{pmatrix}$$

b) 压缩为5×3的二维数组

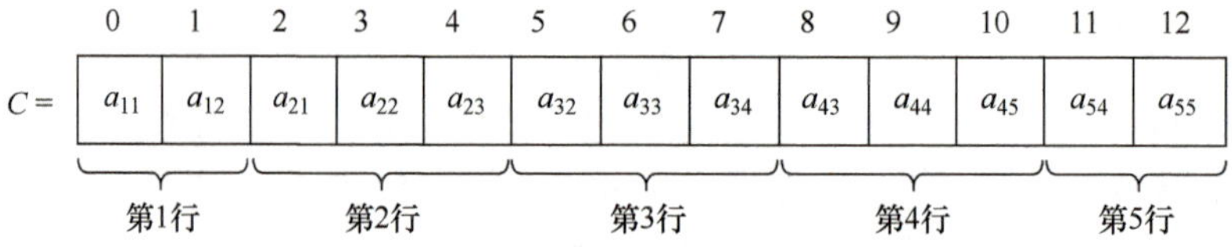

c) 压缩到一维数组

图 4-14 对角矩阵及压缩存储

4.4 稀疏矩阵的压缩存储

【问题导入】 在图像处理中，经常需要处理大规模的像素矩阵。考虑到一幅图像中可能包含大量的黑色或接近黑色的像素（即像素值为0或接近0），这会导致存储空间的极大浪费。这种情况下，如何有效地减少这些无效数据的存储，同时又不影响图像的处理呢？

在实际工程应用中，往往会遇到这样一种矩阵，矩阵的阶数很高，但其中大多数元素的值为零，只有少部分为非零元素，而且这些非零元素在矩阵中的分布没有规律，这样的矩阵称为稀疏矩阵（Sparse Matrix）。至于非零元素少到多少才被称为稀疏矩阵，人们无法给出确切的定义。一般当非零元素个数远远小于矩阵元素的总数，就可以认为该矩阵是稀疏的，即设 $m×n$ 矩阵中有 t 个非零元素，当 $t<<m×n$ 时，就称该矩阵为稀疏矩阵。

如果按照存储二维数组的方法来存储稀疏矩阵，会有很多存储空间用来存储零元素，将浪费很多内存空间。因此，可以对稀疏矩阵进行压缩存储，只存储矩阵中的非零元素。

4.4.1 稀疏矩阵的三元组表示

由于稀疏矩阵中非零元素较少，零元素较多，按照压缩存储概念，只需存储稀疏矩阵的非零元素，但由于非零元素的分布没有规律，为了能找到相应的元素，进行压缩存储时在存储非零元素值的同时还要存储非零元素在矩阵中的位置，即非零元素所在的行号和列号，这样稀疏矩阵中的每一个非零元素 a_{ij} 由一个三元组 (i,j,a_{ij}) 唯一确定。

将稀疏矩阵中每个非零元素对应的三元组按某种规律存储，如按行优先顺序存储，稀疏矩阵中所有非零元素排列成一个三元组线性表，称为三元组表（List of 3 – tuples）。采用顺序存储结构存储的三元组表称为三元组顺序表，简称三元组表。

[视频 4-4 稀疏矩阵的压缩存储]

要唯一地表示一个稀疏矩阵，还需要在存储三元组表的同时存储该矩阵的行数、列数和非零元素的个数，其存储结构的数据类型定义为：

#define SMax 1000 /*假设非零元素个数的最大值是1000*/
typedef int ElemType; /*假设每个元素的数据类型为int*/
typedef struct
  { int i,j;   /* 非零元素的行号、列号*/
    ElemType v; /*非零元素的值*/
  }TupNode;   /*三元组类型*/
typedef struct
  { int mu,nu,tu; /*稀疏矩阵的行数、列数及非零元素的个数*/
    TupNode data[SMax]; /* 存储非零元素*/
  }SPMatrix;   /*三元组表的存储类型*/

例如，如图 4-15 所示的稀疏矩阵可以用如图 4-16 所示的三元组表表示。稀疏矩阵采用三元组顺序表存储后会丧失随机存取特性。

矩阵的运算包括矩阵转置、矩阵加、矩阵减和矩阵相乘等。下面以矩阵转置运算为例，说明采用三元组表压缩存储情况下，如何实现矩阵的基本运算。

$$A = \begin{pmatrix} 0 & 12 & 9 & 0 & 0 & 0 & 0 \\ 0 & 0 & 0 & 0 & 0 & 0 & 0 \\ -3 & 0 & 0 & 0 & 0 & 14 & 0 \\ 0 & 0 & 24 & 0 & 0 & 0 & 0 \\ 0 & 18 & 0 & 0 & 0 & 0 & 0 \\ 15 & 0 & 0 & -7 & 0 & 0 & 0 \end{pmatrix}_{6×7}$$

图 4-15 稀疏矩阵 A

1. 问题描述

矩阵转置运算将一个 $m \times n$ 的矩阵转变成一个 $n \times m$ 的矩阵，同时使原来矩阵中元素的行和列的位置互换而值保持不变。设 **A** 为一个 $m \times n$ 的稀疏矩阵，求 **A** 的转置矩阵 **B**，**A** 和 **B** 都采用三元组表压缩存储，如何实现矩阵的转置运算？

2. 问题分析

由 **A** 求 **B** 需要将 **A** 的行、列转化成 **B** 的列、行，即将矩阵 **A** 的 data 数组中每一个三元组的行列交换后转化到 **B** 的 data 数组中。然而直接交换 **A** 的行、列得到的三元组表并不是我们想得到的三元组表，因为稀疏矩阵中非零元素的三元组要按行优先（或列优先）顺序存放，因此 **B** 也必须按此规律实现。因此，矩阵转置不仅要行、列值互换（即三元组中每个 i，j 互换），还要重新安排转置矩阵元素的位置，使转置矩阵中元素以 **B** 的行（**A** 的列）为主序。例如，对于图 4-15中的稀疏矩阵 **A**，它的转置矩阵 **B** 的三元组顺序表如图 4-17b 所示。实现由 **A** 到 **B** 的矩阵转置运算，就是要设计算法将矩阵的三元组表由图 4-17a 转换为如图 4-17b 所示的三元组表。

	i	j	v
0	1	2	12
1	1	3	9
2	3	1	−3
3	3	6	14
4	4	3	24
5	5	2	18
6	6	1	15
7	6	4	−7
SMax−1	空闲	空闲	空闲
	6(矩阵的行数)		
	7(矩阵的列数)		
	8(非零元素个数)		

图 4-16　**A** 的三元组顺序表

	i	j	v
0	1	2	12
1	1	3	9
2	3	1	−3
3	3	6	14
4	4	3	24
5	5	2	18
6	6	1	15
7	6	4	−7
SMax−1	空闲	空闲	空闲
	6(矩阵的行数)		
	7(矩阵的列数)		
	8(非零元素个数)		

a) **A**的三元组顺序表

	i	j	v
0	1	3	−3
1	1	6	15
2	2	1	12
3	2	5	18
4	3	1	9
5	3	4	24
6	4	6	−7
7	6	3	14
SMax−1	空闲	空闲	空闲
	7(矩阵的行数)		
	6(矩阵的列数)		
	8(非零元素个数)		

b) **B**的三元组顺序表

图 4-17　**A** 的转置矩阵 **B**

3. 算法设计

可以按照 **B** 中三元组的顺序在 **A** 中找到相应的三元组的方式来进行转换。按 **B** 中三元组的次序进行转置，实际上就是按照矩阵 **A** 的列序进行转置。为了找到 **A** 中的每一列的所有非零元素，每一次都需要对 **A** 的 data 数组从第一行开始进行扫描。

算法思路如下。

1）**A** 的行数、列数转化成 **B** 的列数、行数，**A**、**B** 的非零元素个数相等。

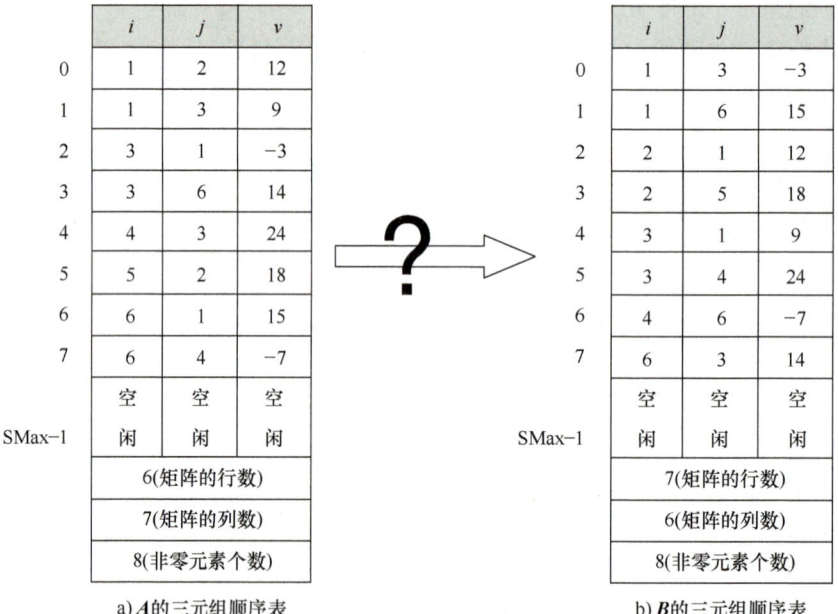

2）从头开始扫描一遍 **A** 的三元组表，找到 data 数组中第一列的所有非零元素，并将找到的每个三元组的行、列交换后顺序存储到 **B** 的 data 数组中；然后依次扫描 **A** 的三元组表，找到第二列、第三列……直到最后一列的非零元素进行转换，矩阵 **A** 有几列，对矩阵三元组表扫描几次。具体算法实现见算法 4.3。

算法 4.3　稀疏矩阵转置

```
int TransMatrix(SPMatrix *A, SPMatrix *B)
{   int  p, q, col;
    B->mu = A->nu; B->nu = A->mu; B->tu = A->tu;  //稀疏矩阵的行、列、元素个数
    if(A->tu ==0)        return 0;
    else      /* 有非零元素则转换 */
    {   q = 0;
        for(col=0;col< A->nu;col++)    /*按 A 的列序转换*/
            for(p=0;p< A->tu;p++)      /*扫描整个三元组表*/
                if  (A->data[p].j == col)
                {   B->data[q].i = A->data[p].j;
                    B->data[q].j = A->data[p].i;
                    B->data[q].v = A->data[p].v;
                    q++;
                }
        return 1;
    }
}
```

4. 算法分析

以上算法中含有两重 for 循环，设 mu 和 nu 是原矩阵的行数和列数，tu 是稀疏矩阵的非零元素个数，则上述算法的时间复杂度为 $O(nu \times tu)$。显然，当非零元素的个数 tu 和 mu×nu 同数量级时，算法的时间复杂度为 $O(mu \times nu^2)$，和直接用二维数组表示的矩阵的转置算法相比，可能节约了一定量的存储空间，但算法的时间性能差一些。

5. 改进算法

算法 4.3 效率低的原因是要从 **A** 的三元组表中寻找第一列、第二列……直到最后一列的元素，要反复扫描多遍。若能直接确定 **A** 中每一个三元组在 **B** 中的位置，则对 **A** 的三元组表扫描一次就可完成矩阵转置。为了确定矩阵 **A** 中每一列的非零元素在 **B** 的三元组中的确切位置，需要先求得矩阵 **A** 中每一列非零元素的个数。因为 **A** 中第一列的第一个非零元素一定存储在 **B** 的 data[0]，如果知道第一列的非零元素的个数，那么第二列的第一个非零元素在 **B** 中的位置便等于第一列的第一个非零元素在 **B** 中的位置加上第一列的非零元素的个数，以此类推。因为 **A** 中三元组是按行优先顺序存储的，对同一行来说，必定先遇到列号小的元素，这样只需扫描 **A** 的三元组表一遍即可。

根据这个想法，引入两个向量 num 和 cpot。

num[col]：表示矩阵 **A** 中第 col 列的非零元素的个数（为了方便，下标从 1 开始）；

cpot[col]：初始值表示矩阵 **A** 中的第 col 列的第一个非零元素在 **B** 的 data 数组中的位置。

cpot 的初始值为：

$$\begin{cases} \text{cpot}[1] = 1 \\ \text{cpot}[\text{col}] = \text{cpot}[\text{col}-1] + \text{num}[\text{col}-1] \quad 2 \leqslant \text{col} \leqslant n \end{cases} \tag{4-10}$$

例如，如图 4-15 所示的矩阵 A 的 num 和 cpot 的值如图 4-18 所示。

从头开始扫描 A 的三元组表，当扫描到第 col 列元素时，直接将其存放在 B 的 data 的 cpot[col] 位置上，然后 cpot[col] 加 1，使 cpot[col] 的值始终是下一个 col 列元素在 B 中的位置。这种转置算法又称为快速转置算法，具体描述实现见算法 4.4。

col	1	2	3	4	5	6
num[col]	2	1	1	2	0	1
cpot[col]	1	3	4	5	7	7

图 4-18 矩阵 A 的 num 与 cpot 的值

算法 4.4 稀疏矩阵转置的改进算法

```
int   Fast_TransMatrix(SPMatrix *A, SPMatrix *B)
{   int   p,q,col,k;
    int   num[A->nu+1],cpot[A->nu+1];
    B->mu=A->nu;B->nu=A->mu;B->tu=A->tu;   //稀疏矩阵的行、列、元素个数
    if(A->tu<0)   return 0;
    else   /*有非零元素则转换*/
    {   for(col=1;col<=A->nu;col++)   num[col]=0;
        for(k=1;k<=A->tu;k++)   /*求矩阵 A 中每一列非零元素的个数*/
           num[A->data[k].j]++;
        cpot[1]=1;   /*求矩阵 A 中每一列第一个非零元素在 B->data 中的位置*/
        for(col=2;col<=A->nu;col++)
           cpot[col]=cpot[col-1]+num[col-1];
        for(p=1;p<=A->tu;p++)   /*扫描三元组表*/
        {   col=A->data[p].j;   /*当前三元组的列号*/
           q=cpot[col];        /*当前三元组在 B->data 中的位置*/
           B->data[q].i=A->data[p].j;
           B->data[q].j=A->data[p].i;
           B->data[q].v=A->data[p].v;
           cpot[col]++;
        }
    }
    return 1;
}
```

算法 4.4 中有四个循环，分别执行 nu、tu、nu−1、tu 次，因此算法的时间复杂度是 $O(\max(nu,tu))$，在 tu 和 $m \times n$ 等量级时，该算法的执行时间上升到 $O(m \times n)$，但在非零元素远远小于矩阵元素总数的情况下，该算法十分有效。当然它所需要的存储空间比算法 4.3 多了两个辅助数组。

4.4.2 稀疏矩阵的十字链表表示

三元组表可以看作稀疏矩阵的顺序存储结构，当进行矩阵加法、乘法等操作时，矩阵中非零元素的个数和位置都会发生变化，由于非零元素的插入和删除会产生大量的数据移动，使得算法的时间复杂度大大增加，这时采用顺序存储结构来表示三元组线性表就十分不便。本节将介绍稀疏矩阵的一种链式存储结构——十字链表（Orthogonal List），它具备链式存储结构的特点。因此，在非零元素个数和位置发生变化的情况下，通常采用十字链表存储稀疏

矩阵。

用十字链表表示稀疏矩阵的基本思想是：每个非零元素存储为一个结点，结点由五个域组成，其结构如图 4-19 所示。

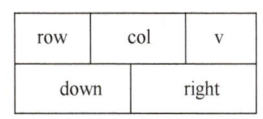

图 4-19　十字链表的结点结构

其中，row 域存储非零元素的行号；col 域存储非零元素的列号；v 域存放元素的值；right 和 down 是两个指针域，分别指向十字链表中该结点同一行中和同一列中的下一个结点。

稀疏矩阵中每一行的非零元素结点按其列号从小到大顺序由 right 域链成一个带表头结点的循环行链表，每一列中的非零元素按其行号从小到大顺序由 down 域也链成一个带表头结点的循环列链表。十字链表可以看作由各个行链表和列链表共同组成的一个综合链表，即每个非零元素 a_{ij} 既是第 i 行循环链表中的一个结点，又是第 j 列循环链表中的一个结点。每一列链表的表头结点的 down 域指向该列链表的第一个元素结点，每一行链表的表头结点的 right 域指向该行表的第一个元素结点。由于各行、列链表头结点的 row 域、col 域和 v 域均为零，行链表头结点只用 right 指针域，列链表头结点只用 right 指针域，故这两组表头结点可以合用，也就是说对于第 i 行的链表和第 i 列的链表可以共用同一个头结点。为了方便地找到每一行或每一列，将每行（列）的这些头结点们链接起来，因为头结点的值域空闲，所以用头结点的值域作为连接各头结点的链域，即第 i 行（列）的头结点的值域指向第 $i+1$ 行（列）的头结点……形成一个循环表。这个循环表又有一个头结点，这就是最后的总头结点，指针 HA 指向它。总头结点的 row 域和 col 域可以用来存储原矩阵的行数和列数。

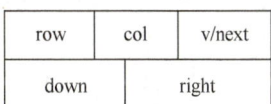

图 4-20　十字链表中非零元素和表头共用的结点结构

因为非零元素结点的值域是 ElemType 类型，在表头结点中需要一个指针类型，因此该域用一个联合结构来表示。改进后的结点结构如图 4-20 所示。

综上所述，十字链表中结点的结构可以定义为：

```
typedef   int   ElemType;      /*假设每个元素的数据类型为 int*/
typedef   struct   MNode
{  int   row, col;        /*行号/行数、列号/列数*/
   struct   MNode   *down, *right;   /*行、列指针*/
   union   vnext
   {  ElemType   v;       /*非零元素使用 v 值域*/
      struct   MNode   *next;   /*头结点使用 next 域，指向下一个头结点*/
   }
}MNnode;
```

图 4-21 是一个用 A 十字链表的表示稀疏矩阵。

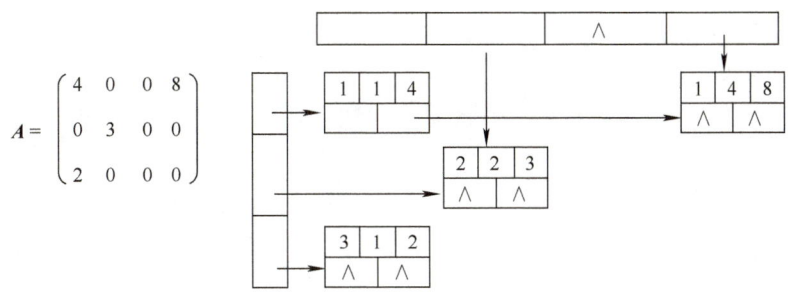

图 4-21　用十字链表表示的稀疏矩阵 A

4.5 应用举例

4.5.1 字符串应用举例

在实际应用中，经常会在搜索引擎中查找关键词，或在文本编辑器中查找并替换文字等，这些问题都是典型的字符串应用的例子。下面以在文本编辑器中实现查找与替换功能为例，说明字符串的应用。

1. 问题描述

请为一个文本编辑器设计并实现查找和替换功能，允许用户输入一个字符串和一个替换字符串（模式），然后在编辑器的当前文档中查找所有匹配该模式的字符串，并将它们替换为指定的替换字符串。

2. 问题分析

要实现查找和替换功能，首先要在原字符串中查找匹配的模式串，然后再用替换字符串来替换它们，并实现替换后的文本的存储。可以使用 KMP 算法进行字符串匹配，并基于这个算法实现查找和替换的功能。

3. 算法实现

算法 4.5 是基于 KMP 算法实现的查找和替换功能的示例代码。在这个示例中，computeNextArray 函数用于计算模式串的 next 数组；Match_KMP 函数使用 next 数组在文本中查找模式串（这两个函数与算法 4.2 中的函数相同）；FindAndReplace 函数则结合 KMP 算法查找文本中的模式串，并用替换字符串来替换它们；使用了一个新数组 newTxt 来存储替换后的文本，并逐个字符地处理原文本 txt。

算法 4.5　基于 KMP 算法实现查找和替换

```
#include <stdio.h>
#include <stdlib.h>
#include <string.h>
#include <stdbool.h>
// 计算部分匹配表(next[])
void ComputeNextArray(char t[],int m,int next[])
{
    int k=0; // 最长部分匹配值 k
    next[0]=0; // next[0]总是 0
    int i=1;
    while(i<m)      // 循环计算 next[i]的值
    {   if(t[i]==t[k])
        {   k++;
            next[i]=k;
            i++;
        }
        else if(k!=0)    k=next[k-1];
            else { next[i]=0;i++;}
    }
}
```

}
// KMP 模式匹配函数
int Match_KMP(char s[ ],char t[ ])
{//在目标串 s 中匹配模式串 t,匹配成功返回匹配的开始位置;匹配失败返回 0
    int i, j, m, n;
    n = strlen(s);
    m = strlen(t);
    if(m ==0)　　return 0;　　// 如果模式串长度为 0,返回 0
    if(n < m)　　return 0;　　//如果目标串长度小于模式串长度,匹配失败
    int * next = (int *) malloc(sizeof(int) * m);
    computenextArray(t,m,next);
    i = 0;　j = 0;　// 设置比较的起始下标
    while(i < n)
    {　if(t[j]== s[i])
       {　i ++;　j ++;}
      if(j == m)
       {　// 模式完全匹配,返回匹配的起始位置
         free(next);
         return i – j + 1;
       }
      else if(i < n && t[j] ! = s[i])
       {　//不匹配,移动部分匹配值
         if(j ! =0)　　j = next[j – 1];
         else　　i = i + 1;
       }
    }
    // 模式未找到
    free(next);
    return 0;
}
// 查找和替换功能
void FindAndReplace(char txt[ ],char pat[ ],char repl[ ])
{//在文本 txt 中查找字符串 pat 并用 repl 替换
    int i,count,m,n,pos;
    i = 0;count = 0;
    m = strlen(pat);
    n = strlen(txt);
    char newTxt[n];　　//newTxt 存储替换后的文本
    if(m ==0)// 如果模式串为空,则直接返回原文本
    {　printf("模式串为空,未进行替换。\n");
      printf("原来的文本为: % s\n" ,txt);
      return;
    }
    while(i < n)
    {　pos = Match_KMP(txt + i,pat);
      if(pos! =0)　　// 找到了匹配项,复制前面的部分到新文本

```
            strncpy(newTxt + count, txt + i,  strstr(txt + i,pat) - (txt + i));
            count + = strstr(txt + i,pat) - (txt + i);
            strcpy(newTxt + count,  repl);      // 添加替换字符串
            count + = strlen(repl);             // 移动到匹配项之后
            i + = strstr(txt + i,pat) - (txt + i) + m;
        }
        else   newTxt[count ++] = txt[i ++];   /* 没有找到匹配项,复制当前字符到新文本 */
    }
    newTxt[count] = '\0';       // 添加新文本的剩余部分(如果有的话)
    printf("替换后的文本为：%s\n",newTxt);
}

int main()
{   char txt[] = "ABABDABCDABABCABABCAB";
    char pat[] = "ABC";
    char repl[] = "X";
    FindAndReplace(txt,pat,repl);
    return 1;
}
```

注意：上面的代码没有处理所有可能的边界情况。在实际应用中，需要添加更多的错误检查和边界情况处理。

4.5.2 数组应用举例

在实际应用中，可以使用数组来解决各种实际应用问题。例如，可以使用二维数组（即矩阵）来表示一个棋盘的布局，并通过算法来找到最优的棋步；可以使用二维数组来解决图像处理中的灰度化问题。下面以使用矩阵解决线性方程组求解问题为例，说明数组的应用。

1. 问题描述

线性方程组可以用矩阵的形式表示为 $Ax = b$，其中 A 是系数矩阵，x 是变量矩阵，b 是常数矩阵（向量）。解这个方程组就是找到变量矩阵 x，使得方程组成立。

例如，对于下面的线性方程组：

$$\begin{cases} x + 2y - z = 4 \\ 2x - y + 3z = 9 \\ -x + y + 2z = 3 \end{cases}$$

其系数矩阵 A 为 $\begin{bmatrix} 1 & 2 & -1 \\ 2 & -1 & 3 \\ -1 & 1 & 2 \end{bmatrix}$，常数矩阵 b 为 $\begin{bmatrix} 4 \\ 9 \\ 3 \end{bmatrix}$。

要求：接收用户输入的方程组阶数、系数矩阵 A 和常数矩阵 b，编写算法求解线性方程组，并将解存储在增广矩阵的最后一列。最后，打印出解向量。

2. 问题分析

可以使用高斯消元法解线性方程组。具体步骤如下。

1) 构建增广矩阵：将线性方程组的系数矩阵和常数矩阵合并成一个增广矩阵。

2）选择主元：从矩阵第一列开始，选择一个主元（通常是当前列中绝对值最大的元素），如果主元不在当前行的第一个元素位置，则进行行交换。

3）消元：对于主元所在的列，从主元下面的行开始，将当前行的主元倍数加到下面的行上，以此消除当前列下面的元素。

4）重复步骤2）和3）：对于每一列重复选择主元和消元的步骤，直到矩阵的左上角形成一个上三角矩阵。

5）回代：从最后一行开始，将已知的解代入方程，解出当前未知数，并将这个解代入上一行的方程中，继续解出上一个未知数。以此类推，直到所有未知数都被解出。

3. 算法实现

算法 4.6 是一个使用高斯消元法解线性方程组的 C 语言程序示例。

算法 4.6　线性方程组求解

```c
#include <stdio.h>
#include <stdlib.h>
#define Max_Size 100 // 定义最大矩阵大小
// 输出矩阵
void printMatrix(double matrix[Max_Size][Max_Size],int row,int col)
{
    for(int i=0;i<row;i++)
    {
        for(int j=0;j<col;j++)
            printf("%10.2f",matrix[i][j]); //打印矩阵的每个元素,保留四位小数
        printf("\n");
    }
}
// 高斯消元法解线性方程组
void GaussianElimination(double A[Max_Size][Max_Size],double b[Max_Size],int n)
{
    int i,j,k,pivot;
    double temp,factor,sum;
    for(int i=0;i<n;i++)
        A[i][n]=b[i];    //将系数矩阵扩展为增广矩阵
    for(i=0;i<n;i++)
    {
        // 寻找主元
        pivot=i;
        for(j=i+1;j<n;j++)
            if(A[j][i]>A[pivot][i])   pivot=j; /* 选择当前列中绝对值最大的元素作为主元 */
        // 交换行
        if(pivot!=i)
        {
            for(j=0;j<=n;j++)
            {
                temp=A[i][j];
                A[i][j]=A[pivot][j];
                A[pivot][j]=temp; // 将主元行交换到当前行
            }
        }
        // 消元
        for(j=i+1;j<n;j++)
        {
            factor=A[j][i]/A[i][i]; // 计算消元因子
            for(k=i;k<=n;k++)
```

```c
            // 将当前行的倍数加到下面的行，以消除当前列下面的元素
                A[j][k]=A[j][k]-factor*A[i][k];
        }
    }
    // 回代求解
    for(i=n-1;i>=0;i--)
    {   sum=0;
        for(j=i+1;j<n;j++)
            sum=sum+A[i][j]*A[j][n];//将已求得解代入方程,求解当前未知数
        A[i][n]=(A[i][n]-sum)/A[i][i]; /*解当前未知数并存储在增广矩阵的最后一列*/
    }
}
int main()
{   int n;
    double A[Max_Size][Max_Size],b[Max_Size];
    printf("请输入方程组的阶数：");
    scanf("%d",&n);// 输入方程组的阶数
    printf("请输入系数矩阵A的元素:\n");
    for(int i=0;i<n;i++){
        for(int j=0;j<n;j++){
            scanf("%lf",&A[i][j]);// 输入系数矩阵的元素
        }
    }
    printf("请输入常数矩阵b的元素:\n");
    for(int i=0;i<n;i++){
        scanf("%lf",&b[i]);// 输入常数矩阵的元素
    }
    gaussianElimination(A,b,n);// 调用高斯消元法函数解方程组
    printf("解得方程组的解矩阵为:\n");
    printMatrix(A,n,n+1);// 打印增广矩阵
    printf("方程组的解向量为::\n");
    for(int i=0;i<n;i++)
        printf("x[%d]=%lf\n",i,A[i][n]);
    return 1;
}
```

【运行结果】

请输入方程组的阶数： 3
请输入系数矩阵A的元素：
 1 2 -1
 2 -1 3
-1 1 2
请输入常数向量b的元素：
4 9 3
解得方程组的解矩阵为：

```
2.00      -1.00      3.00      2.50
0.00       2.50     -2.50      1.70
0.00       0.00      4.00      1.90
```
方程组的解向量为：
x[0]=2.500000
x[1]=1.700000
x[2]=1.900000

请注意，这个程序没有进行错误检查。例如，如果矩阵在消元过程中出现了某一列全是零的情况（除了最后一列），这表示方程组可能有无限多解或无解；如果最后一列（常数列）出现了零，而对应的系数列全为零，则表示方程组有无限多解；如果常数列的零不在全为零的系数列中，则表示方程组无解。在实际应用中，需要添加额外的错误处理代码来确保程序的健壮性。

本章小结

字符串和数组都属于线性结构。字符串是以字符作为数据元素的线性表，在计算机中很多非数值处理都是以字符串作为处理对象。数组是线性表的推广，即一维数组是一种定长线性表，而 n 维数组可以看成每个元素是 $n-1$ 维数组的定长线性表。在计算机中可以使用二维数组存储矩阵，但在实际应用中，矩阵的阶数可能很高，对于特殊矩阵和稀疏矩阵可以采用压缩存储。本章主要介绍了串的基本概念、串的存储结构和串的模式匹配；数组的定义和存储结构，特殊矩阵和稀疏矩阵的压缩存储。

主要学习要点如下。
1）理解串和一般线性表的差异。
2）掌握串的顺序存储和基本运算算法设计。
3）掌握串的匹配算法，理解 KMP 算法的高效匹配过程。
4）理解数组和一般线性表之间的差异。
5）掌握数组的行优先、列优先顺序存储结构和元素地址计算方法。
6）掌握特殊矩阵（如对称矩阵、三角矩阵和对角矩阵等）的压缩存储方法和元素地址计算方法。
7）掌握稀疏矩阵的压缩存储方法（特别是三元组顺序表）及其特点。

思想园地——数据压缩与资源优化利用

数据压缩存储是现代计算机技术中的重要部分，对于大量数据的处理和存储具有重要意义。

在处理大型数据集时，如科学计算、机器学习和图像处理等领域，压缩存储通过去除数据中的冗余信息，实现存储空间的优化，从而提高了数据处理的效率。以图像处理为例，一幅高分辨率的图像往往包含大量的数据，如果直接存储会占用大量的存储空间。利用矩阵压缩存储技术，可以在保留图像主要特征的同时，大幅度减少内存空间和计算资源的占用，使图像处理更加高效。

在当今社会，随着人口的增长和经济的发展，资源的消耗速度日益加快，可持续发展面临着巨大的挑战。需要寻找更加高效、节约的方式来利用资源，以满足人类社会的长远发展需求。数据压缩存储正是一种资源优化利用的体现，它能够在保证信息完整性的同时，减少存储空间的占用，从而减轻数据存储设备的负担、降低能源消耗。这种资源优化利用的方式符合可持续发展的理念，有助于推动社会经济的可持续发展。

在日常生活中，可以从矩阵压缩存储中汲取灵感，培养节约资源的意识。例如，可以通过合理安排出行路线来减少燃油消耗，或者通过合理规划时间来提高工作效率。

作为社会的一份子，每个人都应该意识到自己对资源的消耗和对环境的影响。从日常生活中的小事做起，积极参与到节约资源的行动中，例如，使用节能设备、减少食物浪费、参与回收活动等，这些看似微不足道的举动，对于推动社会的可持续发展都具有积极的意义。同时，还可以通过宣传和教育，提高周围人的节约意识，共同为推动社会的可持续发展做出积极贡献。

思考题

1. 字符串与字符数组有什么不同？
2. 在现实世界中，字符串有什么应用？你能给出一些例子吗？
3. 为什么说数组是线性表的推广或扩展？
4. 数组为什么采用顺序存储方式实现？
5. 二维数组每个元素的存取时间都相同吗？
6. 高阶矩阵为什么要压缩存储？哪些元素可以压缩？
7. 如果矩阵元素的行、列下标从 1 开始计算，压缩数组的开始下标也从 1 开始，上三角矩阵压缩存储的地址计算式是什么？
8. 对称矩阵、三角矩阵压缩存储需要存哪些元素？怎样存？
9. 特殊矩阵与稀疏矩阵哪一种压缩存储后失去随机存取的功能？为什么？
10. 利用三元组存储任意稀疏矩阵时，在什么条件下才能节省存储空间？

练习题

1. 填空题

1）由于计算机内存中的存储单元是一维的存储结构，多维数组的存储需要按某种顺序排列映射到一维存储结构中。对于二维数组，有两种排列方式，分别是_____和_____。

2）设 60 行 70 列的数组 a（下标从 1 开始）的基地址为 2048，每个元素占 2 个存储单元，若以行序为主序顺序存储，则元素 $a[31][55]$ 的存储地址为_____。

3）三元组表中的每个结点对应于稀疏矩阵的一个非零元素，它包含三个域，分别表示该元素的_____、_____和_____。

2. 选择题

1）字符串可以定义为 $n(n≥0)$ 个字符的有限（   ），其中 n 是字符串的长度，表明字符串中字符的个数。

  A. 集合   B. 数列   C. 序列   D. 队列

2）设有两个字符串 t 和 p，求 p 在 t 中首次出现的位置的运算称为（   ）。

  A. 求子串 B. 模式匹配 C. 串替换 D. 串连接

3）数组通常只有两种运算是（   ）。

A. 建立与删除 B. 删除与查找
C. 插入与索引 D. 查找与修改

4) 对稀疏矩阵进行压缩存储，常用的两种方法是（ ）。

A. 三元组和散列表 B. 三元组和十字链表
C. 三角矩阵和对角矩阵 D. 对角矩阵和十字链表

5) 若稀疏矩阵采用三元组表进行压缩存储，若要完成对三元组表进行转置，只要将行和列对换，这种说法（ ）。

A. 正确 B. 错误 C. 无法确定 D. 以上均不对

6) 假设有 60 行 70 列的二维数组 A 以列序为主序顺序存储（下标从 1 开始），其基地址为 10000，每个元素占 2 个存储单元，那么第 32 行第 58 列的元素 $A[32][58]$ 的存储地址为（ ）。

A. 16902 B. 16904 C. 14454 D. 答案 A、B、C 均不对

7) 一维数组与线性表的区别是（ ）

A. 前者长度固定，后者长度可变 B. 后者长度固定，前者长度可变
C. 两者长度均固定 D. 两者长度均可变

3. 简答题

1) 对目标串 S = "aababaaaaabaa"，模式串 T = "aaaab"：

① 计算模式串 T 的部分匹配值 next 数组；

② 请写出采用 KMP 算法进行模式匹配的过程。

2) 已知 4 行 6 列的二维数组 A，其中每个元素占 3 个存储单元，且 $A[1][1]$ 的存储地址为 1200。试求：

① 当以行为主序存储时，元素 $A[3][4]$ 的存储地址是多少？

② 当以列为主序存储时，元素 $A[3][4]$ 的存储地址是多少？

③ 该数组共占用多少个存储单元？

3) 设有 7 行 8 列的二维数组 A，每个数组元素占 4 个存储单元，已知 $A[1][1]$ 的存储地址为 1000。计算：

① 数组 A 共占用多少个存储单元；

② 数组 A 最后一个元素的存储地址；

③ 按行存储时，元素 $A[4][6]$ 的存储地址；

④ 按列存储时，元素 $A[4][6]$ 的存储地址。

上机实验题

1. 求子串在主串中出现的次数

目的：掌握 KMP 算法及应用。

内容：

1) 问题描述：利用 KMP 算法求子串 t 在主串 s 中出现的次数，并以 s = "aababaabaaabaa"，t = "aab" 为例，显示匹配过程。

2) 要求：字符串采用顺序存储方式，基于 KMP 算法实现算法设计。

3) 分析算法时间复杂度和空间复杂度。

2. 求两个对称矩阵之和

目的：掌握对称矩阵的压缩存储方法及相关算法设计。

内容：

1）问题描述：已知 A 和 B 为两个 $n×n$ 的对称矩阵，设计算法求矩阵 A 和 B 的和。

2）要求：矩阵 A 和 B 采用压缩存储方式。

3）分析算法时间复杂度和空间复杂度。

3. 稀疏矩阵（采用三元组表示）的基本运算

目的：掌握稀疏矩阵的三元组存储结构及基本运算算法设计。

内容：

1）问题描述：假设 $n×n$ 的稀疏矩阵采用三元组表压缩存储，请设计算法实现稀疏矩阵的建立、转置和加法运算。

2）要求：根据用二维数组存储的稀疏矩阵，建立两个稀疏矩阵 A 和 B 的三元组表；对矩阵 A 进行转置运算，并输出其转置矩阵的三元组表；进行 A 和 B 的加法运算，并输出 $A+B$ 的三元组表。

3）分析算法时间复杂度和空间复杂度。

第5章

递 归

递归是计算机科学中一个重要工具，很多程序设计语言（如 C、C++）都支持递归程序设计。在算法设计中经常要用递归方法求解，特别是后面的树与二叉树、图、查找和排序等章节中用到了很多递归算法。本章将介绍递归的定义、递归的工作原理、递归算法设计及性能分析等。

【学习重点】

① 递归的定义和递归模型；
② 递归调用和递归执行过程。

【学习难点】

基于分治思想的递归算法设计。

5.1 什么是递归

【问题导入】 在你的计算机上，有一个大文件夹，这个文件夹里包含了许多子文件夹，而子文件夹里又可能包含更多的子文件夹。要编写一个程序来列出所有文件和文件夹的内容，如何确保能够遍历所有的文件夹，并且不遗漏任何一个？

要编写一个程序来列出文件夹及其所有子文件夹中的文件和文件夹，可以使用递归方法。

5.1.1 递归的定义

在定义一个过程或函数时，出现调用本过程或本函数的成分称为**递归**（Recursion）。若过程或函数 f 直接调用自己，称为**直接调用**（Direct Recursion）。若过程或函数 f 调用过程或函数 g，而 g 又调用 f，称为**间接调用**（Indirect Recursion）。在算法设计中，任何间接递归算法都可以转换为直接递归算法来实现，因此本章主要讨论直接递归。

根据这个定义可以发现，递归过程本质上就是一般的过程或函数调用过程，只不过它是过程或函数自我调用的过程。如果一个递归过程或递归函数中的递归调用语句是最后一条执行语句，则称这种递归为**尾递归**（Tail Recursion）。尾递归的特点是在调用返回之前完成本次调用的一切处理或计算任务，然后再返回，换句话说，当某一层递归调用返回后，由于后面没有任何语句，所以继续向上一层返回。如果递归调用语句并非是过程或函数的最后一条语句，则称这种递归为**非尾递归**（Non-tailed Recursion）。非尾递归的特点是在递归调用返回到本层之后完成本层调用的处理或计算任务，即当调用进入到某一层时，先向下一层进行递归调用，当递归调用重新返回到该层时，再执行后续语句。

递归算法通常是把一个大的复杂问题层层转化为一个或多个与原问题相似的规模较小的问题来求解，问题被拆解成子问题后，递归调用继续进行，直到子问题无须进一步递归就可以解决为止。递归策略只需少量的代码就可以描述出解题过程中所需要的多次重复计算，大大减少了代码量，使算法的结构更简单、清晰，可读性更好。

5.1.2 何时使用递归

以下三种情况常常用到递归方法。

1. 定义是递归的

数学上常用的阶乘、斐波那契（Fibonacci）数列等，它们的定义是递归的。对于这些问题的求解，可以将其递归定义直接转化为对应的递归算法。

【例 5-1】 阶乘函数的定义可以表示为：

$$n! = \begin{cases} 1 & \text{当 } n = 0 \text{ 时} \\ n \times (n-1)! & \text{当 } n > 0 \text{ 时} \end{cases} \quad (5-1)$$

这在数学上是一个递推式，求 $n!$ 中蕴含着求 $(n-1)!$，如果求得了 $(n-1)!$，自然就可以求得 $n!$ 了，而求 $(n-1)!$ 中蕴含着求 $(n-2)!$，求 $(n-2)!$ 中蕴含着求 $(n-3)!$……求 $1!$ 中蕴含着求 $0!$，而 $0!$ 是已知的。这样一来，就可以反推得到 $0! = 1$，$1! = 1 \times 0! = 1$，$2! = 2 \times 1! = 2$，$3! = 3 \times 2! = 6$……直到求得 $n!$。

[视频 5-1 阶乘的递归定义]

可以将求 n 的阶乘的递归定义直接转换为递归算法，具体算法见算法 5.1。

算法 5.1 求阶乘的递归算法

```
int Factorial(int n)
{   if(n == 0)              //语句 1
        return 1;           //语句 2
    else                    //语句 3
        return n * Factorial(n-1);   //语句 4
}
```

在算法 5.1 中，Factorial(n) 求的是 $n!$，故 Factorial($n-1$) 求的就是 $(n-1)!$。在这个函数中首先判断 n 是否为 0。如果 $n = 0$，则根据阶乘的数学定义返回 1，这部分可以看作不需要做递归调用的简单输入或递归的中止条件。如果 $n > 0$，则同样根据阶乘的数学定义返回 $n \times$ Factorial($n-1$)，即 $n \times (n-1)!$ 的结果，这部分属于递归调用部分，将对 $n!$ 的求解化简为对 $(n-1)!$ 的求解。显然，问题的规模变得更小了，自然求解的复杂度和难度也随之降低。

【例 5-2】 斐波那契数列为 0，1，1，2，3，5，8，13，21，34，55，89，…，即除前两个数以外，其余每个数都是它前面两个数之和。计算斐波那契数列 Fib(n) 的递推式如下：

$$\text{Fib}(n) = \begin{cases} n & \text{当 } n = 0, 1 \text{ 时} \\ \text{Fib}(n-1) + \text{Fib}(n-2) & \text{当 } n > 1 \text{ 时} \end{cases} \quad (5-2)$$

[视频 5-2 斐波那契数列]

类似地，可以根据其递归定义，直接将求斐波那契数列的算法描述为算法 5.2 所示的递归算法。

算法 5.2　求斐波那契数列的递归算法

```
int Fib(int n)
{   if(n <= 1)   return n;
    else   return Fib(n-1) + Fib(n-2);
}
```

从前面两个例子可以看出，递归方法的基本思想是将问题不断分解为复杂度和规模更小的问题，利用小问题的求解结果归纳出原问题的结果来。

2. 数据结构是递归的

有些数据结构本身就蕴含着递归的成分。例如，第 2 章中介绍的单链表就是一种递归的数据结构，其结点数据类型声明如下：

```
typedef struct LNode{
    ElemType data;
    struct LNode *next;   //指向相同结构的结点
}LNode;
```

单链表结点 LNode 的定义由数据域 data 和指针域 next 组成，而指针域 next 则又由 LNode 定义，所以它是一种递归数据结构。图 5-1 是单链表存储结构示意图。

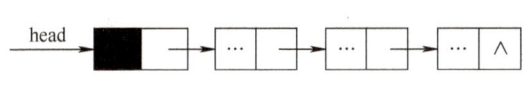

图 5-1　单链表存储结构示意图

[视频 5-3　结构递归]

【例 5-3】　设计一个递归算法对图 5-1 中的单链表进行遍历。

解：在图 5-1 中，头指针 head 指向一个单链表，而每个结点的指针域 next 指向后面更短的一个单链表。因此，对单链表的遍历操作可以采用递归算法实现，见算法 5.3。

算法 5.3　单链表遍历的递归算法

```
void Traverse(LNode *head)
{   if(head)
    {   printf("%d\t",head->data);
        Traverse(head->next);
    }
}
```

不仅单链表，后面章节将要介绍的树、图也是递归的结构，它们的一些基本运算也需要用递归算法实现。

3. 问题的解法是递归的

有些问题的求解方法是递归的。一个典型的例子就是汉诺塔（Hanoi）问题。

【例 5-4】　汉诺塔问题：婆罗门神庙里有一个塔台，塔台上有 X、Y、Z 三个塔座，如图 5-2 所示。在 X 塔座上有 n 个直径不相同的盘子，盘子按直径从大到小的顺序依次叠放（上面的每一个盘子都比下面的小）。现要求将 X 塔座上的这 n 个盘子移动到 Z 塔座上，并仍按同样的顺序叠放，盘子移动时必须遵守如下规则：一次只能移动一个盘子；盘子可以放到 X、Y、Z 中任一塔座上；任何时候大盘子只能放在小盘子的下面。请设计求解该问题的算法。

127

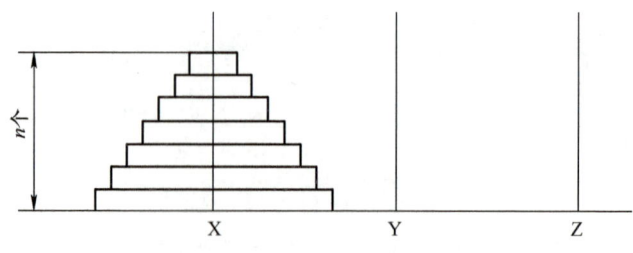

图 5-2　汉诺塔问题

汉诺塔问题特别适合采用递归方法来求解。

求解思路：设 X 塔座上最初有 n 个盘子，如果 $n=1$，则将这一个盘子直接从 X 塔座移到 Z 塔座上；否则，执行以下三步操作。

1）用 Z 塔座做过渡，将 X 塔座上的 $n-1$ 个小盘子移到 Y 塔座上。

[视频 5-4　汉诺塔算法]

2）将 X 塔座上最后的一个大盘子移到 Z 塔座上。

3）用 X 塔座做过渡，将 Y 塔座上的 $n-1$ 个盘子移到 Z 塔座上。

显然，第 3 步的求解能重复上述 1）、2）的过程，但盘子个数减为 $n-1$ 了，问题求解的规模减小了。由此得到汉诺塔问题的递归求解算法，见算法 5.4。

算法 5.4　汉诺塔问题的递归求解算法

```
void Hanoi(int n,char x,char y,char z)
{   if(n==1)
        printf("\t 将第%d 盘子从%c 移动到%c\n",n,x,z);
    else {  Hanoi(n-1,x,z,y);
            printf("\t 将第%d 盘子从%c 移动到%c\n",n,x,z);
            Hanoi(n-1,y,x,z);
        }
}
```

5.1.3　递归模型

递归模型是递归算法的抽象，它反映一个递归问题的递归结构。例如，例 5-1 阶乘问题的递归算法对应的递归模型如下：

$$\begin{cases} \text{Factorial}(n)=1 & \text{当 } n=1 \text{ 时} \\ \text{Factorial}(n)=n \times \text{Factorial}(n-1) & \text{当 } n>1 \text{ 时} \end{cases} \quad (5\text{-}3)$$

其中，第一个式子给出了递归的终止条件；第二个式子给出了 Factorial(n) 的值与 Factorial($n-1$) 的值之间的关系。把第一个式子称为递归出口，第二个式子称为递归体。

一般情况下，一个递归模型由递归出口和递归体两部分组成。

1）**递归出口**（Recursive Exit）：又叫结束条件，确定递归何时结束，即可以直接给出结果而无须再做递归。递归出口的一般格式为：

$$f(s_1)=m_1 \quad (5\text{-}4)$$

式中，s_1 和 m_1 均为常量。有些递归可能由几个递归出口。

2）**递归体**（Recursive Body）：确定递归求解时的递推关系，包含对自身的递归调用，但每次调用时传递进去的参数较上次调用时传递进去的参数更接近于结束条件。递归体的一般

格式为:

$$f(s_n) = g(f(s_i), f(s_{i+1}), \cdots, f(s_{n-1}), c_j, c_{j+1}, \cdots, c_m) \tag{5-5}$$

式中, i, j, m, n 均为正整数; s_n 是递归求解的"大问题"; $s_i, s_{i+1}, \cdots, s_{n-1}$ 是递归的"小问题"; $c_j, c_{j+1}, \cdots, c_m$ 是若干可以直接解决的问题; g 是一个非递归函数, 可以直接求值。

递归的思路就是把一个不能或不好直接求解的"大问题"转化成一个或几个与"大问题"相似的"小问题"来解决, 再把这些"小问题"进一步分解成更小的相似的"小问题"来解决, 如此分解, 直到每个"小问题"都可以直接解决(此时分解到递归出口)。

递归的执行过程由分解和求值两部分构成, 分解部分就是用递归体将"大问题"分解为相似的"小问题", 直到递归出口为止, 然后进行求值过程, 即已知"小问题"计算"大问题"。以求 5 的阶乘为例, Factorial(5)函数的求解过程如图 5-3 所示。

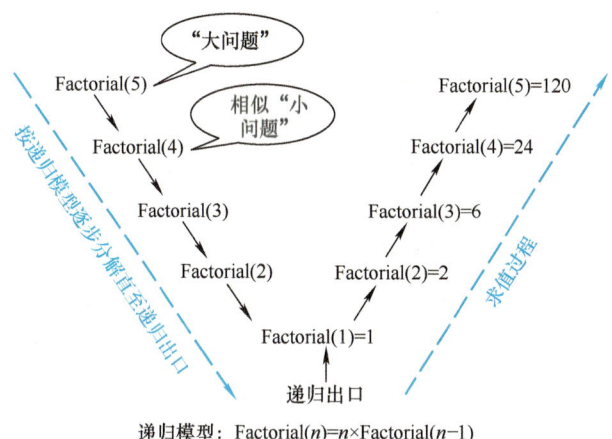

图 5-3　Factorial（5）函数的求解过程

［视频 5-5　递归与分治］

5.2　递归调用与实现

【问题导入】　递归方法的基本思想是将大问题不断分解为小的问题, 通过多次递归调用自己达到求解问题的目的。在递归调用过程中, 如何记录每次调用的返回地址? 如何将小问题的解带回上一级调用呢?

本节将详细介绍函数调用、递归调用的实现过程, 以深入理解递归调用的工作原理。

5.2.1　函数调用的实现

函数调用操作包括从一段代码到另一段代码之间的双向数据传递和执行控制转移。函数调用时, 一个函数的执行没有结束, 又开始另一个函数的执行, 当被调用函数执行完毕, 程序的控制点返回到上一层调用函数的断点处继续执行。

【例 5-5】　设有一个主程序 main, 它调用了函数 a, 函数 a 又调用函数 b, 函数 b 又调用函数 c, 则函数的调用过程如图 5-4 所示, 其中 r、s、t 分别表示函数 a、b、c 的返回地址。当函数 main 调用函数 a 时, 函数 a 的返

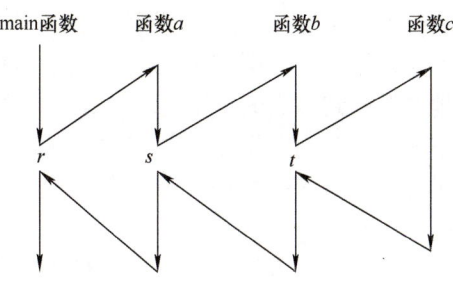

图 5-4　函数调用示意图

回地址 r 必须被保存下来，以便函数 a 执行完能够返回到断点 r 处继续执行 main 函数其余的语句。同样地，断点地址 s 和 t 也应该被暂存在内存中。

从图 5-4 的调用和返回过程可以看出，函数调用是<u>后调用的先返回</u>，这种执行方式类似于栈的后进先出的操作特征，因此，大多数 CPU 上的程序实现使用栈来支持函数调用操作，以便调用返回时能从断点处继续往下执行。

操作系统通常维护着一个<u>运行栈</u>（Runtime Stack）空间。每一个函数（包括 main 函数）运行时会生成一条函数的<u>活动记录</u>（Activation Record），主要包含返回地址、局部变量、形式参数、返回值等信息。每次函数调用，属于它的活动记录就被压入运行栈。函数一旦执行完毕，对应的活动记录出栈，程序控制权交还给该函数的上层调用函数，并按照活动记录中保存的返回地址确定程序继续执行的位置。

图 5-5 为例 5-5 函数调用时运行栈的进栈和出栈情况。

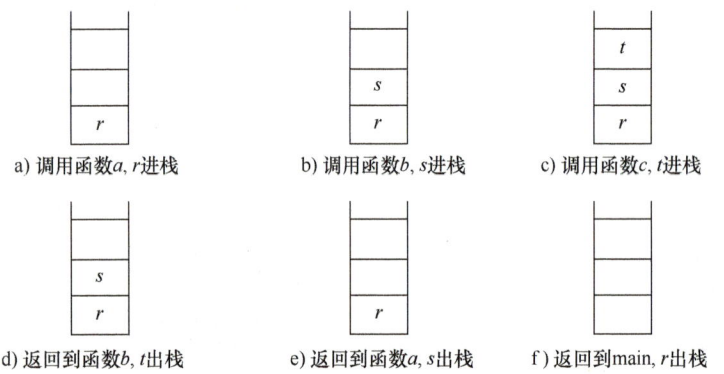

图 5-5　函数调用时运行栈的变化

[视频 5-6　运行栈]

当然，每个函数的活动记录中不只存放该函数的返回地址，它还包括其他一些信息，如局部变量、形式参数、返回值等。例如，图 5-5c 被细化后如图 5-6 所示。

5.2.2　递归调用的实现

递归是函数调用的一种特殊情况，类似于多层函数的嵌套调用，只是调用者和被调用者都是同一个函数。每次调用时，需要将过程中使用的参数、局部变量等信息组成一个活动记录，并将这个活动记录保存在系统的运行栈中，每当递归调用一次，就要在栈顶压入一个新的活动记录，一旦本次调用结束，则将栈顶活动记录出栈，根据获得的返回地址返回到本次的调用处。

下面以 Factorial 函数（见算法 5.1）为例，介绍递归调用过程实现的内部机理。在这个过程中利用了操作系统维护的运行栈。

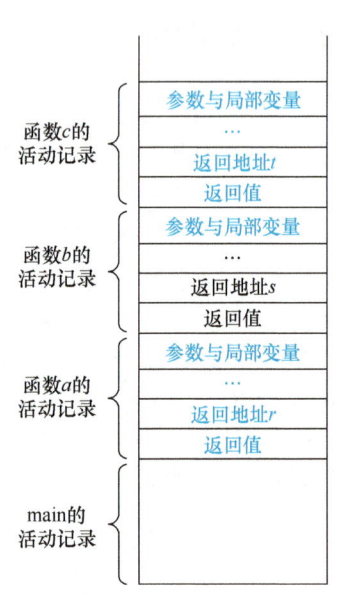

图 5-6　函数的活动记录

表 5-1 给出了求解 Factorial(4) 的递归调用过程中程序的执行及栈的变化情况，设调用 Factorial(4) 的返回地址为 add_0。

表 5-1　Factorial(4)的执行过程

序号	调用/执行	返回地址	进/出栈	栈内情况（返回地址　实参）	执行语句	说明
1	调用 Factorial(4)	add$_0$	进栈	add$_0$ 4	1, 3, 4	
2	调用 Factorial(3)	add$_1$	进栈	add$_1$ 3 / add$_0$ 4	1, 3, 4	
3	调用 Factorial(2)	add$_2$	进栈	add$_2$ 2 / add$_1$ 3 / add$_0$ 4	1, 3, 4	
4	调用 Factorial(1)	add$_3$	进栈	add$_3$ 1 / add$_2$ 2 / add$_1$ 3 / add$_0$ 4	1, 3, 4	
5	调用 Factorial(0)	add$_4$	进栈	add$_4$ 0 / add$_3$ 1 / add$_2$ 2 / add$_1$ 3 / add$_0$ 4	1, 3, 4	
6	执行 Factorial(0)	返回 add$_4$	出栈	add$_3$ 1 / add$_2$ 2 / add$_1$ 3 / add$_0$ 4	1, 2	求得 Factorial(0)=1
7	执行 Factorial(1)	返回 add$_3$	出栈	add$_1$ 3 / add$_0$ 4	4	求得 Factorial(1)=1
8	执行 Factorial(2)	返回 add$_2$	出栈	add$_1$ 3 / add$_0$ 4	4	求得 Factorial(2)=2
9	执行 Factorial(3)	返回 add$_1$	出栈	add$_0$ 4	4	求得 Factorial(3)=6
10	执行 Factorial(4)	返回 add$_0$	出栈	栈空	4	求得 Factorial(4)=24

调用 Factorial(4) 时，先把返回地址 add$_0$ 以及参数 4 进栈，然后执行语句 1、3、4，遇到其中的 Factorial(4-1)，中断当前执行的程序，转去调用 Factorial(3)，记录其返回地址 add$_1$；调用 Factorial(3) 时，先把返回地址 add$_1$ 以及参数 3 进栈，然后执行语句 1、3、4，遇到其中的 Factorial(3-1)，中断当前执行的程序，转去调用 Factorial(2)，记录其返回地址 add$_2$……一直到调用 Factorial(0)，把返回地址 add$_4$ 以及参数 0 进栈，然后执行 Factorial(0)，执行语句 1、2，返回 1 并出栈栈顶元素；执行 Factorial(1)，执行语句 4，返回 1 并出栈栈顶元素……一直到执行 Factorial(4)，此时栈空，返回 24，并转向 main() 函数的 add$_0$ 继续执行。

5.3 递归算法设计

【问题导入】 递归是计算机科学中的一个重要概念，它不仅在算法设计中非常有用，而且在处理复杂问题时的思维方式也非常有价值。那么，如何判断一个问题是否可以用递归方法求解呢？如何进行递归算法设计呢？

递归算法设计体现了计算机思维和人类思维的不同，人类习惯于用正向递推思维，而递归却是一种逆向递推。例如，计算5的阶乘，惯用的递推思维是1×2×3×4×5，而递归算法的计算方式正好相反，它会把5!拆分成5×4!，再把4!拆分成4×3!……直到1!=1（达到终止条件），接下来再倒推计算出所有结果。总结来说，递归的过程是"自顶向下设计，自下而上回归"，因为这样算法逻辑简单，递归过程的每一步用的都是同一个算法，计算机要做的就是自顶向下不断重复。设计递归算法要学会用计算机思维分析、求解问题。

5.3.1 递归算法的设计步骤

递归算法设计的基本步骤是先确定求解问题递归模型，再转换为对应的C/C++语言函数。

1. 如何判断一个问题是否可以用递归方法求解

递归算法具有如下的特点。

1）**可分解**：一个"大问题"的解可以分解为几个"小问题"的解。
2）**自重复**："大问题"与分解的"小问题"，除了数据规模不同，求解方法相同。
3）**有出口**：存在递归终止条件。

要确定一个问题是否可以用递归方法求解，首先要判断是否可以将问题进行"大问题"转化成一个或几个与"大问题"相似的"小问题"，而"小问题"又可以继续转换成更小的相似的"小问题"，直至某个粒度的"小问题"有对应的值（即递归出口）停止逐步分解。若可以分解，就代表可以使用递归思路求解此"大问题"。

2. 递归算法设计的步骤

递归模型反映递归问题的"本质"，所以分析递归模型是递归算法设计的关键。获取求解问题递归模型、进行递归算法设计的步骤如下。

1）找到将"大问题"分解为"小问题"的规律：对原问题（即"大问题"）$f(s_n)$ 进行分析，找出相似的合理的"小问题"$f(s_{n-1})$。

2）基于规律确定递推关系：假设"小问题"$f(s_{n-1})$是可解的，在此基础上确定"大问题"$f(s_n)$ 的解，即给出$f(s_n)$与$f(s_{n-1})$之间的关系，也就是确定递归体（与数学归纳法中假设$i=n-1$时等式成立，再求证$i=n$时等式成立的过程相似）。

3）确定终止条件：确定一个特定情况的解（即有解的"小问题"），如$f(1)$或$f(0)$，以此作为递归出口。

4）根据递归模型，将递推关系式和终止条件翻译成代码，设计出求解原问题的递归算法。

【例5-6】 设计递归算法，求顺序表 $(a_1,a_2,\cdots,a_n)$ 中的最大元素。

解：将顺序表分解成 $(a_1,a_2,\cdots,a_m)$ 和 $(a_{m+1},\cdots,a_n)$ 两个子表，若 a_i 和 a_j 分别是两个子表中的最大元素，比较 a_i 和 a_j 的大小，就可以求得整个顺序表的最大元素。求解子表中最大元素的方法与总表相同，即再将它们分成两个更小的子表……如此不断分解，直到表中只有一个元素为止，该元素便是该表的最大元素。因此得到以下递归模型：

$$f(L,i,j) = \begin{cases} a_i & i = j(\text{表中只有一个元素}) \\ \max(f(L,i,m), f(L,m+1,j)) & \text{其他情况} \end{cases} \tag{5-6}$$

对应的递归算法见算法 5.5。

算法 5.5　求顺序表最大元素的递归算法

```
ElemType MaxElem(SqList *L,int i,int j)
{   int m;
    ElemType max,max1,max2;
    if(i == j)
          max = L -> data[i];
    else
    {   m = (i + j)/2;
        max1 = MaxElem(L,i,m);
        max2 = MaxElem(L,m + 1,j);
        max = (max1 > max2)? Max1:max2;
    }
    return max;
}
```

5.3.2　递归算法的实现形式

从前面的介绍可以看出，递归模型由两部分组成：**递归出口**和**递归体**，如果满足递归出口条件，则直接返回结构，否则执行递归体。因此，递归函数的基本结构就非常清晰了，它通常是一个 if‑else 结构，即：

　　if(…)
　　　　{递归出口}
　　else
　　　　{递归体}

因此，递归算法的一般的实现形式为：

```
void p(参数表)
{   if (递归结束条件)
        可直接求解步骤;    // 递归出口
    else p(更接近结束条件的参数);   // 递归体
}
```

[视频 5-7　递归实现形式]

前面介绍过的阶乘函数、斐波那契函数、单链表遍历函数、汉诺塔问题的递归函数都具有这种结构，以后还会遇到许多递归函数也都具有这种结构。

5.4　递归算法的性能分析

【问题导入】　递归算法的分析与非递归算法的分析有何不同？如何分析递归算法的时间复杂度和空间复杂度？

第 1 章主要介绍了非递归算法的性能分析。本节介绍递归算法的性能分析。

5.4.1　递归算法的时间复杂度分析

给出一个递归算法，设其时间复杂度为 $T(n)$，则 $T(n)$ 通常是递归调用的次数（记作

R)和算法基本运算的时间复杂度(表示为 $O(t)$)的乘积,即 $T(n) = R \times O(t)$。

【例5-7】 下面程序段为求 $n!$ 的递归算法:

```
int Factorial(int n)
{   int s;
    if(n==0)  s=1;
        s = n * factorial(n-1);
    return s;
}
```

调用上述程序的语句为 Factorial(n),求其时间复杂度。

解:在求阶乘问题中,解决问题的递推关系可以表示为 Factorial(n) = n × Factorial($n-1$),该函数被递归调用了 n 次,在每次递归结束时,只需要进行求值计算,因此该特定操作(算法基本运算)的时间复杂度是恒定的,即 $O(1)$。因此,递归函数 Factorial(n) 的时间复杂度为 $T(n) = n \times O(1) = O(n)$。

然而,在分析递归算法的时间复杂度时,递归调用的次数不一定和 n 呈线性关系,比如斐波那契数列的计算(见例5-2),其递推关系为:Fib(n) = Fib($n-1$) + Fib($n-2$),很难直接看出执行斐波那契函数 Fib(n) 期间递归调用的次数。因此,递归算法的时间效率通常利用递推关系式进行分析,分析的策略是先根据递归过程,建立算法运行时间 $T(n)$ 的递推关系式,然后求解这个递推关系式,得到算法的时间复杂度。

1. 建立算法运行时间递推关系式

假设大小为 n 的原问题被分成若干个大小为 n/b 的子问题,其中有 a 个子问题需要求解。为方便起见,设分解阈值 $n_0 = 1$(递归出口),且规模为 1 的问题求解耗时为常量 c,cn^k 是合并各个子问题的解需要的计算时间。如果用 $T(n)$ 表示问题规模为 n 的递归算法所需的计算时间,则递归算法一般有如下通用的分治递推式:

$$T(n) = \begin{cases} c & n = 1 \\ aT(n/b) + cn^k & n > 1 \end{cases} \tag{5-7}$$

式中,a、b、c、k 都是常数。

【例5-8】 请根据例5-4中求解汉诺塔问题的递归过程,分析算法运行时间的递推关系式。

解:设 Hanoi(n, x, y, z) 的执行时间为 $T(n)$,根据其递归过程,可以得到如下递推关系式:

$$T(n) = \begin{cases} 1 & n = 0 \\ 2T(n-1) + 1 & n > 0 \end{cases} \tag{5-8}$$

2. 求解递推关系式

求解递推关系式的方法有展开法和主定理法。

1)**展开法**:用展开递归式的方法求解。

【例5-9】 对于汉诺塔问题,请分析 Hanoi(n,x,y,z) 算法的时间复杂度。

解:根据例5-8中得到汉诺塔求解算法运行时间的递推式 $T(n)$,将 n 代入,逐步展开、反复代入求解,可以得到:

$$\begin{aligned} T(n) &= 2T(n-1) + 1 = 2(2T(n-2) + 1) + 1 \\ &= 2^2 T(n-2) + 2 + 1 = 2^3(2T(n-3) + 1) + 2 + 1 \\ &= 2^3 T(n-3) + 2^2 + 2 + 1 \\ &= \cdots \end{aligned}$$

$$= 2^{n-1}T(1) + 2^{n-2} + \cdots + \cdots 2^2 + 2 + 1$$
$$= 2^n - 1 = O(2^n)$$

因此，Hanoi(n,x,y,z)算法的时间复杂度为$O(2^n)$。

2）**主定理法**：对于式（5-7）所示的递归算法递推式，也可使用如下主定理法直接求解。

$$T(n) = \begin{cases} O(n^{\log_b a}) & a > b^k \\ O(n^k \log_b n) & a = b^k \\ O(n^k) & a < b^k \end{cases} \tag{5-9}$$

【例 5-10】 设某算法运行时间的递推关系式如下，请分析该算法的时间复杂度。

$$T(n) = \begin{cases} 1 & n = 2 \\ 2T(n/2) + n & n > 2 \end{cases}$$

解：由该递推关系式可得$a=2$，$b=2$，$c=1$，$k=1$，即满足$a=b^k$，根据主定理法，可以得到$T(n)=O(n\log_2 n)$。

5.4.2 递归算法的空间复杂度分析

在计算递归算法的空间复杂度时，主要考虑用于跟踪递归函数调用的栈的内存开销。前面介绍过，为了完成函数调用，系统应该在栈中分配一些空间来保存函数调用的返回地址、调用的参数、局部变量等信息。对于递归算法，函数将连续调用直到到达递归出口，所以递归算法的总的空间开销等于每次递归的空间开销乘以递归调用的次数（即递归深度）。

【例 5-11】 对于例 5-7 中的阶乘算法，请分析调用 Factorial(n) 的空间复杂度。

解：设 Factorial(n) 执行过程中占用的临时空间时间为$S(n)$，显然$n=0$时，只占用了一个临时单元，即$S(0)=O(1)$，则由 Factorial(n) 可以得到以下占用临时空间的递归式。

$$S(n) = \begin{cases} 1 & n = 0 \\ S(n-1) + 1 & n > 0 \end{cases} \tag{5-10}$$

用展开法求解：
$$S(n) = S(n-1) + 1$$
$$= (S(n-2) + 1) + 1 = S(n-2) + 2$$
$$= (S(n-3) + 1) + 2 = S(n-3) + 3$$
$$= \cdots$$
$$= (S(n-n) + 1) + (n-1)$$
$$= S(0) + n$$

所以，调用 Factorial(n) 的空间复杂度为$O(n)$。

5.5 应用举例

【**问题导入**】 递归是按照"先分解再求解"的策略来解决"大"问题的。在实际应用中，运用递归思想可以解决哪些问题？

现实中经常会遇到这样的问题：为了解决它，可以把它分解为两个或多个子问题，而解决每个子问题的方法与解决这个问题的方法相同，即把每个子问题再进一步分解为两个或多个更小的子问题来加以解决，从而降低解决问题的规模，只要解决了这些子问题，原问题就迎刃而解了。

把这种解决问题的"先分解再求解"的策略称为"分而治之"（Divide and Conquer）的策略，简称"分治法"。一个问题如果能用"分治法"解决，就可以用递归算法实现。"分治法"和递归思想具有内在的一致性。前面讨论的阶乘、斐波那契数列、单链表的遍历、汉诺塔等问题的求解过程，都蕴含着分而治之或先分解再求解的思想，因此都能用递归方法解决。递归的应用很广，在统计文件夹大小、解析 xml 文件、Google 的 PageRank 算法中，都能看到递归算法的应用。本节通过对杨辉三角问题和迷宫问题的求解，说明递归算法的应用。

5.5.1 杨辉三角问题

1261 年杨辉所著的《详解九章算法》一书中提到杨辉三角，它是二项式系数在三角形中的一种几何排列，其中蕴含着许多数论组合中的结论与优美图案，它是中国数学史上的一个伟大成就。

杨辉三角具有如下基本性质：

① 第 m 行第 n 个数可表示为 c_{m-1}^{n-1}。

② 每个数字等于上一行的左右两个数字之和。即第 $m+1$ 行的第 i 个数等于第 m 行的第 $i-1$ 个数和第 i 个数之和，$c_{m+1}^{i} = c_{m}^{i} + c_{m}^{i-1}$。

③ $(a+b)^n$ 的展开式中的各项系数依次对应杨辉三角的第 $n+1$ 行中的每一项，例如，$(a+b)^2 = a^2 + 2ab + b^2$，$(a+b)^3 = a^3 + 3a^2b + 3ab^2 + b^3$。

1. 问题描述

从键盘输入一个非负整数 rows，请设计计算法生成并输出杨辉三角的前 rows 行。例如，图 5-7 是杨辉三角的前 7 行。

```
         1
        1 1
       1 2 1
      1 3 3 1
     1 4 6 4 1
    1 5 10 10 5 1
   1 6 15 20 15 6 1
```

图 5-7　杨辉三角

2. 问题分析

如果用 m 表示行，用 n 表示列，从杨辉三角的性质可知，它的第 1 行（$m=1$）、第 1 列（$n=1$）和对角线（$m=n$）元素都是 1，其余元素是上一行相邻两个元素的和，由此可以得出问题的递归模型为：

$$\begin{cases} \text{Yang}(m,n) = 1 & \text{当 } m=1 \text{ 或 } n=1 \text{ 或 } m=n \text{ 时} \\ \text{Yang}(m,n) = \text{Yang}(m-1,n) + \text{Yang}(m-1,n-1) & \text{其余情况} \end{cases}$$

(5-11)

3. 算法实现

算法 5.6 是生成杨辉三角的递归函数 Yang(m,n) 的实现算法和对应的示例代码。

算法 5.6　生成杨辉三角的算法

```c
int Yang(int m, int n)
{   //生成杨辉三角的递归函数，m 表示行，n 表示列，都是从 1 开始
    if(m==1) return 1;
    if(n==1) return 1;
    if(m==n) return 1;        //设置三个递归出口
    else return Yang(m-1, n) + Yang(m-1, n-1);    //递归体
}

int main()
{   int rows,i,j;
    printf("请输入要打印的杨辉三角行数:\n");
    scanf("%d",&rows);
    for(i=1;i<=rows;i++)
```

```
    for(j = 1;j <= i;j ++)
          printf("%5d",Yang(i,j));
      printf("\n");
    }
    return 1;
}
```

5.5.2 迷宫问题

1. 问题描述

这是实验心理学中的一个经典问题，心理学家把一只老鼠从一个无顶盖的大盒子的入口处赶进迷宫。迷宫中设置很多墙壁，对前进方向形成了多处障碍，心理学家在迷宫的唯一出口处放置了一块奶酪，吸引老鼠在迷宫中寻找通路以到达出口。要求对于给定的 $m×n$ 的迷宫，利用递归算法求解迷宫问题，并输出从入口到出口的所有迷宫路径。

2. 存储结构

迷宫可用二维数组表示。设迷宫为 m 行 n 列，设置一个 $m×n$ 阶的数组 maze 来表示一个迷宫，$maze[i][j] = 0$ 或 1，其中 0 表示通路，1 表示对应位置有障碍物（走不通）。当从某点向下试探时，有东、南、西、北 4 个方向可以试探。为使问题简单化，用 $(m+2)×(n+2)$ 阶的数组 maze 来表示迷宫，而迷宫的四周的值全部为 1。这样每个点的试探方向全部为 4，不用再判断当前点的试探方向有几个，同时与迷宫周围是墙壁这一实际问题相一致。图 5-8 所示为用 $(m+2)×(n+2)$ 阶数组表示的迷宫。入口坐标为 $(1,1)$，出口坐标为 $(6,8)$。

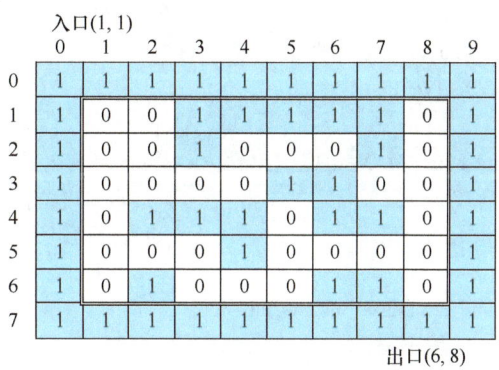

图 5-8 用 $(m+2)×(n+2)$ 阶的数组 maze 表示的迷宫

迷宫坐标位置的数据类型可定义为 PosType：

```
typedef struct PosType {
    int x;      //行坐标
    int y;      //列坐标
}
```

3. 算法设计

（1）算法思路　设老鼠所在位置为当前位置（初始时这个位置是迷宫入口），要求从当前位置到迷宫出口的路径（"大问题"），如果当前位置是出口，则问题得解，输出从入口到出口的路径。如果当前位置不是出口，按某一方向向前探索，若不能走通，试探下一方向；若能走通（未走过的），即某处可以到达，则到达新点并记下所走方位，继续向前探索从新的点到迷宫出口的路径（"小问题"）；若当前位置的四个方向均没有可行的通路，则沿原路返回到前一点（称为回溯），换下一个方向再继续试探，直到所有可能的通路都探索到，或者找到一条通路，或者无路可走又返回到入口。

从当前位置开始探索路径的操作是相同的，其递归算法的基本形式为：

if （当前位置是否是出口）
　　　　输出从入口到出口的路径　　//递归出口
　　else
　　　　逐个检查当前位置的四邻是否可以通达出口　//递归体

（2）算法实现　算法5.7是求解迷宫问题的程序示例，其中递归函数Try()用于探测可能的路径。

算法5.7　求解迷宫问题的算法

```c
#include <stdio.h>
#define MAX_ROW 100
#define MAX_COL 100
#define PATHWAY 0        // 可通行的路径
#define WALL 1           // 墙壁

typedef struct
{   int x;   // 行坐标
    int y;   // 列坐标
} PosType;

int Maze[MAX_ROW][MAX_COL];   // 存储迷宫的数组
PosType end;                  // 迷宫出口位置
int row,col;                  // 迷宫行数,列数(包括外墙)

void PrintMaze(int row,int col)
{ // 输出解
    int i,j;
    for(i=0;i<row;i++)
    {   for(j=0;j<col;j++)
            printf("%3d",Maze[i][j]);
        printf("\n");
    }
    printf("\n");
}

void Try(PosType cur,int curstep)
{ // 由当前位置cur、当前步骤curstep试探下一点
    PosType next;   // 下一个位置
        // {行增量,列增量}  移动方向依次为东南西北
    PosType direc[4]={{0,1},{1,0},{0,-1},{-1,0}};
    next = cur;
    Maze[next.x][next.y] = ++curstep;
    if(next.x == end.x && next.y == end.y)// 已到终点
    {   printf("迷宫通路如下:\n");
        PrintMaze(row,col);   // 输出结果
    }
    else   // 试探下一点(递归调用)
```

```
        for(int i = 0; i <= 3; i ++)
        {   // 依次试探东南西北四个方向
            next.x = cur.x + direc[i].x;
            next.y = cur.y + direc[i].y;
            if(Maze[next.x][next.y] == PATHWAY)// 是通路
            {   Try(next,curstep);      // 试探下一点(递归调用)
                Maze[next.x][next.y] = PATHWAY; // 回溯时恢复为通路
            }
        }

    }
}


int main()
{   PosType cur;
    printf("请输入迷宫的行数和列数:");
    scanf("%d%d",&row,&col);
    printf("请输入迷宫的布局(0 为通路,1 为墙壁):\n");
    for(int i = 0;i < row;i ++)// 初始化迷宫
        for(int j = 0;j < col;j ++)
            scanf("%d",&Maze[i][j]);
    printf("请输入迷宫的入口坐标:");
    scanf("%d%d",&cur.x,&cur.y);
    printf("请输入迷宫的出口坐标:");
    scanf("%d%d",&end.x,&end.y);
        // 确保入口和出口是开放的
    Maze[cur.x][cur.y] = PATHWAY;
    Maze[end.x][end.y] = PATHWAY;
    printf("迷宫的布局为(0 为通路,1 为墙壁):\n");
    PrintMaze(row, col);
    Try(cur,0);  // 从入口开始尝试求解迷宫
    return 1;
}
```

该算法可以将所有可能的路径全部显示出来。例如，对图 5-9 所示的迷宫结构，设入口为 (1, 1)，出口为 (3, 3)。

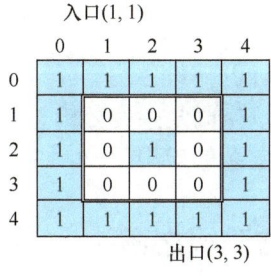

图 5-9　迷宫结构图

【运行结果】

请输入迷宫的行数和列数：5 5
请输入迷宫的布局（0 为通路，1 为墙壁）：
1 1 1 1 1
1 0 0 0 1
1 0 1 0 1
1 0 0 0 1
1 1 1 1 1
请输入迷宫的入口坐标：1 1
请输入迷宫的出口坐标：3 3
迷宫的布局为（0 为通路，1 为墙壁）：
 1 1 1 1 1
 1 0 0 0 1
 1 0 1 0 1
 1 0 0 0 1
 1 1 1 1 1
迷宫通路如下：
 1 1 1 1 1
 1 1 2 3 1
 1 0 1 4 1
 1 0 0 5 1
 1 1 1 1 1
迷宫通路如下：
 1 1 1 1 1
 1 1 0 0 1
 1 2 1 0 1
 1 3 4 5 1
 1 1 1 1 1

本章小结

递归是一种非常重要的算法思想，它把规模大的问题转化为规模小的相似的子问题来解决。运用递归算法，能有效地解决一些较复杂的问题。本章重点介绍了递归的定义、递归模型、递归调用与实现，递归算法设计以及递归算法的性能分析。

本章主要学习要点如下。

1）理解递归的定义和递归模型。
2）理解递归调用的执行过程。
3）掌握分治策略与递归算法设计的一般方法。
4）了解递归算法的时间复杂度、空间复杂度分析。
5）能运用递归算法解决一些较复杂的应用问题。

思想园地——递归中的归纳与演绎之道

在计算机科学的世界里，递归算法以其独特的魅力吸引着无数探索者。它像是一种魔法，将复杂的问题层层拆解，化繁为简，最终找到问题的解。递归的魅力不仅在于其简洁而优雅的算法结构，更在于其背后蕴含的归纳与演绎之道。

归纳与演绎是逻辑推理的两种基本方式。归纳推理（Inductive Reasoning）是从个别到一般的过程，通过观察个别现象或特定实例，发现其中的规律和共性，总结出一般规律。演绎推理（Deductive Reasoning）则是从一般到个别的过程，根据已知的一般规律或原理，推导出特殊情况下的结论。简单地说，归纳法是从观察事实到总结理论，演绎法是从理论到对事实的判断。我们平常说要"积累经验"，这是归纳法；使用事实验证理论的假设，也是归纳法；平常说的"讲理"，本质上是演绎法。我们学习科学知识、掌握各种理论，都是为了要用演绎法。

递归的基本思想是将大问题分解为小问题，并利用小问题的求解结果归纳出原问题的结果。这种思想体现了归纳与演绎的完美结合。

在递归算法中，"基本情况"是递归算法的终止条件，它定义了最简单的问题实例如何解决。基本情况是归纳推理的基础，因为它提供了一个或多个特定实例的解决方案。然后，假设对于规模较小的问题，递归调用能够正确地解决问题。这个假设是归纳推理的关键，通过观察和总结规律，可以利用这个假设归纳出更大问题的解决方案。例如，在计算斐波那契数列时，假设知道如何计算前两个数的斐波那契数，就可以使用这个信息来计算第三个数，以此类推。

在递归算法中，递归的递推关系定义了如何将大问题分解为小问题，这是演绎推理的应用，因为它从一般性的递归定义出发，推导出特定情况下的解决方案。递归调用是基于递推关系的，每次递归调用都是演绎推理的一个步骤，因为它应用了递推关系来解决问题，推导出特定情况下的解。

归纳与演绎的完美结合使递归算法具有逻辑上的严密性，以及简洁而优雅的美感。然而，递归之美不仅仅是一种算法之美，更是一种思维之美。它教会我们如何运用归纳与演绎的方法去分析和解决问题，如何化繁为简，如何由特殊到一般再由一般到特殊。这种思维方式不仅对于计算机科学的学习有着重要的意义，对于我们的人生发展也有着深远的影响。它告诉我们，面对复杂的问题和困难时，要保持冷静和理智，运用归纳与演绎的方法去分析和解决问题。同时，我们也要学会从特殊到一般再由一般到特殊的思考方式，不断提升自己的思维能力和解决问题的能力。

思考题

1. 你在生活中都听过哪些"递归"的事情？
2. 单链表是一种递归结构，为什么单链表的遍历算法一般不用递归算法，而用循环操作实现？
3. 递归函数是什么结构的程序？
4. 递归函数调用是如何执行的？
5. 递归算法设计的关键是什么？
6. 如何分析递归算法的时间复杂度？

练习题

1. 请根据以下定义，编写递归函数 gcd(n, m)，返回两个正整数 n 和 m 的最大公因数。

$$\gcd(n,m) = \begin{cases} m & m \leq n \text{ 且 } n\%m = 0 \\ \gcd(m,n) & n < m \\ \gcd(m,n\%m) & \text{其他} \end{cases}$$

2. 已知 akm 函数定义如下：

$$\operatorname{akm}(m,n) = \begin{cases} n+1 & \text{当 } m=0 \text{ 时} \\ \operatorname{akm}(m-1,1) & \text{当 } m\neq 0, n=0 \text{ 时} \\ \operatorname{akm}(m-1,\operatorname{akm}(m,n-1)) & \text{当 } m\neq 0, n\neq 0 \text{ 时} \end{cases}$$

试写出计算 akm 函数值的递归算法。

上机实验题

1. 运用递归算法实现数组基本运算

目的：掌握递归算法设计方法。

内容：

1) 问题描述：已知 A 为 n 阶整数数组，请设计递归算法实现下列运算：

① 求数组 A 中的最大整数；

② 求 n 个整数的和；

③ 求 n 个整数的平均值。

2) 要求：数组 A 的值从键盘输入，输入数组后分别完成上述三个计算，并输出计算结果。

3) 分析算法的时间复杂度和空间复杂度。

2. 反转字符串

目的：掌握递归算法设计方法。

内容：

1) 问题描述：设计一个递归算法函数，将输入的字符串反转过来并输出。例如，如果输入为"hello"，则输出为"olleh"。

2) 要求：输入的字符串用字符数组 char 存储，数组中的所有字符都是 ASCII 码表中的可打印字符。字符串反转过程中不要分配另外的数组空间，必须原地修改输入数组。

3) 分析算法的时间复杂度和空间复杂度。

3. 皇后问题

目的：深入掌握递归算法设计方法。

内容：

1) 问题描述：在 n×n 的方格棋盘上放置 n 个皇后，初始状态下国际象棋棋盘上没有任何棋子（皇后）。但在任意时刻，棋盘的合法布局都必须满足三个限制条件，即任何两个棋子不得放在棋盘上的同一行、同一列、或者同一斜线上（左右对角线）。请设计一个递归算法，求解并输出此问题的合法布局。

2) 要求：皇后个数 n 由用户输入，其值不超过 10。

3) 分析算法的时间复杂度和空间复杂度。

第6章

树与二叉树

前面讨论的数据结构都属于线性结构。线性结构的特点是逻辑结构简单,易于进行查找、插入和删除等操作,主要用于描述客观世界中具有单一的前驱和后继关系的数据,而现实生活中的许多事物的关系并非这样简单,如人类社会的族谱、各种社会组织机构以及城市交通、通信等,这些事物中的联系都是非线性的,采用非线性结构进行描述会更明确和便利。

树结构是一种重要的非线性结构,比较适合描述具有层次关系的数据,如一个省包含若干市,每个市管辖若干个县、区等都是层次关系。树结构在计算机领域中有着广泛的应用,例如,在编译程序中用语法树来表示源程序的语法结构;在数据库系统中用树来组织信息;分析算法行为时用树来描述其执行过程等。本章主要讨论树和二叉树结构的基本概念和相关算法的设计。

【学习重点】

① 树的存储表示与遍历;
② 二叉树的性质与存储表示;
③ 二叉树的遍历及算法实现;
④ 树与二叉树之间的转换;
⑤ 哈夫曼树的定义、构造方法及其应用。

【学习难点】

① 二叉树的遍历算法的递归与非递归实现;
② 基于二叉树的遍历实现二叉树的其他操作;
③ 线索二叉树;
④ 哈夫曼树的构造算法。

6.1 树的逻辑结构

【问题导入】 在计算机的文件系统中,一个文件夹内可能包含多个子文件夹和文件。在实现文件系统时,如何将文件和文件夹组织在一起?应该如何表示文件夹和文件(夹)的这种包含关系?这种结构有什么特点?

在文件系统中,不同文件和文件夹之间的关系通常以树形结构组织。树形结构一种重要的非线性结构,用于模拟具有层次关系的数据集合。在树形结构中,常常将数据元素(如文件夹和文件)称为**结点**(Node),结点之间有一对多的层次关系。它提供了一种有效的方式来组织和访问具有层次关系的数据,广泛应用于各种领域,如文件系统、家谱、组织结构、数学表达式等，如图 6-1 所示。

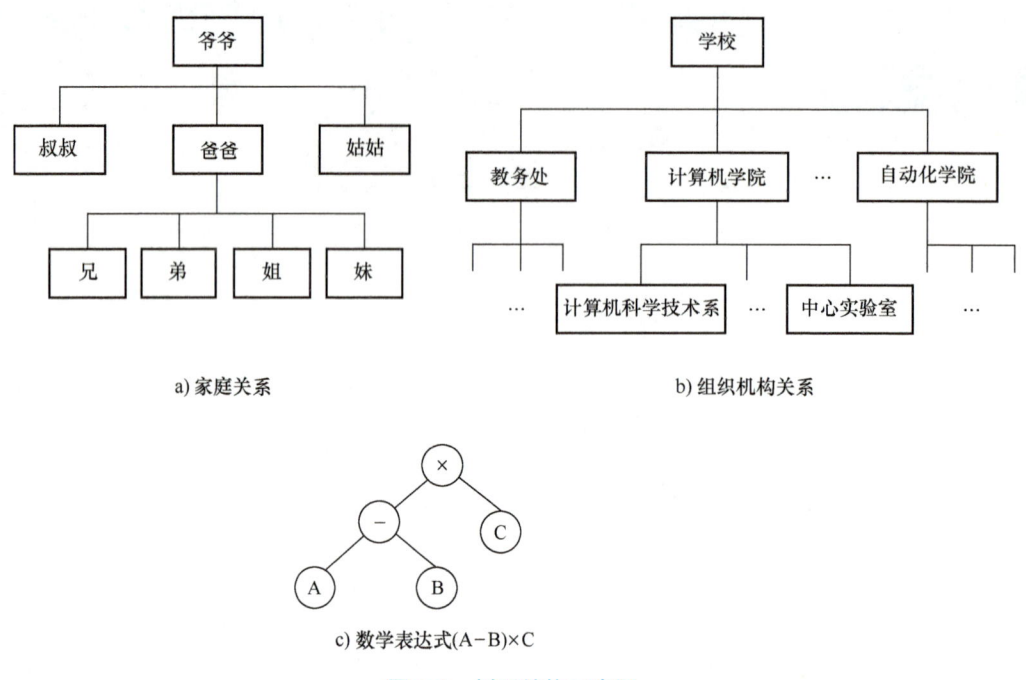

图 6-1　树形结构示意图

6.1.1　树的定义和基本术语

1. 树的定义

树（Tree）是 n（$n \geq 0$）个结点的有限集合（记为 T）。当 $n = 0$ 时，称为空树；当 $n > 0$ 时，这 n 个结点中有且仅有一个特定的称为根（Root）的结点；当 $n > 1$ 时，除根以外的其余结点可分为 m（$m > 0$）个互不相交的有限集合 $T_1, T_2, \cdots, T_m$，其中每一个集合又是一棵树，并称为根结点的子树（Subtree）。图 6-2 给出了一些树的示例。

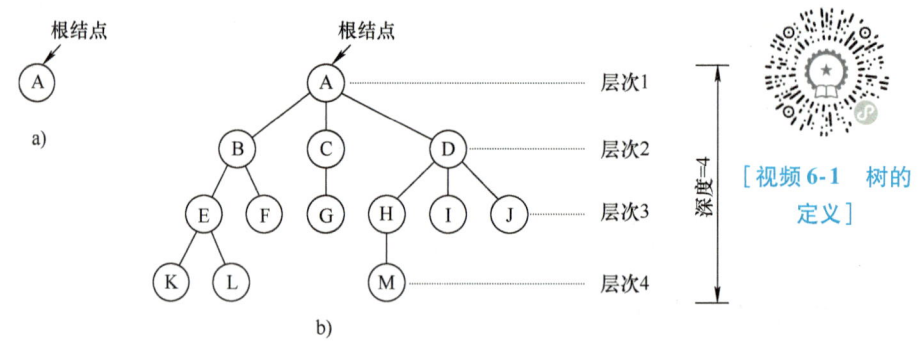

图 6-2　树的示例

图 6-2a 表示了只有一个数据元素的树，树中只有一个没有子树的根结点 A。图 6-2b 是一棵具有 n 个结点的树，其中结点 A 为根，其余结点被分为 3 个互不相交的有限集合，即 $T_1 = (B, E, F, K, L)$，$T_2 = (C, G)$ 和 $T_3 = (D, H, I, J, M)$。这 3 个有限集合构成了结点 A 的 3 棵子树，即 T_1、T_2、T_3 都是树，第 1 棵子树的根结点是 B，第 2 棵子树的根结点是 C，第 3 棵子树的根结点是 D，根结点为 B 的树又包含 2 棵子树，以此类推，直到每棵子树只有一个根结点

为止。由此可见，树的定义是递归的。

2. 树的基本术语

以下是关于树的一些基本术语。

1）结点：结点表示树中的元素，包括数据项及若干指向其子树的分支。

2）结点的度、树的度：结点所拥有的子树的个数称为该结点的度（Degree）。例如，图 6-2b 中 A 的度为 3，B 结点的度为 2，G 结点的度为 0。树中各结点的度中的最大值称为该树的度（Degree of Tree），例如，图 6-2b 中树的度为 3。度为 k 的树也称为 k 叉树。

3）叶结点、分支结点：度为 0 的结点称为叶子结点（Leaf Node），也称为终端结点。度不为 0 的结点称为分支结点（Branch Node），也称为非终端结点。图 6-2b 中，K、L、F、G、M、I、J 是叶结点，其余结点都是分支结点。

4）孩子结点、双亲结点、兄弟结点：树中某结点的子树的根结点称为该结点的孩子结点（Children Node）。相应地，该结点称为它的孩子结点的双亲结点（Parent Node）。具有同一个双亲的孩子结点互称为兄弟（Sibling）。例如，图 6-2b 中，H、I、J 结点是 D 结点的孩子，D 是它们的双亲，H、I、J 结点互为兄弟。

5）路径、路径长度。对于树中的任意两个结点 n_1 和 n_k，若树中存在一个结点序列 n_1，$n_2,\cdots,n_k$ 满足如下关系：结点 n_i 是 n_{i+1} 的双亲结点（$1 \leq i < k$），则把 $n_1,n_2,\cdots,n_k$ 称为一条由 n_1 至 n_k 的路径（Path）。路径上经过的结点数目减 1（即路径上经过的分支数）称为路径长度（Path Length）。例如，图 6-2b 中，A、D、H、M 是一条从 A 到 M 的路径，这条路径的长度为 3。

6）祖先、子孙：在树中，把从根结点到达某个结点的路径上经过的所有结点称为该结点的祖先结点（Ancestor）；把每个结点的子树中的所有结点都称为该结点的子孙结点（Descendant）。例如，图 6-2b 中，结点为 A、B 和 E 都是结点 K 的祖先，结点 D 的子孙结点有 H、I、J 和 M。

7）结点的层次、树的深度（高度）：树中的每个结点都处在一定层次上。结点的层次（Level）从树根开始，规定树的根结点的层数为 1，其余结点的层数等于它的双亲结点的层数加 1，即若某结点在第 k 层，则其孩子结点在第 $k+1$ 层。树中所有结点的最大层数称为树的深度（Depth），也称为树的高度。图 6-2b 中，结点 E 的层数为 3，树的深度为 4。

8）有序树、无序树：如果一棵树中结点的各个子树从左到右是有次序的，即若交换了某结点各子树的相对位置，则构成不同的树，称这棵树为有序树（Ordered Tree）；反之，则称为无序树（Unordered Tree）。

9）森林：$m(m \geq 0)$ 棵互不相交的树的集合称为森林（Forest）。任何一棵树，删去根结点就变成了森林。对树的每个结点而言，其子树的集合就是森林。

6.1.2 树的抽象数据类型描述

树结构常用于表示具有层次关系的数据，其抽象数据类型定义为：

ADT Tree {

  数据对象：$D = \{ a_i \mid a_i \in \text{ElemType}, 1 \leq i \leq n, n \geq 0 \}$

  数据关系：$R = \{ <a_i, a_j> \mid a_i, a_j \in D, 1 \leq i, j \leq n$，其中有且仅有一个结点没有前驱，其余每个结点只有一个前驱结点，但可以有零个或多个后继结点$\}$

  基本操作：

  InitTree(&t)：初始化树，构造一棵空树。

  DestroyTree(&t)：销毁树，释放树 t 占用的存储空间。

TreeHeight(t)：求树 t 的高度。
　　PreOrder(t)：前序遍历树 t。
　　PostOrder(t)：后序遍历树 t。
　　LeverOrder(t)：层序遍历树 t。
　　……
}

> **说明：**
> 　　由于树属于非线性结构，结点之间的关系比线性结构复杂一些，所以树的运算比前面讨论过的各种线性结构的运算要复杂。树的应用很广泛，不同应用中的基本运算不完全相同，常见的运算主要包括如下几类：
> 　　1）基本操作：如遍历树中所有结点、创建树、求树的高度、求树的宽度等操作。
> 　　2）查找操作：寻找满足特定条件的结点，如找当前结点的双亲结点或孩子结点。
> 　　3）插入、删除操作：在指定位置插入结点或删除指定结点；
> 　　简单起见，上述定义中基本操作只包含了创建树、销毁树、求树的高度和树的遍历，而不是它的全部运算，在实际应用中，针对具体应用需要重新定义其基本操作。

6.1.3　树的逻辑表示方法

　　树的逻辑表示方法有多种，不管采用哪种表示方法，都应该能够正确地表示出树中结点之间的层次关系。下面介绍几种常见的树的表示方法。

1. 树形表示法（Tree Representation）

　　这是树的最基本的表示方法。树中用圆圈表示一个结点，圆圈内符号代表结点的数据信息，结点之间的关系通过连线表示。它的直观形象是一棵倒悬的树（树根在上、树叶在下），如图 6-3 所示。本书采用树形表示法表示树。

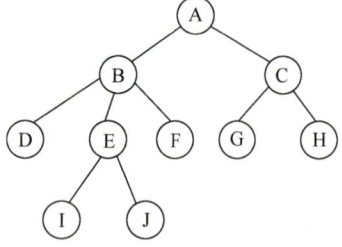

图 6-3　树形表示法

> **说明：**
> 　　在树形表示法中，虽然每条连线上都不带箭头（即方向），但实际上树中结点之间的关系是一种有向关系，其方向隐含着从上向下，即连线的上方结点是下方结点的前驱结点，下方结点是上方结点的后继结点。例如，图 6-3 中，结点 A、B 之间的连线表示序偶 <A,B>，即 A 到 B 有方向。

2. 文氏图表示法（Venn Diagram Representation）

　　文氏图是一种嵌套的集合关系图。每棵树对应一个集合（圆圈），圆圈内包含根结点和子树集合（圆圈），同一个根结点下的各个子树对应的集合不能相交。在用这种方法表示的树中，结点之间的关系是通过集合（圆圈）的包含来表示的。图 6-3 中的树对应的文氏图表示法如图 6-4 所示。

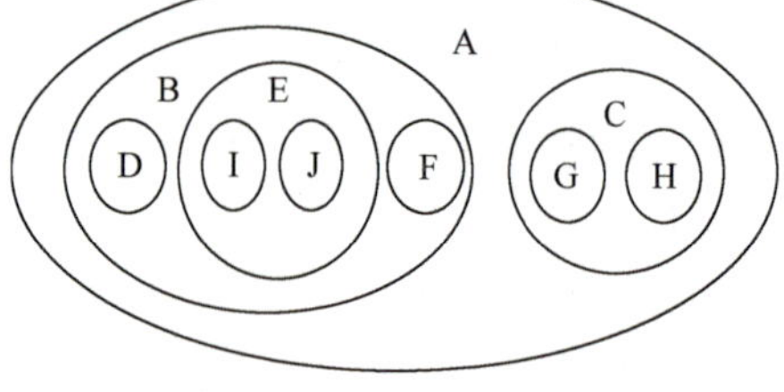

图 6-4　文氏图表示法

3. 凹入表示法（Concave Representation）

　　凹入表示法中，每棵树的根结点对应一个条形，其子树的根对应一个较短的条形，且树根在上，子树的根在下，同一个根的各个子树的根对应的条形长度一样。图 6-3 中的树对应的凹入表示法如图 6-5 所示。

4. 括号表示法（Bracket Representation）

括号表示法是广义表的一种表示方法。每棵树的表示形如"根（子树 1，子树 2……子树 m）"，将根写在括号左边，将其子树构成的森林写在括号内，各子树之间用逗号分开，每棵子树的表示方式与整棵树类似。在用这种方法表示的树中，结点之间的关系是通过括号的嵌套表示的。图 6-3 中的树对应的括号表示法可写成以下形式：

$$A(B(D,E(I,J),F),C(G,H))$$

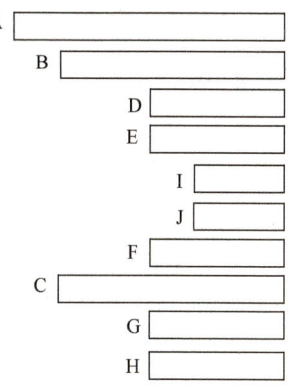

图 6-5　凹入表示法

6.1.4　树的性质

性质 1　树中的结点数等于所有结点的度数之和加 1。

证明：根据树的定义，在一棵树中除根结点以外，每个结点有且仅有一个双亲结点，也就是说，每个结点与指向它的一个分支一一对应，所以除根结点以外的结点数等于所有结点的分支数（即度数）之和，而根结点无双亲结点，因此，树中的结点数等于所有结点的度数之和加 1。

[视频 6-2　树的性质 1]

性质 2　度为 k 的树中，第 i 层上最多有 k^{i-1} 个结点（$i \geq 1$）。

下面用数学归纳法证明。

证明：对于第一层，非空树中的第一层只有一个根结点，由 $i=1$ 代入 k^{i-1} 计算，也同样得到只有一个结点，即 $k^{i-1}=k^{1-1}=k^0=1$。命题显然成立。

假设对于 $i-1$（$i>1$）层，上述命题成立，即第 $i-1$ 层最多有 k^{i-2} 个结点。根据树的度的定义，度为 k 的树中，每个结点至多有 k 个孩子，所以第 i 层上的结点数至多为第 $i-1$ 层上结点数的 k 倍，即第 i 层的结点数最多为 $k^{i-2} \times k = k^{i-1}$，故命题成立。

[视频 6-3　树的性质 2]

性质 3　深度为 h 的 k 叉树最多有 $\dfrac{k^h-1}{k-1}$ 个结点。

证明：显然，当深度为 h 的 k 叉树（即度为 k 的树）上，每一层都达到最多结点数时，所有结点的总和才能最大，这时整棵 k 叉树具有最多结点数。

[视频 6-4　树的性质 3]

由性质 2 可知，第 i 层上最多有 k^{i-1} 个结点，则整棵 k 叉树最多结点数为：

$$\sum_{i=1}^{h} k^{i-1} = k^0 + k^1 + k^2 + \cdots + k^{h-1} = \frac{k^h-1}{k-1} \tag{6-1}$$

当一棵 k 叉树上的结点数达到 $\dfrac{k^h-1}{k-1}$ 时，则称该树为**满 k 叉树**。例如，对于一棵深度为 4 的满二叉树，其结点为 $2^4-1=15$；对于一棵深度为 4 的满 3 叉树，其结点数为 $(3^4-1)/2=40$。

性质 4　具有 n 个结点的 k 叉树的最小高度为 $\lceil \log_k(n(k-1)+1) \rceil$。

证明：设具有 n 个结点的 k 叉树的高度为 h，若该树的前 $h-1$ 层都是满的，即每一层的结点数都等于 k^{i-1} 个（$1 \leq i \leq h-1$），第 h 层（即最后一层）的结点数可能满也可能不满，但至少有一个结点，这时该树具有最小的高度。

由性质 3 可知，此时结点数 n 满足下面条件：

$$\frac{k^{h-1}-1}{k-1} < n \leq \frac{k^h-1}{k-1} \qquad (6\text{-}2)$$

通过转换为 $k^{h-1} < n(k-1)+1 \leq k^h$，

再取以 k 为底的对数，可以得到：$h-1 < \log_k(n(k-1)+1) \leq h$，即
$$\log_k(n(k-1)+1) \leq h < \log_k(n(k-1)+1)+1$$

因为 h 只能取整数，故该 k 叉树的最小高度为 $h = \lceil \log_k(n(k-1)+1) \rceil$。

结论得证。

[视频 6-5 树的性质 4]

【例 6-1】 含有 20 个结点的 3 叉树的最小高度是多少？最大高度是多少？

解：根据树的性质 4，含有 n 个结点的 3 叉树的最小高度为 $\lceil \log_3(2n+1) \rceil$，当 $n=20$ 时，最小高度为 4。

对于含有 n 个结点的 3 叉树，其中至少有一个结点的度为 3，当只有某一层有 3 个结点，其余各层都只有一个结点时树具有最大高度，显然高度为 $n-3+1=n-2$，当 $n=20$ 时，最大高度为 18。

【例 6-2】 若一棵 3 叉树中度为 3 的结点有 3 个，度为 2 的结点有 2 个，度为 1 的结点有 4，问该 3 叉树中总的结点个数和叶子结点个数各是多少？

解：设 3 叉树中总的结点个数为 n，度为 i 的结点个数为 n_i（$1 \leq i \leq 3$），依据题意有 $n_1=4$，$n_2=2$，$n_3=3$。

树中所有结点的度数之和 $= 1 \times n_1 + 2 \times n_2 + 3 \times n_3 = 17$。

由树的性质 1 可知，$n =$ 所有结点的度数之和 $+1 = 17+1 = 18$。

对于 3 叉树，显然有 $n = n_0 + n_1 + n_2 + n_3$，则 $n_0 = n - n_1 - n_2 - n_3 = 18-4-2-3 = 9$。

所以该 3 叉树中总的结点个数和叶子结点个数分别为 18 和 9。

6.1.5 树的遍历

树的最基本操作是**遍历**（Traversal）。树的遍历是指按某种次序访问树中的所有结点，而且保证每个结点只被访问一次。"访问"的含义很广，在实际应用中可以是对结点进行的各种处理，如输出结点的信息、修改结点的数据等。不失一般性，本书将访问定义为输出结点的数据信息。

由树的定义可知，一棵树由根结点和 m 棵子树构成，因此，只要依次遍历根结点和 m 棵子树，就可以遍历整棵树。树的遍历方式主要有前序（先根）遍历、后序（后根）遍历和层序遍历三种。

1. 前序遍历（Preorder Traversal）

树的前序遍历过程如下。

若树为空，则返回；否则执行如下操作。

1）访问树的根结点。

2）按照从左到右的顺序前序遍历根结点的每一棵子树。

【例 6-3】 请写出图 6-3 中的树的前序遍历结果。

解：按照树的前序遍历的定义，对图 6-3 中的树进行前序遍历，结果为：A B D E I J F C G H。

2. 后序遍历（Postorder Traversal）

树的后序遍历过程如下。

若树为空，则返回；否则执行如下操作。

1）按照从左到右的顺序后序遍历根结点的每一棵子树。

2）访问树的根结点。

【例 6-4】 请写出图 6-3 中的树的后序遍历结果。

解：按照树的后序遍历的定义，对图 6-3 中的树进行后序遍历，结果为：D I J E F B G C H C A。

3. 层序遍历（Level Traversal）

树的层序遍历也称为树的广度遍历，遍历过程是从根结点开始按从上到下顺序逐层遍历，同一层按从左向右的顺序逐个访问每一个结点。

【例 6-5】 请写出对图 6-3 中的树进行层序遍历的结果。

解：按照树的层序遍历的定义，对图 6-3 中的树进行层序遍历，结果为：A B C D E F G H I J。

4. 森林的遍历（Forest Traversal）

森林的遍历与树的遍历相似，可分为**前序遍历**和**后序遍历**两种方式。

1）若森林非空，则前序遍历森林的顺序如下：先前序遍历森林中第一棵树，再依次（从左向右）前序遍历森林中其他树。

2）若森林非空，则后序遍历森林的顺序如下：先后序遍历森林中第一棵树，再依次（从左向右）后序遍历森林中其他树。

如图 6-6 所示，森林包含 T_1、T_2、T_3 三棵树。按照森林遍历的定义，对图 6-6 中的森林进行前序遍历得到的结果序列为：A B C D E F G H I K J；后序遍历得到的结果序列为：B C E D A G F K I J H。

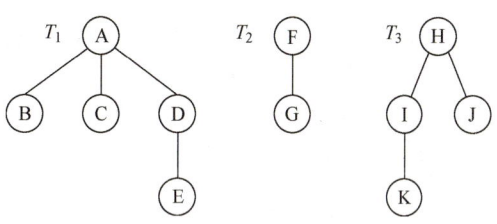

图 6-6　森林的遍历示例

6.2 树的存储结构

【问题导入】 树可以用来描述具有层次关系的数据，在计算机中如何存储树？如何表示数据元素之间一对多的层次关系呢？

树的应用非常广泛，在不同的应用中可以采用不同的存储方法来表示树，以提高运算效率。无论采用哪种存储方法，都要既能存储数据元素本身，还要能唯一地反映树中各结点之间的逻辑关系——父子关系。下面介绍几种常用的树的存储表示方法：双亲表示法、孩子表示法、双亲孩子表示法、孩子兄弟表示法。

6.2.1 双亲表示法

双亲表示法（Parent Express）是以结点之间的双亲关系为主要的考虑依据，在表示树结构的时候，除了存储每个结点的值，还存储了每个结点的双亲结点的有关信息。

由树的定义可以知道，树中的每个结点（除根结点）都有唯一的一个双亲结点。根据这一特性，可用一组连续的存储空间（一维数组）存储树中的各个结点，数组中的一个元素表示树中的一个结点，数组元素包括树中结点的数据信息以及该结点的**双亲结点的位置**（在数组中的下标）。双亲表示法存储结构的数据类型定义如下：

```
# define MaxNode 100    /* 树中结点最大个数 */
typedef   struct {
    ElemType   data;    /* ElemType 为结点值的类型，data 存放结点的值 */
```

```
    int   parent;       /*存放结点的双亲结点在数组中的下标值*/
} PTNode;   /* 定义结点类型 */
PTNode   T[MaxNode];   /* 以数组形式存放树中各结点 */
```

例如，对于图6-7a中的树，其双亲表示法的存储示意图如图6-7b所示。图6-7b中用parent域的值为-1表示该结点无双亲结点，即该结点是根结点。

图 6-7 树的双亲表示法的存储示意图

由于双亲表示法中每个结点的双亲信息直接存放在结点类型中，所以在这种存储结构中很容易找到指定结点的双亲结点，而且因为每个结点的双亲结点只有一个，所以用这种表示法表示树结构所占用的存储空间也比较少。但是，由于只存储了双亲关系，要想再找某结点的孩子结点就需要遍历整个数组。另外，这种存储方法也不能反映各兄弟结点之间的关系。

6.2.2 孩子表示法

孩子表示法（Child Express）与双亲表示法相反，它以结点之间的孩子关系为主要的考虑依据，其结点中存放的信息除结点的值以外，还有该结点的孩子结点的信息。孩子表示法主要有两种形式。

1. 多重链表表示法

由于树中每个结点都有零个或多个孩子结点，因此可以令每个结点包括一个结点信息域和多个指针域，每个指针域指向该结点的一个孩子结点，通过各个指针域值反映出树中各结点之间的逻辑关系。在这种表示法中，树中每个结点有多个指针域，形成了多条链表，所以这种方法又常称为**多重链表法**。

在一棵树中，由于各结点的度不同，因此结点的指针域个数的设置有两种方法。

1）每个结点指针域的个数等于该结点的度数。

| data | degree | child1 | child2 | … | child$d$ |

其中，data为数据域，存放该结点的信息；degree存放该结点的度；child1 ~ child$d$ 为指针域，指向该结点的各个孩子结点。

2）每个结点指针域的个数等于树的度数。

| data | child1 | child2 | … | child$d$ |

其中，data为数据域，存放该结点的信息；child1 ~ child$d$ 为指针域，指向该结点的各个孩子结点。

对于方法1，虽然在一定程度上节约了存储空间，但由于树中各结点是不同构的，各种操作不容易实现，所以这种方法很少采用；方法2中各结点是同构的，各种操作相对容易实现，但为此付出的代价是存储空间的浪费。显然，方法 2 适用于各结点的度数相差不大的情况。

由于在树结构中每个结点所拥有的孩子结点的个数是不确定的，所以多重链表法在实际应用中较少采用。

2. 孩子链表表示法

孩子链表表示法是用顺序存储和链式存储相结合的方式来表示树。为树的每个结点建立一个**孩子链表**，则 n 个结点共有 n 个孩子链表（叶子结点的孩子链表为空表）。这 n 个链表共有 n 个头指针，将这 n 个头指针放到一个与结点个数一样大小的一维数组中，同时在数组中保存每个结点的数据信息，构成孩子链表的表头数组。所以在孩子链表表示法中有两类结点：**表头结点**和**孩子结点**，其结点结构如图 6-8 所示。

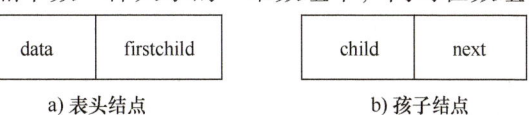

a) 表头结点　　　　　b) 孩子结点

图 6-8　树的孩子链表表示法的结点结构

孩子链表存储结构的数据类型声明如下：

```
# define MaxNode 100    /* 树中结点最大个数 */
typedef struct CTNode    //孩子结点
{
    int child;          /*存放当前结点的孩子结点的信息（下标值）*/
    struct CTNode *next; /*指向下一个孩子*/
};
typedef struct CTBox    //表头结点
{
    ElemType data;      /*ElemType 为结点值的类型，data 存放结点的值*/
    CTNode *firstchild; /*指向该结点的第一个孩子*/
};
CTBox T[MaxNode];       /*定义以孩子链表存储的树，表头数组*/
```

例如，对于图 6-9a 中的树，其孩子链表存储结构如图 6-9b 所示。

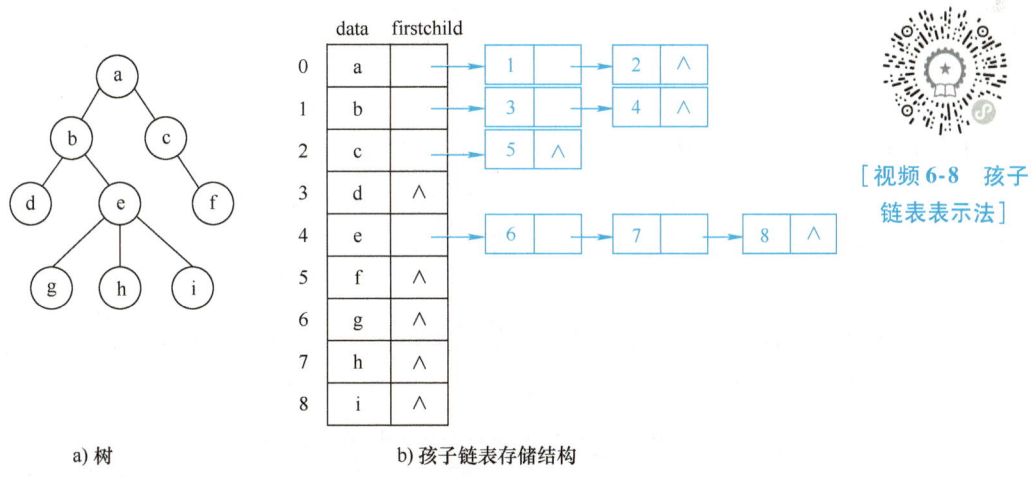

[视频 6-8　孩子链表表示法]

a) 树　　　　　　　　　b) 孩子链表存储结构

图 6-9　树的孩子链表表示法的存储示意图

6.2.3　双亲孩子表示法

在孩子表示法的存储结构中可以很容易地找到某结点的所有孩子的信息，但是查找结点的双亲信息又变得困难了。为了能够同时方便地访问双亲和孩子结点，可以把双亲表示法和孩子表示法结合起来，这样就形成了双亲孩子表示法（Parent Children Express）。

例如，对于图 6-10a 中的树，其双亲孩子链表存储结构如图 6-9b 所示。

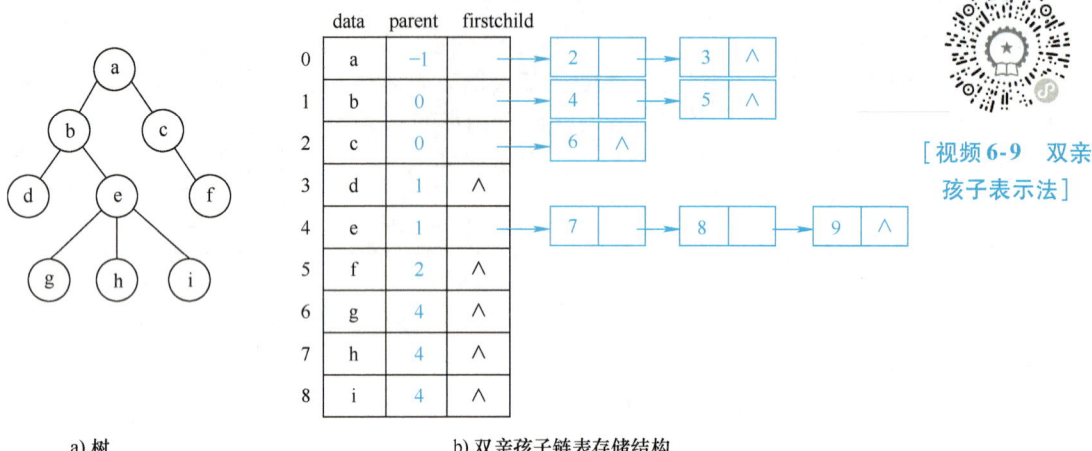

[视频 6-9 双亲孩子表示法]

a) 树　　　　　　　b) 双亲孩子链表存储结构

图 6-10　树的双亲孩子表示法的存储示意图

双亲孩子表示法存储结构的数据类型定义和孩子链表表示法的数据类型定义类似，只是在表头结点中增加了 parent 域，此处就不再赘述，读者可自行写出。

6.2.4　孩子兄弟表示法

树的孩子兄弟表示法（Children Brother Express）又称为二叉链表表示法。在这种表示法中，每个结点不仅包含该结点的值，还包含两个指针分别指向该结点的第一个孩子和下一个兄弟。每个结点的结构如图 6-11 所示。

| firstchild | data | nextsibling |

图 6-11　孩子兄弟表示法的结点结构

其中，data 为数据域，存放该结点的信息；firstchild 为指针域，指向该结点的第一个孩子；nextsibling 为指针域，指向该结点的下一个兄弟（右兄弟）结点。

孩子兄弟表示法存储结构的数据类型声明如下：

```
typedef struct CSNode      // 结点的类型
{   ElemType  data;        /* ElemType 为结点值的类型，data 存放结点的值 */
    struct  CSNode  *firstchild;    /* 指向该结点的第一个孩子 */
    struct  CSNode  *nextsibling;   /* 指向该结点的下一个兄弟 */
};
CSNode   *Tree;   /* 定义指向树的指针变量(根指针) */
```

因为结点的孩子个数和兄弟个数都是不固定的，所以整棵树由结点和从结点引出的这两个指针构成的二叉链表表示。对于图 6-12a 所示的树，其孩子兄弟二叉链表存储结构如图 6-12b 所示。

[视频 6-10 孩子兄弟表示法]

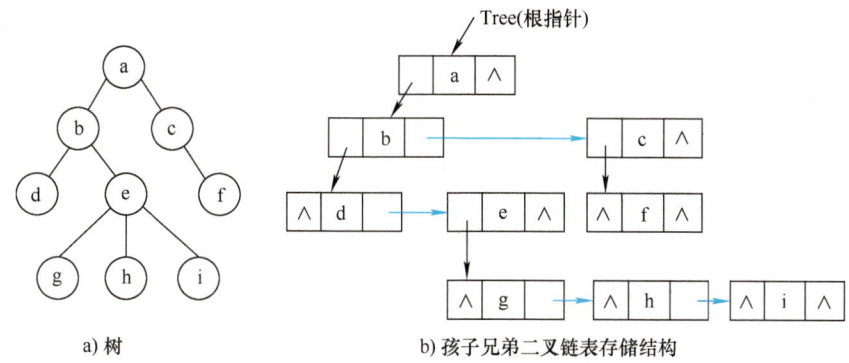

图 6-12 树的孩子兄弟表示法的存储示意图

6.3 二叉树的逻辑结构

【问题导入】 在编译原理中，如何表示一个算术表达式，使得计算变得简单高效？使用什么样的数据结构可以清晰地表达算术运算的优先级？

考虑到算术表达式具有天然的层级结构（例如，括号内的表达式优先级更高），可以使用树形结构来表示运算的优先级和顺序，树中每个结点表示一个运算符或操作数，这种树被称为表达式树。由于算术运算多是二目运算，所以表达式树通常是一棵二叉树。二叉树是一种重要的树形结构，每个结点最多有两个子结点，其结构简单，运算也相对简单，而且任何树都可以转换为二叉树，因此，二叉树是本章的研究重点。下面先介绍二叉树的定义和性质。

6.3.1 二叉树的定义

1. 二叉树

二叉树（Binary Tree）是 $n(n \geq 0)$ 个结点的有限集合，该集合或者为空，或者由一个根结点和两棵分别称为**左子树**（Left Subtree）和**右子树**（Right Subtree）的互不相交的二叉树组成。当集合为空时，称该二叉树为空二叉树。显然，和树的定义一样，二叉树的定义也是一个递归定义。

二叉树中每个结点最多有两棵子树，所以二叉树中不存在度大于 2 的结点。但需要注意的是，二叉树和度为 2 的树是不同的：对于非空树，度为 2 的树中至少有 1 个结点的度为 2，而二叉树没有这个要求；度为 2 的树不区分左右子树，而二叉树是有序的，其左、右子树次序不能颠倒，即使二叉树中某个结点只有一棵子树，也要区分它是左子树还是右子树。

二叉树具有五种基本形态，如图 6-13 所示，其中图 6-13a 是空二叉树，图 6-13b 是只有一个根结点的二叉树，图 6-13c 是右子树为空的二叉树，图 6-13d 是左子树为空的二叉树，图 6-13e 是左右子树都不为空的二叉树。

[视频 6-11 二叉树定义]

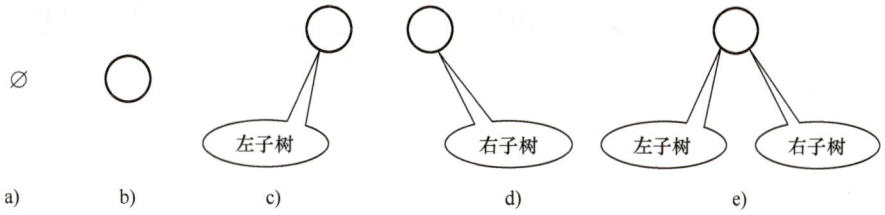

图 6-13 二叉树的五种基本形态

二叉树的表示法也和树的表示法一样，有树形表示法、文氏图表示法、凹入表示法和括号表示法。上一节介绍的树的所有术语对于二叉树都适用。

2. 满二叉树

在一棵二叉树中，如果所有分支结点都存在左子树和右子树，并且所有叶子结点都在同一层上，这样的二叉树称作满二叉树（Full Binary Tree）。

满二叉树的特点是：每一层的结点数都达到最大值，即对给定的高度，它是具有最多结点数的二叉树；满二叉树中只有度为 0 和度为 2 的结点，且所有叶子结点只能出现在最下一层。图 6-14a 所示是一棵满二叉树，图 6-14b 所示是一棵非满二叉树，因为虽然所有结点都存在左右子树，但其叶子未在同一层上，故不是满二叉树。

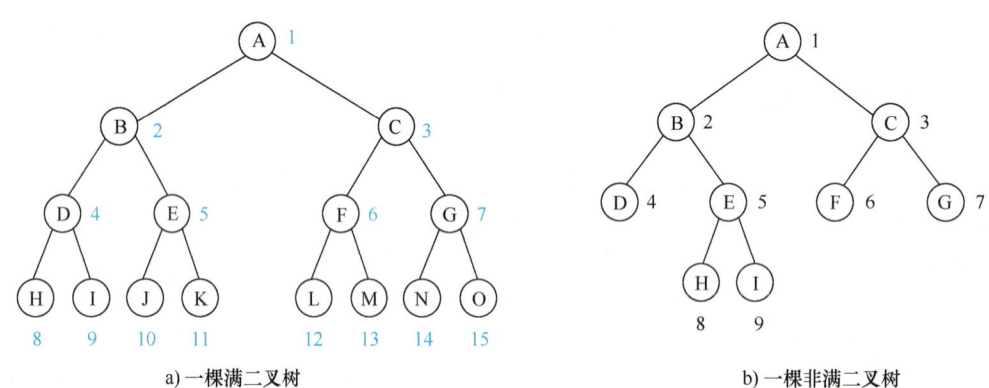

a) 一棵满二叉树　　　　　　　　　　b) 一棵非满二叉树

图 6-14　满二叉树和非满二叉树

可以对满二叉树的结点进行层序编号（Level Coding），从根结点编号为 1 开始，按从上至下、从左到右的顺序进行编号。例如，图 6-14a 中每个结点外边的数字为该结点的编号。

3. 完全二叉树

对一棵有 n 个结点的二叉树按层序编号，如果编号为 $i(1 \leq i \leq n)$ 的结点与同深度的满二叉树中编号为 i 的结点在二叉树中的位置相同，则这棵二叉树称为完全二叉树（Complete Binary Tree）。

显然，满二叉树是完全二叉树的一种特例。完全二叉树的特点是：叶子结点只能出现在最下两层，且最下层的叶子结点集中在树的左部；如果度为 1 的结点，只可能有 1 个，且该结点只有左孩子。图 6-15a 所示为一棵完全二叉树，图 6-15b 所示是一棵非完全二叉树。

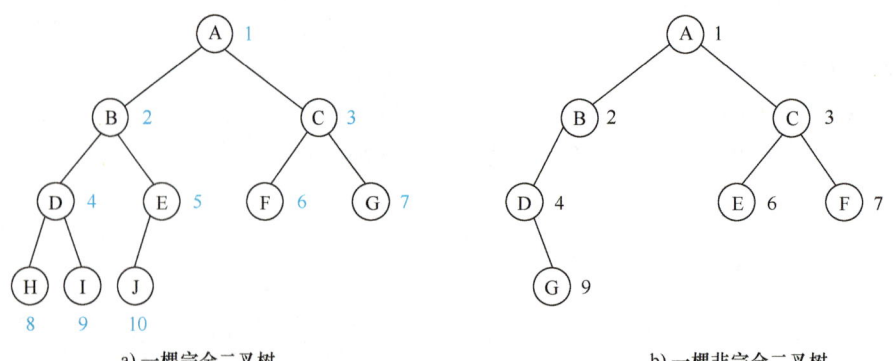

a) 一棵完全二叉树　　　　　　　　　　b) 一棵非完全二叉树

图 6-15　完全二叉树和非完全二叉树

> **说明：**
> 对于一棵完全二叉树，已知总结点数 n 可以确定其形态。完全二叉树中度为 1 的结点个数 n_1 只能是 0 或 1。当 n 为偶数时，$n_1=1$；当 n 为奇数时，$n_1=0$。

4. 二叉树的抽象数据类型定义

二叉树与树的抽象数据类型定义基本相同。在不同应用中，二叉树的基本操作不尽相同，下面二叉树抽象数据类型的定义，只举例了部分基本运算。

ADT BiTree

{ 数据对象：$D = \{\ a_i\ |\ a_i \in \text{ElemType},\ 1 \leq i \leq n, n \geq 0\}$

数据关系：$R = \{<a_i, a_j> | a_{i-1}, a_i \in D, 1 \leq i,j \leq n$，其中有且仅有一个结点没有前驱，其余每个结点只有一个前驱结点，但可以有小于或等于两个后继结点，且后继结点有序}

基本操作：

CreateBiTree(&t) 创建一棵二叉树，t 为创建二叉树的根指针；

DestroyBiTree(&t)：销毁二叉树，释放树 t 占用的存储空间。

InsertL(&t, x, parent) 将值为 x 的结点插入到二叉树 t 中，作为结点 parent 的左孩子结点。如果 parent 结点原来有左孩子，则将原来的左孩子结点作为结点 x 的左孩子结点。

InsertR(&t, x, parent) 将值为 x 的结点插入到二叉树 t 中，作为结点 parent 的右孩子结点。如果 parent 结点原来有右孩子，则将原来的右孩子结点作为结点 x 的右孩子结点。

DeleteL(&t, parent) 在二叉树 t 中删除结点 parent 的左子树。

DeleteR(&t, parent) 在二叉树 t 中删除结点 parent 的右子树。

Search(t, x) 在二叉树 t 中查找值为 x 的数据元素。

Traverse(t) 按某种方式遍历二叉树 t 的全部结点。

……

}

6.3.2 二叉树的性质

性质 1 一棵非空二叉树的第 i 层上最多有 2^{i-1} 个结点（$i \geq 1$）。

证明： 用数学归纳法证明。

当 $i=1$ 时，有 $2^{i-1}=2^0=1$，而二叉树的第一层上只有一个结点，命题成立。

假设对于第 $i-1(i>1)$ 层，上述命题成立，即第 $i-1$ 层最多有 2^{i-2} 个结点，则根据二叉树的定义，二叉树中每个结点至多有 2 个孩子，所以第 i 层上的结点数至多为第 $i-1$ 层上结点数的 2 倍，故第 i 层的结点数最多为 $2^{i-2} \times 2 = 2^{i-1}$，故命题成立。

性质 2 一棵深度为 k 的二叉树中，最多具有 2^k-1 个结点。

证明： 当深度为 k 的二叉树上每一层都达到最多结点数时，树中结点总数才能最大。由性质 1 可知，若每一层的结点数最多，则整棵二叉树的结点总数为：

$$\sum_{i=1}^{k} 2^{i-1} = 2^0 + 2^1 + 2^2 + \cdots + 2^{k-1} = 2^k - 1 \tag{6-3}$$

命题成立。

从前面满二叉树的定义可知，一棵**深度为 k 的满二叉树有 2^k-1 个结点**。

性质 3 对于一棵非空的二叉树，如果叶子结点数为 n_0，度数为 2 的结点数为 n_2，则有 $n_0 = n_2 + 1$。

证明： 设 n 为二叉树的结点总数，n_1 为二叉树中度为 1 的结点数，则有：

$$n = n_0 + n_1 + n_2 \tag{6-4}$$

在二叉树中，除根结点外，其余结点都有唯一的一个分支指向它。设 B 为二叉树中的分支数，那么有：

$$B = n - 1 \tag{6-5}$$

这些分支是由度为 1 和度为 2 的结点发出的，一个度为 1 的结点发出一个分支，一个度为 2 的结点发出两个分支，所以有：

$$B = n_1 + 2n_2 \tag{6-6}$$

综合式（6-4）、式（6-5）、式（6-6）可以得到：

$$n_0 = n_2 + 1$$

[视频 6-12　二叉树性质 1、性质 2、性质 3]

性质 4　具有 n 个结点的完全二叉树的深度为 $\lfloor \log_2 n \rfloor + 1$。

证明： 假设有 n 个结点的完全二叉树的深度为 k，根据完全二叉树的定义和性质 2 可知下式成立：

$$2^{k-1} \leq n < 2^k$$

对不等式取对数，有

$$k - 1 \leq \log_2 n < k$$

由于 k 只能取整数，所以有 $k = \lfloor \log_2 n \rfloor + 1$。

[视频 6-13　二叉树性质 4]

性质 5　对于具有 n 个结点的完全二叉树，如果对二叉树中的所有结点从 1 开始按层序编号，则对于任意的序号为 $i(1 \leq i \leq n)$ 的结点（简称结点 i），有：

1) 如果 $i > 1$，则结点 i 的双亲结点的编号为 $\lfloor i/2 \rfloor$；如果 $i = 1$，则结点 i 是根结点，无双亲结点。

2) 如果 $2i \leq n$，则结点 i 的左孩子结点的编号为 $2i$；否则结点 i 无左孩子。

3) 如果 $2i + 1 \leq n$，则结点 i 的右孩子结点的编号为 $2i + 1$；否则结点 i 无右孩子。

此性质可采用数学归纳法证明，这里不再进行证明，感兴趣的读者可以自己证明。

【例 6-6】 已知一棵完全二叉树的第 6 层（设根为第 1 层）有 10 个叶子结点，则该完全二叉树最多有多少个结点？

解： 完全二叉树的叶子结点只能出现在最下面两层，对于本题，结点最多的情况是第 6 层为倒数第二层，即 1~6 层构成一个满二叉树，其结点总数为 $2^6 - 1 = 63$。第 6 层有 $2^5 = 32$ 个结点，其中有 10 个叶子结点。其余 $32 - 10 = 22$ 个非叶子结点，每个结点都有两个孩子结点（均为第 7 层的叶子结点），即第 7 层有 44 个叶子结点，这样该完全二叉树最多有 $63 + 44 = 107$ 个结点。

6.4　二叉树的存储结构

【问题导入】　二叉树是有序的，其左、右子树的次序不能颠倒，在计算机中如何存储二叉树？如何表示左子树和右子树呢？

存储二叉树的关键是表示结点之间的逻辑关系——父子关系。下面分别介绍二叉树的顺序存储结构和链式存储结构。

6.4.1　二叉树的顺序存储结构

二叉树的顺序存储结构就是用一组连续的存储单元存放二叉树的数据元素（结点），因此就必须确定好各结点的存放次序,使得结点的存放位置能反映出结点之间的逻辑关系——父子关系。

由二叉树的性质 5 可知,完全二叉树中结点的层序编号可以唯一地反映结点之间的逻辑关系。也就是说,完全二叉树中结点的层序编号足以反映结点之间的逻辑关系,因此可将完全二叉树中所有结点按层序编号顺序依次存储在一个一维数组 bt 中,其中 bt[1],…,bt[n] 用来存储结点,bt[0] 不用或用来存储完全二叉树中结点的个数。结点在数组中的相对位置(下标)蕴含着结点之间的关系,这样无须附加任何信息就能在顺序存储结构里找到每个结点的双亲和孩子。图 6-16 给出了图 6-15a 所示的完全二叉树的顺序存储示意图。

1	2	3	4	5	6	7	8	9	10
A	B	C	D	E	F	G	H	I	J

图 6-16　完全二叉树的顺序存储示意图

完全二叉树和满二叉树采用顺序存储结构比较合适,既能够最大可能地节省存储空间,又可以利用数组元素的下标反映出结点之间的逻辑关系。对于一般的二叉树,如果仍按从上到下和从左到右的顺序将树中的结点顺序存储在一维数组中,则数组元素下标之间的关系不能够反映二叉树中结点之间的逻辑关系,只有增添一些并不存在的空结点,使之成为一棵完全二叉树的形式,然后再按照完全二叉树结点的层序编号用一维数组顺序存储。

图 6-17 是一棵一般二叉树及其顺序存储结构示意图。

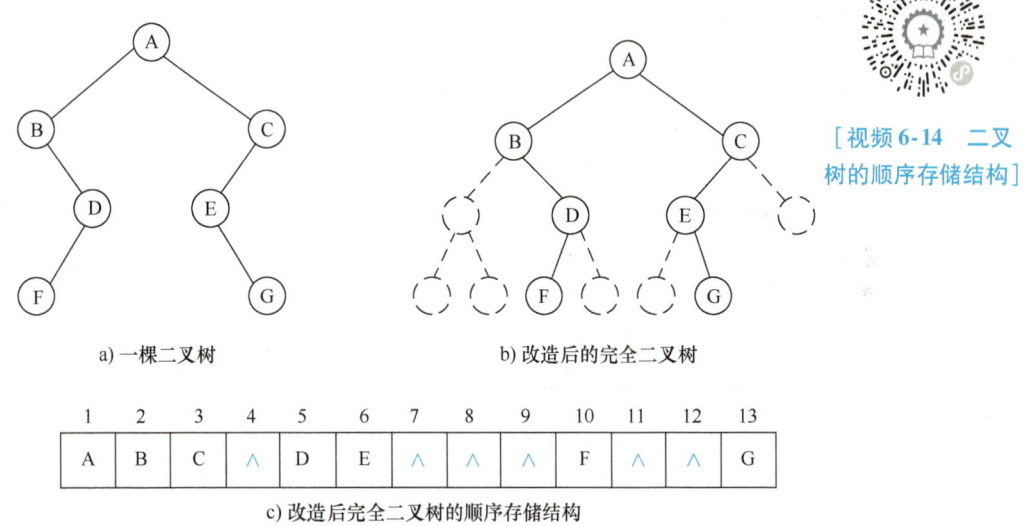

[视频 6-14　二叉树的顺序存储结构]

a) 一棵二叉树　　b) 改造后的完全二叉树

1	2	3	4	5	6	7	8	9	10	11	12	13
A	B	C	∧	D	E	∧	∧	∧	F	∧	∧	G

c) 改造后完全二叉树的顺序存储结构

图 6-17　一般二叉树及其顺序存储结构示意图

显然,这种存储方法会造成存储空间的浪费,最坏的情况是右单支二叉树。如图 6-18 所示,一棵深度为 k 的右单支树,只有 k 个结点,却需分配 2^k-1 个存储单元。

二叉树的顺序存储结构的类型声明如下:

```
# define MaxNode 100;              /*二叉树的最大结点数*/
typedef ElemType SqBiTree[MaxNode];  /*存放二叉树的结点*/
```

二叉树顺序存储的优点是对于任一个结点都能很容易找到其双亲结点和孩子结点,缺点是当二叉树的深度和结点数比例偏高时(如单支二叉树),会造成存储空间的浪费。另外,由于二叉树顺序存储结构具有顺序存储的固有缺点,在二叉树中插入或删除结点时,需要移动其他元素才可完成,因此,对于一般的二叉树,通常采用链式存储结构。

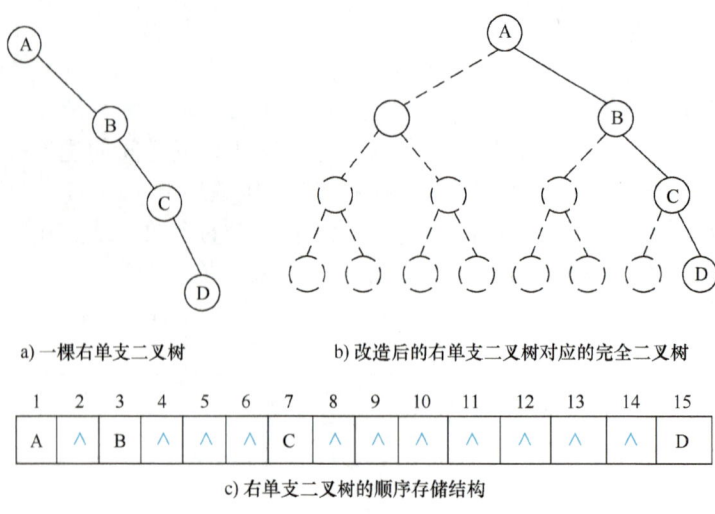

a) 一棵右单支二叉树　　　　b) 改造后的右单支二叉树对应的完全二叉树

c) 右单支二叉树的顺序存储结构

图 6-18　右单支二叉树及其顺序存储结构示意图

6.4.2　二叉树的链式存储结构

二叉树的链式存储结构是指用链表来存储一棵二叉树，二叉树中的每个结点用链表中的一个结点来存储，用指针来指示元素之间的逻辑关系。二叉树的链式存储结构通常有二叉链表和三叉链表两种存储结构。

1. 二叉链表（Binary Linked List）

二叉链表中每个结点由三个域组成，除了数据域，还有两个指针域，分别用来存放该结点的左孩子和右孩子结点的存储地址。二叉链表的结点结构如图 6-19 所示。

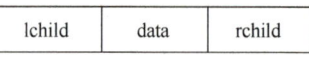

图 6-19　二叉链表的结点结构

其中，data 域存放结点的数据信息；lchild 与 rchild 为指针域，分别存放其左孩子和右孩子的存储地址，当左孩子或右孩子不存在时，相应指针域值为空（用符号∧或 NULL 表示）。

图 6-20a 所示二叉树的二叉链表存储结构如图 6-20b 所示。一个二叉链表由**根指针** root 唯一标识整个存储结构，称为二叉树 root，若二叉树为空，则 root 为 NULL。

［视频 6-15　二叉链表存储结构］

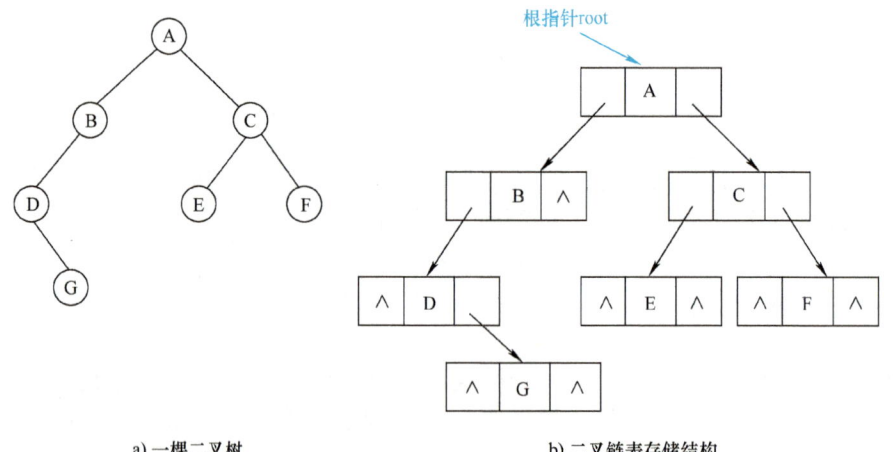

a) 一棵二叉树　　　　b) 二叉链表存储结构

图 6-20　二叉树及其二叉链表存储结构

具有 n 个结点二叉链表中共有 $2n$ 个指针域，其中只有 $n-1$ 个用来指示结点的左、右孩子，其余的 $n+1$ 个指针域为空。

二叉链表存储结构的数据类型声明为：

```
typedef  char  ElemType；    //每个元素的数据类型为ElemType，假设为char
typedef struct BiTNode      //二叉链表的结点结构
{
    ElemType  data；         /*结点的数据信息*/
    struct  BiTNode  *lchild, *rchild；  /*左、右孩子指针*/
};
```

定义一棵二叉树，只需定义其根指针。例如，BiTNode *root；

2. 三叉链表（Trident Linked List）

在二叉链表中访问一个结点的孩子结点很方便，但访问一个结点的双亲结点需要扫描所有结点。有时为了高效地访问一个结点的双亲结点，可以在每个结点中再增加一个指向**双亲的指针域 parent**，这样就构成了二叉树的三叉链表。

三叉链表中每个结点由四个域组成，具体结构如图 6-21 所示。

| lchild | data | rchild | parent |

图 6-21　三叉链表结点结构

其中，data、lchild 和 rchild 三个域的意义与二叉链表结构相同；parent 域存放该结点的双亲结点的存储地址。图 6-22 是图 6-20a 所示二叉树的三叉链表存储结构。

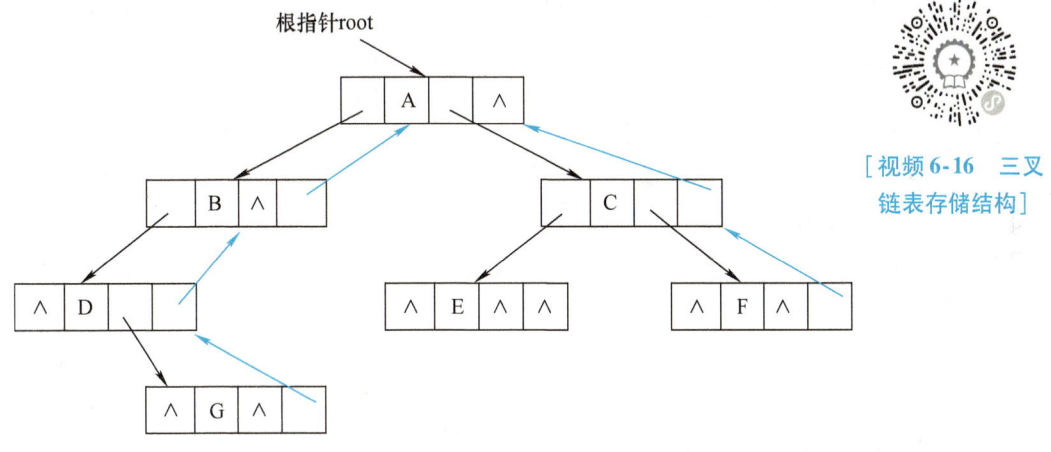

［视频 6-16　三叉链表存储结构］

图 6-22　二叉树的三叉链表存储结构示意图

三叉链表存储结构既便于查找孩子结点，又便于查找双亲结点，但是，相对于二叉链表存储结构，它增加了存储空间开销。尽管在二叉链表中无法由结点直接找到其双亲，但由于二叉链表结构灵活、操作方便，对于一般的二叉树，甚至比顺序存储结构还节省空间。因此，二叉链表是最常用的二叉树存储方式。

6.5　二叉树的基本运算

【问题导入】　在编译系统中，当遇到一个用二叉树表示的算术表达式时，需要按照正确的顺序计算每个结点的值。那么，如何遍历表达式树以正确计算算术表达式的结果？哪种遍历方式能够确保运算符的优先级得到正确处理？不同的存储结构对实现二叉树基本运算有什么影响？

在不同的存储结构中，实现二叉树基本运算的算法也不同。例如，要查找某结点的双亲结点，在三叉链表存储结构中很容易实现，而在二叉链表中则需要从根指针出发巡查所有结点。因此，在具体应用中究竟采用哪一种存储结构，除考虑二叉树的形态之外，还应考虑经常对二叉树进行何种操作。由于在实际应用中，以二叉链表存储二叉树的情况最常见，所以下面以二叉链表存储结构为基础，讨论二叉树的一些基本运算的实现算法。

6.5.1 二叉树的遍历

二叉树的遍历（Traversal）是指从根结点出发，按照某种次序访问二叉树中的所有结点，使每个结点被访问一次且仅被访问一次。

遍历是二叉树最基本的操作，是二叉树中所有其他运算实现的基础。通过一次完整的遍历，按一定顺序对二叉树中的每个结点逐个进行访问，可使二叉树中的结点信息由非线性序列变为某种意义上的线性序列。

1. 二叉树的遍历及递归实现

由二叉树的定义可知，一棵二叉树由根结点、根结点的左子树和根结点的右子树三部分组成，只要依次遍历这三部分，就可以遍历整棵二叉树。因此，二叉树的遍历可以相应地分解为三项"子任务"。

1）访问根结点，用 D 表示。
2）遍历左子树（即依次访问左子树上的全部结点），用 L 表示。
3）遍历左子树（即依次访问右子树上的全部结点），用 R 表示。

因为左、右子树都是二叉树（可以是空二叉树），对它们的遍历可以按上述方法继续分解，直到每棵子树均为空二叉树为止。根据上述三项任务的完成次序不同，可以有 6 种不同的遍历方式：DLR、LDR、LRD、DRL、RDL 和 RLD。若规定子树的遍历按照先左后右的次序，则对于非空二叉树，可以得到以下三种遍历方式：DLR（称为前序遍历）、LDR（称为中序遍历）和 LRD（称为后序遍历）。

1）<u>前序遍历</u>（Preorder Traversal）。

前序遍历二叉树操作的过程如下：若二叉树为空，则遍历结束；否则：

① 访问根结点；
② 前序遍历根结点的左子树；
③ 前序遍历根结点的右子树。

［视频 6-17　二叉树的遍历］

2）<u>中序遍历</u>（Inorder Traversal）。

中序遍历二叉树操作的过程如下：若二叉树为空，则遍历结束；否则：

① 中序遍历根结点的左子树；
② 访问根结点；
③ 中序遍历根结点的右子树。

3）<u>后序遍历</u>（Postorder Traversal）。

后序遍历二叉树操作的过程如下：若二叉树为空，则遍历结束；否则：

① 后序遍历根结点的左子树；
② 后序遍历根结点的右子树；
③ 访问根结点。

【例 6-7】　请写出对图 6-23 所示二叉树分别用前序遍历、中序遍历、后序遍历三种遍历方式进行遍历得到的结果。

解：前序遍历序列：A B H F D E C K G。
中序遍历序列：H B D F A E K C G。
后序遍历序列：H D F B K G C E A。

由二叉树遍历的操作定义，可以很容易写出三种遍历方式的递归算法。若二叉树采用二叉链表存储结构，二叉树前序遍历、中序遍历和后序遍历的递归算法分别为算法 6.1、算法 6.2 和算法 6.3。

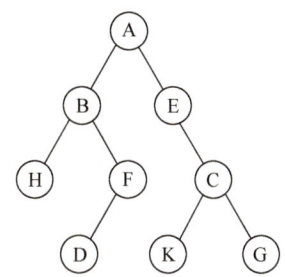

图 6-23　二叉树的三种遍历序列

［视频 6-18　遍历的递归实现］

算法 6.1　前序遍历二叉树的递归算法

```
void   PreOrder( BiTNode  * root)
{    / *前序遍历二叉树 root * /
    if( root == NULL)    return;   / *递归调用的结束条件 * /
    printf("% c", root -> data);    / *访问结点的数据域 * /
    PreOrder(root -> lchild);    / *前序递归遍历 root 的左子树 * /
    PreOrder(root -> rchild);    / *前序递归遍历 root 的右子树 * /
}
```

算法 6.2　中序遍历二叉树的递归算法

```
void   InOrder( BiTNode  * root)
{    / *中序遍历二叉树 root * /
    if( root == NULL)    return;   / *递归调用的结束条件 * /
    InOrder(root -> lchild);    / *中序递归遍历 root 的左子树 * /
    printf("% c", root -> data);    / *访问结点的数据域 * /
    InOrder(root -> rchild);    / *中序递归遍历 root 的右子树 * /
}
```

算法 6.3　后序遍历二叉树的递归算法

```
void   PostOrder( BiTNode  * root)
{    / *后序遍历二叉树 root * /
    if( root == NULL)    return;   / *递归调用的结束条件 * /
    PostOrder(root -> lchild);    / *后序递归遍历 root 的左子树 * /
    PostOrder(root -> rchild);    / *后序递归遍历 root 的右子树 * /
    printf("% c", root -> data);    / *访问结点的数据域 * /
}
```

上述算法中访问根结点采用的是直接输出根结点的值,在实际应用中,访问根结点可以对其进行各种操作,如修改结点值、删除结点等。

递归算法虽然简单,但在执行中需要多次调用自身。

2. 二叉树遍历的非递归实现

二叉树是一种递归的数据结构,其前序遍历、中序遍历和后序三种遍历很容易写出递归算法,但掌握对应的非递归算法可以进一步加深对这三种遍历算法的理解。下面对三种遍历方法的遍历过程进行分析。

以图 6-20a 所示二叉树的前序遍历、中序遍历和后序遍历为例,遍历都是从根结点 A 开始的,且在遍历过程中经过结点的路线是一样的,只是访问结点的时机不同。图 6-24 中,从根结点左外侧开始,到根结点右外侧结束的曲线,为遍历图 6-20a 所示二叉树的路线。沿着该路线,按△标记的结点序列为前序遍历序列,按∗标记的序列为中序遍历序列,按⊕标记的序列为后序遍历序列。

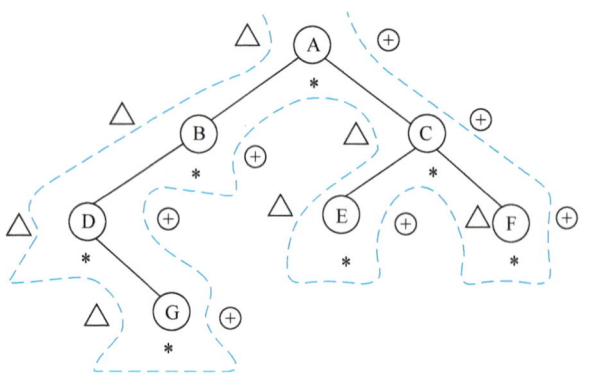

图 6-24　遍历路线示意图

从图 6-24 的遍历路线可以看出,遍历是从根结点开始沿左子树深入下去,当深入到最左端,无法再深入下去时返回,进入刚才深入时遇到结点的右子树,如此重复,直到最后从根结点的右子树返回到根结点为止。前序遍历是在深入时遇到结点就访问,中序遍历是在从左子树返回时遇到结点访问,后序遍历是在从右子树返回时遇到结点访问。

这一过程中,返回结点的顺序与深入结点的顺序相反,即后深入的先返回,正好符合栈结构后进先出的特点。因此,可以利用栈来实现这一遍历路线。

(1) 前序遍历的非递归实现　由前序遍历过程可知,先访问根结点,再遍历左子树,最后遍历左子树。由于二叉链表中左、右子树的地址存储在结点的指针域中,在访问根结点后遍历左子树会丢失右子树的地址,因此需要使用一个栈来临时保存左、右子树的地址。

使用栈实现二叉树前序遍历非递归算法的思路:从二叉树根结点开始进行遍历,在遍历过程中遇到结点先访问,再将结点进栈,然后沿当前结点的左子树继续向下遍历。左子树处理完毕之后(无左孩子),弹出栈顶元素,沿其右子树继续遍历,以此类推,直到所有结点全部访问完毕。具体算法描述见算法 6.4。在算法 6.4 中,用一维数组 stack 来代替顺序栈,用变量 top 来表示当前栈顶的位置。

算法 6.4　前序遍历二叉树的非递归算法

```
void NRPreOrder( BiTNode *root)    //前序遍历非递归算法
{  BiTNode *p, *stack[MaxSize];
   int top = 0;
   if( root == NULL)    return;
   p = root;
   while( !( p == NULL && top ==0 ))
      { while( p! = NULL)
          { printf("%c", p -> data);    /*访问结点的数据域*/
            if( top < MaxSize  -1)      /*栈未满*/
```

```
        {  stack[top] = p;            /*将当前指针 p 进栈*/
           top ++ ;
        }
        else { printf("栈溢出");
               return;
             }
        p = p -> lchild;              /*指针指向 p 的左孩子结点*/
    }
    if( top < = 0)   return;          /*栈空时结束*/
    else { top -- ;
           p = stack[top];            /*从栈中弹出栈顶元素*/
           p = p -> rchild;           /*指针指向 p 的右孩子结点*/
         }
    }
}
```

对于图 6-20a 所示的二叉树，用该算法进行遍历过程中，栈 stack 和当前指针 p 的变化情况以及二叉树中各结点的访问次序见表 6-1。

表 6-1 二叉树前序非递归遍历过程

步骤	修改后的 p 值	栈（栈底 -> 栈顶）	访问结点值
初态	p 指向 A 结点	空	
1	p 指向 B 结点	A	A
2	p 指向 D 结点	A，B	B
3	NULL	A，B，D	D
4	p 指向 G 结点	A，B	
5	NULL	A，B，G	G
6	NULL	A，B	
7	NULL	A	
8	p 指向 C 结点	空	
9	p 指向 E 结点	C	C
10	NULL	C，E	E
11	NULL	C	
12	p 指向 F 结点	空	
13	NULL	F	F
14	NULL	空	

（2）中序遍历的非递归实现 中序遍历非递归算法是在前序遍历非递归算法 6.4 的基础上修改的。中序遍历的顺序是左子树、根结点、右子树，所以遇到结点要先进栈而不能访问，先去遍历它的左子树，等左子树处理完后，再出栈访问结点，然后再转向右子树进行遍历。

算法思路：从二叉树的根结点开始，沿左子树向下搜索，在搜索过程将所遇到的结点进栈；左子树遍历完毕之后，从栈顶退出栈中的结点并访问；然后再用上述过程遍历右子树，以此类推，直到整棵二叉树全部访问完毕。具体算法描述见算法 6.5。

［视频 6-19 中序遍历的非递归实现］

算法 6.5　中序遍历二叉树的非递归算法

```
void NRInOrder( BiTNode * root)    //中序遍历非递归算法
{
    BiTNode * p, * stack[MaxSize];
    int top = 0;
    if( root == NULL)    return;
    p = root;
    while( !( p == NULL && top ==0 ) )
        { while( p! = NULL)
            {   if( top < MaxSize - 1)         /* 栈未满 */
                  { stack[top] = p;            /* 将当前指针 p 进栈 */
                    top ++ ;
                  }
                else { printf("栈溢出");
                       return;
                     }
                p = p -> lchild;               /* 指针指向 p 的左孩子结点 */
            }
            if( top < =0)return;               /* 栈空时结束 */
            else { top -- ;
                   p = stack[top];             /* 从栈中弹出栈顶元素 */
                   printf(" % c", p -> data);   /* 访问结点的数据域 */
                   p = p -> rchild;            /* 指针指向 p 的右孩子结点 */
                 }
        }
}
```

（3）后序遍历的非递归实现　二叉树后序遍历的非递归算法较为复杂，遍历时当指针第一次指向某一结点时，不能立即访问，要将此结点进栈保存，然后遍历该结点的左子树；当左子树遍历完毕再次搜索到该结点时，还不能立即访问，仍要将此结点进栈保存；接着遍历该结点的右子树；左、右子树均遍历完毕，第三次遇到该结点时，才将该结点出栈并访问该结点。

也就是说，在后序遍历过程中，一个结点要进两次栈、出两次栈，而访问结点是在第二次出栈时访问。因此，为了区别同一个结点指针的两次出栈，设置标志 flag，令：

$$flag = \begin{cases} 1 & \text{第一次出栈，结点不能访问} \\ 2 & \text{第二次出栈，结点可以访问} \end{cases}$$

当结点指针进、出栈时，其标志 flag 也同时进、出栈。因此，可将栈中元素的数据类型定义为指针和标志 flag 合并的结构体类型。定义如下：

```
typedef   struct
        { BiTNode * link;
          int flag;
        } StackType;
```

二叉树后序遍历的非递归算法见算法 6.6。在算法中，一维数组 stack 用于实现栈的结构，指针变量 p 指向当前要处理的结点，整型变量 top 用来表示当前栈顶的位置，整型变量 sign 为结点 p 的标志。

算法 6.6　后序遍历二叉树的非递归算法

```
void   NRPostOrder(BiTNode *root)    //后序遍历非递归算法
{   StackType   stack[MaxSize];
    BiTNode *p;
    int   top, sign;
    if(root == NULL)   return;
    top = 0;                  /*栈顶位置初始化*/
    p = root;
    while(!(p == NULL && top == 0))
       { if(p! = NULL)            /*结点第一次进栈*/
           { stack[top].link = p;
             stack[top].flag = 1;
             top ++ ;
             p = p -> lchild;     /*找该结点的左孩子*/
           }
         else
           { top -- ;
             p = stack[top].link;
             sign = stack[top].flag;
             if(sign == 1)        /*结点第二次进栈*/
               { stack [top].link = p;
                 stack [top].flag = 2;  /*标记第二次出栈*/
                 top ++ ;
                 p = p -> rchild;
               }
             else { printf("%c", p -> data);  /*访问结点的数据域*/
                    p = NULL;
                  }
           }
       }
}
```

3. 不用栈的二叉树遍历的非递归方法

前面介绍的二叉树的遍历算法可分为两类，一类是依据二叉树结构的递归性，采用递归调用的方式来实现；另一类则是通过栈来辅助实现。采用这两类方法对二叉树进行遍历时，递归调用和栈的使用都带来额外空间增加，递归调用的深度和栈的大小是动态变化的，都与二叉树的高度有关。因此，在最坏的情况下，即二叉树退化为单支树的情况下，递归的深度或栈需要的存储空间等于二叉树中的结点数。

还有一类二叉树的遍历算法，就是不用栈也不用递归来实现。常用的不用栈的二叉树遍历的非递归方法有以下两种。

1）对二叉树采用三叉链表存储结构，即在二叉树的每个结点中增加一个双亲域 parent，这样，在遍历深入到不能再深入时，可沿着走过的路径回退到任何一棵子树的根结点，并再向另一方向走。由于这一方法的实现是在每个结点的存储上又增加一个双亲域，故其存储开销就会增加。

2）在线索二叉树上的遍历，即利用具有 n 个结点的二叉树中的 $n+1$ 个空指针域来存放线索，然后在这种具有线索的二叉树上遍历时，不需要栈，也不需要递归。有关线索二叉树的详细内容，将在6.6节中讨论。

6.5.2 二叉树的其他运算举例

本节讨论二叉树的建立、销毁二叉树、在二叉树中查找结点等基本操作的算法。

1. 二叉树的建立

建立二叉树可以有多种方法，一种较为简单的方法是根据一个结点序列来建立二叉树。由于前序、中序和后序序列中的任何一个都不能唯一地确定一棵二叉树，因此不能直接使用。一个遍历序列不能唯一确定二叉树的原因是：不能确定其左右子树的情况。为解决此问题，可以对二叉树进行如下处理：将二叉树中每个结点的空指针引出一个虚结点，令其值为一个特定值，如"#"，以标识其为空。把这样处理后的二叉树称为原二叉树的**扩展二叉树**（Extended Binary Tree）。

例如，图6-25a的二叉树的扩展二叉树如图6-25b所示，该扩展二叉树的前序遍历序列为：A B # D # # C E # # #。

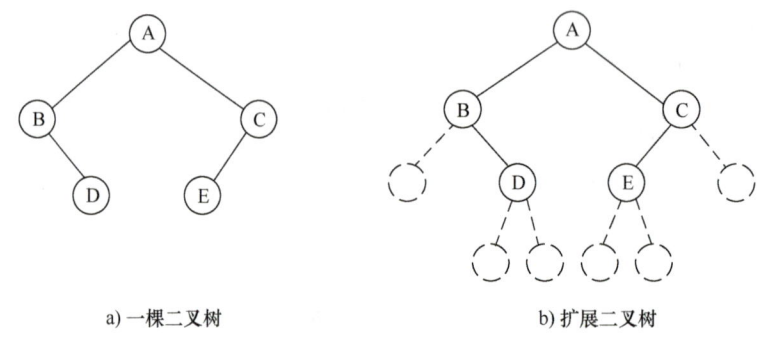

a）一棵二叉树　　　　　　　　　　b）扩展二叉树

图6-25　二叉树及对应扩展二叉树

扩展二叉树用特定值（如"#"）标识了孩子结点为空的情况，利用扩展二叉树的一个遍历序列就能唯一地确定一棵二叉树。下面以前序遍历建立二叉树为例，讨论如何通过从键盘输入扩展二叉树的前序遍历序列，递归建立二叉树。

算法思路：假设二叉树数据域的类型为字符型，设 t 为根指针，从键盘输入结点字符，若输入的是一个特殊字符（本算法中为#），则表明该二叉树为空树，即 t = NULL；否则生成新的结点，将输入字符赋值给 t -> data，然后递归建立它的左子树和右子树。具体算法描述见算法6.7。

［视频6-20　二叉树的递归创建］

算法6.7　建立二叉树的递归算法

```
void CreateBiTree( BiNode * &T)
{   /* 根据扩展二叉树前序遍历序列，建立二叉链表*/
    char   ch;
    scanf("%c", &ch);
    if( ch == '#')    T = NULL;
    else
    {   T = ( BiNode * )malloc( sizeof( BiNode ) );  /*生成新的结点*/
```

```
        if( !T )        return;
        T −> data = ch;              /*对数据域赋值*/
        CreateBiTree( T −> lchild );    /*递归创建左子树*/
        CreateBiTree( T −> rchild );    /*递归创建右子树*/
    }
}
```

上述算法可以建立任何形状的一棵二叉树，但在输入字符时要注意，当结点的左孩子或右孩子为空的时候，应当输入一个特定值（本算法中为#），表示该结点的左孩子或右孩子为空。例如，要建立如图 6-25a 所示的二叉树，则需要输入字符序列"Ａ Ｂ ＃ Ｄ ＃ ＃ Ｃ Ｅ ＃ ＃ ＃"。

2. 销毁二叉树

建立二叉树时，二叉链表的存储空间是动态分配的。销毁二叉树就是释放二叉链表中所有结点占用的存储空间。在释放某结点时，应先释放该结点的左、右子树占用的空间，因此应采用后序遍历。具体算法见算法 6.8。

算法 6.8　销毁二叉树

```
void    DestroyBiTree( BiTNode  *&t)
{   /*释放二叉树 t 占用的存储空间*/
    if( t! = NULL)
    {   DestroyBiTree( t −> lchild );
        DestroyBiTree( t −> rchild );
        free( t );
    }
}
```

3. 在二叉树中查找结点

本运算在二叉树 t 中查找值为 x 的结点，若找到返回其地址，否则查找失败，返回 NULL。
二叉树中的查找操作实际是遍历操作的特例，可以在二叉树遍历算法基础上，很容易实现查找操作的算法。

算法思路：要在二叉树中查找值为 x 的结点，可以将遍历二叉树 t 时"访问结点"的操作，变为判断当前结点的值是否等于 x，若等于，则查找成功，否则继续在其左、右子树中查找。具体算法见算法 6.9。

算法 6.9　在二叉树中查找结点

```
BiTNode  *FindNode( BiTNode  *t, ElemType x)
{   /*在二叉树 t 中查找值为 x 的结点*/
    BiTNode  *p;
    if( t == NULL)      return  NULL;    /*查找失败*/
    if( t −> data == x)   return t;       /*查找成功*/
    else
    {   p = FindNode( t −>lchild, x );        /*在左子树中查找值为 x 的结点*/
        if( p! = NULL)    return p;       /*查找成功*/
        else    return FindNode( t −>rchild, x);    /*在右子树中查找值为 x 的结点*/
    }
}
```

由于二叉树的结构是递归的,二叉树的很多操作可以很容易地用递归算法实现,所以掌握基本的二叉树的递归算法设计方法对于二叉树问题的求解是十分重要的。

【例 6-8】 假设二叉树用二叉链表存储结构存储,试设计一个算法,求二叉树的所有叶子结点的个数。

解:设求二叉树的所有叶子结点个数 $f(t)$ 是"大问题",则 $f(t->lchild)$ 和 $f(t->rchild)$ 分别求左、右子树中所有叶子结点的个数,是两个"小问题",它们与大问题的求解过程是相似的。递归模型 $f(t)$ 如下:

$$\begin{cases} f(t) = 0 & \text{当 } t = NULL \\ f(t) = 1 & \text{当 } t \text{ 所指结点为叶子结点} \\ f(t) = f(t->lchild) + f(t->rchild) & \text{其他情况} \end{cases}$$

对应的递归算法见算法 6.10。

算法 6.10　求二叉树中叶子结点个数

```
iint TreeLeaf( BiTNode *t)
{  /*求二叉树 t 中所有叶子结点的个数 */
    int left, right;
    if( t == NULL)    return 0;
    if( t->lchild == NULL && t->rchild == NULL)
       return 1;
    else
    {   left = TreeLeaf( t->lchild);    /*求左子树中叶子结点个数*/
        right = TreeLeaf( t->rchild);   /*求右子树中叶子结点个数*/
        return left + right;
    }
}
```

6.6　线索二叉树

【问题导入】 某二叉树采用二叉链表存储结构,若在某应用中需要频繁地对该二叉树进行中序遍历,要如何改造这个二叉树来提高遍历的效率呢?如果想要快速找到一个二叉树结点的直接后继(即中序遍历的下一个结点),是否有方法利用二叉树的空指针域来提供额外信息快速找到后继结点呢?

通过二叉树的遍历操作,可以将二叉树中的所有结点排列成一个线性序列,这实质上是对一个非线性结构进行线性化操作,使每个结点在这个线性序列中有且仅有一个直接前驱(除第 1 个结点),有且仅有一个直接后继(除最后 1 个结点)。当以二叉链表作为存储结构时,二叉链表中每个结点中只存储了指向其左、右孩子的指针,通过结点本身无法直接得到该结点在某种遍历序列中的前驱结点和后继结点的相关信息,这种信息只有在遍历的动态过程中才能得到,要找到某结点的线性前驱和线性后继是不方便的。为了更好地解决这些问题,引入了线索二叉树的概念。线索二叉树通过将空指针转化为线索,使得在不使用额外空间的情况下,实现高效的遍历操作。线索二叉树适合那些需要频繁遍历二叉树的应用场景。

6.6.1 线索二叉树的概念

1. 线索二叉树的定义

一个具有 n 个结点的二叉树,当采用二叉链表存储结构时,每个结点有两个指针域,总共有 $2n$ 个指针,但其中只有 $n-1$ 个指针是用来存储结点孩子的地址,而另外 $n+1$ 个指针域都是 NULL。

为了保留结点在某种遍历序列中直接前驱和直接后继的位置信息,可以利用二叉链表存储结构中这些空指针域来存放该结点前驱和后继结点的地址。具体做法如下:当某结点无左孩子时,可以利用其空的左指针域 lchild 存储该结点在某种遍历序列中的直接前驱结点的地址;当该结点无右孩子时,利用结点空的右指针域 rchild 存储该结点在某种遍历序列中的直接后继结点的地址;对于那些非空指针域,仍然存放指向该结点左、右孩子的指针。这些指向"前驱结点"和"后继结点"的指针称为线索(Thread),加了线索的二叉树称为线索二叉树(Threaded Binary Tree)。

由于遍历方式不同,产生的遍历序列也不同,会得到不同的线索二叉树。一般有前序线索二叉树、中序线索二叉树和后序线索二叉树三种。对二叉树以某种次序遍历使其变为线索二叉树的过程叫做线索化。

对图 6-20a 所示的二叉树进行线索化,得到前序线索二叉树、中序线索二叉树和后序线索二叉树分别如图 6-26a、图 6-26b、图 6-26c 所示。图 6-26 中实线表示指针,虚线表示线索。

[视频 6-21 线索二叉树]

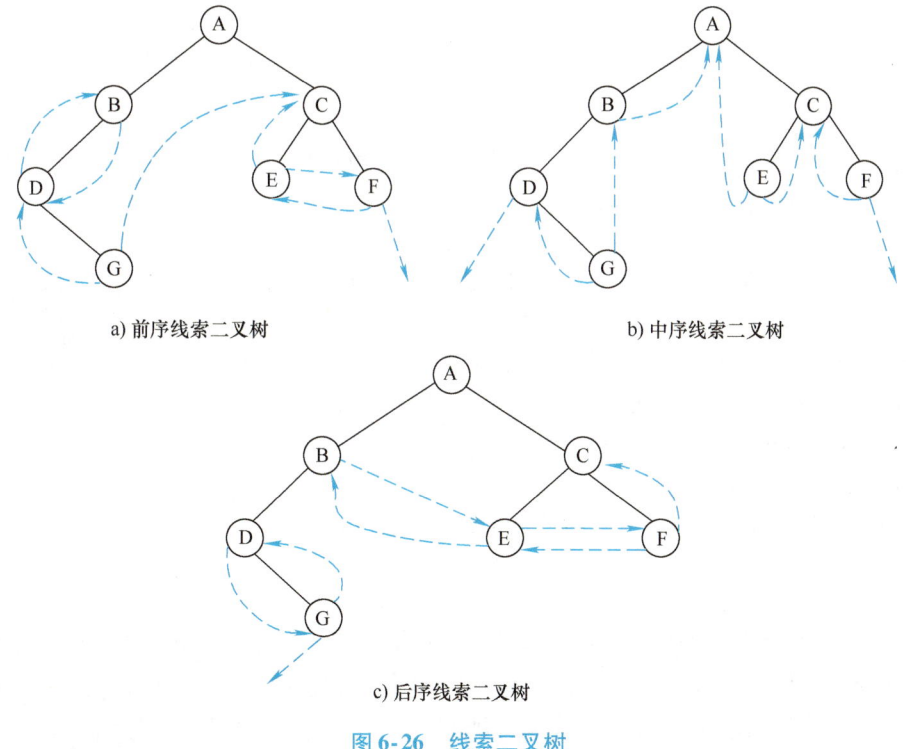

图 6-26 线索二叉树

2. 线索二叉树的结构

那么,在线索二叉树的存储中如何区分某结点的指针域内存放的是指针还是线索呢?为此，在二叉链表结点结构的基础上，为每个结点增设两个标志位 ltag 和 rtag 来区分这两种情况：

$$ltag = \begin{cases} 0 & 表示 lchild 指向结点的左孩子 \\ 1 & 表示 lchild 指向结点的前驱结点 \end{cases}$$

$$rtag = \begin{cases} 0 & 表示 rchild 指向结点的右孩子 \\ 1 & 表示 rchild 指向结点的后继结点 \end{cases}$$

每个标志位令其只占一个 bit，这样就只需增加很少的存储空间，就可以区分开指针和线索。这样，线索二叉树每个结点的存储结构如图 6-27 所示。

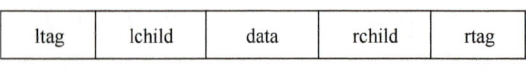

图 6-27 线索二叉树结点的存储结构

以这种结点结构存储的二叉链表作为线索二叉树的存储结构，叫作线索链表。为了使创建线索二叉树的算法设计方便，在存储线索二叉树时往往增设一头结点。头结点的结构与线索二叉树的结点结构一样，只是其数据域不存放信息，其 lchild 指向二叉树的根结点，ltag 为 0；rchild 指向按某种方式遍历二叉树时最后访问的结点，rtag 为 1；而原二叉树在某序遍历下的第一个结点的前驱线索和最后一个结点的后继线索都指向头结点。图 6-28b 给出了图 6-28a 所示二叉树完整的中序线索二叉树存储。

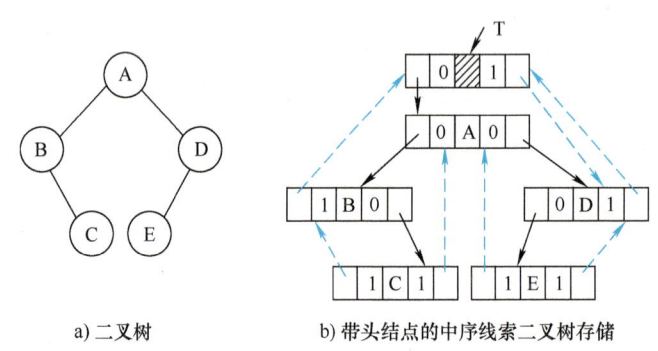

a) 二叉树　　　　　　b) 带头结点的中序线索二叉树存储

图 6-28 中序线索二叉树的存储示意图

为了实现线索二叉树，将前面二叉链表结点的数据类型声明修改如下：

```
typedef char ElemType;   //结点可为任意类型，假设为 char；
typedef struct BiThrNode {
    ElemType data;
    struct BiThrNode *lchild, *rchild;
    unsigned ltag:1, rtag:1;   // 1：线索；0：指针
} BiThrNode;
```

［视频 6-22 线索二叉树存储结构］

6.6.2 二叉树的线索化

建立线索二叉树，或者说对二叉树线索化，实质上就是遍历二叉树的过程中，将二叉链表中的空指针改为指向前驱或后继的线索，即在遍历过程中修改指针的过程——穿线。具体来讲，就是在遍历过程中，访问结点的操作是检查当前结点的左、右指针域是否为空，如果为空，将它们改为指向前驱结点或后继结点的线索。

下面以中序线索二叉树为例，讨论建立线索二叉树的算法。在下面算法中，CreateThr（T）

算法的功能是将以二叉链表存储的二叉树 T 进行中序线索化，并返回线索化后的头指针 head（指向头结点）。对一棵二叉树加线索时，必须首先申请一个头结点，建立头结点与二叉树的根结点的指向关系，对二叉树线索化后，还需建立最后一个结点与头结点之间的线索。具体算法见算法 6.11。

［视频 6-23　建立中序线索二叉树］

算法 6.11　建立中序线索二叉树

```
BiThrNode  * CreateThr( BiThrNode * T)
{ /*根据二叉链表 T，建立带头结点的中序线索二叉树，*head 指向头结点*/
    BiThrNode * head;
    if( !( head = ( BiThrNode * ) malloc( sizeof( BiThrNode) ) ) )
        return NULL;
    head -> ltag = 0;    head -> rtag = 1;          /*建立头结点*/
    head -> rchild = head;                          /*右指针回指*/
    if( !T)   head -> lchild = head;    /*若二叉树为空，则左指针回指*/
    else { head -> lchild = T;
        pre = head;
        InThreading( T);            /*中序遍历进行中序线索化*/
        pre -> rchild = head;   pre -> rtag = 1;   /*最后一个结点线索化*/
        head -> rchild = pre;
    }
    return head;
}
```

InThreading(p) 的功能是对以 p 为根的二叉树进行中序线索化。穿线过程是在中序遍历过程中完成的。在整个算法中，指针 p 指向当前正在处理的结点，而指针 pre（设为全局变量）始终指向刚刚访问过的结点，即结点 pre 是结点 p 的前驱结点，结点 p 是结点 pre 的后继结点。中序遍历到结点 p 时，若结点 p 的 lchild 为空，改为指向结点 pre 的左线索；若结点 pre 的右线索为空，改为指向结点 p 的右线索。具体算法见算法 6.12。

［视频 6-24　中序线索化］

算法 6.12　中序线索化

```
void  InThreading( BiThrNode * p)
{ /*中序遍历二叉树 p 并进行线索化*/
  if( p! = NULL)
  {  InThreading( p -> lchild);              /*左子树线索化*/
     if( p -> lchild == NULL)
        { p -> ltag = 1;   p -> lchild = pre; }   /*无左孩子，建立前驱线索*/
     else   p -> ltag = 0;
     if( pre -> rchild == NULL)
        { pre -> rtag = 1;    pre -> rchild = p; } /*无右孩子，后继线索*/
     else   pre -> rtag = 0;
     pre = p;
     InThreading( p -> rchild);              /*右子树线索化*/
  }
}
```

6.6.3 线索二叉树上的运算

本节以中序线索二叉树为例,讨论线索二叉树的遍历以及在线索二叉树上查找前驱、后继结点等操作的实现算法。

1. 在线索二叉树上查找某结点的前驱结点

问题描述:在中序线索二叉树上寻找某指定结点 p 的中序前驱结点,并返回其地址。

问题分析:对于中序线索二叉树上的任一结点,寻找其中序前驱结点,可以分为以下两种情况。

1)如果结点 p 的左标志为 1,那么其左指针域所指向的结点便是它的前驱结点。

2)如果结点 p 的左标志为 0,表明结点 p 有左孩子。根据中序遍历的定义,结点 p 的前驱结点是 p 的左子树中的最右结点(结点 p 的左子树中最后一个中序遍历的结点),即沿着 p 的左孩子的右指针链向下查找,当某结点的右标志为 1 时,它就是结点 p 的前驱结点。

在中序线索二叉树上查找指定结点 p 的中序前驱结点的具体算法见算法 6.13。

算法 6.13　在中序线索二叉树上查找结点 p 的中序前驱结点

```
BiThrNode *InorderPre(BiThrNode *p)
{   /*在中序线索二叉树上寻找结点 p 的中序前驱结点*/
    BiThrNode *q;
    if(p->ltag==1)
        return(p->lchild);
    else
        {  q=p->lchild;
           while(q->rtag==0)   q=q->rchild;
           return(q);
        }
}
```

2. 在线索二叉树上查找某结点的后继结点

问题描述:在中序线索二叉树上寻找某指定结点 p 的中序后继结点,并返回其地址。

问题分析:对于中序线索二叉树上的任一结点,寻找其中序后继结点,可以分为以下两种情况。

1)如果结点 p 的右标志为 1,那么其右指针域所指向的结点便是它的后继结点。

2)如果结点 p 的右标志为 0,表明结点 p 有右孩子。根据中序遍历的定义,结点 p 的后继结点是 p 的右子树中的最左结点(结点 p 的右子树中第一个中序遍历到的结点),即沿着 p 的右孩子的左指针链向下查找,当某结点的左标志为 1 时,它就是结点 p 的后继结点。

在中序线索二叉树上查找指定结点 p 的中序后继结点的具体算法见算法 6.14。

算法 6.14　在中序线索二叉树上查找结点 p 的中序后继结点

```
BiThrNode *InorderNext(BiThrNode *p)
{   /*在中序线索二叉树上寻找结点 p 的中序后继结点*/
    BiThrNode *q;
    if(p->rtag==1)
        return(p->rchild);
    else
```

```
        { q = p -> rchild;
          while( q -> ltag ==0)    q = q -> lchild;
          return( q);
        }
}
```

3. 遍历线索二叉树

利用在线索二叉树上寻找后继结点或前驱结点的算法,就可以遍历线索二叉树中的所有结点。下面仍以中序线索二叉树的中序遍历为例进行讨论。

在中序线索二叉树中,先找到中序遍历的第一个结点,然后再依次查询其后继结点;或者,先找到中序遍历的最后一个结点,然后再依次查询其前驱结点。按上述两种方式,既不用栈也不用递归就可以访问到二叉树中所有结点。

下面以第一种方式为例进行说明。如何在中序线索二叉树中找到第一个遍历的结点(开始结点)呢? 在中序线索二叉树中,中序遍历的第一个结点应该是根结点的左子树中最左面的结点,该结点的左指针域为线索(指向头结点),即 ltag = 1,所以查找开始结点 p 的过程如下:

P 指向根结点;
while(p -> ltag ==0)
    p = p -> lchild;

找到开始结点 p 后访问它,然后利用算法 6.14 中的 InorderNext(p) 找结点 p 的后继结点并访问,如此重复,直到中序遍历的最后一个结点(其后继为头结点),遍历结束。具体算法实现见算法 6.15。

算法 6.15 中序线索二叉树的中序遍历

```
void TraverseInthread( BiThrNode * T )
{ /* 对中序线索二叉树 T 进行中序遍历 */
    BiThrNode * p;
    p = T -> lchild;        // T 为带头结点的中序线索二叉树根指针
    if( p! = T )
    {   while( p -> ltag ==0)    p = p -> lchild;   // 找第一个结点
        do
        {   printf("% c",p -> data);    // 访问 p 结点
            P = InorderNext( p );       // 找 p 结点的中序后继
        }while( p! = T );
    }
}
```

6.7　树、森林与二叉树的转换

【问题导入】 二叉树提供了一种更结构化的方式来表示数据元素之间的层级关系。在实际应用中,有时想要利用二叉树的特性来简化某些操作,需要将普通的树转换为二叉树。例如,在解析 XML 文档时(XML 指可扩展标记语言,用于表示和传输数据,XML 文档的结构

是树形的,每个 XML 元素都是一个结点),经常需要将其转换为二叉树以便处理。那么,如何将一棵普通的树转换为一棵二叉树?在转换过程中,如何处理节结点之间的关系呢?转换后的二叉树如何恢复为原来的树?

从树的孩子兄弟表示法可以看出,树的孩子兄弟表示法实质上是二叉树的二叉链表存储形式,第一个孩子指针和下一个兄弟指针分别相当于二叉链表的左孩子指针和右孩子指针。所以,从物理结构上看,树的孩子兄弟表示法和二叉树的二叉链表是相同的,只是解释不同而已。

共同的二叉链表存储结构,使树或森林与二叉树之间形成一个自然的一一对应关系。一棵树采用孩子兄弟表示法所建立的存储结构,与它所对应的二叉树的二叉链表存储结构是完全相同的。也就是说,给定一棵树或森林,可以找到唯一的一棵二叉树与之对应;反之,任何一棵二叉树也能唯一地对应到一个森林或一棵树。这样,对树的操作就可以借助二叉树存储,利用对二叉树的操作来实现。下面将讨论树、森林与二叉树的转换。

6.7.1 树转换为二叉树

树中每个结点可能有多个孩子,但二叉树中每个结点最多只能有两个孩子。要把树转换成二叉树,就必须找到一种结点与结点之间至多用两个量说明的关系。树中每个结点最多只有一个最左的孩子和一个右邻的兄弟,这就是它们之间的关系。对于一棵无序树,树中结点的各个孩子的次序是无关紧要的,而二叉树中结点的左、右孩子结点是有区别的。为避免发生混淆,约定树中每个结点的孩子结点按从左到右的顺序编号。例如,在如图 6-29 所示的树中,根结点 A 有 B、C、E 三个孩子,可以认为结点 B 为 A 的第一个孩子结点,结点 C 为 A 的第二个孩子结点,结点 E 为 A 的第三个孩子结点。

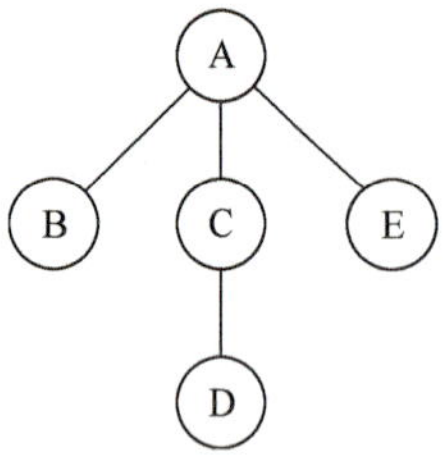

将一棵树转换为二叉树的方法如下。

1)在树中所有相邻兄弟结点之间加一连线。

2)对树中的每个结点,除保留它与第一个孩子结点之间的连线外,删去它与其他孩子结点之间的连线;

3)以树的根结点为轴心,将所生成的二叉树顺时针方向旋转 45°,使之结构层次分明。

图 6-30 是由图 6-29 所示的树转换为二叉树的过程。

图 6-29 一棵树

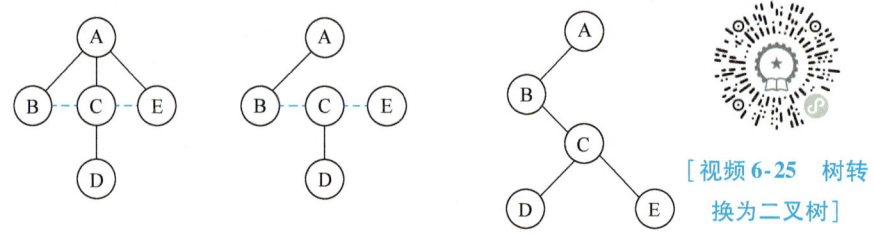

a)相邻兄弟之间加连线　　b)删去双亲与其他孩子的连线　　c)转换后的二叉树

图 6-30 树转换为二叉树的过程

[视频 6-25 树转换为二叉树]

由上面的转换过程可以看出,在二叉树中左分支上的各结点在原来的树中是父子关系,而右分支上的各结点在原来的树中是兄弟关系。由于树的根结点没有兄弟,所以转换后的二叉树的根结点的右子树必为空。

根据树与二叉树的转换关系以及树和二叉树遍历的操作定义可知：前序遍历一棵树与前序遍历该树对应的二叉树得到的结果相同；后序遍历一棵树与中序遍历该树对应的二叉树得到的结果相同。

6.7.2 森林转换为二叉树

森林是若干棵树的集合，将森林中的每棵树转换为二叉树，再每棵树的根结点视为兄弟，这样，森林也同样可以转换为二叉树。

将森林转换为二叉树的方法如下。

1）将森林中的每一棵树分别转换成二叉树。

2）把各二叉树的根结点视为兄弟，转换为一棵二叉树。具体来说就是第一棵二叉树不动，从第二棵二叉树开始，依次把后一棵二叉树的根结点作为前一棵二叉树根结点的右孩子。当所有二叉树连起来后，此时所得到的二叉树就是由森林转换得到的二叉树。

图 6-31 是将森林转换为二叉树的过程。

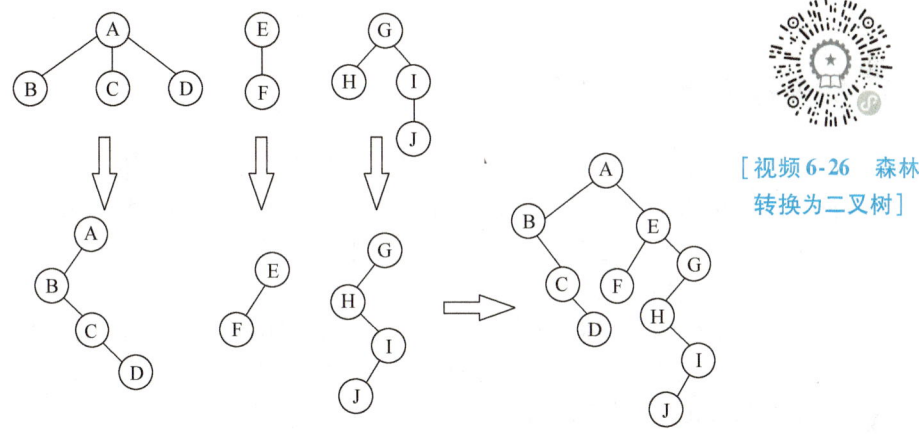

[视频 6-26 森林转换为二叉树]

a) 将森林中每棵树转换为二叉树　　b) 将各二叉树连接为一棵二叉树

图 6-31　森林转换为二叉树的过程

根据森林与二叉树的转换关系以及森林和二叉树遍历的定义可知：前序遍历森林与前序遍历其所对应的二叉树得到的序列相同；后序遍历森林与中序遍历其对应的二叉树得到的结果相同。

6.7.3 二叉树转换为树或森林

树和森林都可以转换为二叉树，二者不同的是树转换成的二叉树，其根结点无右子树，而森林转换后的二叉树，其根结点有右子树。显然这一转换过程是可逆的，即可以根据二叉树的根结点有无右子树，将一棵二叉树还原为树或森林，具体转换方法如下。

1）若某结点 x 是其双亲 y 的左孩子，则把结点 x 的右孩子、右孩子的右孩子……都与结点 y 用线连起来。

2）删去原二叉树中所有的双亲结点与右孩子结点的连线。

3）整理由 1）、2）两步所得到的树或森林，使之结构层次分明。

图 6-32 是将一棵二叉树转换为树的过程。

[视频 6-27 二叉树转换为树]

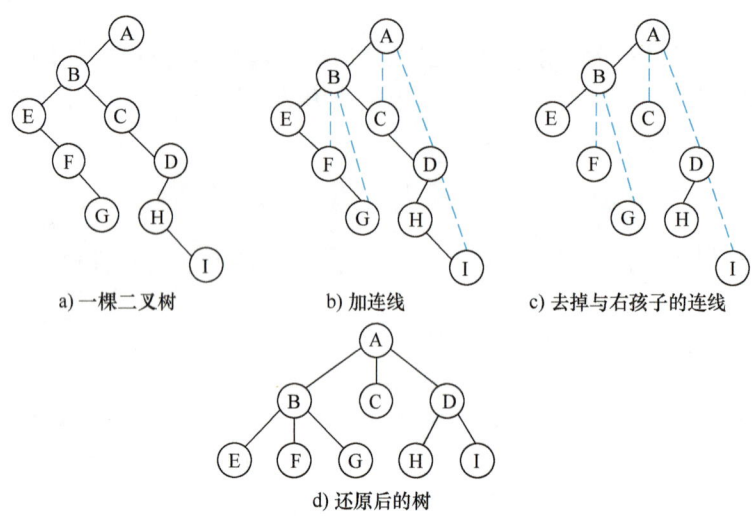

图 6-32　二叉树转换为树的过程

6.8　哈夫曼树及其应用

【问题导入】　在许多应用中，数据压缩都是一种常用的技术，用于减少文件的大小以节省存储空间或减少网络传输时间。哈夫曼编码是一种常用的无损压缩算法，它使用哈夫曼树构建最优的前缀编码。什么是哈夫曼树？如何构建哈夫曼树？哈夫曼编码和解码的过程是怎样的？哈夫曼树如何应用于文件压缩？

哈夫曼（Huffman）树又称为最优二叉树，它根据字符出现的频率来构建树，频率高的字符靠近根结点，频率低的字符远离根结点。利用哈夫曼树可以构建哈夫曼编码实现更高效的数据压缩。本节将讨论哈夫曼树的概念、构造算法，以及哈夫曼树在实际问题中的应用。

6.8.1　哈夫曼树的基本概念

在 6.1.1 节树的定义和基本术语中介绍过路径和结点的路径长度的概念。下面先介绍几个关于哈夫曼树相关的概念。

结点的权值（Node Weight）：在许多应用中，经常将树中的结点赋予一个有某种意义的数值，称此数值为该结点的权值，在不同应用中权值代表的含义不同。

树的带权路径长度（Weighted Path Length，WPL）：设树具有 n 个带权值的叶子结点，从根结点到各个叶子结点的路径长度与相应叶子结点权值的乘积之和称为该树的带权路径长度，通常记为：

$$WPL = \sum_{i=1}^{n} w_i \times l_i$$

式中，n 表示树中叶子结点的个数，w_i 表示第 i 个叶子结点的权值，l_i 表示根结点到该叶子结点的路径长度。如图 6-33 所示的带权二叉树，树的带权路径长度 WPL = 2×2 + 4×2 + 5×2 + 3×2 = 28。

最优二叉树：给定一组具有确定权值的叶结点，可以构造出不同的带权二叉树，将其中带权路径长度最小的二

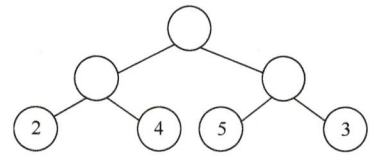

图 6-33　一个带权二叉树

叉树称为最优二叉树。因为最优二叉树及其构造算法最早是由哈夫曼于 1952 年提出来的，所以最优二叉树又被称为**哈夫曼树**。

例如，给定 4 个叶结点，设其权值分别为 1，3，5，7，可以构造出形状不同的多个二叉树。这些形状不同的二叉树的带权路径长度将各不相同。图 6-34 给出了其中 4 个不同形状的二叉树，其带权路径长度分别为：

图 6-34a 中，WPL = 1×2+3×2+5×2+7×2=32。
图 6-34b 中，WPL = 1×2+3×3+5×3+7×1=33。
图 6-34c 中，WPL = 7×3+5×3+3×2+1×1=43。
图 6-34d 中，WPL = 7×1+5×2+3×3+1×3=29。

[视频 6-28　最优二叉树]

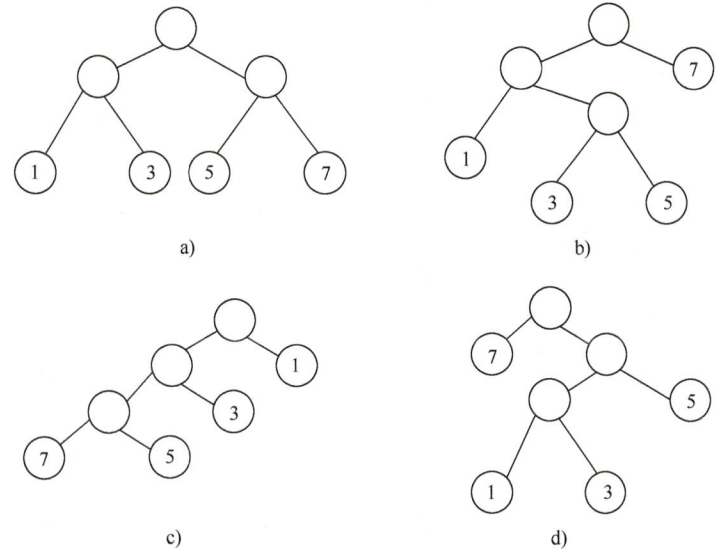

图 6-34　具有相同叶子结点和不同带权路径长度的二叉树

6.8.2　哈夫曼树的构造及实现

1. 哈夫曼树的构造

由具有相同权值的一组叶子结点构成的二叉树具有不同的形态和不同的带权路径长度，那么如何求得带权路径长度最小的二叉树（即哈夫曼树）呢？根据哈夫曼树的定义，一棵二叉树要使其 WPL 值最小，必须使权值越大的叶子结点越靠近根结点，而权值越小的叶子结点越远离根结点。哈夫曼依据这一特点提出了一种构造最优二叉树的方法，称为哈夫曼算法，其**基本思想**如下：

1）由给定的 n 个权值 $\{w_1,w_2,\cdots,w_n\}$ 构造 n 棵只有一个根结点的二叉树，从而得到一个二叉树的集合 $F=\{T_1,T_2,\cdots,T_n\}$。

2）在 F 中选取**根结点的权值最小**的两棵二叉树分别作为左、右子树构造一棵新的二叉树，通常权值较小的做左子树，权值较大的做右子树，新的二叉树根结点的权值为其左、右子树根结点权值之和。

3）在集合 F 中删除作为左、右子树的两棵二叉树，并将新建立的二叉树加入到集合 F 中。

4）重复 2）、3）两步，当 F 中只剩下一棵二叉树时，这棵二叉树便是哈夫曼树。

【例 6-9】 已知叶子结点的权值分别为 {1,2,3,4,5}，请写出由给定权值构造哈夫曼树的过程。

［视频 6-29　构造方法］

解： 哈夫曼树的构造过程如图 6-35 所示，其中 6-35e 是最后构造出的哈夫曼树，其带权路径长度为 33。

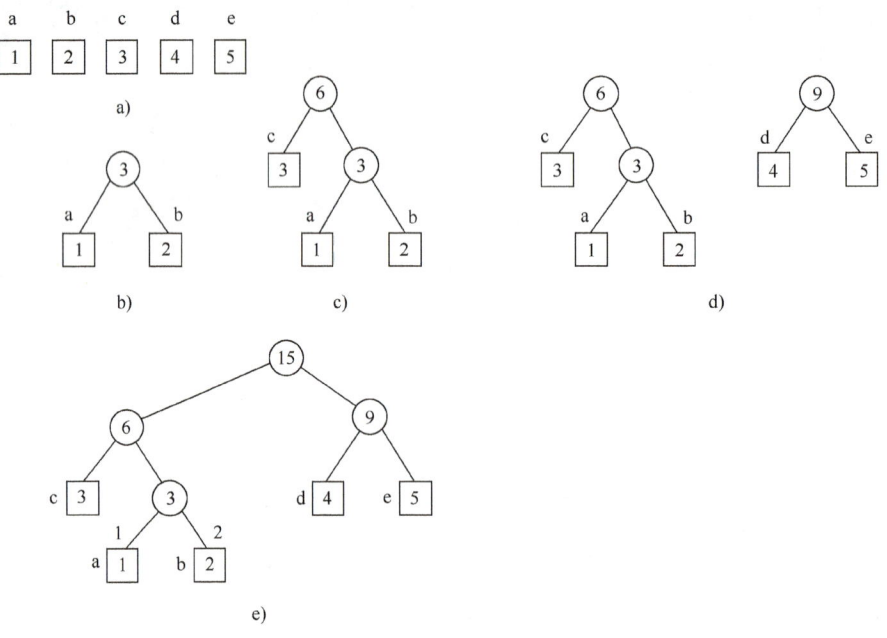

图 6-35　哈夫曼树的构造过程

由同一组给定权值的叶结点所构造的哈夫曼树，树的形态可能不同，但带权路径长度值是相同的，一定是最小的。

2. 哈夫曼算法的实现

由哈夫曼树的构造过程可知，每次合并都是由 F 集合中两棵根结点权值最小的二叉树合并成一棵二叉树，经过 $n-1$ 次合并，生成最终的哈夫曼树。由于每次合并都要产生一个新的根结点，合并 $n-1$ 次共产生 $n-1$ 个新结点，并且这些结点的度均为 2。由此可知，最终求得的哈夫曼树中共有 $\mathbf{2n-1}$ 个结点。

下面讨论哈夫曼树的存储结构。

考虑到哈夫曼树中共有 $2n-1$ 个结点，并且进行 $n-1$ 次合并操作，为了便于选取权值最小的二叉树以及合并操作，设置一个长度为 $2n-1$ 的数组 HuTree 保存哈夫曼树中各结点的信息，数组元素的结构形式如图 6-36 所示。

［视频 6-30　哈夫曼树存储结构］

weight	lchild	rchild	parent

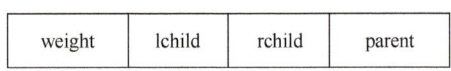

图 6-36　哈夫曼树的结点结构

其中，weight 域保存结点的权值；lchild 和 rchild 域分别保存该结点的左、右孩子结点在数组 HuTree 中的下标，从而建立起结点之间的关系，叶子结点这两个指针值设置为 -1；parent 域保存该结点的双亲结点在数组 HuTree 中的下标。为了判定一个结点是否已加入到哈夫曼树中，可通过 parent 域的值来确定。初始时 parent 域的值为 -1，表示该结点是无双亲的根结点，当结点加入到树中时，该结点 parent 域的值为其双亲结点在数组 HuTree 中的下标。

结点的数据类型声明如下：

```
#define  MaxWeight  32767      /*定义最大权值*/
typedef struct
  { int weight;
    int lchild, rchild, parent;
  } HTNode;
```

构造哈夫曼树时，首先将由 n 个权值的叶子结点存放到数组 HuTree 的前 n 个分量中，然后按照前面介绍的哈夫曼树构造方法，不断将两个根结点权值较小的子树合并为一棵子树，并将新子树的根结点顺序存放到数组 HuTree 的前 n 个分量的后面。哈夫曼树构造的具体算法实现见算法 6.16。

［视频6-31 哈夫曼树构造算法］

算法 6.16　哈夫曼树的构造算法

```
void HuffmanTree(HTNode HuTree[ ], int n)
{ /*哈夫曼树的构造算法*/
    int i, j, m1, m2, s1, s2;
    for(i=0; i<2*n-1; i++)          /*数组 HuTree 初始化*/
    { HuTree[i].weight = 0;
      HuTree[i].parent = -1;
      HuTree[i].lchild = -1;
      HuTree[i].rchild = -1;
    }
    printf("\n输入各叶子结点的权值:");
    for(i=0; i<n; i++)
      scanf("%d", &HuTree[i].weight);   /*输入 n 个叶子结点的权值*/
    for(i=0; i<n-1; i++)              /*构造哈夫曼树的 n-1 次合并*/
    {    m1 = m2 = MaxWeight;
         s1 = s2 = 0;
         for( j=0; j < n+i; j++)
           { if( HuTree[j].weight < m1 && HuTree[j].parent == -1 )
              {  m2 = m1;     s2 = s1;
                 m1 = HuTree[j].weight;   s1 = j;
              }
             else if( HuTree[j].weight < m2 && HuTree[j].parent == -1)
              {  m2 = HuTree[j].weight;
                 s2 = j;
              }
           }
         /* 将找出的两棵子树合并为一棵子树*/
         HuTree[s1].parent = n+i;
         HuTree[s2].parent = n+i;
         HuTree[n+i].weight = HuTree[s1].weight + HuTree[s2].weight;
```

```
        HuTree[n + i].lchild = s1;
        HuTree[n + i].rchild = s2;
    }
}
```

6.8.3 哈夫曼树的应用

哈夫曼树的应用十分广泛，用它解决具体问题时，可以根据不同的应用需要赋予叶子结点权值并给出相应的解释。下面举例说明哈夫曼树的应用。

1. 哈夫曼树在编码问题中的应用

在数据通信中，经常需要将传送的文字转换成由二进制字符0、1组成的二进制串。在发送端，将字符转换成0、1序列，这个过程称为编码；在接收端，则将0、1串转换成字符，称之为译码。

例如，假设要传送的电文为ABACCDA，电文中只含有A、B、C、D四种字符，若这四种字符采用如图6-37a所示的编码，则要传送的电文序列为000010000100100111000，长度为21。在传送电文时，总是希望传送时间尽可能短，这就要求电文长度尽可能短，显然，这种编码方案产生的电文代码不够短。如果采用如图6-37b所示的编码方案，则编码后的电文序列为00010010101100，长度为14。在上述编码方案中，四种字符的编码均为两位，是一种等长编码（Equal Length Code）。如果在编码时考虑字符出现的频率，让出现频率高的字符采用尽可能短的编码，出现频率低的字符采用稍长的编码，构造一种不等长编码（Variable Length Code），则电文的总长度可能更短。如当字符A、B、C、D采用如图6-37c所示的编码时，上述电文序列为0110010101110，长度仅13。

字符	编码
A	000
B	010
C	100
D	111

a)

字符	编码
A	00
B	01
C	10
D	11

b)

字符	编码
A	0
B	110
C	10
D	111

c)

字符	编码
A	01
B	010
C	001
D	10

d)

[视频6-32 编码方案]

图6-37 字符的四种不同的编码方案

在实际应用中，字符集中的字符被使用的频率是不均匀的，采用不等长编码方案，让使用频率高的字符编码尽可能短，可以使电文总长度缩短。但是，采用不等长编码时，如果设计不合理，将会给解码带来困难。例如，若采用如图6-37d所示的编码方案，字符串"AAC"的编码为"0101001"，但是在接收端译码时，它可以解码为"AAC"，也可以解码为"BDA"，这样的编码不能保证译码的唯一性，称为具有二义性的译码。之所以会出现译码的二义性，是因为字符A的编码01是字符B编码010的前缀。因此，设计不等长编码时，必须考虑解码的唯一性。如果一组编码中任何一个字符的编码都不是另一个字符编码的前缀，称这组编码为前缀编码（Prefix Code）。前缀编码保证了编码被解码时不会有多种可能。

哈夫曼树可用于构造最短的不等长编码方案。具体做法如下：设需要编码的字符集合为$\{d_1, d_2, \cdots, d_n\}$，它们在字符串中出现的频率分别为$\{w_1, w_2, \cdots, w_n\}$，以$d_1, d_2, \cdots, d_n$作为叶子结点，$w_1, w_2, \cdots, w_n$作为叶子结点的权值，构造一棵哈夫曼树。规定哈夫曼树中的左分支代表 0，右分支代表 1，则从根结点到每个叶子结点所经过的路径组成的 0 和 1 的序列便是该叶子结点对应字符的编码，称为哈夫曼编码（Huffman Code）。

下面讨论实现哈夫曼编码的算法。实现哈夫曼编码的算法可分为两大部分。

1）构造哈夫曼树。

2）在哈夫曼树上求叶子结点的编码。

[视频 6-33 哈夫曼编码]

求哈夫曼编码实质上就是在已建立的哈夫曼树中，从叶子结点开始，沿结点的双亲链域回退到根结点，每回退一步，就走过哈夫曼树的一个分支，从而得到一位哈夫曼编码值。由于一个字符的哈夫曼编码是从根结点到叶子结点所经过的路径上各分支组成的 0、1 序列，因此先得到的分支代码为所求编码的低位码，后得到的分支代码为所求编码的高位码。

为了实现哈夫曼编码的算法，设置一个数组 HuffCode 用来存放各字符的哈夫曼编码信息，数组元素的类型描述如下：

```
# define MaxBit 10          /* 定义哈夫曼编码的最大长度 */
typedef struct
{   int bit[MaxBit];        /* 用来保存字符的哈夫曼编码 */
    int start;              /* start 表示该编码在数组 bit 中的开始位置 */
} HCode;
```

由于哈夫曼树中每个叶子结点的哈夫曼编码长度不同，为此采用 HCode 类型变量的 bit 存放当前结点的哈夫曼编码。对于第 i 个字符（叶子结点），它的哈夫曼编码存放在 HuffCode[i].bit 中的从 start 到 n 的分量中。

哈夫曼编码算法的描述见算法 6.17。

算法 6.17　哈夫曼编码算法

```
void HuffmanCode( HTNode HuTree[ ], int n )
{ /* 生成哈夫曼编码 */
    HCode  HuffCode[2*n-1], cd;
    int i, j, c, p;
    for( i = 0; i < n; i++ )              /* 求每个叶子结点的哈夫曼编码 */
    {   cd.start = n-1;    c = i;
        p = HuTree[c].parent;
        while( p! = -1 )                  /* 由叶子结点向上直到树根 */
        {   if( HuTree[p].lchild == c )   cd.bit[cd.start] = 0;
            else  cd.bit[cd.start] = 1;
            cd.start--;    c = p;
            p = HuTree[c].parent;
        }
        for( j = cd.start +1; j < n; j++ )
            /* 保存求出的每个叶子结点的哈夫曼编码和编码的起始位 */
            HuffCode[i].bit[j] = cd.bit[j];
        HuffCode[i].start = cd.start;
    }
    for( i = 0; i < n; i++ )              /* 输出每个叶子结点的哈夫曼编码 */
```

181

```
        for( j = HuffCode[i].start + 1; j < n; j ++ )
            printf("%ld", HuffCode[i].bit[j]);
        printf("\n");
    }
}
```

2. 哈夫曼树在判定问题中的应用

在很多问题的处理过程中,需要进行大量的条件判断,这些判断结构的设计直接影响算法的执行效率。

例如,要编制一个将百分制成绩转换为五分制成绩的程序。显然,利用条件判断语句可以很容易地实现成绩的转换,如:

```
if( a < 60 )    b = " E ";
  else if( a < 70 )    b = " D "
    else if( a < 80 )    b = " C "
      else if( a < 90 )    b = " B "
        else    b = " A ";
```

这个判定过程可以如图 6-38a 所示的判定树来表示。

如果需要转换处理的数据量非常大,即上述程序段需反复使用。为了提高算法的执行效率,则应考虑上述判断的执行顺序,因为在现实应用中,学生的成绩在五个等级上的分布是不均匀的。假设实际应用中学生的成绩分布规律见表 6-2。

[视频 6-34 最优判定问题]

表 6-2 成绩分布规律

分数	0 ~ 59	60 ~ 69	70 ~ 79	80 ~ 89	90 ~ 100
比例数	0.05	0.15	0.40	0.30	0.10
等级	E	D	C	B	A

若按照图 6-38a 所示的判断过程,则 80% 以上的数据需进行三次或三次以上的比较才能得出结果。

为了使数据转换过程中总的比较次数最少,可以利用哈夫曼树求得最佳的判断过程。以

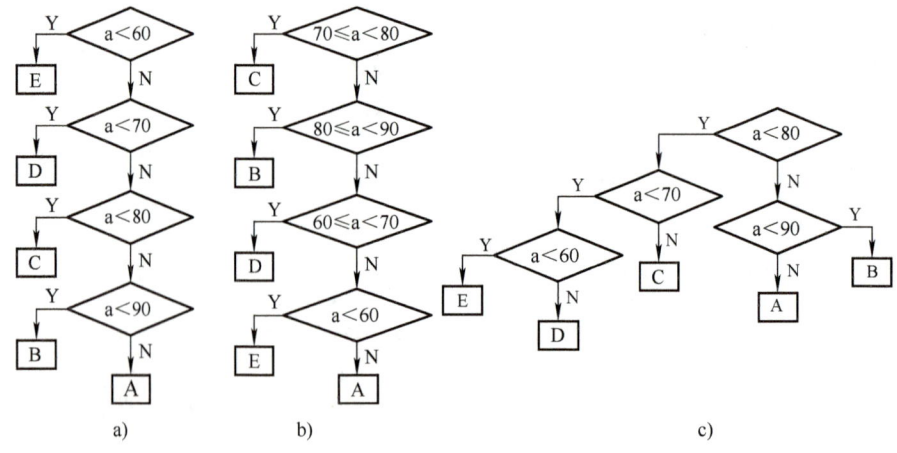

图 6-38 五分制数据转换的判定过程

成绩分布的比例数作为权值，构造一棵哈夫曼树，则可得到如图 6-38b 所示的判定过程，它可使大部分数据经过较少的比较次数得出结果。但由于每个判定框都有两次比较，将这两次比较分开，得到如图 6-38c 所示的判定树，按此判定树进行操作，可以使数据转换过程中总的比较次数最少。假设有 10000 个要处理的数据，若按图 6-38a 的判定过程进行操作，则总共需进行 31500 次比较；而若按图 6-38c 的判定过程进行操作，则总共需进行 22000 次比较。

6.9 并查集

【问题导入】 假设有一个社交网络，其中每个人都是一个结点，如果两个人是朋友关系，则他们之间有一条边相连。现在想知道任意两个人是否属于同一个社交网络圈子（即他们之间是否存在一条路径相连），如何高效地解决这个问题？

这个问题可以通过并查集（Union – Find Sets）来解决。可以将每个人初始化为一个独立的集合，然后对于每对朋友关系，将他们所在的集合合并，最后就可以通过查找两个人是否属于同一个集合来判断他们是否属于同一个社交网络圈子。

并查集通过合并集合和查找元素所属集合的操作，可以有效地处理涉及元素分组或合并的问题，提高算法的效率。

6.9.1 什么是并查集

在一些应用问题中，需要将 n 个不同的元素划分成一组不相交的集合。开始时，每个元素自成一个单元素集合，然后按一定规律将归于同一组元素的集合合并。在此过程中要反复用到查询某个元素归属于哪个集合的运算。适合于描述这类问题的数据结构称为**并查集**。

并查集支持将两个集合合并成一个集合，并且查询某个元素属于哪个集合，主要用于处理一些**不相交集**（Disjoint Sets）的合并及查询问题。在并查集中，主要有两个核心操作：

合并（Union）：将两个元素所在的集合合并为一个集合。

查找（Find）：查找一个元素所在的集合。通过查找操作，可以判断两个元素是否属于同一个集合，从而得知它们是否连通。

【例 6-10】 假设有一个社交网络有 n 个人，编号为 $1 \sim n$，如果两个人是朋友关系，则他们之间有一条边相连。若 a 和 b 是朋友，b 和 c 是朋友，则 a 和 c 也是朋友。目前假设 $n = 9$，其中（1,3）、（2,4）、（5,7）、（8,9）、（1,2）、（5,6）是朋友关系，现在想知道 7 和 9 两个人是不是朋友（属于同一个社交网络圈子）？

解：利用并查集求解该问题的过程见表 6-3。

表 6-3 朋友关系样例数据的解析

输入关系	并查集 S
初始状态	{1} {2} {3} {4} {5} {6} {7} {8} {9}
(1,3)	{1,3} {2} {4} {5} {6} {7} {8} {9}
(2,4)	{1,3} {2,4} {5} {6} {7} {8} {9}
(5,7)	{1,3} {2,4} {5,7} {6} {8} {9}
(8,9)	{1,3} {2,4} {5,7} {6} {8,9}
(1,2)	{1,2,3,4} {5,7} {6} {8,9}
(5,6)	{1,2,3,4} {5,6,7} {8,9}

对于每个人建立一个集合，开始时集合元素只有这个人本身，表示开始时不知道哪个人是他的朋友，以后每次给出一个朋友关系时就将两个集合合并，实时得到当前状态下总的朋友关系。对于本题，把所有朋友关系都合并后的集合见表 6-3 最后一行。这时要判断 7 和 9 是否有属于同一个社交网络圈子，只要在当前得到的结果中查看两个元素是否属于同一集合。显然，7 和 9 不在同一集合中，说明目前 7 和 9 不是朋友关系。

由表 6-3 可以看出，操作是在集合的基础上进行的，没有必要保存所有的边，而且每一步得到的划分是动态的。

并查集的数据结构记录了一组分离的动态集合 $S = \{S_1, S_2, \cdots, S_n\}$，其中每个动态集合 S_i ($1 \leq i \leq n$) 通过一个"代表"（名字）加以标识，该代表为所代表的集合中的某个元素。对于集合 S_i，选取其中哪个元素作为代表是任意的。

对于给定的编号为 $1 \sim n$ 的 n 个元素，x 表示其中的一个元素，设并查集为 S，并查集的实现需要支持如下运算。

1）Init_SET(S,n)：初始化并查集 S，即 $S = (S_1, S_2, \cdots, S_n)$，每个动态集合 S_i ($1 \leq i \leq n$) 仅包含一个编号为 i 的元素，该元素作为集合 S_i 的名字。

2）Find_SET(S,x)：在并查集 S 中查找元素 x 所在的集合，并返回该集合的名字。

3）Union_SETON(S,x,y)：在并查集 S 中将 x 和 y 两个元素所在的动态集合（如 S_x 和 S_y）合并为一个新的集合 $S_x \cup S_y$，并且假设在此运算前这两个动态集合是分离的，通常以 S_x 或者 S_y 的名字作为新集合的名字。

6.9.2 并查集的算法实现

并查集的实现方法很多，不同的实现方式可能会在查找和合并的操作效率上有差别。这里主要介绍用树（森林）实现并查集的方法。

用树表示集合时，每棵树表示一个集合，树中的每个结点表示集合的一个元素。多个集合形成一个森林，以每棵树的树根作为集合的代表（名字），树中每个结点有一个指向双亲结点的指针，根结点的双亲结点指针指向其自身。

> **说明：**
> 在同一棵树中的结点属于同一个集合，虽然它们在树中存在父子结点关系，但并不意味着它们之间存在从属关系。树中的指针起的只是联系集合中元素的作用。

在并查集中，每一棵树对应一个分离集合的称为**分离集合树**。整个并查集是一个分离集合森林。图 6-39 为表示前面朋友关系中的各分离集合树，其包含 3 个集合，即 $\{1,2,3,4\}$、$\{5,6,7\}$ 和 $\{8,9\}$，分别以 4、7 和 9 表示对应集合的编号。

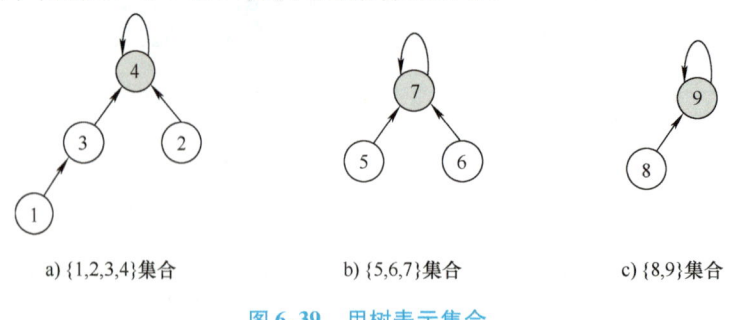

a) {1,2,3,4}集合　　　　b) {5,6,7}集合　　　　c) {8,9}集合

图 6-39　用树表示集合

在执行合并操作时，根据每个分离集合树的深度（秩）来决定合并的策略，通常是将较小的树合并到较大的树上，以保持树的平衡，减少查找操作的深度。

为了方便，通常用树（森林）的双亲表示作为并查集的存储结构。对于前面求朋友关系的例子，其中每个结点的数据类型声明为：

```
define MaxSize 100    //假设并查集最多元素数为100
typedef struct node
{   int    data；     //结点对应人的编号
    int    rank；     //结点对应秩,它是一个近似子树高度的正整数
    int    parent；   //结点对应双亲下标
} UFSTree；           //并查集树的结点类型
UFSTree  S[MaxSize]； //定义并查集S
```

1. 并查集树的初始化

建立一个存放并查集树的数组 S，对于前面的求朋友关系的例子，每个结点对应的 data 值设置为该人的编号，rank 值设置为 0，parent 值设置为自己。具体算法实现见算法 6.18。

算法 6.18 并查集树初始化

```
void Init_SET(UFSTree S[ ], int n)
{  //初始化并查集树
    int  i；
    for(i=1; i<=n; i++)
    {   S[i].data=i；      //数据为该人的编号
        S[i].rank=0；      //秩初始化为0
        S[i].parent=i；    //双亲初始化指向自己
    }
}
```

2. 查找一个元素所属的集合

在分离集合森林中，每一棵分离集合树对应一个集合。如果要查找某一元素所属的集合，就是要找这个元素对应的结点所在的分离集合树。通常以分离集合树的根结点的编号来标识这个分离集合树，这样查找一个结点所在分离集合树也就是查找该结点所在分离集合树的根结点。

查找树的根结点的方法很简单，只需任取树中的一个结点，沿双亲结点方向一直往树根走。初始时，取一个结点（可以取要查找的那个结点），走到它的双亲结点，然后以双亲结点为基点，走到双亲结点的双亲结点……直至走到一个没有双亲结点的结点为止，这个结点是树的根结点。具体算法实现见算法 6.19。

算法 6.19 并查集的查找

```
int  Find_SET(UFSTree S[ ], int x)
{ //查找元素 x 所在的集合，返回集合编号
    if(x==S[x].parent)
        return(x)；         //双亲是自己，返回 x
    else    //双亲不是自己
        return Find_SET(S, S[x].parent)；  //递归在双亲中找 x
}
```

3. 两个元素所属集合的合并

两个集合进行合并时,只需要让具有较小秩的根指向具有较大秩的根。如果两根的秩相等,只需要使其中一个根指向另一个根,同时秩增加 1。具体算法实现见算法 6.20。

算法 6.20 并查集的合并

```
void Union_SET(UFSTree S[ ], int x, int y)
{   //将 x 和 y 所在的分离集合树合并
    x = Find_SET(S,x);          //查找 x 所在分离集合树的编号
    y = Find_SET(S,y);          //查找 y 所在分离集合树的编号
    if(S[x]. rank > S[y]. rank)   //y 结点的秩小于 x 结点的秩
        S[y]. parent = x;         //将 y 连到 x 结点上,x 作为 y 的双亲结点
    else       //y 结点的秩大于等于 x 结点的秩
    {   S[x]. parent = y;         //将 x 连到 y 结点上,y 作为 x 的双亲结点
        if(S[x]. rank == S[y]. rank)   //x 和 y 结点的秩相同
            S[y]. rank ++ ;       //y 结点的秩增 1
    }
}
```

本章小结

树结构通常用于表示层次结构。本章主要讨论了树与二叉树的基本概念和相关算法的设计。主要学习要点如下:

1) 理解树的定义和基本术语,包括结点、结点的度、树的度、结点的层次、树的深度、双亲、孩子、祖先、子孙、兄弟、叶子结点、分支结点、有序树、无序树、森林等。
2) 掌握树的三种存储结构:双亲表示法、孩子表示法、孩子兄弟表示法。
3) 掌握树的性质、树和森林的遍历方法。
4) 掌握二叉树的定义、性质。
5) 掌握二叉树的存储结构,包括:顺序存储结构和链式存储结构。
6) 掌握二叉树的基本运算的实现,特别是二叉树的各种遍历算法及其应用。
7) 掌握线索二叉树的概念和相关算法的实现。
8) 掌握树/森林与二叉树的转换。
9) 掌握哈夫曼树的定义、哈夫曼树的构造过程和哈夫曼编码产生的方法。
10) 掌握并查集的相关概念和算法。
11) 能运用二叉树解决一些综合应用问题。

思想园地——哈夫曼和他的压缩算法

在 20 世纪 50 年代,随着计算机技术和数据通信的发展,如何有效地存储和传输数据成为一个重要的问题。由于当时计算机存储和传输数据的成本相对较高,人们急需一种有效的方法来减少数据的大小,尤其是在带宽有限和数据存储设备容量较小时,数据压缩技术显得尤为重要。

1951 年,哈夫曼(David A. Huffman)还是麻省理工学院的一名研究生,他的教授罗伯特

（Robert M. Fano）提出了一个最小冗余编码的问题，希望找到一个方法为给定的一组符号创建一组二进制编码，使这些编码的总长度最小。这个问题实际上是寻找一种最优的编码方法，以减少数据的存储空间或传输所需的带宽。

哈夫曼观察到不同字符在文本中出现的频率各不相同。基于这一观察，他提出了一种创新的思路：使用较短的编码来表示出现频率较高的字符，而使用较长的编码来表示出现频率较低的字符。

为了实现这一思路，哈夫曼开始研究如何构建这样的编码方案。他通过数学证明了通过构建一棵最优的二叉树，可以找到每个字符的最优编码，从而实现最小化编码总长度的目标。他提出的构造方法基于贪心策略，即每次都选择两个最小的频率合并，直到构建出一棵最优的二叉树（即哈夫曼树）。在构建哈夫曼树的过程中，为每个叶子结点赋予了一个二进制编码，从而形成了哈夫曼编码。

1952 年，哈夫曼发表论文"A method for the Construction of Minimum – Redundancy Codes"（《一种构建极小冗余编码的方法》）描述了这种编码方法。哈夫曼编码的提出不仅解决了当时计算机存储和传输数据成本高昂的问题，还成为后来无损数据压缩领域的重要基石之一。由于哈夫曼编码能够根据字符出现概率来构造编码，能够有效地减少数据的平均编码长度，从而实现数据压缩，因此它在文件压缩（如 ZIP 文件格式）、多媒体数据编码（如 JPEG 图像格式、MP3 音频格式）等多个领域都有广泛的应用。哈夫曼编码的提出，对后续的算法研究产生了深远的影响，启发了其他许多压缩算法的设计，如 LZ77、LZ78 和算术编码等。

哈夫曼的贡献不仅体现在他发明的哈夫曼编码上，更体现在他解决问题的勇气、创新的思维方式和严谨的科学态度上。他在解决数据压缩问题时，敢于突破传统思维、勇于尝试新方法，通过思考如何用最少的二进制位来表示不同的字符，最终成功发明了哈夫曼编码。在研究过程中，他注重理论推导和实验验证相结合，确保自己的研究成果具有科学性和可靠性。这种严谨的科学态度，使得哈夫曼的编码算法得以广泛应用，并对计算机科学和电信领域产生了深远影响。哈夫曼却从未为此算法申请过专利或谋取经济利益。这些精神品质使得他在计算机科学领域取得了卓越的成就，并为后人树立了光辉的榜样。

思考题

1. 日常生活中，有哪些树结构的例子？
2. 请分析线性表、树的主要结构特点，以及相互的差异与关联。
3. 二叉树和度为 2 的树有什么区别？
4. 若完全二叉树有 n 个结点，当 n 为奇数时，$n_1=0$，$n_2=\lfloor n/2 \rfloor$，$n_0=n_2+1$；当 n 为偶数时，$n_1=1$，$n_0=n/2$，$n_2=n_0-1$，其中的道理是什么？
5. 一棵树中最常用的操作是查找某个结点的祖先结点，采用哪种存储结构最合适？如果最常用的操作是查找某个结点的所有兄弟，采用哪种存储结构最合适？
6. 若一棵二叉树的前序序列和后序序列正好相反，该二叉树的形态是什么样的？
7. 一棵二叉树的前序序列的最后一个结点是否是它中序序列的最后一个结点？一棵二叉树的前序序列的最后一个结点是否是它层序序列的最后一个结点？
8. 不用栈有没有办法用非递归方法实现二叉树遍历？
9. 由一棵树转换成的二叉树其右子树一定为空吗？为什么？
10. 哈夫曼树有什么特点？可以运用哈夫曼树解决哪些实际应用问题？

练习题

1. 填空题

1) 深度为 k 的完全二叉树至少有_____个结点，至多有_____个结点。已知一棵完全二叉树的第五层有 4 个叶子结点，则该树叶子结点总数至少是_____。

2) 一棵深度为 6 的满二叉树有_____个分支结点和_____个叶子结点。

3) 一棵含有 n 个结点的 k 叉树，可能达到的最大深度为_____，最小深度为_____。

4) 在中序线索二叉树中寻找 P 指针所指结点的中序后继结点，若 P -> rtag 等于_____，则 P -> rchild 指向 P 的中序后继结点；若 P -> rtag 等于_____，则到 P 的_____子树中寻找其中序后继结点。

5) 设森林 F 由 n 棵树组成，它的第一棵树，第二棵树……第 n 棵树分别有 t_1, t_2, ⋯, t_n 个结点，则与森林 F 对应的二叉树中，根结点的左子树有_____个结点。

2. 选择题

1) 二叉树是非线性数据结构，所以（   ）。
   A. 它不能用顺序存储结构存储
   B. 它不能用链式存储结构存储
   C. 顺序存储结构和链式存储结构都能存储
   D. 顺序存储结构和链式存储结构都不能使用

2) 一棵度为 4 的树 T 中，若有 20 个度为 4 的结点，10 个度为 3 的结点，1 个度为 2 的结点，10 个度为 1 的结点，则树 T 的叶子结点个数是（   ）。
   A. 41   B. 82   C. 113   D. 122

3) 一棵高度为 h 的并且只有 h 个结点的二叉树，采用顺序存储结构存放在数组 R 中，则 R 的长度 n 应该至少是（   ）。
   A. $2h$ B. $2h-1$ C. 2^h-1 D. 2^h-1

4) 二叉树的前序遍历和中序遍历如下：前序遍历是 EFHIGJK，中序遍历是 HFIEJKG，则该二叉树根的右子树的根是（   ）。
   A. E   B. F   C. G   D. H

5) 在下列存储形式中，哪一个不是树的存储方式（   ）。
   A. 双亲表示法   B. 孩子链表表示法
   C. 孩子兄弟表示法   D. 顺序存储表示法

6) 在二叉树的前序序列、中序序列和后序序列中，所有叶子结点的先后相对顺序（   ）。
   A. 都不相同   B. 完全相同
   C. 前序和中序相同，而与后序不同   D. 中序和后序相同，而与前序不同

7) 按照二叉树的定义，由 3 个结点可以构造出（   ）种不同的二叉树。
   A. 2   B. 3   C. 4   D. 5

8) 把一棵树转换为二叉树后，这棵二叉树的形态是（   ）。
   A. 唯一的   B. 有多种
   C. 有多种，但根结点都没有左孩子   D. 有多种，但根结点都没有右孩子

9) 一棵具有 257 个结点的完全二叉树，它的深度为（   ）。

A. 7	B. 8	C. 9	D. 10

10）对 n（$n \geq 2$）个权值均不同的字符构成哈夫曼树，关于该树的叙述中，错误的是（　　）。

A. 该树一定是一棵完全二叉树
B. 该树中一定没有度为 1 的结点
C. 树中两个权值最小的结点一定是兄弟结点
D. 树中任一非叶子结点的权值一定不小于下一层任一结点的权值

11）并查集最核心的两个操作是查找与合并。假设初始长度为 10（1～10）的并查集，按（2,3）、（4,5）、（6,7）、（8,9）、（9,10）、（2,9）、（1,6）、（2,10）的顺序进行查找和合并操作，最终并查集共有（　　）个集合。

A. 1	B. 2	C. 3	D. 4

12）下列关于并查集的叙述中，（　　）是错误的。

A. 并查集使用双亲表示法存储树
B. 并查集可用于实现 Kruskal 算法
C. 并查集可用于判断无向图的连通性
D. 在长度为 n 的并查集中进行查找，最坏情况下的时间复杂度为 $O(\log_2 n)$

3. 简答题

1）在结点个数为 $n(n>1)$ 的各棵树中，高度最小的树的高度是多少？它有多少叶子结点？多少分支结点？高度最大的树的高度是多少？它有多少叶子结点？多少分支结点？

2）若已知二叉树的前序序列和中序序列，能否唯一地确定一棵二叉树？若已知二叉树的中序序列和后序序列，能否唯一地确定一棵二叉树？若已知二叉树的前序序列和后序序列，能否唯一地确定一棵二叉树？若能，举例说明如何确定；若不能，举出反例。

3）假定用于通信的电文仅由 8 个字母 c1，c2，c3，c4，c5，c6，c7，c8 组成，各字母在电文中出现的频率分别为 5，25，3，6，10，11，36，4。试为这 8 个字母设计不等长哈夫曼编码，并给出该电文的总码数。

上机实验题

1. 二叉树的基本运算

目的：掌握二叉链表存储结构以及二叉树创建、遍历的算法设计。

内容：

1）问题描述：以扩展二叉树的前序遍历序列作为输入（例如：AB#D##C##），创建二叉树，并对二叉树进行遍历，分别输出其前序遍历、中序遍历、后序遍历和层序遍历结果。

2）要求：以二叉链表为存储结构，实现如下基本运算：

CreateTree（）：按从键盘输入的前序序列，创建二叉树
PreOrder（）：前序遍历树（递归）
InOrder（）：中序（非递归）遍历树
PostOrder（）：后序遍历树（递归）
LevelTrav（）：按层次顺序遍历二叉树的算法

3）分析算法时间复杂度和空间复杂度。

2. 二叉树相关问题求解

目的：掌握二叉树遍历算法的应用，运用各种遍历算法进行二叉树问题求解。

内容：

1）问题描述：设计算法，求指定二叉树 T 中结点个数、叶子结点个数、二叉树深度、宽度等。

2）要求：以二叉链表为存储结构，设计算法实现以下功能：

① 在二叉树中查找数据元素值为 x 的结点。查找成功，返回该结点指针；查找失败返回空；

② 输出二叉树 T 中的结点个数；

③ 输出二叉树 T 中的叶子结点个数；

④ 输出二叉树 T 中的高度；

⑤ 利用层序遍历求二叉树 T 中的宽度。

3）分析算法时间复杂度和空间复杂度。

3. 求从二叉树根结点到 P 所指结点的路径

目的：掌握二叉树遍历算法的应用，运用各种遍历算法进行二叉树问题求解。

内容：

1）问题描述：在二叉树中，P 所指结点为二叉树中任一给定的结点，编写算法求从根结点到 P 所指结点之间的路径。

2）要求：以二叉链表为存储结构。

3）实验提示：采用非递归后序遍历二叉树，当后序遍历访问到 P 所指结点时，此时栈中所有结点均为 P 所指结点的祖先，由这些祖先便构成了一条从根结点到 P 所指结点之间的路径。

4）分析算法时间复杂度和空间复杂度。

4. 实现一个哈夫曼编/译码系统

目的：掌握哈夫曼树的构造过程，利用哈夫曼编码解决通信问题。

内容：

1）问题描述：利用哈夫曼编码进行信息通信可以大大提高信道利用率，缩短信息传输时间，降低传输成本。但是，这要求在发送端通过一个编码系统对待传输数据预先编码，在接收端将传来的数据进行译码。对于双工信道，每端都需要一个完整的编码/译码系统。请为这样的信息收发站写一个哈夫曼的编/译码系统。

2）实验要求：一个完整的系统应具有以下功能：

① I：初始化（Initialization）。从终端读入字符集大小 n，以及 n 个字符和 n 个权值，建立哈夫曼树，并将它存于文件 hfmTree 中。

② E：编码（Encoding）。利用已建好的哈夫曼树对文件 ToBeTran 中的正文进行编码，然后将结果存入文件 CodeFile 中。

③ D：译码（Decoding）。利用已建好的哈夫曼树将文件 CodeFile 中的代码进行译码，结果存入文件 TextFile 中。

④ P：打印代码文件（Print）。将文件 CodeFile 以紧凑格式显示在终端上，每行 50 个代码，同时将此字符形式的编码文件写入文件 CodePrin 中。

⑤ T：打印哈夫曼树（Tree printing）。将已在内存中的哈夫曼树以直观的方式显示在终端上，同时将此字符形式的哈夫曼树写入文件 TreePrint 中。

5. 判断朋友关系

目的：掌握并查集的基本运算，利用并查集解决实际应用问题。

内容：

1）问题描述：假设有一个社交网络有 n 个人，编号为 $1 \sim n$，如果两个人是朋友关系，则他们之间有一条边相连。若 a 和 b 是朋友，b 和 c 是朋友，则 a 和 c 也是朋友。请设计算法判断任意两个人是否是朋友关系。

2）要求：从键盘输入社交网络总人数 n 和目前存在的朋友关系（人员编号），从键盘输入任意两个人的编号，判断他们是否是朋友关系。

3）实验提示：利用并查集求解问题。

第7章

图

图结构是一种比树结构更复杂的非线性结构。在树形结构中，结点间有层次关系，每个结点最多只有一个双亲，但可以有多个孩子。在图结构中，任意两个结点之间都可能有关系，也就是说元素之间的关系是多对多的。因此，图结构可用于描述各种复杂的数据对象，在项目规划、工程管理、电路分析、遗传学、人工智能、语言学等许多领域有着非常广泛的应用。

在离散数学的图论中重点讨论了图的数学性质，本章重点讨论图的存储结构及其基本操作的实现。

【学习重点】

① 图的定义及术语；
② 图的邻接矩阵和邻接表存储；
③ 图的深度优先遍历和广度优先遍历及算法实现；
④ 图的最小生成树及其应用；
⑤ 拓扑排序及其应用；
⑥ 最短路径问题及求解算法；
⑦ 关键路径的求解方法。

【学习难点】

① 运用图的遍历算法解决图相关问题；
② 最小生成树算法；
③ 拓扑排序算法；
④ 最短路径算法；
⑤ 关键路径算法。

7.1 图的逻辑结构

【问题导入】 在普鲁士的哥尼斯堡，有一条河流穿过城市，河中有两个岛屿和七座桥梁，桥梁将岛屿与河岸以及岛屿之间连接起来。当地居民提出了一个关于步行的难题：有没有一条路线使得步行者能够走过每座桥一次且只一次，并最终回到出发点？

为了解决这个问题，瑞士数学家和物理学家欧拉（Leonhard Euler）将岛屿和河岸抽象为点，将桥梁抽象为连接这些点的线。这样，整个问题就转化为了在一个由点和线组成的图形中寻找一条路径，使得它能够恰好经过每一条线（即每座桥梁）一次。欧拉通过分析图形中的顶点和边的性质，证明了哥尼斯堡七桥问题是没有解的，并在此过程中提出了欧拉图的概念，奠定了图论发展的起点。

在实际应用中，可以使用图来表示各种实际问题中的关系，比如社交网络中的朋友关系、电路中的元器件连接关系、物流网络中的运输路径等。在这些问题中，顶点可以代表用户、元器件或仓库等对象，而边则代表它们之间的连接或依赖关系。通过构建图模型，可以更好地理解和分析这些关系，从而解决实际问题。

［视频7-1 哥尼斯堡七桥问题］

7.1.1 图的定义和基本术语

1. 图的定义

在图中常常将数据元素称为顶点（Vertex）。图（Graph）是由顶点的有穷非空集合和顶点间关系的集合组成的一种数据结构，其形式化定义为：

$$G = (V, E)$$

其中，G 表示一个图；$V = \{x \mid x \in 某个数据对象\}$ 是顶点的有穷非空集合，记为 $V(G)$；$E = \{<x,y> \mid x, y \in V \wedge Path(x,y)\}$ 是顶点之间关系的有限集合，也叫边（Edge）集，记为 $E(G)$。集合 E 中，$Path(x,y)$ 表示顶点 x 和顶点 y 之间有一条直接连线，即 (x,y) 表示一条边。

在图 G 中，如果顶点对之间的边没有方向，则称这条边为无向边，用无序偶对 (x,y) 来表示；如果从顶点 x 到顶点 y 之间的边有方向，则称这条边为有向边，也称为弧（Arc），用序偶对 $<x,y>$ 来表示，x 称为弧尾（Tail），y 称为弧头（Head）。$<x,y>$ 和 $<y,x>$ 表示两条不同的弧。

如果图 G 的任意两个顶点之间的边都是无向边，则称图 G 为无向图（Undirected Graph）；如果图 G 的任意两个顶点之间的边都是有向边，则称图 G 为有向图（Directed Graph）。

例如，在图 7-1 中，G_1 是无向图，G_2 是有向图。G_1 的顶点集合 $V(G_1) = \{v_0, v_1, v_2, v_3, v_4\}$，边集合 $E(G_1) = \{(v_0,v_1), (v_0,v_4), (v_1,v_2), (v_1,v_3), (v_2,v_3), (v_3,v_4)\}$；$G_2$ 的顶点集合 $V(G_2) = \{v_0, v_1, v_2, v_3, v_4\}$，边集合 $E(G_2) = \{<v_0,v_1>, <v_0,v_4>, <v_2,v_0>, <v_4,v_2>\}$。

［视频7-2 图的定义］

2. 图的基本术语

（1）简单图　在图中，若不存在顶点到其自身的边，且同一条边不重复出现，则称这样的图为简单图（Simple Graph）。在数据结构课程中，只讨论简单图。非简单图如图 7-2 所示。

（2）邻接点　在无向图中，若存在一条无向边 (v_i, v_j)，则称顶点 v_i 和 v_j 互为邻接（Adjacent）点，或称 v_i 和 v_j 相邻接，并称边 (v_i, v_j) 依附（Adhere）顶点 v_i 和 v_j。

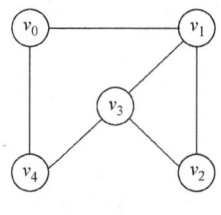
a) 无向图 G_1

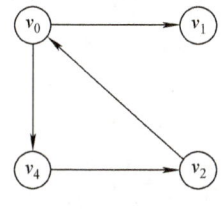
b) 有向图 G_2

图 7-1　无向图和有向图

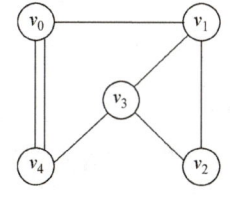
a) 同一条边重复出现

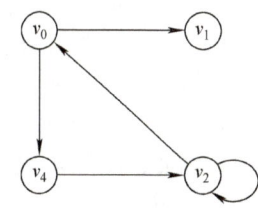
b) 存在顶点到其自身的边

图 7-2　非简单图

在有向图中，若存在一条有向边 $<v_i, v_j>$，则称顶点 v_i 邻接到 v_j，顶点 v_j 邻接自 v_i，同时，称弧 $<v_i, v_j>$ 依附顶点 v_i 和 v_j。

(3) 完全图 在无向图中，如果任意两个顶点之间都存在边，则称该图为 无向完全图 (Undirected Complete Graph)。显然，具有 n 个顶点的无向完全图有 n×(n-1)/2 条边。

在有向图中，如果任意两个顶点之间都存方向相反的两条弧，则称该图为 有向完全图 (Directed Complete Graph)。显然，具有 n 个顶点的有向完全图有 n×(n-1) 条边。无向完全图和有向完全图统称为完全图。

(4) 稠密图与稀疏图 当一个图接近完全图时，称它为 稠密图 (Dense Graph)。相反，当一个图中含有较少的边或弧时，称它为 稀疏图 (Sparse Graph)。

(5) 顶点的度、入度、出度 在无向图中，顶点 v 的 度 (Degree) 是指依附于该顶点的边的数目，记为 TD(v)。在有向图中，指向顶点 v 的弧的数目称为该顶点的入度，记为 ID(v)；从顶点 v 发出的弧的数目称为该顶点的出度，记为 OD(v)；有向图的某个顶点的入度和出度之和称为该顶点的度。

对于具有 n 个顶点 e 条边或弧的图，顶点 i 的度为 d_i （1≤i≤n），则顶点个数 n 与边或弧的数目 e 满足如下关系：

$$e = \frac{1}{2}\sum_{i=1}^{n} d_i$$

(6) 子图 若有两个图 $G_1 = (V_1, E_1)$ 和 $G_2 = (V_2, E_2)$，满足如下条件：$V_2 \subseteq V_1$，$E_2 \subseteq E_1$，即 V_2 是 V_1 的子集，E_2 是 E_1 的子集，称图 G_2 是图 G_1 的 子图 (Subgraph)。

例如，图 7-3 中分别给出了无向图 G_1 和有向图 G_2 的三个子图。

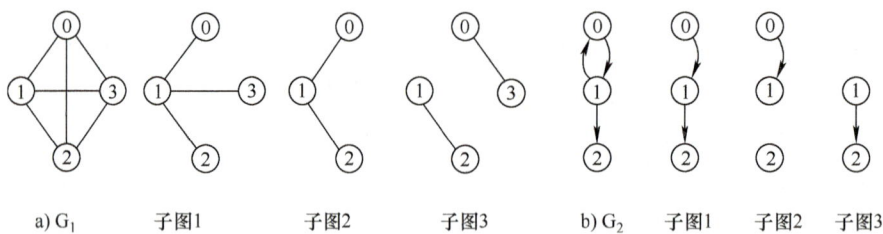

a) G_1　　子图1　　子图2　　子图3　　b) G_2　　子图1　　子图2　　子图3

图 7-3 无向图和有向图的子图

说明：
　　图 G 的子图一定是个图，但并非 V 的任何子集 V' 和 E 的任何子集 E' 都能构成 G 的子图，因为这样的 (V', E') 并不一定构成一个图。

(7) 权、网 在图中，与边或弧关联的数值称为边的 权 (Weight)。在实际应用中，权值可以有具体含义。比如，在一个反映城市交通线路的图中，边上的权值可以表示该条线路的长度或者等级；对于一个电子线路图，边上的权值可以表示两个端点之间的电阻、电流或电压值；对于反映工程进度的图，边上的权值可以表示从前一个工程到后一个工程所需要的时间等。边上带权图一般又称为 网 或 网图 (Network Graph)。

例如，图 7-4a 是一个无向网络，7-4b 是一个有向网络。

(8) 路径、路径长度、回路 在图 G = (V, E) 中，从顶点 v_i 到顶点 v_j 的一条 路径 (Path) 是一个顶点序列 $(v_i, v_{p1}, v_{p2}, \cdots, v_{pm}, v_j)$。若 G 为无向图，则边 (v_i, v_{p1}), (v_{p1}, v_{p2}), $\cdots$, (v_{pm}, v_j) 属

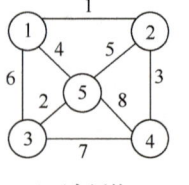

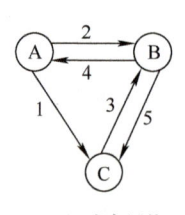

a) 无向网络　　　　　　b) 有向网络

图 7-4 无向网络和有向网络

于 $E(G)$；若 G 为有向图，则弧 $<v_i,v_{p1}>$，$<v_{p1},v_{p2}>$，…，$<v_{pm},v_j>$ 属于 $E(G)$。路径上边的数目称为路径长度（Path Length）。例如，图 7-5a 中，（0,1,2,3）与（0,2,3）是从顶点 0 到顶点 3 的两条路径，路径长度分别为 3 和 2。

若一条路径上除了 v_i 和 v_j 可以相同外，其余顶点均不相同，则称此路径是一条简单路径（Simple Path），否则称为非简单路径。例如，图 7-5a 中（0,1,3,2）是一条简单路径，图 7-5b 中（0,1,3,0,1,2）是一条非简单路径。

起点和终点相同的路径称为回路或环（Cycle）。除第一个顶点与最后一个顶点之外，其他顶点不重复出现的回路称为简单回路（Simple Cycle）。例如，图 7-5c 中的（0,1,3,0）是一条简单回路。

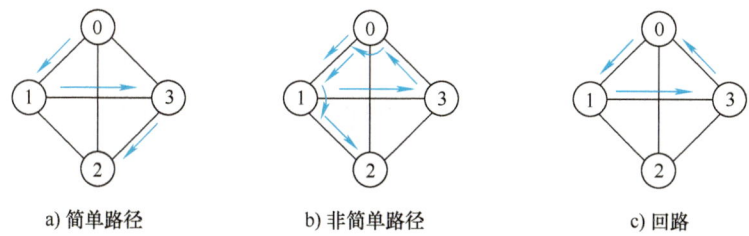

a) 简单路径　　　　b) 非简单路径　　　　c) 回路

图 7-5　简单路径、非简单路径和回路

（9）连通图、连通分量　在无向图 G 中，若两个顶点 v_i 和 v_j（$i\neq j$）之间有路径存在，则称 v_i 和 v_j 是连通的。若 G 中任意两个顶点都是连通的，则称 G 为连通图（Connected Graph），否则称为非连通图。图 7-6a 是连通图，图 7-6b 是非连通图。

非连通图极大连通子图称为连通分量（Connected Component）。显然，连通图的连通分量只有一个（即本身），而非连通图有多个连通分量。例如，图 7-6c 是图 7-6b 的两个连通分量。

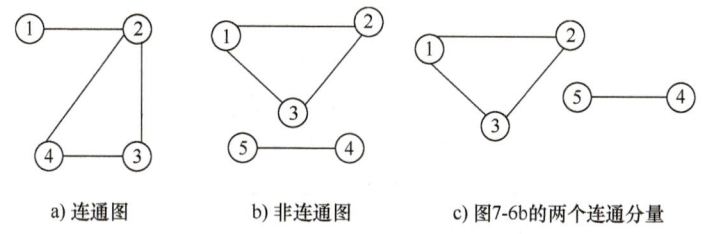

a) 连通图　　　　b) 非连通图　　　　c) 图7-6b的两个连通分量

图 7-6　连通图和非连通图的连通分量

（10）强连通图、强连通分量　在有向图 G 中，若对于每一对顶点 v_i 和 v_j（$i\neq j$），从 v_i 到 v_j 和从 v_j 到 v_i 都存在路径，则称此有向图为强连通图（Strongly Connected Graph），否则称为非强连通图。图 7-7a 是强连通图，图 7-7b 是非强连通图。

非强连通图的极大强连通子图叫作这个有向图的强连通分量（Strongly Connected Component）。显然，任何强连通图的强连通分量只有一个（即本身），而非强连通图则有多个强连通分量。例如，图 7-7c 是图 7-7b 的三个强连通分量，它们每一个都是图 7-7b 中

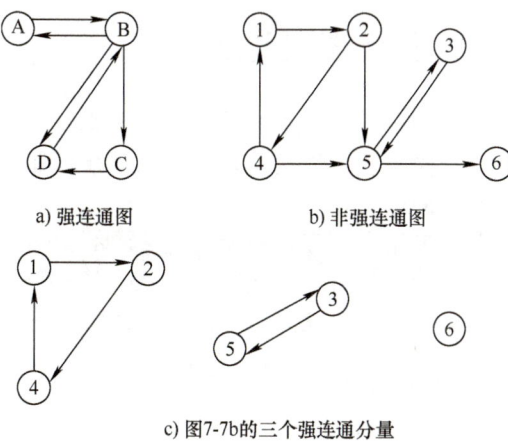

a) 强连通图　　　　b) 非强连通图

c) 图7-7b的三个强连通分量

图 7-7　强连通图和非强连通图的强连通分量

包含了极大顶点数的强连通子图。

（11）生成树、生成森林　具有 n 个顶点的连通图 G 的生成树（Spanning Tree）是它的极小连通子图，它包含图中全部的 n 个顶点和 $n-1$ 条不构成回路的边。如果在一棵生成树上添加任何一条边，必定构成一个环，因为添加的这条边使得它关联的两个顶点之间有了第 2 条路径。例如，图 7-8b 和图 7-8c 是图 7-8a 所示连通图的两棵生成树。

在非连通图中，由每个连通分量都可得到一棵生成树，这些连通分量的生成树构成了一个非连通图的生成森林（Spanning Forest）。

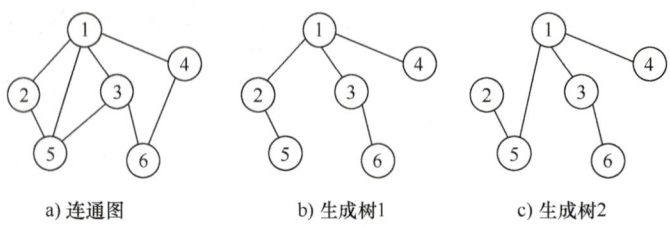

a) 连通图　　　　b) 生成树1　　　　c) 生成树2

图 7-8　连通图的生成树

7.1.2　图的抽象数据类型描述

图是一种与具体应用密切相关的数据结构，它的基本操作往往随应用不同而有很大差别。下面给出一个图的抽象数据类型定义的例子。简单起见，图的基本操作只包含了图的创建和遍历。针对具体应用，需要重新定义其基本操作。

ADT Graph
｛ 数据对象：$D = \{\ a_i\ |\ a_i \in ElemType,\ 1 \leqslant i \leqslant n,\ n \geqslant 0\ \}$
数据关系：$R = \{\ <a_i, a_j>\ |\ a_i, a_j \in D,\ 1 \leqslant i, j \leqslant n$，其中每个元素可以有零个或多个前驱元素，可以有零个或多个后继元素｝
基本操作：
CreatGraph（&G）：输入图 G 的顶点和边，创建图 G。
DestroyGraph（&G）：销毁图，释放图 G 占用的存储空间。
DFSTraverse（G, v）：从顶点 v 出发深度优先遍历图 G。
BFSTraverse（G, v）：从顶点 v 出发广度优先遍历图 G。
……
｝ADT Graph

7.2　图的存储结构及实现

【问题导入】　图是一种复杂的数据结构，不仅各个顶点的度可以千差万别，而且顶点之间的逻辑关系——邻接关系也错综复杂。那么在计算机中如何存储图中的顶点和边？如何表示顶点之间多对多的复杂关系呢？

从图的定义可知，一个图包括两部分信息：顶点的信息以及描述顶点之间的关系（边或弧）的信息。因此，无论采用什么方法存储图，都要完整、准确地反映这两方面的信息。本节介绍几种图的存储方法，其中最常用的是图的邻接矩阵表示法和邻接表表示法。

7.2.1　邻接矩阵表示法

1. 存储方式

图的邻接矩阵（Adjacent Matrix）是一种采用邻接矩阵数组表示顶点之间相邻关系的存储

结构，也称数组表示法。设图 G（V,E）是含有 n 个顶点的图，则用一个一维数组存储顶点的信息，用一个二维数组存储图中边的信息（各个顶点之间的邻接关系）。存储顶点之间邻接关系的二维数组称为邻接矩阵。若（V_i,V_j）或 <V_i,V_j> 属于边集 E，则矩阵中第 i 行、第 j 列元素值为 1，否则为 0。

图 G 的邻接矩阵是一个 n×n 的方阵，其第 i 行第 j 列的元素定义为：

$$A[i][j] = \begin{cases} 1 & 若(V_i,V_j) 或 <V_i,V_j> \in E(G) \\ 0 & 否则 \end{cases} \quad (7-1)$$

图 7-9 为无向图 G_1 及其邻接矩阵表示。

［视频 7-3　邻接矩阵］

图 7-10 为有向图 G_2 及其邻接矩阵表示。

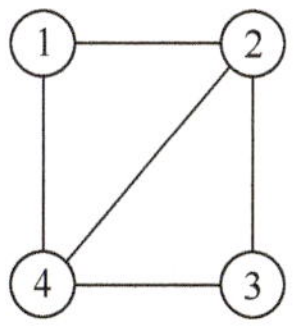

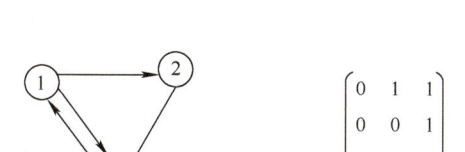

a) 无向图 G_1　　　b) G_1 的邻接矩阵　　　　　a) 有向图 G_2　　　b) G_2 的邻接矩阵

图 7-9　无向图及其邻接矩阵　　　　　图 7-10　有向图及其邻接矩阵

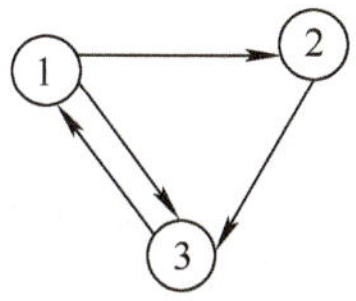

若图 G 为带权图（网图），则邻接矩阵矩阵定义为：

$$A[i][j] = \begin{cases} w_{ij} & 若(V_i,V_j) 或 <V_i,V_j> \in E(G) \\ 0 & 若 i=j \\ \infty & 否则 \end{cases} \quad (7-2)$$

式中，w_{ij} 表示边（V_i,V_j）或 <V_i,V_j> 上的权值；∞ 表示一个计算机允许的、大于所有边上权值的数。

图 7-11 为无向网图 G_3 及其邻接矩阵表示。

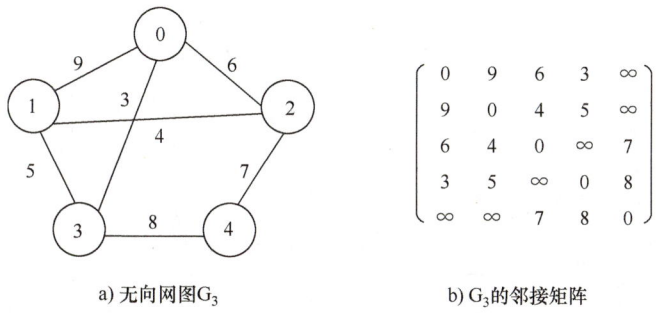

a) 无向网图 G_3　　　　　　　b) G_3 的邻接矩阵

图 7-11　无向网图及其邻接矩阵

显然，无向图的邻接矩阵一定是对称矩阵，而有向图的邻接矩阵不一定对称。图的邻接矩阵存储具有如下特点。

1）对于含有 n 个顶点的图，当采用邻接矩阵存储时，无论是有向图还是无向图，其存储空间都为 $O(n^2)$，所以邻接矩阵适合存储边的数目较多的稠密图。

2）无向图的邻接矩阵一定是对称矩阵，因此可以采用压缩存储的思想，在存储邻接矩阵时只存储上（或下）三角矩阵的元素即可。

3）无向图的邻接矩阵中第 i 行或第 i 列中非零元素、非 ∞ 元素的个数是顶点 i 的度。

4)有向图的邻接矩阵中第 i 行或第 i 列中非零元素、非 ∞ 元素的个数是顶点 i 的出度（或入度）。

5)在邻接矩阵中，判断顶点 i 和顶点 j 之间是否有边（或弧），只需检测邻接矩阵相应位置的值，若值为 1 或权值，则有边（或弧），否则顶点 i 和 j 之间不存在边（或弧）。但是，要确定图中有多少条边，则必须按行或列对每个元素进行检测，所花费的时间代价很大。这是用邻接矩阵存储图的局限性。

2. 邻接矩阵存储结构的数据类型定义

在用邻接矩阵存储图时，除了用一个二维数组存储表示顶点间相邻关系的邻接矩阵外，还需用一个一维数组来存储顶点信息。为了运算方便，还需存储图的顶点数和边数。因此，图的邻接矩阵存储结构的数据类型定义如下：

```
# define   INF   INT_MAX     //最大值∞
# define   MaxV  20          //最大顶点数
typedef struct {
    VertexType vertex[MaxV];   //顶点数组，VertexType 为顶点类型
    int arcs[MaxV][MaxV];      //邻接矩阵
    int vexnum, arcnum;        //顶点数、边（或弧）数
} MatGraph;
```

图 7-12 和图 7-13 分别是无向图和有向网图的邻接矩阵存储结构的示意图。

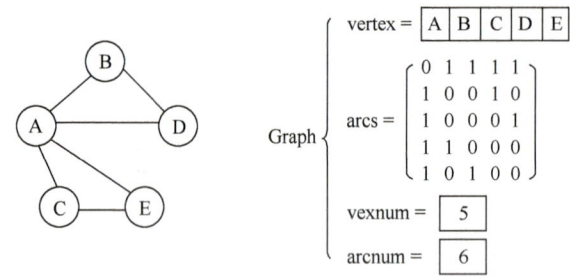

图 7-12 无向图的邻接矩阵存储结构示意图

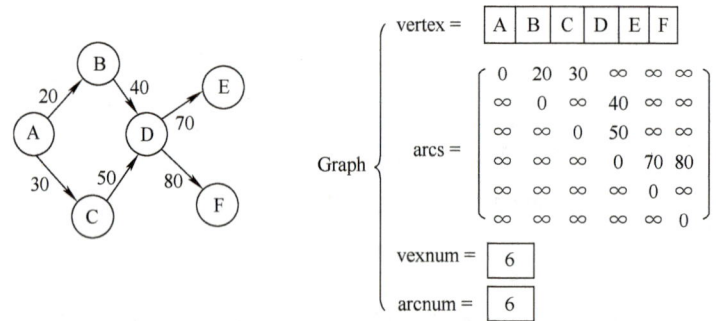

图 7-13 有向网图的邻接矩阵存储结构示意图

在图 7-12 和图 7-13 中，图的邻接矩阵存储结构 Graph 由四个域组成：vertex 数组表示顶点数组，数组元素代表每一个顶点的信息，VertexType 为顶点的类型，本例中为 char 型；arcs 域是表示邻接矩阵的二维数组；vexnum 和 arcnum 分别表示顶点数、边数。

3. 创建图的邻接矩阵

下面以建立无向网图为例，说明图的创建算法。设无向网图的顶点数为 n，边数为 e，从

键盘输入一个图的各项数据并建立图的邻接矩阵存储结构。

算法思路：首先从键盘输入图的顶点个数 vexnum 和边的个数 arcnum，输入顶点信息并存储到一维数组 vertex 中，初始化邻接矩阵 arcs（可初始化为 ∞）；之后依次输入每条边依附的两个顶点的编号 i、j 和权值 w，将邻接矩阵 arcs[i][j] 赋值为 w，如此重复直到将所有边都输入并存储到邻接矩阵 arcs 中。具体实现见算法 7.1。

[视频 7-4　创建图的邻接矩阵]

算法 7.1　创建无向网图的邻接矩阵

```
void CreateMG（MatGraph &G）
{   //根据键盘输入信息，创建无向网图 G 的邻接矩阵
    int i,j,k,n,e,w;
    printf("请输入图的顶点数 n 和边数 e:");
    scanf("%d,%d",&n,&e);
    G.vexnum = n;   G.arcnum = e;
    for(i = 0; i < n; i ++ )
    {   printf("\n 请输入第%d 个顶点的信息:",i);
        scanf("%c", &G.vertex[i]);      //构造顶点数组
    }
    for(i = 0; i < n; ++i)
        for(j = 0; j < n; ++j)
            G.arcs[i][j] = INF;    //邻接矩阵的初始化
    for(k = 0; k < e; ++k)
    {   printf("\n 请输入第%d 条边的信息（顶点编号 i,j 和权值 w):",k);
        scanf("%d,%d,%d",&i,&j, &w);   //输入边 (i,j) 和权值 w 的信息
        G.arcs[i][j] = G.arcs[j][i] = w;
    }
}
```

该算法的时间复杂度为 $O(n^2 + e)$。若将最后一条语句 G.arcs[i][j] = G.arcs[j][i] = w 改为 G.arcs[i][j] = w，则为建立有向网络的算法。

7.2.2　邻接表表示法

1. 存储方式

邻接表（Adjacency List）是图的一种顺序存储与链式存储相结合的存储方法，类似于树的孩子链表表示法。对于含有 n 个顶点的图，对于图中的每个顶点 v_i，将所有邻接于 v_i 的顶点链接成一个单链表，称为**边链表**。边链表中每一个结点代表一条边（或弧），称为边结点。图中每个顶点对应一个边链表，每个边链表再附设一个头结点，并将所有头结点构成一个头结点数组，称为**顶点表**。所以，在邻接表中有两种结点结构：顶点表结点和边表结点，其结构如图 7-14 所示。

顶点表结点中，data 为数据域，存放顶点的信息；firstarc 为指针域，指向边链表中第一个结点。边表结点中，adjvex 为邻接点域，存放该顶点的邻接点在顶点表中的下标；weight

[视频 7-5　邻接表]

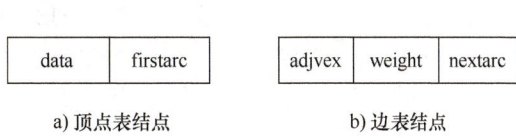

图 7-14　邻接表的结点结构

为相关信息域，用来存储与该边相关的信息，如权值等（若没有边信息，可以不设 weight 域）；nextarc 为指针域，指向边链表中下一个边结点。

图 7-15 和图 7-16 分别为无向图和有向网图的邻接表存储结构。

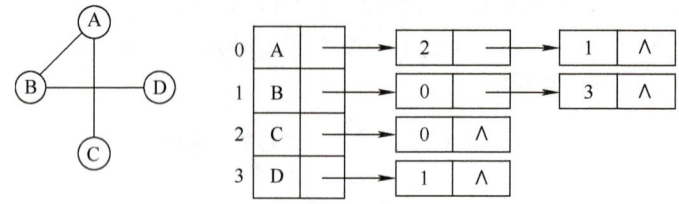

图 7-15　无向图的邻接表存储结构

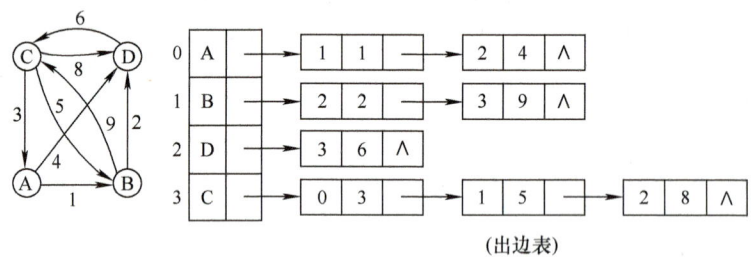

图 7-16　有向网图的邻接表存储结构

图的邻接表存储结构具有如下**特点**。

1）对于无向图，顶点 i 的度等于顶点 i 的边链表中的结点数。在有向图的邻接表中，第 i 个顶点的边链表中的每一个边结点都代表从顶点 i 发出弧，也称为出边表。因此，对于有向图，顶点 i 的出度等于顶点 i 的边链表中的结点数；顶点 i 的入度等于各顶点的边链表中以顶点 i 为终点的结点数。

有时，为了便于确定顶点的入度，可以建立有向图的<u>逆邻接表</u>，即对于每个顶点 v_i，将所有以顶点 v_i 为弧头的顶点链接成一个单链表，形成入边表。例如，图 7-17 为一个有向图的邻接表和逆邻接表。

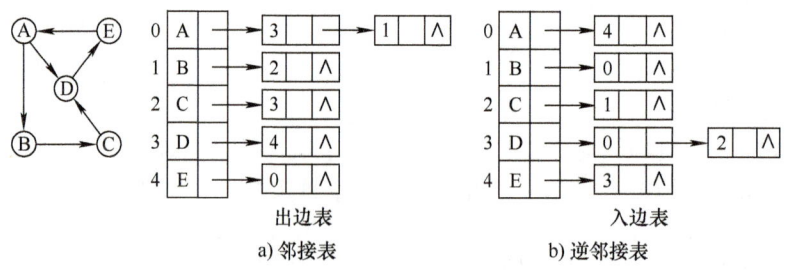

图 7-17　有向图的邻接表和逆邻接表

2）对于有 n 个顶点 e 条边的无向图，其邻接表有 n 个顶点结点和 2e 个边结点；对于有 n 个顶点 e 条边的有向图，其邻接表有 n 个顶点结点和 e 个边结点。显然，对于边数较少的稀疏图，采用邻接表比邻接矩阵更节省存储空间。

3）在邻接表中，判断顶点 i 和顶点 j 之间是否有边（或弧），只需检测顶点 i 的出边表中是否存在数据域为 j 的结点。

4）在邻接表中，找顶点 i 所有邻接点，只需遍历顶点 i 的出边表，该出边表中所有结点

都是顶点 i 的邻接点。

2. 邻接表存储结构的数据类型定义

图的邻接表存储结构的数据类型定义如下：
```
# define  MaxV  20   //最大顶点数
typedef struct ArcNode      //边结点的数据类型定义
{   int adjvex；        //该边（或弧）所指向的顶点的下标
    int weight；        //网图多一个 weight 域
    struct ArcNode * nextarc；    //指向下一个边结点的指针
} ArcNode；
typedef struct VNode       //顶点结点的数据类型定义
{   VertexType data；     //顶点信息
    ArcNode * firstarc；    //指向边链表中第一个结点
} VNode；
typedef struct {
    VNode vertex[MaxV]；    //邻接表的顶点表
    int vexnum，arcnum；    //图中的顶点数、边（或弧）数
} AdjGraph；
```
图 7-18 和图 7-19 分别是无向图和有向网图的邻接表存储结构的示意图。

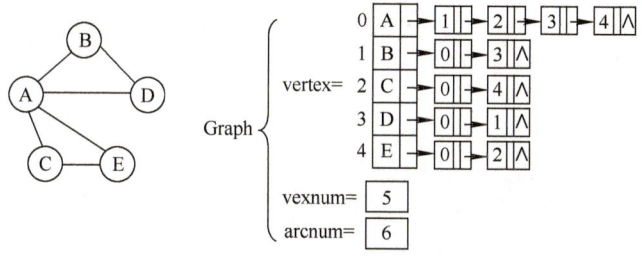

图 7-18　无向图的邻接表存储结构示意图

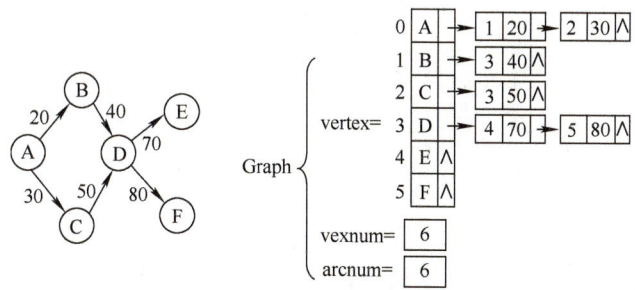

图 7-19　有向网图的邻接表存储结构示意图

在图 7-18 和图 7-19 中，图的邻接表存储结构 Graph 由四个域组成。vertex 表示顶点数组，数组元素代表每一个顶点的信息，VertexType 为顶点的类型，本例中为 char 型。边结点由三个域组成：adjvex、nextarc 指针和 weight，adjvex 表示邻接顶点在顶点数组中的下标值；nextarc 为指向下一个边结点的指针；weight 代表该边的权值。vexnum 和 arcnum 分别表示顶点数、边数。

3. 创建图的邻接表

下面以邻接表作为存储结构，从键盘输入一个图的各项数据并建立一个有向图。设有向网图的顶点数为 n，边数为 e，从键盘输入一个图的各项数据并建立图的邻接表存储结构。

算法思路：首先从键盘输入图的顶点个数 vexnum 和边的个数 arcnum，输入顶点信息并存储到顶点表数组 vertex 中，并将边链表置 NULL；依次输入每条边依附的两个顶点的编号 i、j 和权值 w，生成边结点 s，其邻接点的编号为 j，并将 s 插入到顶点 i 的边链表中（若建立无向图，还需要新建边结点并插入到顶点 j 的边链表中）；如此重复，直到将所有边都输入并插入到对应的边链表中。具体实现见算法 7.2。

[视频7-6 创建图的邻接表]

算法 7.2　创建有向网图的邻接表

```
void CreateAN(AdjGraph &G)
{   //根据键盘输入信息，创建有向网图 G 的邻接表
    int i, j, k, n, e, w;
    char ch;
    ArcNode *s;
    printf("请输入图的顶点数 n，边数 e:");
    scanf("%d,%d",&n,&e);
    G.vexnum = n;    G.arcnum = e;
    for(i=0; i<n; i++)           //建立顶点表
    {   printf("\n请输入第%d个顶点的信息:",i);
        scanf("%c", &ch);
        G.vertex[i].data = ch;
        G.vertex[i].firstarc = NULL;
    }
    for(k=0; k<e; ++k)
    {   printf("\n请输入第%d条边的信息（顶点编号 i、j 和权值 w):",k);
        scanf("%d,%d,%d",&i,&j, &w);     //输入边 (i,j) 和权值 w 的信息
        s = (ArcNode *)malloc(sizeof(ArcNode));  //新建边结点并插入到顶点 i 的边链表中
        s->adjvex = j; s->weight = w;
        s->nextarc = G.vertex[i].firstarc;
        G.vertex[i].firstarc = s;
    }
}
```

该算法的时间复杂度为 $O(n+e)$。应该注意的是，在邻接表的边链表中，各个边结点的链入顺序是任意的，这要由建立邻接表时边结点输入的次序而定。本例中将新建的边结点插入到边链表的表头位置。

7.2.3　其他存储方法

1. 十字链表

十字链表（Orthogonal List）是有向图的另一种链式存储结构，它实际上是邻接表与逆邻接表的结合。在十字链表中，每条边对应的边结点同时插入到出边表和入边表中，其顶点表结点和边表结点的结构如图 7-20 所示。

顶点表结点中，vertex 为数据域，存放顶点的数据信息；firstin 为入边表头指针，指向入边表（以该顶点为终点的弧构成的链表）中第一个结点；

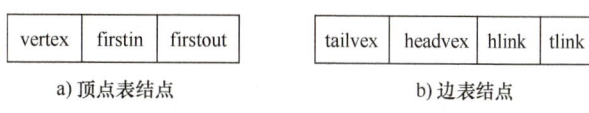

a) 顶点表结点　　　　b) 边表结点

图 7-20　十字链表顶点表结点、边表结点结构

firstout 为出边表头指针，指向出边表（以该顶点为始点的弧构成的链表）中第一个结点。

边表结点中，tailvex 为弧的始点在顶点表中的下标；headvex 为弧的终点在顶点表中的下标；hlink 为入边表的指针域，指向终点相同的下一个边结点；tlink 为出边表的指针域，指向始点相同的下一个边结点。

图 7-21 是一个有向图及其十字链表的存储结构示意图。

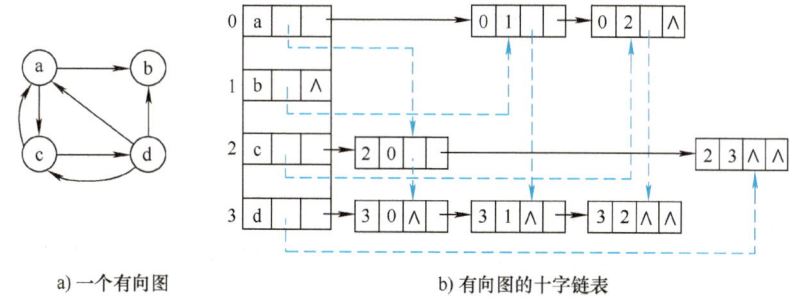

a) 一个有向图　　　　b) 有向图的十字链表

图 7-21　有向图及其十字链表的存储结构示意图

2. 邻接多重表

邻接多重表（Adjacency Multi–list）是无向图的另一种链式存储结构，与十字链表类似。邻接多重表也是由顶点表和边链表组成，每条边用一个边表结点表示，其顶点表结点和边表结点的结构如图 7-22 所示。

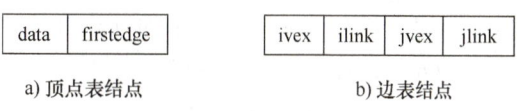

a) 顶点表结点　　　　b) 边表结点

图 7-22　邻接多重表顶点表结点、边表结点的结构

顶点表结点中，data 为数据域，存放顶点的数据信息；firstedge 为边表头指针，指向依附于该顶点的边结点。

边表结点中，ivex 和 jvex 为某条边依附的两个顶点在顶点表中的下标；ilink 为指针域，指向依附于顶点 ivex 的下一个边结点；jlink 为指针域，指向依附于顶点 jvex 的下一个边结点。

图 7-23 是一个无向图及其邻接多重表的存储结构示意图。

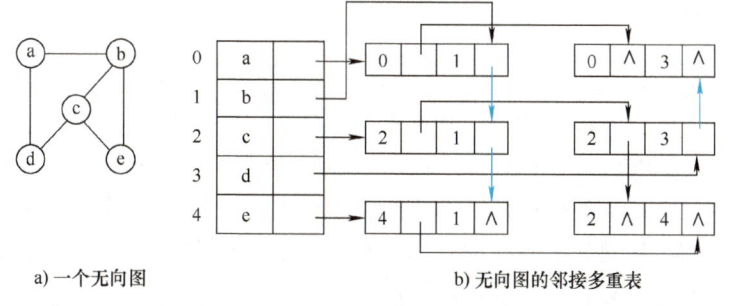

a) 一个无向图　　　　b) 无向图的邻接多重表

图 7-23　无向图及其邻接多重表的存储结构示意图

7.3　图的遍历

【问题导入】　随着我国电力行业的快速发展和能源需求的不断增长，智能电力监测系统在提高电力供应的可靠性、安全性和效率方面发挥着重要作用。在电力监测系统中，电力网

络被视为一个复杂的图结构，其中结点代表各种电力设备，如发电机、变压器、断路器、传感器等，边则代表设备之间的连接关系。监测系统要对电网全面监测，就需要监测每个电力设备的状态，那么应该如何规划检测路线，才能确保没有遗漏网络中的任何设备或连接，同时避免重复呢？当电网发生故障时，如何迅速准确地检测并定位故障点？

要解决上述问题，就需要用到图的遍历算法。图的**遍历**（Traverse）是指从图中的某一顶点出发，对图中的所有顶点访问一次且只访问一次。图的遍历是图最基本的操作，图的很多其他操作都是在遍历的基础上完成的。

图的遍历操作和树的遍历操作类似，但由于图结构本身的复杂性，所以图的遍历操作也较复杂，主要表现在以下四个方面。

1）在图结构中，没有一个确定的开始顶点，图中任意一个顶点都可作为第一个被访问的顶点，因此，需要选取遍历的起始顶点。

2）在非连通图中，从一个顶点出发，只能够访问它所在连通分量上的所有顶点，因此，还需考虑如何选取下一个出发点以访问图中其余顶点。

3）由于图中可能存在回路，在访问完某个顶点之后，可能会沿着某些边又回到了曾经访问过的顶点，需要考虑如何避免重复访问顶点的问题。

4）在图结构中，一个顶点可以有多个邻接顶点，当这样的顶点访问过后，存在如何选取下一个要访问顶点的问题。

对于问题1），既然图中没有确定的开始顶点，那么可以从图中任一顶点出发。一般对图中的顶点进行编号，先从编号小的顶点开始。由于图中任意两点之间都可能存在边，顶点没有确定的先后次序，所以顶点的编号不唯一。为了实现方便，一般用存储顶点时在顶点表中的位置（下标）表示该顶点的编号。

对于问题2），为了保证非连通图中所有顶点都被访问到，可以多次从未访问的顶点出发进行遍历。

对于问题3），为了避免遍历过程中重复访问顶点，可以设置一个全局标志数组 visited，用来表示顶点是否被访问过，其初始值为 0。在遍历过程中，一旦某个顶点 i 被访问，就将 visited[i] 设置为 1，防止它被多次访问。

问题4）是遍历次序问题，根据选取下一个要访问顶点的搜索方式不同，图的遍历通常有深度优先遍历和广度优先遍历两种方式，下面分别进行介绍。

7.3.1 深度优先遍历

深度优先遍历（Depth – First Traverse，DFS）类似于树的前序遍历。

从图中某顶点 v 出发进行深度优先遍历的**基本思想**是：访问顶点 v，并做访问标记；从 v 的未被访问的邻接点中选取任一顶点 w，以 w 作为新的出发点进行深度优先遍历；重复上述过程，直至图中与顶点 v 连通的所有顶点都被访问到为止。若此时图中还有未被访问的顶点，说明该图不是连通图，另选图中一个未曾被访问的顶点作起始点，重新进行深度优先遍历；重复上述过程，直至图中所有顶点都被访问过为止。

以图 7-24 所示无向图为例，从顶点 A 出发进行深度优先遍历。在访问顶点 A 之后，选择其邻接点 B，由于 B 未被访问过，则从 B 出发进行深度优先遍历；以次类推，接着从 C、F、D 出发进行搜索；在访问 D 之后，由于 D 的所有邻接点（A 和 F）都已被访问，则回退到上一个访问的顶点 F，选取 F 的另一个未被访问邻接点 H 作为出发点进行深度优先遍历；访问 H 到 I 后，由于同样的理由，搜索回退到 H、F、C 直至 B，再从 B 的未被访问的

［视频7-7 深度优先遍历］

邻接点 E 出发访问 E、G，最后回退到顶点 A 为止。得到的顶点访问序列为：A→B→C→F→D→H→I→E→G。

由此可见，图的深度优先遍历采用了回溯的方法，因此是一个<u>递归的过程</u>。

假设图采用邻接表作为存储结构，从图中编号为 v 的顶点出发，进行深度优先遍历的递归算法见算法 7.3。

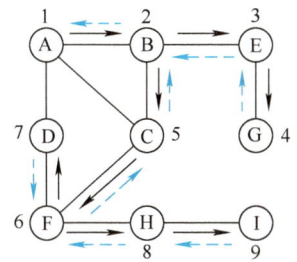　　　　

图 7-24　图的深度优先遍历路线　　　［视频 7-8　DFS 算法］

算法 7.3　图的深度优先遍历算法

```
int visited[MaxV] = {0};
void DFS(AdjGraph G, int v)
{   //从编号为 v 的顶点出发对其所在连通分量（或强连通分量）进行深度优先遍历
    ArcNode *w;
    visited[v] = 1;
    printf("%c", G.vertex[v].data);     //访问顶点 v(输出顶点值)
    w = G.vertex[v].firstarc;           //w 指向顶点 v 的第一个邻接点
    while(w! = NULL)
    {   if(visited[w->adjvex] ==0)      //若 w->adjvex 顶点未被访问过,递归访问它
            DFS(G, w->adjvex);
        w = w->nextarc;
    }
}
void DFSTraverse(AdjGraph G)
{   //对图 G 进行深度优先遍历
    int i;
    for(i=0; i<G.vexnum; ++i)
        if(visited[i] ==0)  DFS(G, i);  //对尚未访问的顶点 i 调用 DFS
}
```

算法 7.3 中的 DFS 函数访问的是与顶点 v 连通的顶点，即 v 所在连通分量（或强连通分量）中的顶点。若图是连通的（或强连通的），则从图中某一个顶点出发进行深度优先搜索就可以访问到图中所有的顶点。若图是非连通的（或非强连通的），则从图中某一个顶点出发，只能访问该顶点所在连通分量（或强连通分量）中的顶点。遍历算法是通过 DFSTraverse 函数对所有顶点进行循环，以每一个未访问的顶点作为起始顶点，调用 DFS 函数进行深度优先遍历，则可以保证图中所有顶点都被访问到。

对于含有 n 个顶点、e 条边的有向图或无向图，遍历时图中每个顶点至多调用一次 DFS 函数，因为一旦某个顶点被标记成已被访问，就不再从它出发进行遍历，因此其递归调用总次

数为 n。当访问某个顶点 v 时，DFS 的时间主要花在查找该顶点的邻接点上，其耗费的时间则取决于所采用的存储结构。当采用邻接表表示图时，沿 firstarc -> nextarc 链可以找到某个顶点 v 的所有邻接点，由于最多有 $2e$ 个边结点（无向图），所以扫描边链表的时间复杂度为 $O(e)$，所以遍历图的时间复杂度为 $O(n+e)$；如果采用邻接矩阵表示图，查找每个顶点的邻接点需要访问该顶点行的所有元素，所以遍历图中所有顶点所需的时间为 $O(n^2)$。

7.3.2 广度优先遍历

广度优先遍历（Breadth-First Traverse，BFS）类似于树的层序遍历。

从图中某顶点 v 出发进行广度优先遍历的**基本思想**是：访问顶点 v，并做访问标记；依次访问 v 的各个未被访问的邻接点 $w_1, w_2, \cdots, w_t$，然后再从 $w_1, w_2, \cdots, w_t$ 出发依次访问每一个顶点的所有未被访问的邻接点，以次类推，直到图中和初始点 v 连通的所有顶点都被访问过为止。

仍以图 7-24 所示无向图为例，从顶点 A 出发进行广度优先遍历。首先访问 A，然后访问 A 的邻接点 B、C、D，然后依次访问 B、C、D 的邻接点 E、F，然后访问 G、H，最后访问 I，得到的顶点访问序列为：A→B→C→D→E→F→G→H→I。

[视频 7-9　广度优先遍历]

广度优先遍历是一种**分层的搜索过程**，每向前走一步可能访问一批顶点。为了使"先访问顶点的邻接点"先于"后访问顶点的邻接点"被访问，需设置队列存储已被访问的顶点。假设图采用邻接表作为存储结构，从图中编号为 v 的顶点出发，进行广度优先遍历过程的实现见算法 7.4。

[视频 7-10　BFS 算法]

算法 7.4　图的广度优先遍历算法

```
void BFS(AdjGraph G, int v)
{ //从编号为 v 的顶点出发对其所在连通分量（或强连通分量）进行广度优先遍历
    SeqQueue *Q;
    ArcNode *w;
    int i;
    InitQueue(Q);        //初始化队列 Q
    visited[v] = 1;
    printf("%c", G.vertex[v].data);    //访问顶点 v（输出顶点值）
    EnQueue(Q, v);       //v 入队列
    while (!QueueEmpty(Q))    //队列 Q 非空
    { DeQueue(Q, v);     //队首元素出队，赋给 v
        w = G.vertex[v].firstarc;    //w 指向顶点 v 的第一个邻接点
        while (w! = NULL)
        { i = w -> adjvex;
            if (visited[i] == 0)    //若 w -> adjvex 顶点未被访问过
            { visited[i] = 1;
                printf("%c", G.vertex[i].data);    //访问顶点 w
                EnQueue(Q, i);    //访问过的顶点入队
            }
            w = w -> nextarc;    //顶点 v 的下一个邻接点
        }
    }
}
```

若图是连通的（或强连通的），则从图中某一个顶点出发进行广度优先遍历可以访问到图中所有顶点。若图是非连通的（或非强连通的），则从图中某一顶点出发，只能访问到该顶点所在的连通分量（或强连通分量）。这时，可以在每个连通分量（或强连通分量）中选取一个顶点进行广度优先遍历，得到整个非连通图（或非强连通图）的遍历结果。

分析上述算法，对于含有 n 个顶点、e 条边的有向图或无向图，进行广度优先遍历时，如果采用邻接表表示法，扫描边链表的时间复杂度为 $O(e)$，所以遍历算法的时间复杂度为 $O(n+e)$；如果采用邻接矩阵表示法，则对于每一个未被访问的顶点，要检测矩阵中的 n 个元素，总的时间代价为 $O(n^2)$。

7.4 图的生成树和最小生成树

【问题导入】 近年来，我国交通运输事业的发展取得了举世瞩目的成就，已经建成了全球最大的高速铁路网、高速公路网、世界级港口群，航空、航海通达全球，综合交通网突破 600 万 km，交通大国已经建成。为加快建设交通强国，进一步完善城市物流配送网络和县乡村三级物流服务体系，各级政府正在推动农村交通基础设施提档升级。某地区经过对村镇交通状况的调查，得到现有村镇间快速道路的统计数据，并提出"畅通工程"的目标：使整个地区任何两个城镇间都可以实现快速交通。由于各村镇间道路是否已经修通、基础设施状况不同，在任意两个村镇间修建、升级快速路的费用也不同。那么，如何做好科学规划，才能以最小的代价实现畅通目标呢？

要实现这个目标，需要使用图的最小生成树算法。这里可以将每个村镇看作图中的一个顶点，将现有和潜在的快速道路视为连接结点的边，边的权重为修建或升级这条快速路的费用，然后使用最小生成树算法，找到这些边的一个集合，使得这个集合中的边的总权重最小，同时连接了所有的顶点。本节将详细介绍生成树的概念和求解最小生成树的算法。

[视频 7-11 畅通工程问题]

7.4.1 生成树和最小生成树的概念

1. 生成树

具有 n 个顶点的连通图 G 的<u>生成树</u>（Spanning Tree）是它的一个<u>极小连通子图</u>，它包含图中全部的 n 个顶点和 $n-1$ 条不构成回路的边。所谓极小是指边数最少，若在一棵生成树中去掉任何一条边，都会变为非连通图。如果在一棵生成树上添加任何一条边，必定构成一个环，因为添加的这条边使得它关联的两个顶点之间有了第二条路径。

如何得到连通图的生成树呢？可以利用深度优先遍历和广度优先遍历得到连通图的生成树。前者得到的叫深度优先生成树，后者得到的叫广度优先生成树。图 7-25 和图 7-26 分别是对图 7-24 中的无向图进行深度优先遍历和广度优先遍历得到的深度优先生成树和广度优先生成树。

[视频 7-12 图的生成树]

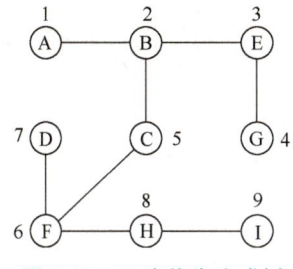

图 7-25 深度优先生成树

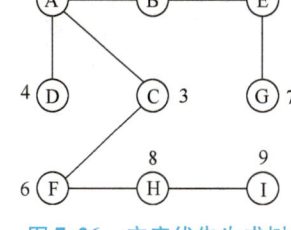

图 7-26 广度优先生成树

非连通图包含若干个连通分量，通过深度优先遍历或广度优先遍历，可得到其深度优先生成森林或广度优先生成森林。例如，图 7-28 是图 7-27 所示非连通图的深度优先生成森林。

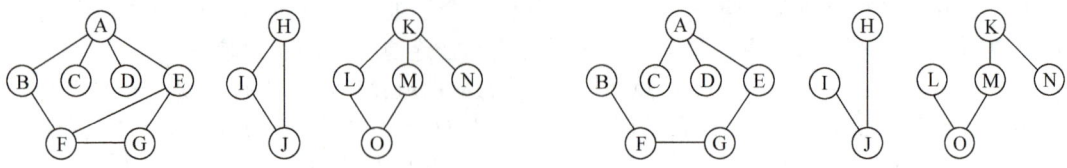

图 7-27　无向非连通图　　　　　　　图 7-28　非连通图的深度优先生成森林

连通图的一次遍历所经过的边的集合及图中所有顶点的集合就构成了该图的一棵生成树，对连通图的不同遍历，就可能得到不同的生成树，因此，连通图的生成树不唯一。

2. 最小生成树

如果无向连通图 G 是一个带权的网图，生成树上各边的权值之和称为该生成树的代价，在 G 的所有生成树中，代价最小的生成树称为 最小生成树（Minimal Spanning Tree，MST）。

最小生成树的概念可以应用到许多实际问题中。例如，本节前面提到的在村镇之间建设快速道路的工程造价最优化问题：要在 n 个村镇之间建造快速交通网络将它们联系在一起，至少要修建 $n-1$ 条快速通路，而任意两个村镇之间都可以修建道路，但工程造价不同。那么，如何设计才能使得工程总造价最小呢？如果用网络中的顶点表示村镇，顶点之间的边表示村镇之间可修建快速道路，每条边上的权值表示建造该条线路的造价，要想整个工程总的造价最低，实际上就是寻找该网络的最小生成树。

［视频 7-13　最小生成树］

最小生成树的重要性质：设 $G=(V,E)$ 是一个无向连通网图，U 是顶点集 V 的一个非空真子集。若 (u,v) 是图中一条具有最小权值的边，且 $u\in U$，$v\in V-U$，则必存在一棵包括边 (u,v) 在内的最小代价生成树。

证明：采用反证法证明。

假设网图 G 的任何一棵最小生成树中都不包含边 (u,v)。设 T 是其中的一棵最小生成树，且不包含边 (u,v)。

由于 T 是最小生成树，所以 T 是连通的，而 T 中不包含边 (u,v)，因此一定存在一条从顶点 u 到顶点 v 的路径，且这条路径上一定有一条连接两个顶点的边 (u',v')，其中 $u'\in U$，$v'\in V-U$，如图 7-29 所示。

［视频 7-14　MST 性质］

把边 (u,v) 加入到 T 中后，得到一个含有边 (u,v) 的回路，此时，从 T 中删除边 (u',v')，得到另一棵生成树 T'。已知 (u,v) 是图中具有最小权值的边，因此 (u,v) 的权 ≤ (u',v') 的权，所以 T' 的权 ≤ T 的权，这与 T 是最小生成树的假设矛盾，由此性质得证。

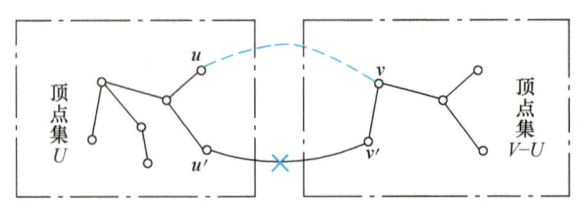

图 7-29　最小生成树的重要性质证明示意图

普里姆（Prim）算法和克鲁斯卡尔（Kruskal）算法是两个利用 MST 性质构造最小生成树的经典算法。

7.4.2 Prim 算法

1. Prim 算法的基本思想

Prim 算法是一种构造性算法。假设 G =（V, E） 是一个具有 n 个顶点的带权连通无向图，T =（U, TE）是 G 的最小生成树，其中 U 是 T 的顶点集，TE 是 T 的边集。则由图 G 构造以顶点 k 作为起始点的最小生成树 T 的过程为：T 的初始状态为 U = {k}，TE = { }，之后每一步从一个顶点 u 在 U 中，而另一个顶点 v 在 V – U 中的各条边中选择权值最小的边（u, v）加入到 TE 中，并将顶点 v 加入集合 U 中。如此继续下去，直到 U = V 为止，此时 TE 中必有 n – 1 条边，则 T 就是最小生成树。

Prim 算法可用下述过程描述，其中用 w_{uv} 表示顶点 u 与顶点 v 边上的权值。

1) U = {k}
2) while (U ≠ V) do
    (u, v) = min{w_{uv} | u ∈ U, v ∈ V – U}
    U = U + {v}
3) 结束。

> **计算机科学家简介：**
>
> Robert Clay Prim (1921—)，美国数学家和计算机科学家，1941 年获得电气工程学士，1949 年从普林斯顿大学获得数学博士学位。1941—1944 年，担任通用电气工程师。1944—1949 年，受聘于美国海军军械实验室，担任工程师，后来成为数学家。1958—1961 年，在贝尔实验室担任数学研究部主任，1957 年提出了 Prim 算法。

例如，对于图 7-30a 所示的带权连通无向图，从顶点 1 出发，采用 Prim 算法构造最小生成树的过程如图 7-30b ~ 图 7-30g 所示，图中每次找到的权值最小的边用粗虚线表示。

[视频 7-15 Prim 算法]

1) 最小生成树 T 的初始状态为 U = {1}，TE { }，如图 7-30b 所示。
2) 在 U = {1}，V – U = {2, 3, 4, 5, 6} 两个顶点集之间选择第 1 条权值最小的边（1, 3）加入到 T 中，U = {1, 3}，TE = {(1, 3)}，如图 7-30c 所示。
3) 在 U = {1, 3}，V – U = {2, 4, 5, 6} 两个顶点集之间选择第 2 条权值最小的边（3, 6）加入到 T 中，U = {1, 3, 6}，TE = {(1, 3), (3, 6)}，如图 7-30d 所示。
4) 在 U = {1, 3, 6}，V – U = {2, 4, 5} 两个顶点集之间选择第 3 条权值最小的边（6, 4）加入到 T 中，U = {1, 3, 4, 6}，TE = {(1, 3), (3, 6), (6, 4)}，如图 7-30e 所示。
5) 在 U = {1, 3, 4, 6}，V – U = {2, 5} 两个顶点集之间选择第 4 条权值最小的边（3, 2）（也可以是边（3, 5））加入到 T 中，U = {1, 2, 3, 4, 6}，TE = {(1, 3), (3, 6), (6, 4), (3, 2)}，如图 7-30f 所示。
6) 在 U = {1, 2, 3, 4, 6}，V – U = {5} 两个顶点集之间选择第 5 条权值最小的边（2, 5）加入到 T 中，U = {1, 2, 3, 4, 5, 6}，TE = {(1, 3), (3, 6), (6, 4), (3, 2), (2, 5)}，此时，U 中包含了图中所有顶点，一共选择了 5 条边，生成的最小生成树如图 7-30g 所示。

从上面的过程可以看出，Prim 算法的关键是如何找到连接 U 和 V – U 的最短边并将其加入到生成树 T 中。设当前 T 中有 k 个顶点，所有满足 u ∈ U，v ∈ V – U 的边最多有 k × (n – k) 条，从如此大的边集中选取最短边是不太经济的。利用 MST 性质，可以用下述方法构造候选

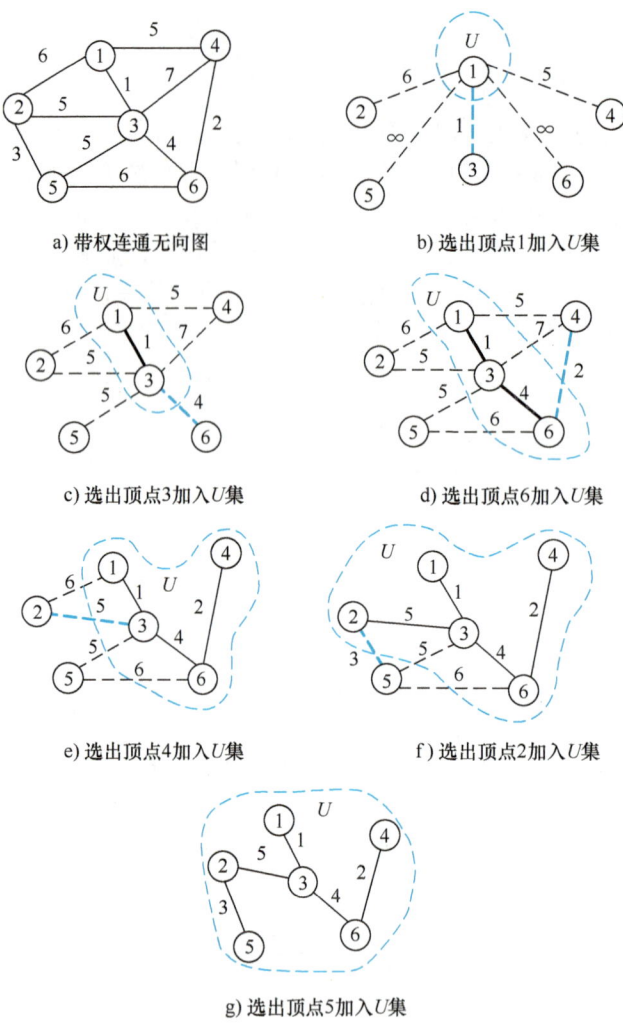

图 7-30 Prim 算法示意图

最短边集：对于任意 $v \in V-U$，选取该顶点 v 到 U 中各顶点的边中权值最小的边，成为顶点 v 关联的最短边，$V-U$ 中的每个顶点到 U 中顶点的最短边集合形成候选集，即候选最短边集为 $V-U$ 中 $n-k$ 个顶点所关联的 $n-k$ 条最短边的集合。

2. Prim 算法的实现

讨论 Prim 算法的实现前，先介绍其存储结构。

1) 图的存储结构：由于在算法执行过程中，需要不断读取任意两个顶点之间边的权值，所以，图采用邻接矩阵存储。

2) 候选最短边集：设置一个辅助数组 closedge，用来存储从 U 到 $V-U$ 候选最短边集。对 $v \in V-U$ 的每个顶点，在数组中存在一个相应分量 closedge$[v]$，数组元素包括 adjvx 和 lowcost 两个域，分别表示候选最短边的邻接点和权值，即 closedge$[v]$.lowcost $= \min \{w_{uv} \mid u \in U\}$。例如，若某候选最短边 (i,j) 的权值为 w，其中 $i \in V-U$，$j \in U$，则可表示为：closedge$[i]$.adjvex $= i$，closedge$[i]$.lowcost $= w$。

假设初始状态时 $U = \{k\}$（k 为出发的顶点），这时有 closedge$[k]$.lowcost $= 0$，表示顶点 k 已加入集合 U 中。然后不断选取权值最小 $\min\{$closedge$[v]$.lowcost$\}$ 的边 (u,v)（$u \in U, v \in V-U$），并将 closedge$[v]$.lowcost 置为 0，表示顶点 v 加入集合 U。由于顶点 v 从集合 $V-U$ 进入集合 U

后，候选最短边发生了变化，对 $V-U$ 中每个顶点 j 需要依据新的情况更新 closedge[j] 的值：

$\qquad$ closedge[j].lowcost = min{ closedge[j].lowcost, (v,j) 边的权值}

$\qquad$ closedge[j].adjvex = v（如果边 (v,j) 的权值较小）

如此重复，直至所有顶点都加入集合 U 为止。

以邻接矩阵作为图的存储结构，Prim 算法的具体实现见算法 7.5。

算法 7.5　Prim 算法

```
typedef struct
{   int adjvex;    //候选最短边邻接的顶点
    int lowcost;   //候选最短边权值，0 表示顶点已在 U 集中
}MinEdge;
void Prim(MatGraph G, int v)
{   //从第 v 个顶点出发构造最小生成树
    MinEdge closedge[MaxV];
    int i,j,min,k = 0;
    closedge[v].lowcost = 0;    //v 进入 U 集
    for (i = 0; i < G.vexnum; ++i)    //初始化 closedge 数组
        if (i! = v)
            { closedge[i].adjvex = v;
              closedge[i].lowcost = G.arcs[v][i];    }
    for (i = 1; i < G.vexnum; ++i)    // 找出 n-1 个顶点
    {   min = INF;
        for(j = 0; j < G.vexnum; ++j)    // 在 V-U 中找离 U 最近的顶点 k
            if ( closedge[j].lowcost! = 0 && closedge[j].lowcost < min)
                { min = closedge[j].lowcost;    k = j;  }
        printf("(%d,%d)", closedge[k].adjvex, k);
        closedge[k].lowcost = 0;    //顶点 k 进入 U 集
        for( int j = 0; j < G.vexnum; ++j)    //重新调整 U 集中的顶点的最短边
            if (G.arcs[k][j] < closedge[j].lowcost)
                { closedge[j].adjvex = k;
                  closedge[j].lowcost = G.arcs[k][j];
                }
    }
}
```

在 Prim 算法中有两重循环，所以时间复杂度为 $O(n^2)$，其中 n 为图的顶点个数。由此可以看出，Prim 算法的执行时间与图中的边数 e 无关，所以适合用于求稠密无向网图的最小生成树。

7.4.3　Kruskal 算法

1. Kruskal 算法的基本思想

Kruskal 算法也是一种构造性算法，它是按权值的递增次序选择合适的边来构造最小生成树。假设 $G=(V,E)$ 是一个具有 n 个顶点的带权连通无向图，$T=(U,TE)$ 是 G 的最小生成树，其中 U 是 T 的顶点集，TE 是 T 的边集。由图 G 构造以顶点 k 作为起始点的最小生成树 T 的过程为：T 的初始状态为 $U=V$，$TE=\{\}$，即 T 初始是一个有 n 个顶点、没有边的非连通

图，图中每个顶点自成一个连通分量。之后每一步按权值从小到大的顺序依次选取图 G 中的边，若选取边的两个顶点分别落在两个不同的连通分量上，则将此边加入到集合 TE，否则舍弃此边。如此重复，直到 TE 中包含 n – 1 条边（此时所有顶点在同一个连通分量上）为止。

> **计算机科学家简介：**
> Josepho Bernard Kruskal（1928—2010），美国数学家、统计学家和计算机科学家。1954 年获得普林斯顿大学博士学位。当他还是二年级研究生时，提出了产生最小生成树的算法。除了最小生成树之外，克鲁斯卡尔还因对多维分析的贡献而著名。

例如，对于图 7-31a 所示的带权连通无向图，从顶点 1 出发，采用 Kruskal 算法构造最小生成树的过程如图 7-31b ~ 图 7-31h 所示。

[视频 7-16　Kruskal 算法]

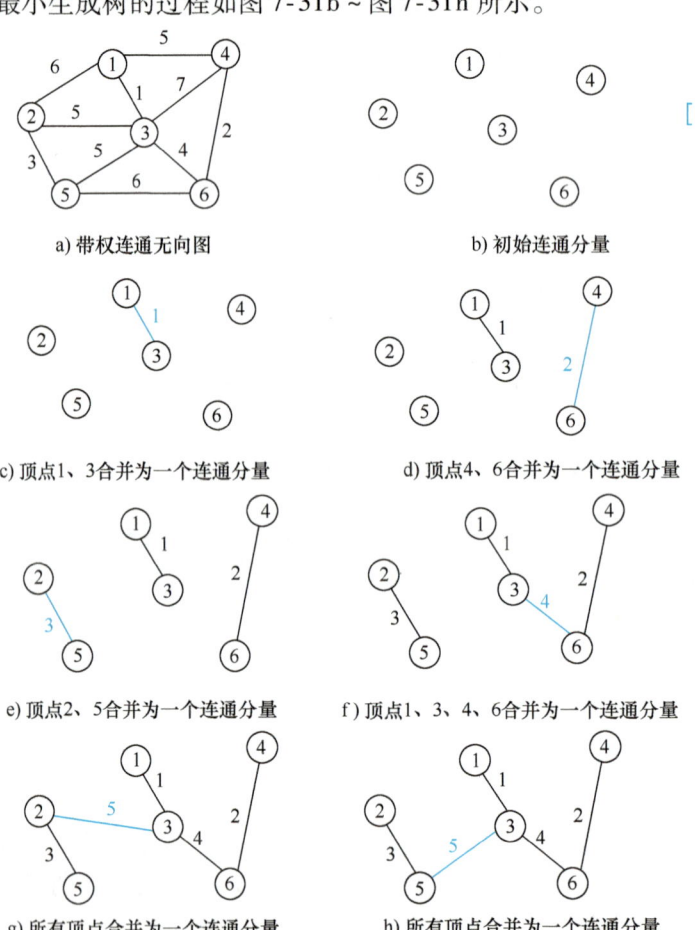

图 7-31　Kruskal 算法示意图

从上面的过程可以看出，Kruskal 算法的关键是如何判断所选取边的两个顶点是否位于两个连通分量（即是否与生成树中的边形成回路）。

2. Kruskal 算法的实现

先讨论 Kruskal 算法基于的存储结构。

1）图的存储结构：由于在算法执行过程中，需要频繁地取一条条边及其权值，所以图采用邻接矩阵存储更合适。

2）为了判断所选取边的两个顶点是否位于两个不同的连通分量，设置一个辅助数组 Uset，Uset[i] 用于记录一个顶点 i 所在连通分量的编号。初始时，每个顶点构成一个连通分量，所以 Uset[i]=i，每个顶点的连通分量编号等于该顶点编号。当选中（i，j）边时，如果顶点 i，j 的连通分量编号相同，表示该边加入后会出现回路，不能加入；否则，可以加入，然后将这两个顶点所在的连通分量中所有顶点的连通分量编号改为相同（改为 Uset[i] 或 Uset[j] 均可，算法7.6中改为 Uset[i]）。

3）因为 Kruskal 算法是依权值大小次序对图中边进行操作，为提高查找最短边的效率，设置一个数组 edges[e] 用来存放图 G 中的所有边，要求它们是按权值从小到大的顺序排列的。为此，先从图 G 的邻接矩阵中获取所有边集 edges，在调用排序算法对边集 edges 按权值递增次序排序。边集数组的存储结构定义如下：

```
typedef struct {
    int u,v,w;    //边的起始顶点、终止顶点、权值
}Edge;
```

Kruskal 算法的具体实现见算法7.6，其中图 G 采用邻接矩阵存储结构。算法中的 Sort 排序算法需要读者自己实现。

算法7.6　Kruskal 算法

```
void Kruskal(MatGraph G)
{  //用 Kruskal 方法从图 G 的邻接矩阵构造最小生成树
    int i,j,u1,v1,s1,s2,k;
    int Uset[G.vexnum];      //定义 Uset 数组用来存放顶点 i 所在连通分量的编号
    Edge edges[G.arcnum];    //存放图中所有边（之后按权值排序）
    k=0;
    for(i=0;i<G.vexnum;i++)
        for(j=0;j<=i;j++)
            if(G.arcs[i][j]!=0 && G.arcs[i][j]!=INF)
            {   edges[k].u=i;
                edges[k].v=j;
                edges[k].w=G.arcs[i][j];
                k++;
            }
    Sort(edges,G.arcnum);   //对 edges 数组按权值递增排序（可采用任何排序算法）
    for(i=0;i<G.vexnum;i++)       //初始化辅助数组
        Uset[i]=i;
    k=1;      //k 表示当前构造生成树的第几条边，初值为1
    j=0;      //edges 中边的下标，初值为0
    while(k<G.arcnum)
    {   u1=edges[j].u;   v1=edges[j].v;    //取一条边的两个顶点
        s1=Uset[u1];    s2=Uset[v1];       //得到两个顶点所属的连通分量编号
        if(s1!=s2)         //两个顶点属于不同连通分量，该边加入最小生成树
        {   printf("(%d,%d):%d\n",u1,v1,edges[j].w);
            k++;        //生成树边数加1
            for(i=0;i<G.arcnum;i++)     //两个连通分量合并
```

```
                if(Uset[i]==s2)   Uset[i]=s1;
        }
        j++;    //处理下一条边
    }
}
```

如果给定连通图 G 有 n 个顶点、e 条边，若对边集 edges 采用冒泡排序，时间复杂度为 $O(e^2)$。while 循环是在 e 条边中选取 n-1 条边，而其中的 for 循环执行 n 次，因此 while 循环的时间复杂度 $O(n^2)$。对于连通无向图，$e \geq n-1$，所以 Kruskal 算法构造最小生成树的时间复杂度为 $O(e^2)$。但若采用堆排序对边集 edges 进行排序，则 Kruskal 算法构造最小生成树的时间复杂度为 $O(e\log_2 e)$。可以看出，Kruskal 算法的执行时间仅与图中的边数有关，与顶点数无关，所以它适合用于稀疏图求最小生成树。

7.5 最短路径

【问题导入】 最短路径问题是图的又一个比较典型的应用问题。例如，某一地区的一个公路网，给定了该网内的 n 个城市以及这些城市之间的相通公路的距离，能否找到城市 A 到城市 B 之间的一条距离最近的通路呢？

在非网图中，最短路径（Short Path）是指两顶点之间经过的边数最少的路径，路径上的第一个顶点称为源点（Source），最后一个顶点称为终点（Destination）。在网图中，最短路径是指两顶点之间经过的边上权值之和最小的路径。对于上面的问题，如果用顶点表示城市，用边表示城市间的公路，公路的长度作为边的权值，那么这个问题就可归结为在网图中，求点 A 到点 B 的所有路径中边的权值之和最短的那一条路径，这条路径就是两点之间的最短路径。本节重点讨论有向网图中两种最常见的最短路径问题。

[视频 7-17 最短路径问题]

7.5.1 单源最短路径问题

单源最短路径问题是指在给定的带权图中，从一个单一源点出发，找到到达所有其他顶点的最短路径。这种问题在实际应用中非常广泛，例如，计算机网络传输中，怎样找到一种最经济的方式，从一台计算机向网络上所有其他计算机发送一条消息。解决单源最短路径问题有多种算法，本节介绍经典的迪杰斯特拉算法（Dijkstra's Algorithm）。

计算机科学家简介：

Edsger Wybe Dijkstra（1930—2002），荷兰计算机科学家。1930 年生于荷兰鹿特丹，1948 年考入荷兰莱顿大学学习数学与物理，毕业后任职于该校。1951 年，在剑桥大学学习基于 EDSAC 计算机编程方法，成为世界上第一批程序员之一。1972 年，获得计算机科学界最高奖——图灵奖，因最早提出 goto 有害论以及首创结构化程序设计而闻名于世。事实上，他对计算机科学的贡献并不仅局限于程序设计技术，在算法和算法理论、编译器、操作系统等诸多方面，Dijkstra 都有许多创造。1983 年，ACM 为纪念 Communications of ACM 创刊 25 周年，评选出从 1958—1982 年在该杂志上发表的 25 篇有里程碑意义的论文，每年一篇，Dijkstra 一人就有两篇入选。

1959 年，他成功设计并实现了在两个顶点之间找一条最短路径的 Dijkstra 算法，该算法至今仍在交通路线规划、网络路由、作业调度等领域广泛使用。

1. Dijkstra 算法的基本思想

问题描述：给定有向网图 $G=(V,E)$ 和源点 $v\in V$，求从 v 到 G 中其余各顶点的最短路径，并限定各边上的权值大于 0。下面的讨论中假设源点为 v_0。

Dijkstra 提出了一个<u>按路径长度递增的次序</u>产生最短路径的算法，其<u>基本思想</u>是：设置两个顶点集合 S 和 $T=V-S$，集合 S 存放已找到最短路径的顶点，初始时 $S=\{v_0\}$，源点 v_0 到自己的距离为 0；集合 T 中存放当前还未找到最短路径的顶点，初始时，源点 v_0 到 T 中任一顶点 v_i 的最短路径长度为弧上的权值（若 v_0 到 v_i 有弧 $<v_0,v_i>$）或 ∞（若 v_0 到 v_i 无弧）。然后，从 T 中选取具有最短路径长度的顶点 u（即在 T 中从源点 v_0 到顶点 u 的路径长度最小），把顶点 u 加入到集合 S 中，即求得了从源点 v_0 到顶点 u 的最短路径。S 集合中每加入一个新的顶点 u，都要修改源点 v_0 到集合 T 中剩余顶点的最短路径长度，称为路径调整，<u>调整方法</u>为：对于任一 $v_i\in T$，将路径 $v_0,\cdots,u,v_i$ 与原来的最短路径 $v_0,\cdots,v_i$ 相比，取路径长度较小者为当前顶点最短路径，如图 7-32 所示，顶点 v_0 到 v_i 的最短路径长度为 $\min(c_{vu}+w_{ui},c_{vi})$，其中 c_{vi} 表示 v_0 到 v_i 的目前最短路径长度，w_{ui} 表示弧 $<u,v_i>$ 的权值。不断重复上述过程，直到集合 T 的顶点全部加入到 S 中为止。

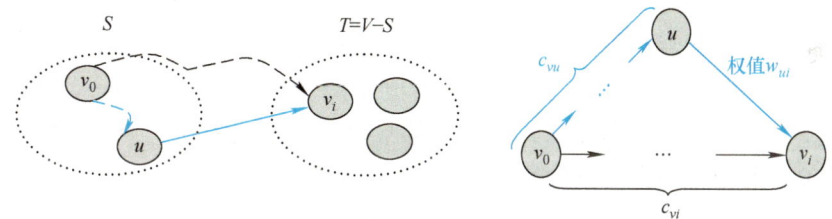

图 7-32 Dijkstra 算法基本思想图解

Dijkstra 算法是应用贪心算法进行问题求解的一个典型例子。下面证明其贪心选择策略的<u>正确性</u>：即每次从 T 集合选择具有最短路径长度的顶点 u，作为从源点 v_0 到顶点 u 的最短路径 D。这可以用反证法加以证明：假设存在一条从源点 v_0 到顶点 u 的最短路径 D' 比 D 更短，且路径 D' 经过集合 T 中的某些顶点（假设为 x），则路径 $D'(v_0,u)=D(v_0,x)+D(x,u)<D(v_0,u)$，即 $D(v_0,x)<D(v_0,u)$，但这与 D 是 T 集合中具有最短路径长度的路径矛盾，因此，每次加入集合 S 中的顶点 u 一定是 T 集合中具有最短路径长度的顶点。

2. Dijkstra 算法的实现

下面讨论 Dijkstra 算法基于的存储结构。

1）图的存储结构：因为在算法执行过程中，需要不断读取任意两个顶点之间边上的权值，所以，图采用邻接矩阵存储。

2）S 集合：用长度为 n 的数组 S 存放已找到最短路径的顶点，n 为图中顶点个数，$S[i]=0$ 代表顶点 v_i 未加入 S 集，$S[i]=1$ 代表顶点 v_i 已加入 S 集合。

3）辅助数组 dist：数组 dist 的长度 n 为图中顶点个数，$\text{dist}[i]$ 表示当前找到的从源点 v_0 到顶点 v_i 的最短路径长度。初始时，若从 v_0 到 v_i 有弧 $<v_0,v_i>$，则 $\text{dist}[i]$ 为弧上的权值，否则将 $\text{dist}[i]$ 置为 ∞。若当前求得最短路径的顶点为 u，则 $\text{dist}[i]$ 根据下式进行调整：

$$\text{dist}[i]=\min\{\text{dist}[i],\text{dist}[u]+\text{arc}[u][i]\} \quad 0\leq i\leq n-1 \quad (7\text{-}3)$$

式中，$\text{arc}[u][i]$ 为邻接矩阵中顶点 u 到顶点 v_i 的弧上的权值。

4）辅助数组 path：数组 path 的长度 n 为图中顶点个数，$\text{path}[i]$ 表示当前已找到的从源点 v_0 到顶点 v_i 的最短路径。初始时，若从 v_0 到 v_i

［视频 7-18 Dijkstra 算法］

有弧 $<v_0, v_i>$，则 path$[i]$ 为 "v_0v_i"。

【例】 对图 7-33 所示的有向网图，用 Dijkstra 算法求从源点 0 到其余顶点的最短路径。

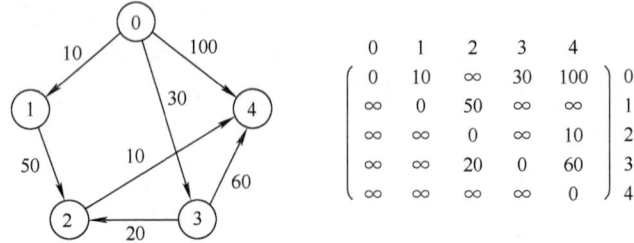

图 7-33 有向网图及其邻接矩阵

解：初始时 $S=\{0\}$，从源点 0 到其他各点的最短路径长度分别是 10，∞，30 和 100。显然，源点 0 到顶点 1 的路径长度最短，于是顶点 1 进入集合 S 中。

由于顶点 1 的加入，调整源点 0 到顶点 2 的最短路径长度为 60 与 ∞ 之中的较小者，即 60；源点 0 到顶点 3 和源点 0 到顶点 4 的路径长度不变。显然，源点 0 到顶点 3 的路径长度最短，于是顶点 3 进入集合 S 中。

由于顶点 3 的加入，调整源点 0 到顶点 2 的最短路径长度为 50 与 60 之中的较小者，即 50；调整源点 0 到顶点 4 的最短路径长度为 90 与 100 之中的较小者，即 90。显然，源点 0 到顶点 2 的路径长度最短，于是顶点 2 进入集合 S 中。

由于顶点 2 的加入，调整源点 0 到顶点 4 的最短路径长度为 60 与 90 之中的较小者，即 60。显然，源点 0 到顶点 4 的路径长度最短，于是顶点 4 进入集合 S 中。

算法执行过程中 dist 和 path 的变化情况见表 7-1。

表 7-1 Dijkstra 算法执行过程

i	1	2	3	4	S
dist$[i]$ path$[i]$	**10** **"01"**	∞	30 "03"	100 "04"	$\{0\}$
dist$[i]$ path$[i]$		60 "012"	**30** **"03"**	100 "04"	$\{0,1\}$
dist$[i]$ path$[i]$		**50** **"032"**		90 "034"	$\{0,1,3\}$
dist$[i]$ path$[i]$				**60** **"0324"**	$\{0,1,2,3\}$

从表 7-1 可以看出，Dijkstra 算法是按路径长度递增的次序依次求出从源点 0 到其他各点的最短路径。

Dijkstra 算法的具体实现见算法 7.7，其中，图 G 采用邻接矩阵存储结构，v 是源点的顶点编号（下标）。

算法 7.7　Dijkstra 算法

```
void Dijkstra(MatGraph G, int v)
{ //用 Dijkstra 算法求图 G 中从源点 v 到其余各顶点的最短路径
    int dist[MaxV], S[MaxV];
    char path[MaxV][MaxV] = {""};    //存源点 v 到顶点 i 的最短路径（顶点序列）
    int i,j,k,u,min;
    for(int i = 0; i < G.vexnum; ++i)    //初始化数组 S, dist, path
    {   dist[i] = G.arcs[v][i];
        S[i] = 0;
        if(i! = v && dist[i] < INF)    //顶点 v 到顶点 i 有边时, 路径为顶点序列
        {   path[i][0] = G.vertex[v];
            path[i][1] = G.vertex[i];
        }
    }
    S[v] = 1;    //初始时 v 加入 S 集合
    for(int i = 0; i < G.vexnum - 1; ++i)
    {   min = INF;
        for(int j = 0; j < G.vexnum; ++j)    //找到源点 v 到其他顶点的最短距离
            if(S[j] == 0 && dist[j] < min)
              { u = j;  min = dist[j]; }
        S[u] = 1;    //u 为具有最短路径长度的顶点的下标, u 加入 S 集
        printf("从源点%d 到顶点%d 的路径长度为%d, 路径为%s\n", v, i, dist[u],path[u]);
        for(j = 0; j < G.vexnum; ++j)    //用 u 更新其他顶点的当前最短路径长度
            if(S[j] == 0 && G.arcs[u][j] < INF && dist[u] + G.arcs[u][j] < dist[j])
            {    dist[j] = dist[u] + G.arcs[u][j];
                 k = 0;
                 while(path[u][k])
                 {   path[j][k] = path[u][k];    k++;   }
                 path[j][k] = G.vertex[j];
            }
    }
}
```

下面分析一下这个算法的时间复杂度：第一个 for 循环的时间复杂度是 $O(n)$，第二个 for 循环共进行 $n-1$ 次，每次执行的时间是 $O(n)$，所以 Dijkstra 算法的时间复杂度是 $O(n^2)$，其中 n 为图中顶点的个数。如果用邻接矩阵作为有向网图的存储结构，则总的时间复杂度仍为 $O(n^2)$。

7.5.2　每对顶点之间的最短路径

任意顶点对之间的最短路径问题，也称为全源最短路径问题（All – Pairs Shortest Path Problem），是指在一个加权图中找到每一对顶点之间的最短路径。这种问题在多种应用场景中都很重要，如交通网络中的路线规划、生物信息学中的序列比对等。这个问题可以通过多种算法来解决，本节介绍其中的经典算法——Floyd 算法。

计算机科学家简介：

Robert W. Floyd（1936—2001），出生于美国纽约，17岁获得芝加哥大学文学学士学位，22岁获得物理学士学位。20世纪60年代，从事计算机工作并发表了许多著名的文章，在程序验证方面的开创性研究对后来程序验证领域著名的 Hoare Logic 有很大的作用。27岁被卡内基梅隆大学聘请为副教授，6年后获得了斯坦福大学的终身教授的职务。1962年提出 Floyd 算法，用于从给定的加权图中查找所有顶点间的最短路径。

1978年，获得计算机科学界最高奖——图灵奖，表彰其在高效和可靠性软件设计方法学领域以及在词法分析理论、编程语言语义、自动程序验证、自动程序综合生成和算法分析等方面奠基性的贡献。

1. Floyd 算法的基本思想

问题描述：给定一个带权有向网图 $G=(V,E)$，对任意顶点 v_i 和 $v_j(i\neq j)$，求顶点 v_i 到顶点 v_j 的最短路径和最短路径长度。

解决这个问题的一个办法是：每次以一个顶点为源点，调用 Dijkstra 算法 n 次，便可求得每一对顶点之间的最短路径，显然，时间复杂度为 $O(n^3)$。

本节介绍由 Floyd 提出的另一个算法，这个算法的时间复杂度也是 $O(n^3)$，但形式上简单些。

Floyd 算法的基本思想（如图 7-34 所示）是：假设从 v_i 到 v_j 的弧是最短路径（若从 v_i 到 v_j 没有弧，则其权值看作 ∞），然后进行 n 次试探，首先比较 v_i，v_j 和 v_i，v_0，v_j 的路径长度，取长度较小者作为从 v_i 到 v_j 中间经过顶点编号不大于 0 的最短路径。再以 v_1 作为中间经过顶点，将 $v_i,\cdots,v_1,\cdots,v_j$ 和已经得到的从 v_i 到 v_j 的中间经过顶点编号不大于 0 的最短路径比较，取长度较小者作为从 v_i 到 v_j 中间经过顶点编号不大于 1 的最短路径，以此类推。一般情况下，若 $v_i,\cdots,v_k$ 和 $v_k,\cdots,v_j$ 分别是从 v_i 到 v_k 和从 v_k 到 v_j 中间顶点编号不大于 $k-1$ 的最短路径，则将 $v_i,\cdots,v_k,\cdots,v_j$ 和已经得到的从 v_i 到 v_j 中间经过顶点编号不大于 $k-1$ 的最短路径比较，取长度较小者作为从 v_i 到 v_j 中间经过顶点编号不大于 k 的最短路径。经过内测比较后，最后求得的一定是从 v_i 到 v_j 的最短路径。

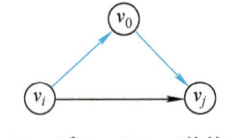
a) (v_i,v_j) 和 $(v_i,v_0)+(v_0,v_j)$ 比较

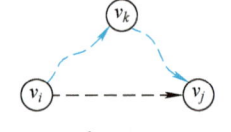
b) $(v_i,\cdots,v_j)$ 和 $(v_i,\cdots,v_k)+(v_k,\cdots,v_j)$ 比较

图 7-34　Floyd 算法的基本思想图示

2. Floyd 算法的实现

下面讨论 Floyd 算法基于的存储结构。

1）图的存储结构：因为在算法执行过程中，需要不断读取任意两个顶点之间边上的权值，所以，图采用邻接矩阵存储。

2）辅助数组 dist：n 为图中顶点个数，用来存放迭代过程中求得的最短路径长度。dist$[i][j]$ 表示当前找到的从 v_i 到 v_j 的最短路径长度。初始时，dist 为图的邻接矩阵，在迭代过程中，dist$[i][j]$ 根据如下递推公式进行调整：

$$\begin{cases} \text{dist}_{-1}[i][j] = w<v_i,v_j>（弧<v_i,v_j>的权值）\\ \text{dist}_k[i][j] = \min\{\text{dist}_{k-1}[i][j],\text{dist}_{k-1}[i][k]+\text{dist}_{k-1}[k][j]\}\end{cases} \quad (7\text{-}4)$$

3）辅助数组 path：用来存放迭代过程中求得的最短路径，path$[i][j]$ 表示当前已找到的从顶点 v_i 到 v_j 的最短路径。初始时，若从 v_i 到 v_j 有弧 $<v_i,v_j>$，则 path$[i][j]$ 为 "v_iv_j"。

例如，对图 7-35 所示的有向网图，用 Floyd 算法求图中每对顶点之间的最短路径过程中，dist 数组和 path 数组的变化情况如图 7-36 所示。

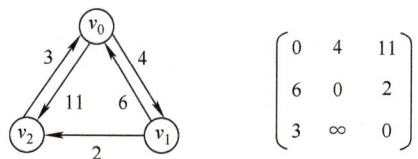

图 7-35　有向网图及其邻接矩阵

$$\text{初始} \atop \text{dist}_{-1}= \begin{pmatrix} 0 & 4 & 11 \\ 6 & 0 & 2 \\ 3 & \infty & 0 \end{pmatrix} \quad \text{经过}v_0 \atop \text{dist}_0= \begin{pmatrix} 0 & 4 & 11 \\ 6 & 0 & 2 \\ 3 & 7 & 0 \end{pmatrix} \quad \text{经过}v_1 \atop \text{dist}_1= \begin{pmatrix} 0 & 4 & 6 \\ 6 & 0 & 2 \\ 3 & 7 & 0 \end{pmatrix} \quad \text{经过}v_2 \atop \text{dist}_2= \begin{pmatrix} 0 & 4 & 6 \\ 5 & 0 & 2 \\ 3 & 7 & 0 \end{pmatrix}$$

$$\text{path}_{-1}= \begin{pmatrix} & v_0v_1 & v_0v_2 \\ v_1v_0 & & v_1v_2 \\ v_2v_0 & & \end{pmatrix} \quad \text{path}_0= \begin{pmatrix} & v_0v_1 & v_0v_2 \\ v_1v_0 & & v_1v_2 \\ v_2v_0 & v_2v_0v_1 & \end{pmatrix} \quad \text{path}_1= \begin{pmatrix} & v_0v_1 & v_0v_1v_2 \\ v_1v_0 & & v_1v_2 \\ v_2v_0 & v_2v_0v_1 & \end{pmatrix} \quad \text{path}_2= \begin{pmatrix} & v_0v_1 & v_0v_1v_2 \\ v_1v_2v_0 & & v_1v_2 \\ v_2v_0 & v_2v_0v_1 & \end{pmatrix}$$

［视频 7-19　Floyd 算法］

图 7-36　Floyd 算法执行过程

Floyd 算法的具体实现见算法 7.8，其中，图 G 采用邻接矩阵存储结构。

算法 7.8　Floyd 算法

```
void Floyd( MatGraph G )
{ // 用 Floyd 算法求图 G 中任意两点间的最短路径
    int dist[MaxV][MaxV];
    char path[MaxV][MaxV] = {""};    // 存两点间最短路径（顶点序列）
    int i,j,k;
    for( int i = 0; i < G. vexnum; ++i )    //初始化数组 S, dist, path
        for( int j = 0; j < G. vexnum; ++j )
        {   dist[i][j] = G. arcs[i][j];
            if( i! = j && dist[i][j] < INF )    //顶点 i 到 j 有边时，路径为顶点序列
                path[i][j] = G. vertex[i] + G. vertex[j];
        }
    for( k = 0; k < G. vexnum; ++k )    //进行 n 次迭代
        for( i = 0; i < G. vexnum; ++i )    //顶点 i 和 j 之间是否经过顶点 k
            for( j = 0; j < G. vexnum; ++j )
                if( dist[i][k] + dist[k][j] < dist[i][j] )
                {   dist[i][j] = dist[i][k] + dist[k][j];
                    path[i][j] = path[i][k] + path[k][j];
                }
    for( int i = 0; i < G. vexnum; ++i )
        { for( int j = 0; j < G. vexnum; ++j )
            printf( " % d ",dist[i][j] );
        printf( " \n " );
        }
}
```

Floyd 算法的时间复杂度为 $O(n^3)$，其中 n 为图中顶点的个数。

7.6 AOV 网与拓扑排序

【问题导入】 在现代化管理中，人们常用有向图来描述和分析一项工程的计划和实施过程。除最简单的情况外，几乎所有的工程都可分为若干个称作"活动"的子工程，某个活动都会持续一定的时间，某些活动之间通常存在一定约束条件。例如，在一个建筑工程项目中，有多项工作（活动）需要按照特定的顺序进行，如浇筑地基必须在建造墙壁之前完成，安装电线和管道需要在墙壁粉刷之前完成等。应该如何有效地规划和安排这些工作的执行顺序，以确保每个子工程都在其所有前置子工程完成后才开始？

这种情况下，可以使用 AOV 网（Activity On Vertex Network）来表示建筑工程项目中各项工作（活动）之间的依赖关系。用每个顶点代表一个活动，有向边表示活动之间的先后顺序，通过对 AOV 网进行拓扑排序，可以得到一个满足所有依赖关系的活动执行顺序。这个顺序可以帮助我们有效地规划和安排建筑工程项目的进度。

7.6.1 AOV 网

在一个表示工程的有向图中，若以图中的顶点来表示<u>活动</u>（Activity），用弧表示活动之间的<u>优先关系</u>，则把这样的有向图称为顶点表示活动的网，简称 AOV 网。在 AOV 网中，若从顶点 i 到顶点 j 之间存在一条有向路径，称顶点 i 是顶点 j 的前驱，或者称顶点 j 是顶点 i 的后继。若 $<i,j>$ 是图中的弧，则称顶点 i 是顶点 j 的直接前驱，顶点 j 是顶点 i 的直接后继。

［视频 7-20　课程安排问题］

AOV 网中的弧表示了活动之间存在的某种制约关系。例如，计算机专业的学生必须完成一系列规定的基础课和专业课才能毕业。学生按照怎样的顺序来学习这些课程呢？这个问题可以被看成一个大的工程，其活动就是学习每一门课程。计算机专业的课程设置及其关系见表 7-2。

表 7-2　计算机专业的课程设置及其关系

课程代号	课程名称	先修课程
C_1	高等数学	无
C_2	程序设计基础	无
C_3	离散数学	C_1，C_2
C_4	数据结构	C_2，C_3
C_5	高级语言程序设计	C_2
C_6	编译原理	C_4，C_5
C_7	操作系统	C_4，C_9
C_8	物理	C_1
C_9	计算机原理	C_8

表 7-2 中，C_1、C_2 是独立于其他课程的基础课，有些课程却需要有先行课程，例如，学完程序设计基础和离散数学后才能学习数据结构。先行条件规定了课程之间的优先关系，这种优先关系可以用图 7-37 所示的有向图来表示。其中，顶点表示课程，弧表示课程间先修关系。若课程 i 为课程 j 的先修课程，则必然存在弧 $<i,j>$。在安排课程学习计划时，必须保证学习某门课程之前，已经学习了其先修课程。

AOV 网中不能出现回路。在 AOV 网中如果出现了回路，就意味着某项活动的开始必须

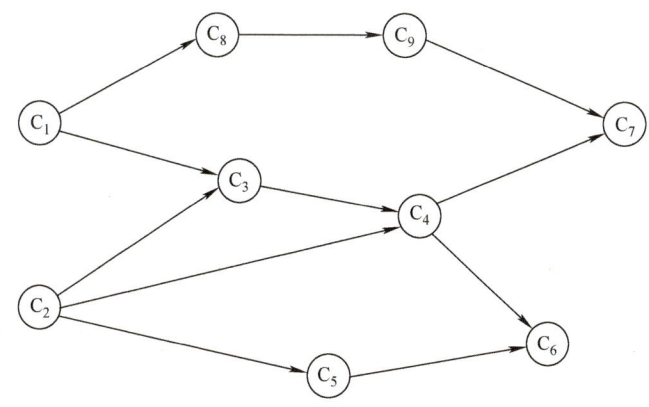

图 7-37　表示课程修读关系的 AOV 网

以自己的完成作为先决条件,显然,这是悖论。因此,判断 AOV 网所代表的工程能否顺利进行,应先判断它是否存在回路。而判断 AOV 网是否存在回路的方法,就是对该 AOV 网进行拓扑排序,将 AOV 网中顶点排列成一个线性序列,若该线性序列中包含 AOV 网的全部顶点,则 AOV 网无环,否则 AOV 网中存在回路,该 AOV 网所代表的工程是不可行的。

7.6.2　拓扑排序

设 $G=(V,E)$ 是一个具有 n 个顶点的有向图,V 中的顶点序列 $v_1,v_2,\cdots,v_n$ 称为一个**拓扑序列**(Topological Sequence),当且仅当满足下列条件:若从顶点 v_i 到顶点 v_j 有一条路径,则顶点 v_i 必须排在顶点 v_j 之前。将有向图中的顶点在不违反先决条件的情况下排列成一个拓扑序列的过程称为**拓扑排序**(Topological Sort)。

例如,对图 7-37 所示的 AOV 网进行拓扑排序,可以得到的拓扑序列"$C_1,C_2,C_3,C_4,C_5,C_6,C_8,C_9,C_7$",也可以得到拓扑序列"$C_1,C_8,C_9,C_2,C_5,C_3,C_4,C_7,C_6$",还可以得到其他的拓扑序列,读者可以按照任何一个拓扑序列进行课程学习。

1. 拓扑排序的基本思想

对 AOV 网进行拓扑排序的方法如下。

1) 从 AOV 网中选择一个没有前驱的顶点(该顶点的入度为零)并且输出它。
2) 从 AOV 网中删去该顶点,并且删去从该顶点发出的全部有向边。
3) 重复上述两步,直到剩余的图中不存在没有前驱的顶点。

这样操作的结果有两种:一种是图中全部顶点都被输出,这说明图中不存在回路;另一种是图中顶点未被全部输出,剩余的顶点均有前驱顶点,这说明 AOV 网中存在回路。

图 7-38 给出了在一个 AOV 网上进行拓扑排序的例子,得到的拓扑序列为 V2,V5,V1,V4,V3,V7,V6。

[视频 7-21　拓扑排序]

2. 拓扑排序算法实现

下面讨论拓扑排序基于的存储结构。

1) 图的存储结构:因为在拓扑排序过程中,需要查找从某个顶点发出的所有有向边,所以,图采用邻接表存储。另外,在拓扑排序过程中,需要对顶点的入度进行操作,例如,查找没有前驱的顶点实际是找入度为 0 的顶点,删除该顶点以及由它发出的弧等价于弧头顶点的入度减 1。因此,为了操作方便,在邻接表存储结构的顶点表中增加一个入度域 indegree,用来存放每一个顶点的入度。即将邻接表存储结构中顶点表的数据类型定义修改为:

```
typedef struct VNode        //顶点结点的数据类型定义
{   VertexType data;        //顶点信息
    int indegree;           //存放顶点入度
    ArcNode *firstarc;      //指向边链表中第一个结点
}VNode;
```

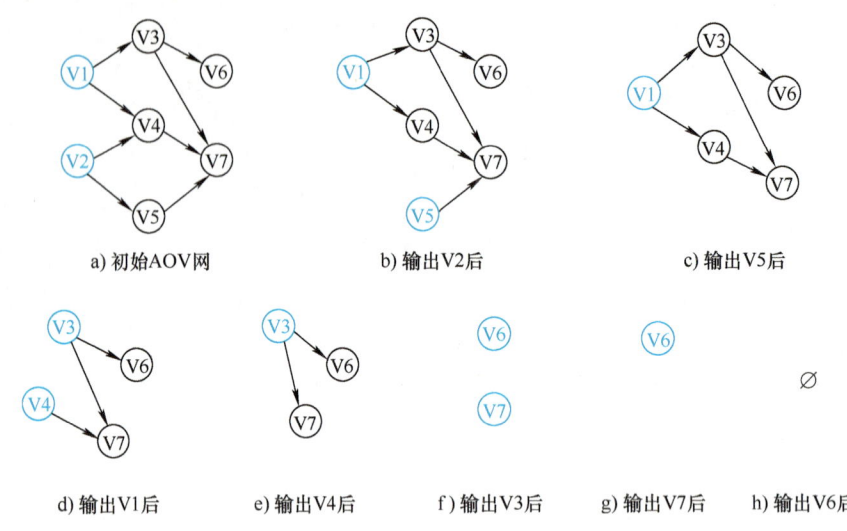

图 7-38　求一个拓扑序列的过程

2）在拓扑排序过程中，当某个顶点的入度为 0（没有前驱的顶点）时，就将此顶点输出，同时将顶点后继顶点的入度减 1。为了避免重复检测入度为 0 的顶点，设立一个栈 S，用来存放入度为 0 的顶点。栈在这里只是起到保存当前入度为 0 的顶点作用，故也可以用队列来辅助实现。本文采用顺序栈来存放当前未处理的入度为零的顶点。因此，拓扑排序算法可描述为：

① 栈 S 初始化，累加器 count 初始化（用于计数输出的顶点）；

② 扫描顶点表，将 AOV 网中没有前驱（入度为 0）的顶点进栈；

③ 当栈非空时：栈顶元素 i 出栈并输出 i 号顶点，计算器 count + 1；将顶点 i 的所有邻接点的入度减 1（即删去该顶点发出的有向弧），并将新的入度为 0 的顶点进栈；

④ 重复③，直到栈为空为止。此时，若 count 小于图中顶点个数，说明图中存在回路。

拓扑排序的具体算法实现见算法 7.9。

算法 7.9　拓扑排序算法

```
int TopologicalSort(AdjGraph G,SeqStack *&S2,int *&ve)
{/* 若图 G 无回路,则输出图 G 的一个拓扑序列并返回 1,否则返回 0；S2 和 ve 用于求关键路径,若只求拓扑排序,可以将相关参数和内容去掉 */
    int i,k,count;
    SeqStack *S;
    ArcNode *p;
    for(i=0;i<G.vexnum;i++)
    {   G.vertex[i].indegree=0;     //赋初值
        ve[i]=0;    //求关键路径用,初始化为 0
    }
```

```
for(i=0;i<G.vexnum;i++)
    G.vertex[i].indegree=0;      //赋初值
for(i=0;i<G.vexnum;i++)          //对各顶点求入度
{   p=G.vertex[i].firstarc;
    while(p!=NULL)
    {    G.vertex[p->adjvex].indegree++;
         p=p->nextarc;
    }
}
InitStack(S);    //初始化栈
for(i=0; i<G.vexnum; ++i)
    if(G.vertex[i].indegree==0)   Push(S,i);   //入度为0的顶点进栈
count=0;     //对输出顶点计数
while(!IsEmpty(S))    //栈不空
{   Pop(S,i);
    Push(S2,i);    //求关键路径用
    printf("%c",G.vertex[i].data);
    ++count;    //输出i号顶点信息并计数
    p=G.vertex[i].firstarc;
    while(p!=NULL)
    {    k=p->adjvex;
         G.vertex[k].indegree--;     //将顶点i的出边邻接点的入度减1
         if(G.vertex[k].indegree==0)  Push(S,k);  //若入度减为0,则进栈
         //下面两句用于求关键路径
         if(ve[i]+p->weight>ve[k])    //求各顶点事件最早发生时间值
             ve[k]=ve[i] + p->weight;  /*前结点最早发生时间值=max{前一个结点的权值加上当前边的权值,当前结点已经得到的权值}*/
         p=p->nextarc;
    }
}
if ( count < G.vexnum )
    {  printf("此有向图有回路\n");    return 0;  }
else
    {  printf("为一个拓扑序列。\n");   return 1;  }
}
```

对一个具有 n 个顶点、e 条弧的 AOV 网而言,扫描顶点将入度为 0 的顶点进栈的时间复杂度是 $O(n)$,在拓扑排序过程中,若有向图无回路,则每个顶点进一次栈、出一次栈,入度减 1 的操作在 while 循环中共执行了 e,所以整个算法的时间复杂度为 $O(n+e)$。

7.7 AOE 网与关键路径

【问题导入】 用前面介绍的 AOV 网来描述工程,利用拓扑排序可以解决"工程是否能顺序进行"的问题。在实际应用中,在工程估算方面,仅仅考虑各个活动之间的优先关系还不够,更多的是关心完成整个工程至少需要多少时间?加速哪些活动可以缩短工程的工期?

要解决这些问题，需要利用本节介绍的 AOE 网（Activity On Edge Network）和关键路径算法。

7.7.1 AOE 网

在一个表示工程的带权有向图中，用顶点表示事件，有向边表示活动，边上的权值表示完成活动所需的时间，这样的有向网络称为用边表示活动的网络，简称 AOE 网。AOE 网中，没有入边（入度为 0）的顶点称为源点（Source），表示一个工程的开始事件（如开工仪式）；没有出边（出度为 0）的顶点称为汇点（Converge），表示一个工程的结束事件（如竣工仪式）。

通常每个工程只有一个开始事件和一个结束事件。如果图中存在多个入度为 0 的顶点，只要加一个虚拟源点，使这个虚拟源点到原来所有入度为 0 的顶点，都有一条长度为 0 的边，从而变成只有一个源点。对存在多个出度为 0 顶点的情况，可以做类似处理。所以只需讨论单源点和单汇点的情况。

AOE 网具有以下两个性质。

1）只有在某顶点所代表的事件发生后，从该顶点出发的各有向边所代表的活动才能开始。

2）只有在进入某顶点的各有向边所代表的活动都已经结束，该顶点所代表的事件才能发生。

例如，图 7-39 给出的 AOE 网中有 6 个事件、8 个活动，顶点 $v_1, v_2, v_3, v_4, v_5, v_6$，分别表示一个事件，图中各事件的含义见表 7-3；弧 $<v_1, v_2>$，$<v_1, v_3>$，$<v_2, v_4>$，$<v_2, v_5>$，$<v_3, v_4>$，$<v_3, v_6>$，$<v_4, v_6>$，$<v_5, v_6>$ 分别表示一个活动，用 a_1，$a_2, \cdots, a_8$ 代表活动。其中，v_1 是源点，是整个工程的开始点，其入度为 0；v_6 是汇点，是整个工程的结束点，其出度为 0。

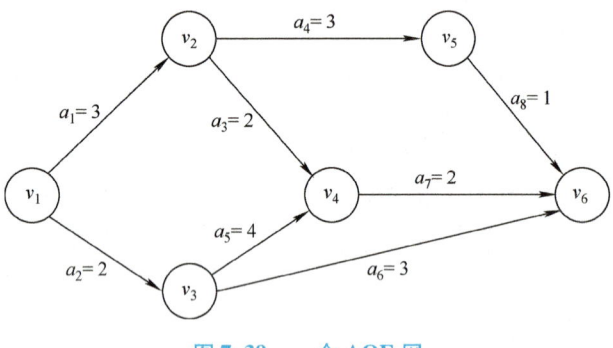

图 7-39　一个 AOE 网

表 7-3　图 7-39 中各事件含义

事件	事件含义
v_1	源点，整个工程开始
v_2	活动 a_1 完成，活动 a_3 和 a_4 可以开始
v_3	活动 a_2 完成，活动 a_5 和 a_6 可以开始
v_4	活动 a_3 和 a_5 完成，活动 a_7 可以开始
v_5	活动 a_4 完成，活动 a_8 可以开始
v_6	活动 a_6、a_7 和 a_8 完成，整个工程结束

利用 AOE 网能够计算完成整个工程预计需要多少时间，并找出影响工程进度的"关键活动"，为管理工程进度提供依据。

7.7.2 关键路径

由于 AOE 网中的某些活动能够同时进行，故完成整个工程所需时间应该是从源点到汇点的最大路径长度（该路径上各个活动持续时间之和最大）。AOE 网中，从源点到汇点具有最大路径长度的路径称为关键路径（Critical Path），在关键路径上的活动称为关键活动（Critical Activity）。关键路径长度是整个工程所需的最短工期，因此，要缩短整个工期，必须加快关键活动的进度。

为了在 AOE 网中找出关键路径，需要定义如下几个术语。

1）**事件 v_k 的最早发生时间 ve(k)**：是从源点到某个顶点 v_k 的最大路径长度。它决定了从顶点 v_k 发出的活动能够开始的最早时间。根据 AOE 网的性质，只有进入 v_k 的所有活动 $<v_j,v_k>$ 都结束了，v_k 代表的事件才能发生，而活动 $<v_j,v_k>$ 的最早结束时间为 ve(j) + cost(j,k)（cost(j,k) 为活动 $<v_j,v_k>$ 的持续时间）。源点 v_1 的最早发生时间 ve(1) = 0，则计算 v_k 的最早发生时间的方法为：

$$\begin{cases} \text{ve}(1) = 0 \\ \text{ve}(k) = \max\{\text{ve}(j) + \text{cost}(j,k)\} \end{cases} \tag{7-5}$$

2）**事件 v_k 的最迟发生时间 vl(k)**：是指在不推迟整个工期的前提下，事件 v_k 允许的最迟发生时间。若 v_n 为 AOE 网的汇点，则 vl(n) = ve(n)。为了不推迟工期，v_k 的最迟发生时间必须保证不推迟从事件 v_k 出发的所有活动 $<v_k,v_j>$ 的终点最迟发生时间 vl(j)，因此，vl(k) 的计算方法为：

$$\begin{cases} \text{vl}(n) = \text{ve}(n) \\ \text{vl}(k) = \min\{\text{vl}(j) - \text{cost}(k,j)\} \end{cases} \tag{7-6}$$

3）**活动 a_i 的最早发生时间 e(i)**：是该活动的起点表示的事件的最早发生时间。若活动 a_i 由有向边 $<v_k,v_j>$ 表示，根据 AOE 网的性质，只有事件 v_k 发生了，活动 a_i 才能开始，因此有：e(i) = ve(k)。

4）**活动 a_i 的最迟发生时间 l(i)**：是指在不推迟工期的前提下，活动 a_i 必须开始的最晚时间。若活动 a_i 由有向边 $<v_k,v_j>$ 表示，则 a_i 的最迟发生时间要保证事件 v_j 的最迟发生事件不延迟，因此有：l(i) = vl(j) - cost(k,j)

对关键活动来说，不存在富余时间，因此可以根据每个活动的最早发生时间 e(i) 和最迟发生时间 l(i) 判定该活动是否为关键活动，那些 e(i) = l(i) 的活动为关键活动，关键活动所在的路径就是关键路径。

例如，对图 7-39 所示的 AOE 网，求关键活动和关键路径的过程见表 7-4 和表 7-5。

表 7-4 所有事件的最早发生时间和最迟发生时间

事件 v_k 的最早发生时间 ve(k)	事件 v_k 的最迟发生时间 vl(k)
ve(1) = 0	vl(1) = min{v3(5) - 2, vl(2) - 3} = 0
ve(2) = ve(1) + 3 = 3	vl(2) = min{vl(5) - 3, vl(4) - 2} = 4
ve(3) = ve(1) + 2 = 2	vl(3) = min{vl(6) - 3, vl(4) - 4} = 2
ve(4) = max{ve(2) + 2, ve(3) + 4} = 6	vl(4) = vl(6) - 2 = 6
ve(5) = ve(2) + 3 = 6	vl(5) = vl(6) - 1 = 7
ve(6) = max{ve(3) + 3, ve(4) + 2, ve(5) + 1} = 8	vl(6) = ve(6) = 8

表 7-5 所有活动的最早发生时间和最迟发生时间

活动 a_k 的最早发生时间 e(k)	活动 a_k 的最迟发生时间 l(k)	l(k) - e(k)
e(1) = ve(1) = 0	l(1) = vl(2) - 3 = 1	1
e(2) = ve(1) = 0	l(2) = vl(3) - 2 = 0	0
e(3) = ve(2) = 3	l(3) = vl(4) - 2 = 4	1

(续)

活动 a_k 的最早发生时间 $e(k)$	活动 a_k 的最迟发生时间 $l(k)$	$l(k) - e(k)$
$e(4) = ve(2) = 3$	$l(4) = vl(5) - 3 = 4$	1
$e(5) = ve(3) = 2$	$l(5) = vl(4) - 4 = 2$	0
$e(6) = ve(3) = 2$	$l(6) = vl(6) - 3 = 5$	3
$e(7) = ve(4) = 6$	$l(7) = vl(6) - 2 = 6$	0
$e(8) = ve(5) = 6$	$l(8) = vl(6) - 1 = 7$	1

比较 $e(k)$ 和 $l(k)$ 的值，可以确定 a_2, a_5, a_7 是关键活动，得到的关键路径如图 7-40 所示。

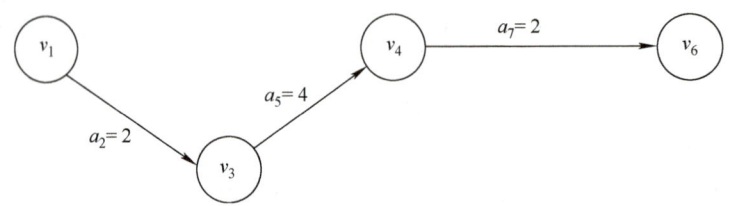

图 7-40　图 7-39 所示 AOE 网的关键路径

> **说明：**
> 　　关键活动是决定整个工程工期的关键因素，可以通过加快关键活动来缩短整个工程的工期。但是，关键活动的工期缩短存在一个下限，因为一旦缩短到一定的程度，这条路径就不再是关键路径，该关键活动就会变成非关键活动。
> 　　AOE 网的关键路径不唯一，即可能有多条关键路径。对于有多条关键路径的 AOE 网，只提高一条关键路径上的关键活动并不能缩短整个工程的工期，只有加快那些包含在所有关键路径上的关键活动才能达到缩短工期的目的。

关键路径的具体算法实现见算法 7.10。

算法 7.10　关键路径算法

```
void CriticalPath(AdjGraph G,SeqStack * S2,int * ve,int * vl)
{/*求图 G 的关键路径，其中 S2 为顺序栈，用于拓扑排序过程暂存数据；ve 和 vl 数组存储事件的最早发生时间和最迟发生时间 */
    ArcNode * e;
    int i,gettop,k,j;
    int ete,lte;   //声明活动最早发生时间和最迟发生时间
    if(TopologicalSort(G,S2,ve)! =0)   //拓扑排序（同算法 7.9），计算数组 vl 的值
    {   for(i =0; i < G. vexnum; i ++)
            vl[i] = ve[G. vexnum -1]; //初始化 vl
        while( !IsEmpty(S2))
        {   Pop(S2,gettop); //将拓扑序列出栈
            for(e = G. vertex[gettop]. firstarc; e; e = e -> nextarc)
               //求各顶点事件的最迟发生时间 vl 值
            {   k = e -> adjvex;
                if(vl[k] - e -> weight < vl[gettop]) //求各顶点事件最迟发生时间 vl
```

```
                            vl[gettop] = vl[k] - e->weight;
            }
    }
    for(j = 0; j < G.vexnum; j++)
        {//求 ete、lte 和关键活动
        for(e = G.vertex[j].firstarc; e; e = e->nextarc)
            {k = e->adjvex;
            ete = ve[j];      //活动最早发生时间
            lte = vl[k] - e->weight;    //活动最迟发生时间
            if(ete == lte)//两者相等即在关键路径上
                printf("<v%c,v%c> length:%d\n",G.vertex[j].data,G.vertex[k].data,e->weight);
            }
        }
    }
}
```

对一个具有 n 个顶点、e 条弧的 AOE 网络，拓扑排序及求 ve 的时间复杂度为 $O(n+e)$，求 vl 的时间复杂度也为 $O(n+e)$，所以整个求关键路径算法的时间复杂度依然是 $O(n+e)$。

本章小结

图结构中任意两个结点之间都可能有关系，可以用于描述复杂的数据对象，在项目规划、工程管理、人工智能等领域都有广泛应用。本章主要讨论了图的定义、实现和典型应用。

主要学习要点如下。

1) 掌握图的定义和相关概念，包括图、有向图/无向图、度/入度/出度、完全图、子图、连通图、强连通图、路径/简单路径、回路、网等。

2) 掌握图的各种存储结构，特别是邻接矩阵和邻接表的存储特点和差异，以及它们的实现。

3) 掌握图的创建、深度优先遍历和广度优先遍历算法。

4) 掌握生成树和最小生成树的概念和应用，以及求最小生成树的 Prim 算法和 Kruskal 算法。

5) 掌握最短路径问题及求解算法，特别是单源最短路径的 Dijkstra 算法及其应用。

6) 掌握 AOV 网和拓扑排序的过程与应用。

7) 掌握在 AOE 网中求关键路径的过程与应用。

8) 灵活运用图结构解决一些综合应用问题。

思想园地——主因素建模：破解复杂性的钥匙

现实生活中，大家经常通过搜索引擎浏览 Web。当用户输入一个查询词，搜索引擎会从其索引中找出与查询词相关的网页。这时，可能会得到数以百万计的匹配结果，全部阅读是不可能的，因此搜索引擎必须根据网页与查询词相关程度的高低对查询结果进行排序。那么，如何评估互联网上数以亿计的网页的重要性呢？这看似是一个复杂而庞大的问题。

PageRank 是 Google 搜索引擎用来评估网页重要性的核心算法之一，它帮助搜索引擎确定在搜索结果中哪些页面应该排在前面。PageRank 算法将互联网看作一个巨大的有向图，其中每个网页是图中的一个结点，网页之间的链接是结点之间的有向边。如果一个网页 A 有一个链接指向另一个网页 B，那么网页 A 就被认为是投票支持网页 B 的重要性。一个网页的 PageRank 值是由所有指向它的网页的 PageRank 值决定的。如果一个高 PageRank 值的网页链接到另一个网页，那么这个被链接的网页会获得更多的 PageRank 值。PageRank 算法通过多次迭代来计算每个网页的 PageRank 值。搜索引擎使用 PageRank 值来决定搜索结果的排序，通常，PageRank 值较高的网页会在搜索结果中排名较靠前。

PageRank 算法的基本思想是通过分析网页之间的链接关系判断网页的权重，它基于一个简单而直观的观察：一个网页如果被很多其他网页链接，那么它可能是一个重要的网页。这就是算法所关注的主要因素。在建模过程中，PageRank 算法将互联网视为一个有向图，通过迭代计算每个结点的 PageRank 值，得到网页的重要性得分。这个计算过程将复杂的网页链接关系简化为一个数值指标，实际上是一个简化复杂网络结构的过程，它只关注链接关系，而忽略了网页的具体内容、设计等其他因素，从而方便地进行网页排序。

从上面的例子可以看出，PageRank 算法通过将注意力集中于问题的主要因素，并建立一个简化的模型，有效地解决了一个复杂的问题。在解决实际问题时，可以借鉴 PageRank 算法的这种思维方式。首先，要识别问题的主要因素，即那些对问题结果产生重要影响的关键因素，这需要具备深厚的专业知识和敏锐的洞察力。然后，可以通过建模将这些主要因素抽象为易于处理的数学或逻辑模型，通过分析和优化模型，可以找到影响问题结果的关键因素，从而提出针对性的解决方案。这种思维方式有助于避免陷入复杂的细节中，而是从整体上把握问题的本质，找到解决问题的关键点。

可以将这种思维方式应用于其他领域。例如，在解决城市交通拥堵问题时，可以将注意力集中在交通流量、事故高发地点和公共交通服务等主要因素上，并通过建立一个简化的模型来测试不同的解决方案，从而找到简单而有效的解决方法。这样，可以更有效地解决复杂问题，提高工作效率和准确性。

思考题

1. 日常生活中，哪些问题可抽象为图结构？
2. 设有一个图 $G = (V, E)$，取 V 的子集 V'，E 的子集 E'。那么，(V', E') 一定是图 G 的子图吗？
3. 无向图的邻接矩阵的有什么特点？有向图的邻接矩阵的有什么特点？
4. 图的邻接矩阵和邻接表存储结构各有什么优缺点？
5. 若设图有 n 个顶点、e 条边，则图的邻接矩阵中有 n^2 个矩阵元素，要想检测图中所有的边，或检查图是否连通，是否需要对所有 n^2 个矩阵元素逐一检查？
6. 图的深度优先遍历类似于树的先根遍历，广度优先遍历又类似于树的何种遍历？
7. 对无向图进行遍历，在什么条件下可以得到一棵生成树？在什么条件下得到一个生成森林？其中每棵生成树对应图的什么部分？对有向图进行遍历，在什么条件下可以得到一棵生成树？在什么条件下得到一个生成森林？
8. 当有多条边具有相等权值时，同一带权图是否可能有多棵最小生成树？
9. Prim 算法和 Kruskal 算法都属于贪心算法，两个算法的贪心规则有何不同？
10. 用 Dijkstra 算法求最短路径，为何要求所有边上的权值必须大于 0？

11. 为什么拓扑排序的结果可能不唯一？

12. 为何加速某一关键活动不一定能缩短整个工程的工期？为何某一关键活动不能按期完成就会导致整个工程工期延误？

练习题

1. 选择题

1）在一个图中，所有顶点的度数之和等于图的边数的（   ）倍。
A. 1/2　　　　B. 1　　　　C. 2　　　　D. 4

2）一个无向连通图中有 16 条边，所有顶点的度均小于 5，度为 4 的顶点有 3 个，度为 3 的顶点有 4 个，度为 2 的顶点有 2 个，则该图有（   ）个顶点。
A. 10　　　　B. 11　　　　C. 12　　　　D. 13

3）以下关于图的存储结构的叙述中正确的是（   ）。
A. 邻接矩阵占用的存储空间大小只与图中顶点数有关，而与边数无关
B. 邻接矩阵占用的存储空间大小只与图中边数有关，而与顶点数无关
C. 邻接表占用的存储空间大小只与图中顶点数有关，而与边数无关
D. 邻接表占用的存储空间大小只与图中边数有关，而与顶点数无关

4）下列关于无向连通图特征的叙述中，正确的是（   ）。
Ⅰ. 所有顶点的度之和为偶数
Ⅱ. 边数大于顶点个数减 1
Ⅲ. 至少有一个顶点的度为 1
A. 只有Ⅰ　　　B. 只有Ⅱ　　　C. Ⅰ和Ⅱ　　　D. Ⅰ和Ⅲ

5）已知图的邻接表如图 7-41 所示，根据算法，则从顶点 V_0 出发按深度优先遍历的结点序列是（   ）。

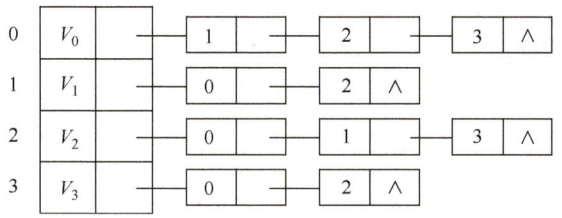

图 7-41　图的邻接表

A. V_0，V_1，V_3，V_2
B. V_0，V_2，V_3，V_1
C. V_0，V_3，V_2，V_1
D. V_0，V_1，V_2，V_3

6）对于有 n 个顶点的带权连通图，它的最小生成树是指图中任意一个（   ）。
A. 由 $n-1$ 条权值最小的边构成的子图
B. 由 $n-1$ 条权值之和最小的边构成的子图
C. 由 $n-1$ 条权值之和最小的边构成的连通子图
D. 由 n 个顶点构成的极小连通子图，且边的权值之和最小

7）Dijkstra 算法是（   ）求出图中从源点到其余顶点最短路径的。

A. 按路径长度递减的顺序　　B. 按路径长度非递减的顺序
C. 通过深度优先遍历　　　　D. 通过广度优先遍历

8）若一个有向图中的顶点不能排成一个拓扑序列，则可断定该有向图（　　）。

A. 只有 1 个入度为 0 的顶点
B. 含有多个入度为 0 的顶点
C. 是个强连通图
D. 含有顶点数目大于 1 的强连通分量

9）以下对于 AOE 网的叙述中，错误的是（　　）。

A. 在 AOE 网中可能存在多条关键路径
B. 关键活动不按期完成就会影响整个工程的完成时间
C. 任何一个关键活动提前完成，整个工程也将提前完成
D. 所有关键活动都提前完成，整个工程也将提前完成

2. 简答题

1）对于有 n 个顶点的无向图，采用邻接矩阵表示，如何判断以下问题：图中有多少条边？任意两个顶点 i 和 j 之间是否有边相连？任意一个顶点的度是多少？

2）对于有 n 个顶点的无向图，采用邻接表表示，如何判断以下问题：图中有多少条边？任意两个顶点 i 和 j 之间是否有边相连？任意一个顶点的度是多少？

3）对如图 7-42 所示的有向无环图进行拓扑排序，写出它的 5 个不同的拓扑序列。

4）已知如图 7-43 所示的带权有向图：

① 写出此图的邻接矩阵；
② 写出此图的邻接表（邻接表中结点序号由小到大）；
③ 写出对此图按②中邻接表，由顶点 1 开始的深度优先遍历和广度优先遍历序列；
④ 写出用 Dijkstra 算法求从顶点 1 到其余各顶点的最短路径的过程。

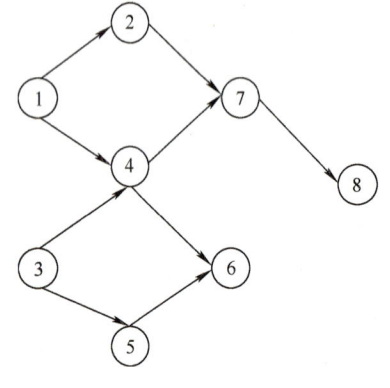
图 7-42　有向无环图

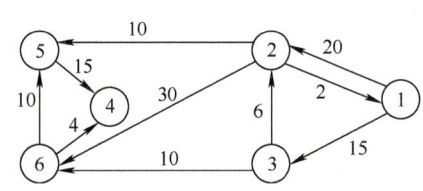
图 7-43　带权有向图

5）对如图 7-44 所示的有向图：

① 从顶点 4 出发进行深度优先遍历和广度优先遍历，分别画出一棵深度优先生成树和广度优先生成树；
② 写出用 Prim 算法构造最小生成树的过程。

3. 证明题

1）用数学归纳法证明有 n 个顶点的完全无向图有 $n(n-1)/2$ 条边。

2）证明：在一个有 n 个顶点的完全图中，生成树的数目至少为 $2^{n-1}-1$。

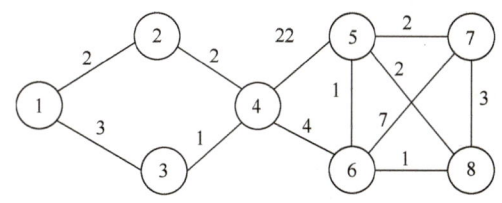

图 7-44　有向图

3）证明：对于一个无向图 $G = (V, E)$，若图 G 中各顶点的度均大于或等于 2，则图 G 中必有回路存在。

上机实验题

1. 图的基本运算
目的：掌握图的两种主要存储结构以及图的创建、遍历的算法设计。
内容：
1）问题描述：从键盘输入图的顶点和边创建图，并输出从指定顶点开始进行深度优先遍历和广度优先遍历的结果。
2）要求：图采用邻接矩阵和邻接表两种不同存储结构实现，采用邻接表存储，要求边链表中结点按顶点序号递增次序排列。
3）分析算法时间复杂度和空间复杂度。

2. 求连通图的所有深度优先遍历序列
目的：掌握图的深度优先遍历算法。
内容：
1）问题描述：假设一个连通图采用邻接表存储，输出它的所有深度优先遍历序列。
2）分析算法时间复杂度和空间复杂度。

3. 判断图的连通问题
目的：掌握图的深度优先遍历和广度优先遍历算法在图的搜索问题中的应用。
内容：
1）问题描述：设计一个算法，判断一个无向图 G 是否连通。
2）要求：图 G 采用邻接表存储。
3）分析算法时间复杂度和空间复杂度。

4. 通信网最低造价问题
目的：掌握最小生成树在求解实际问题中的应用。
内容：
1）问题描述：若在 n 个城市之间建通信网络，架设 $n-1$ 条线路即可。如何以最低的经济代价建设这个通信网，是一个网络的最小生成树问题。
2）要求：利用 Prim 算法求网络的最小生成树。
3）分析算法时间复杂度和空间复杂度。

5. 教学计划编制问题
目的：掌握 AOV 网和拓扑排序在求解实际问题中的应用。
内容：
1）问题描述：软件专业学生要学习一系列课程，其中有些课程必须在其先修课完成后才能学习。假设每门课程的学习时间为一个学期，试为该专业的学生设计教学计划，使他们能在最短时间内修完专业要求的全部课程。

2）要求：利用拓扑排序实现。

3）分析算法时间复杂度和空间复杂度。

6. 最短路径问题

目的：掌握 Dijkstra 算法在求解实际问题中的应用。

内容：

1）问题描述：假设以一个带权有向图表示某一区域的公交线路网，图中顶点代表一些区域中的重要场所，弧代表已有的公交线路，弧上的权表示该线路上的票价（或搭乘所需时间），试设计一个交通指南系统，指导前来咨询者以最低的票价或最少的时间从区域中的某一场所到达另一场所，并输出 1 到第 n 个场所的最低票价。

2）要求：利用 Dijkstra 算法求最低的票价，为简化输出，只输出场所 1 到第 n 个场所中的最低票价。

3）分析算法时间复杂度和空间复杂度。

7. 关键路径问题

目的：领会拓扑排序和 AOE 网络中关键路径的求解过程及算法设计。

内容：

1）问题描述：已知一个 AOE 网络，设计算法求出 AOE 网络中的所有关键活动。

2）要求：从键盘输入 AOE 网络的顶点和边，网络采用邻接表存储。

3）分析算法时间复杂度和空间复杂度。

第8章

查 找

查找又称检索，是一种日常生活中经常进行的操作，例如，在电话号码簿中查找某人的电话号码，在学生成绩单中查找某个学生的成绩等。查找也是数据处理领域中使用最频繁的一种基本操作，如文献检索、数据库系统的信息维护等都涉及查找操作。

要利用计算机查找特定的信息，就需要在计算机中存储包含该特定信息的数据集合，以集合为基础进行查找。本章主要讨论信息的存储和查找问题。

【学习重点】

① 折半查找的过程及性能分析；
② 二叉排序树的插入、删除及查找操作；
③ 平衡二叉树的构造；
④ B 树的定义及插入、删除、查找方法；
⑤ 散列表的构造和查找方法；
⑥ 各种查找技术的时间性能分析。

【学习难点】

① 二叉排序树的删除操作；
② 平衡二叉树的调整方法；
③ B 树的插入、删除方法。

8.1 查找的基本概念

【问题导入】 在一个大型电商网站上，用户如何搜索并找到他们想要购买的商品？当你需要在计算机的文件系统中找到一个特定的文件时，你会如何操作？在一个包含大量联系人的手机通信录中，你如何快速定位到某个特定的联系人？

这些问题都涉及查找的概念。无论是电商网站、计算机文件系统还是手机通信录，都需要在大量的数据或信息中快速定位到特定的目标，这就需要掌握一定的查找方法和技巧，以便高效地完成任务。

1. 基本概念

在查找问题中，通常将数据元素称为**记录**（Record），被查找对象是由同一类型的数据元素（记录）组成的集合，称为**查找表**（Search Table）。查找表中的数据元素可以由若干个数据项（Data Item）组成，可以指定某个数据项为**关键字**（Key），所有元素在关键字上的取值都不相同，用关键字可以标识一个记录。

查找（Search）就是根据给定值 k，在含有 n 个元素的查找表中找出关键字值等于 k 的数据元素（记录）。若查找表中有这样的数据元素，则查找成功，并返回该数据元素的信息或在查找表中的位置；若不存在这样的数据元素，则查找失败，返回相关指示信息。

若在查找中不涉及表的修改操作，称为**静态查找**（Static Search）。静 [视频 8-1 相关概念] 态查找只对集合进行查找操作，不进行插入或删除数据元素等操作，查找的结果不改变查找集合。若在查找的同时对表做修改操作，称为**动态查找**（Dynamic Search）。动态查找不成功时，需要将被查找的记录插入到查找集合中，查找成功时也可以执行删除数据元素的操作，也就是说，查找的结果可能会改变查找集合。

因为查找是对已经存入计算机中的数据元素进行的运算，因此在研究各种查找方法时，首先要弄清楚这些查找方法所需要的数据结构（尤其是存储结构）。一般而言，各种数据结构都会涉及查找操作，如前面介绍的线性表、树、图等，这些数据结构的存储结构都可以作为集合的存储结构存放集合中的数据元素，其中每个数据元素或结点代表一条记录。在某些实际应用中，查找操作是最主要的操作，为了提高查找效率，常常专门为查找设计数据结构来组织表，这种面向查找操作的数据结构称为**查找结构**（Search Structure）。本章主要讨论的查找结构如下。

1）线性表：适用于静态查找，主要采用顺序查找、折半查找等技术。
2）树表：适用于动态查找，主要采用二叉排序树、AVL 树、B 树等技术。
3）散列表：静态查找和动态查找均适用，主要采用散列技术。

2. 查找算法的性能

查找运算的基本操作是将记录的关键字和给定 k 值进行比较，其运行时间主要耗费在关键字的比较上，所以，应该以查找过程中**关键字的比较次数**来度量查找算法的时间性能。在查找过程中，关键字的比较次数除了与算法本身及问题规模相关外，还与待查记录在查找表中的位置有关。同一查找集合、同一查找算法，待查记录所处位置不同，比较**测试**往往也不同。

对于查找算法，一般来讲，关心的是它的整体查找性能。因此，通常将查找过程中关键字比较次数的数学期望值作为衡量一个查找算法效率优劣的标准，称为**平均查找长度**（Average Search Length，ASL）。对于一个含有 n 个元素的集合，查找成功时的平均查找长度可以表示为

$$\text{ASL} = \sum_{i=1}^{n} p_i c_i \tag{8-1}$$

式中，n 为问题规模，表示查找集合中记录个数；p_i 为查找第 i 个元素的概率，且 $\sum_{i=1}^{n} p_i = 1$，若查找每个元素的概率相等，则 $p_1 = p_2 = \cdots = p_n = \frac{1}{n}$；$c_i$ 为查找到第 i 个元素所需的关键字比较次数。

[视频 8-2 平均查找长度]

显然，c_i 与算法密切相关，取决于算法；p_i 与算法无关，取决于具体应用。如果 p_i 是已知的，则 ASL 是问题规模 n 的函数。

对于查找不成功的情况，ASL 是查找失败时平均需要进行的关键字比较次数。在实际应用中，特别是查找集合中记录个数很多时，更关注查找成功的 ASL。

ASL 是衡量查找算法好坏的重要指标，一个查找算法的 ASL 越大，其时间性能越差；反之，一个查找算法的 ASL 越小，其时间性能越好。

8.2 线性表的查找

【问题导入】 在一个学生信息管理系统中,所有学生的数据(如学号、姓名、成绩等)按学号顺序存储在一个线性表中。如果想要根据学号快速查找某个学生的信息,采用何种查找算法?如果要根据姓名进行查找,而姓名不是有序的,应该如何设计查找算法?考虑到查找效率,是否可以对线性表进行优化,以便更快地根据姓名进行查找?

线性表是一种最简单的查找表,在线性表中进行的查找通常属于静态查找。线性表一般有两种存储结构:顺序存储结构和链式存储结构,在两种结构上都可以进行查找。对于无序的线性表,可以采用顺序查找方法遍历整个线性表来查找匹配的姓名。对于有序的线性表,可以利用折半查找(二分查找)快速定位到指定学号学生。不同的查找算法适用的场景和查找性能不同,在实际应用中应根据具体需求选择合适的查找算法和数据结构。

本节主要介绍线性表上的查找,主要包括顺序查找、折半查找和分块查找。为了讨论方便,这里只介绍以顺序表作为存储结构的相关查找算法。用于查找运算的顺序表采用数组表示,数组元素的数据类型定义如下:

```
typedef int KeyType;    //此处定义关键字为 int 型
typedef struct {
    KeyType  key;       //KeyType 为关键字的类型
    OtherType other;    //OtherType 代表其他数据项的类型
} ElemType;
```

在介绍算法时,为了突出算法策略,主要考虑元素中的关键字项。

8.2.1 顺序查找

顺序查找(Sequential Search)又称线性查找,是最基本的查找方法之一,其**基本思想**是:从表的一端向另一端依次将元素的关键字和给定值 k 比较,若相等,则查找成功,给出该记录在表中的位置;若整个顺序表扫描查找完毕,仍未找到其关键字等于 k 的元素,则查找失败。

1. 顺序查找过程

顺序表的查找算法在线性表部分已经讨论过,这里对原来讨论的查找算法进行改进,在查找过程中设置一个"哨兵"。哨兵就是待查找值 k,将它放在查找方向的"尽头",可以免去在查找过程中每一次都要判断查找位置是否越界,从而提高查找速度。顺序查找示意图如图 8-1 所示。

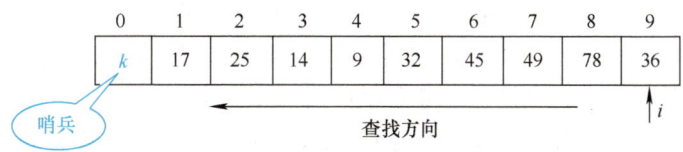

图 8-1 顺序查找示意图

顺序查找算法的描述见算法 8.1。其中,在查找表 R 中,数据元素从下标为 1 的单元开始存放,0 号单元用来存放哨兵元素,即待查找给定值 k。查找成功时,返回元素在查找表中的位置,失败时返回 0。

[视频 8-3 顺序查找]

算法 8.1　顺序查找算法

```
int search_seq(ElemType R[ ],int n,KeyType k)
{//在 R[ ]中查找关键为 k 的元素，成功返回元素在查找表中的位置，失败返回 0
    int i = n;      //从表尾向前查找，n 为查找表长度
    R[0].key = k;   //0 号单元作监视哨兵
    while(R[i].key! = k)   i--;
    return i;
}
```

算法 8.1 按从后向前的顺序进行查找，R[0] 为监视哨兵，保存 k 值，查找时若遇到它，表示查找不成功，返回值为 0。

2. 性能分析

对于含有 n 个数据元素的顺序表，查找第 i 个元素时，需进行 $n-i+1$ 次关键字的比较，即 $c_i = n - i + 1$。因此，查找成功时，顺序查找的平均查找长度为：

[视频 8-4　性能分析]

$$\text{ASL}_{成功} = \sum_{i=1}^{n} p_i c_i = \sum_{i=1}^{n} p_i \times (n - i + 1) \quad (8-2)$$

设每个数据元素的查找概率相等，即 $p_i = \dfrac{1}{n}(1 \leqslant i \leqslant n)$，则等概率情况下有

$$\text{ASL}_{成功} = \sum_{i=1}^{n} \dfrac{1}{n} \times (n - i + 1) = \dfrac{n+1}{2} \quad (8-3)$$

也就是说，查找成功时的平均比较次数约为表长的一半。查找不成功时，关键字的比较次数为 $n+1$ 次。因此，顺序查找算法的时间复杂度为 $O(n)$，其中 n 为查找表中的元素个数。从 ASL 可知，当 n 较大时，ASL 值也较大，查找的效率较低。

许多情况下，查找表中各元素的查找概率并不相等。若事先知道表中各元素的查找概率，可将表中元素按查找概率从小到大排列，即 $p_1 \leqslant p_2 \leqslant \cdots \leqslant p_n$，这样查找概率越高的元素，比较次数越少，查找概率越低的元素，元素比较次数越多，从而提高顺序查找效率。

归纳起来，顺序查找的优点是算法简单，对表结构无任何要求，无论是用顺序表还是链表存放数据元素，也无论元素之间是否按关键字有序排列，它都同样适用。顺序查找的缺点是查找效率低，当 n 较大时不宜采用顺序查找。

8.2.2　折半查找

折半查找（Binary Search）又称二分查找，是一种效率较高的查找方法。折半查找要求查找表必须采用顺序存储结构，且表中的元素必须按关键字有序排列。

下面的讨论中假设有序表是按元素值升序排列的。折半查找的基本思想是：在有序表中，取中间记录作为比较对象，若给定值 k 与中间记录的关键字相等，则查找成功；若给定值小于中间记录的关键字值，则在其左半区继续查找；若给定值大于中间记录的关键字值，则在其右半区继续查找。不断重复上述过程，直到查找成功；或查找区域内无记录，则查找失败。

1. 折半查找过程

设在线性表 R 中进行查找，[low,…,high] 为当前查找区间，初始时 low 和 high 分别指向 R[1] 和 R[n]（假设 0 单元未存放数据元素）。首先确定该区域的中点 mid = $\lfloor (\text{low} + \text{high})/2 \rfloor$，然后将待查的值与 R[mid].key 进行比较。

1）若 $k = R[mid].key$，则查找成功并返回该元素的位置；

2）若 $k < R[mid].key$，则由表的有序性可知 k 有可能落在 $[low,\cdots,mid-1]$ 区间中，于是修改 $high = mid - 1$，在 $[low,\cdots,mid-1]$ 中继续查找；

3）若 $k > R[mid].key$，则表的有序性可知 k 有可能落在 $[mid+1,\cdots,high]$ 区间中，于是修改 $low = mid + 1$，在 $[mid+1,\cdots,high]$ 中继续查找。

每通过一次比较，查找区间的长度就缩小一半，如此不断进行下去，直至找到关键字为 k 的元素，或当前查找区间为空（low > high）时（即查找失败），查找结束。

[视频 8-5 折半查找]

【例 8-1】 给定有序表中关键字为 7，14，18，21，23，29，31，35，38，42，46，49，52，用折半查找法查找关键字值为 14 和 22 的数据元素，请写出查找过程。

解：查找关键字为 14 和 22 的过程分别如图 8-2 和图 8-3 所示。

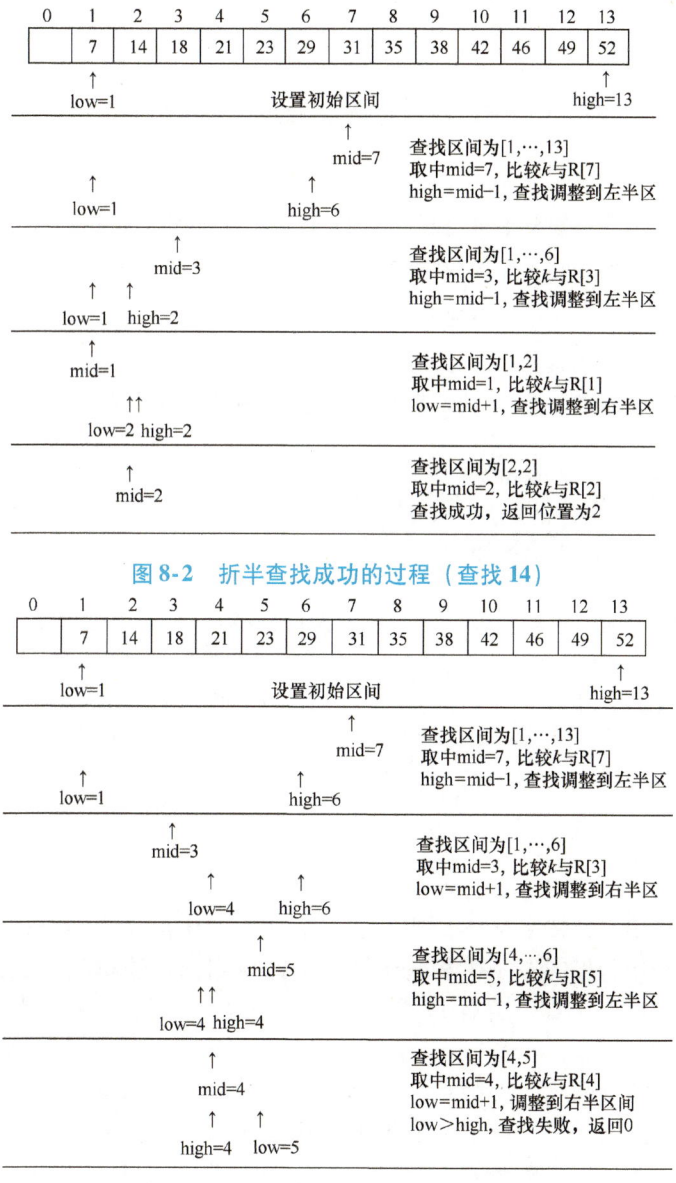

图 8-2 折半查找成功的过程（查找 14）

图 8-3 折半查找失败的过程（查找 22）

2. 非递归算法

折半查找的非递归实现见算法 8.2。其中，在查找表 R 为顺序存储的有序表，在表中查找给定值 k。查找成功时，返回元素在查找表中的位置，失败时返回 0。

算法 8.2　折半查找非递归算法

```
int BinSearch1(ElemType R[ ],int n,KeyType k)
{//在 R[ ]中查找给定值为 k 的元素,成功时返回元素在表中的位置,失败时返回 0
    int low = 1,high = n,mid;        // 元素存在 R[1,…,n]中
    while(low  < = high)
    { mid = (low + high)/2;    //取区间中点
       if(R[mid].key == k)    return mid;    //查找成功
       else if(k < R[mid].key)
             high = mid – 1;    //在左半区间中查找
       else low = mid + 1;    //在右半区间中查找
    }
    return 0;    //查找失败
}
```

3. 递归算法

折半查找的递归实现见算法 8.3。其中，在查找表 R 为顺序存储的有序表，在表中查找给定值 k。查找成功时，返回元素在查找表中的位置，失败时返回 0。

算法 8.3　折半查找递归算法

```
int BinSearch2(ElemType R[ ],KeyType k,int low,int high)
{//在 R[]中查找给定值为 k 的元素,成功时返回元素在表中的位置,失败时返回 0
    int mid;
    if(low  > high)   return 0;    //查找失败
    else
    { mid = (low + high)/2;    //取区间中点
       if( k < R[mid].key)
             return BinSearch2(R,k,low,mid – 1);    //在左半区间中查找
       else if( k > R[mid].key)
             return BinSearch2(R,k,mid + 1,high);    //在右半区间中查找
       else   return mid;    //查找成功
    }
}
```

4. 性能分析

折半查找过程可用二叉树来描述，把当前查找区间的中点作为根结点，由左子表和右子表构造的二叉树分别作为根的左子树和右子树，由此得到的描述折半查找过程的二叉树称为**判定树**（Decision Tree）。例如，含有 11 个元素的有序表 R，其折半查找过程可用如图 8-4 所示的判定树所示。

图 8-4 中，圆形结点表示内部结点，内部结点中的数字表示该元素在有序表中位置；长方形结点表示外部结点，外部结点中的值表示查找不成功时关键字取值所对应的元素序号范围，如外部结点"$i\sim j$"表示被查找值 k 介于 $R[i]$.key 和 $R[j]$.key 之间。

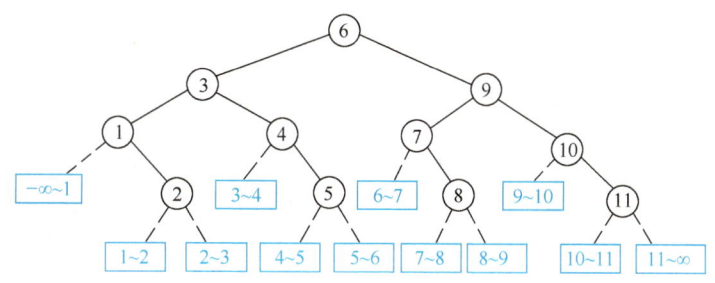

图 8-4　折半查找的判定树（$n=11$）

在查找表中查找某一记录的过程，就是折半查找判定树中从根结点到该记录结点的路径，查找过程中关键字比较次数等于该记录结点在树中的层数。例如，对于图 8-4 所示判定树，查找元素 R[6]（处于第 1 层）只需 1 次关键字比较；查找 R[3] 或 R[9]（均处于第 2 层）需要 2 次关键字比较；查找 R[1]、R[4]、R[7]、R[10]（均处于第 3 层）各需 3 次关键字比较；查找 R[2]、R[5]、R[8]、R[11]（均处于第 4 层）各需 4 次关键字比较。即查找元素处于判定树的第 k 层（根结点为第 1 层），则需进行 k 次关键字比较。

由于具有 n 个结点的折半查找**判定树的高度为** $\lfloor \log_2 n \rfloor + 1$，所以折半查找在查找成功时的关键字比较次数至多为 $\lfloor \log_2 n \rfloor + 1$。这里需要说明的是，二叉判定树并非完全二叉树，但它的叶子结点和完全二叉树相似，只分布在最大两层上。这样，具有 n 个结点的判定树的高度和 n 个结点的完全二叉树的高度相同，都是 $\lfloor \log_2 n \rfloor + 1$ 或 $\lceil \log_2 (n+1) \rceil$。

假设每个元素的查找概率相等，则折半查找成功时的平均查找长度为：

[视频 8-6　折半查找性能分析]

$$\text{ASL}_{\text{成功}} = \sum_{i=1}^{n} p_i c_i = \frac{1}{n} \sum_{i=1}^{n} c_i \qquad (8\text{-}4)$$

设判定树高度 $h = \lceil \log_2 (n+1) \rceil$，根据二叉树性质，第 i 层上的结点数至多为 2^{i-1}，则

$$\text{ASL}_{\text{成功}} = \sum_{i=1}^{n} p_i c_i = \frac{1}{n} \sum_{i=1}^{n} 2^{i-1} \times i = \frac{n+1}{n} \times \log_2(n+1) - 1 \approx \log_2(n+1) - 1$$

(8-5)

折半查找在查找失败时，所需关键字比较次数不会超过判定树高度，最坏情况下查找成功的关键字比较次数也不会超过判定树高度。由此可见，折半查找的最坏性能和平均性能相当接近。归纳起来，折半查找算法的**时间复杂度为** $O(\log_2 n)$。

虽然折半查找的效率比顺序查找高，但它要求查找表是按关键字有序的，因而事先要对查找表按关键字排序，而排序本身也是一种很费时的运算。

【**例 8-2**】　请画出例 8-1 中关键字序列的折半查找判定树，并分别计算等概率情况下，查找成功和查找失败时的平均查找长度。

解：例 8-1 中关键字序列的折半查找判定树如图 8-5 所示。

$$\text{ASL}_{\text{成功}} = \frac{1}{n} \sum_{i=1}^{n} c_i = \frac{1 \times 1 + 2 \times 2 + 4 \times 3 + 6 \times 4}{13} = \frac{41}{13}$$

$$\text{ASL}_{\text{失败}} = \frac{1}{n+1} \sum_{i=1}^{n+1} c_i = \frac{2 \times 3 + 12 \times 4}{14} = \frac{27}{7}$$

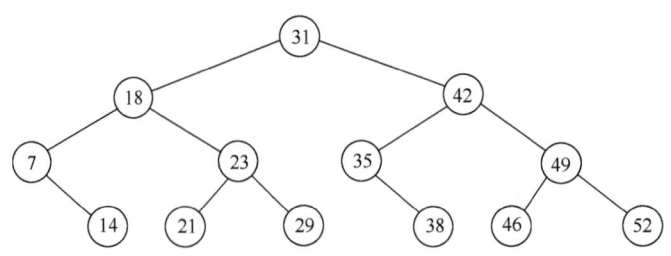

图 8-5　例 8-1 中关键字序列折半查找判定树

8.2.3　分块查找

分块查找（Block Search）是一种性能介于顺序查找和折半查找之间的查找方法。分块查找要求将查找表 R 分成 b 个**子表**，并为子表建立**索引表** ID，查找表的每一个子表由索引表中的索引项确定。索引表中每个索引项包含两部分信息：关键字 key 用于存放对应子表中的最大关键字，指针 link 用于存放对应子表的起始位置，并且索引项按关键字有序排列，其存储结构如图 8-6 所示。

图 8-6 中，查找表中的记录分布在 3 个子表（也叫块）中，每一块内的记录不一定按关键字排序，但前一个块中的最大关键字必须小于后一个块中的最小关键字，即要求整个表是"分块有序"的。整个查找表分为几个块，索引表中就有几个索引项，所以索引项的数目远远小于实际的记录数，因此这种线性查找方法又叫索引顺序查找。

［视频 8-7　分块查找］

查找时，先用给定值 k 在索引表中检测索引项，以确定待查找记录在

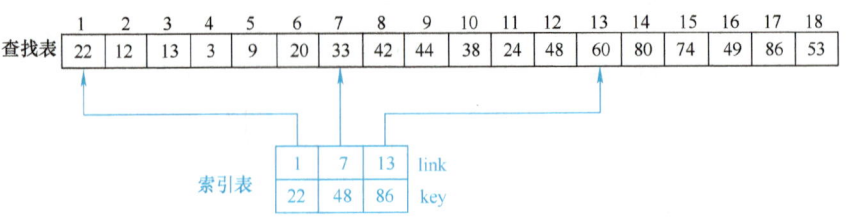

图 8-6　分块查找的索引存储结构

查找表中哪一个分块。由于索引表按关键字排列，可以采用顺序查找或折半查找方法在索引表中查找 k 值对应的索引项，若 $ID[i-1].key < k \leq ID[i].key$，此时的 $ID[i]$ 即为要查找分块对应的索引项。从索引项 $ID[i].link$ 中确定分块的起始位置，再对该分块进行块内查找。由于块内记录不一定按关键字排列，所以块内查找采用顺序查找方法。若在该块中查找不成功，则说明查找表 R 中不存在关键字为 k 的元素，查找失败。

由于分块查找实际上是进行了两次查找过程，即在索引表中查找和在块内查找，因此，整个查找过程的平均查找长度是两次查找的平均查找长度之和，即

$$ASL = L_b + L_w \tag{8-6}$$

式中，L_b 为索引表的平均查找长度；L_w 为在块中查找指定记录的平均查找长度。

若查找表 R 中有 n 个元素，每个子表中有 s 个元素，R 中总块数 $b = \lceil n/s \rceil$，则等概率情况下，分块查找成功情况下的平均查找长度如下。

若索引表采用折半查找：

$$ASL = L_b + L_w = \log_2(b+1) - 1 + \frac{s+1}{2}$$

$$\approx \log_2(n/s+1) + \frac{s}{2} \tag{8-7}$$

[视频 8-8 分块查找性能分析]

显然，当 s 越小时，ASL 的值越小，即当采用折半查找确定待查记录所在块时，每块的长度越小越好。

若索引表采用顺序查找：

$$ASL = L_b + L_w = \frac{b+1}{2} + \frac{s+1}{2} = \frac{b+s}{2} + 1$$

$$= \frac{1}{2}\left(\frac{n}{s} + s\right) + 1 \tag{8-8}$$

显然，当 $s = \sqrt{n}$ 时，ASL 取最小值 $\sqrt{n} + 1$，即当采用顺序查找确定待查记录所在块时，各块中元素个数为 $\sqrt{n}$ 时效果最佳。

分块查找的优点是把线性表分成若干逻辑子表，提高了查找效率；主要缺点是增加了一个索引表的存储空间和将初始表进行分块的运算。

8.3 树表的查找

【问题导入】 在学生信息管理系统中，当学生信息数据量达到数百万条时，线性查找的性能如何？有什么方法可以改进？如果学生信息查找系统需要支持实时添加和删除学生记录，线性查找是否还能满足需求？为什么？

当以线性表作为查找结构时，随着数据量的增长，线性查找的时间复杂度线性增加。折半查找虽然效率高，但由于折半查找要求表中的元素按关键字有序，且不适合采用链表存储结构，因此当插入、删除操作频繁时，为维护表的有序性，需要移动表中很多元素，这种移动元素引起的额外时间开销会抵消折半查找的优点。要对动态集合进行高效率的查找，可以采用本节介绍的几种二叉树/树作为表的组织形式，这里将它们统称为树表（Tree Table）。下面分别讨论在这些树表上进行查找、插入和删除操作的方法。

[视频 8-9 动态查找问题]

8.3.1 二叉排序树

二叉排序树（Binary Search Tree，BST）又称二叉搜索树，它或者是一棵空树，或者是一棵具有如下特性的非空二叉树。

1）若根结点的左子树非空，则左子树上所有结点的关键字均小于根结点的关键字。
2）若根结点的右子树非空，则右子树上所有结点的关键字均大于根结点的关键字。
3）根结点的左、右子树也分别是一棵二叉排序树。

上述特性简称为二叉排序树性质（BST 性质），故二叉排序树实际上是满足 BST 性质的二叉树，也就是说，二叉排序树是结点值之间满足一定次序关系的二叉树。从上面定义可以看出，对二叉排序树进行中序遍历，可以得到一个按关键字递增有序的序列，这也是二叉排序树名称的由来。前面讨论的折半查找的判定树就是一棵二叉排序树。

[视频 8-10 二叉排序树定义]

二叉排序树通常采用二叉链表进行存储，其结点结构与二叉链表的结点结构相同，数据类型声明为：

```
typedef    int    ElemType;    //每个元素的数据类型为 ElemType,假设为 int
typedef struct BiTNode         // 二叉链表的结点结构
{
    ElemType   data;           /*结点的数据信息*/
    struct  BiTNode  *lchild,*rchild;    /*左、右孩子指针*/
};
BiTNode *root;
```

和二叉树一样，可以通过根指针 root 来唯一标识一棵二叉排序树。

1. 二叉排序树的插入

二叉排序树是一种动态树形集合或动态树表，其特点是树的结构通常不是一次生成的，而是在查找过程中动态建立的。当树中不存在关键字与给定值 k 相等的结点时，将 k 插入且保证插入后仍满足 BST 性质。

二叉排序树中的插入结点的过程为：若二叉排序树 root 为空，则创建一个关键字为 k 的结点，将它作为根结点插入；否则将给定值 k 与根结点的关键字进行比较，若相等，则说明树中已有此关键字，无须插入；若给定值 $k <$ root -> data，则将 k 插入到根结点的左子树中；若给定值 $k >$ root -> data，则将 k 插入到根结点的右子树中。

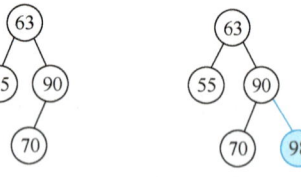

a) 二叉排序树　　b) 插入98后的二叉排序树

图 8-7　二叉排序树的插入

【例 8-3】　请在如图 8-7a 所示的二叉排序树中插入关键字 98。

解：在如图 8-7a 所示的二叉排序树中插入关键字 98 后的二叉排序树如图 8-7b 所示。

由上述插入过程可以看出，新插入的结点是作为叶子结点插入到二叉排序树中的，并且是查找失败时查找路径上访问的最后一个结点的左孩子或右孩子。

二叉排序树插入的递归算法实现见算法 8.4。

［视频 8-11　二叉排序树的插入］

算法 8.4　二叉排序树插入的递归算法

```
int InsertBST(BiTNode *&root,ElemType k)
{//在二叉排序树 root 中插入关键字为 k 的结点,插入成功返回1,否则返回0
    if( root == NULL)
    {
        root = (BiTNode *)malloc(sizeof(BiTNode));
        root -> data = k;
        root -> lchild = root -> rchild = NULL;
        return 1;
    }
    else if(k == root -> data)    return 0;      //树中存在关键字相同的结点
    else if(k < root -> data)    InsertBST(root -> lchild,k);    //插入到左子树中
    else InsertBST(root -> rchild,k);             //插入到右子树中
}
```

上述算法是在根指针为 root（root 可能为空）的二叉排序树中插入一个关键字值为 k 的结点，root 可能发生变化，所以一定要用引用类型，即将 root 改变后的值回传给实参。

2. 二叉排序树的创建

创建一棵二叉排序树是从空的二叉排序树开始，每插入一个关键字，就调用一次插入算法将它插入到当前二叉排序树中。

【例 8-4】 给定关键字序列 {63,90,70,55,67,42,98}，给出从空树开始建立二叉排序树的过程。

解： 按本题中关键字序列的顺序依次插入结点，从空树开始建立二叉排序树的过程如图 8-8 所示。

从关键字数组 a 创建二叉排序树的算法见算法 8.5。

[视频 8-12 二叉排序树的创建]

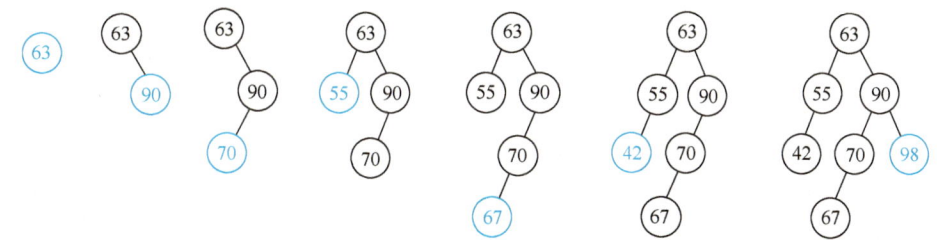

图 8-8 建立二叉排序树的过程

算法 8.5 二叉排序树的创建算法

```
BiTNode  * CreateBST( ElemType a[ ],int n)
{//根据关键字数组 a[0,…,n-1]创建二叉排序树,并返回根指针 root
    int flg;
    BiTNode * root = NULL;
    for( int i = 0; i < n; ++i )
    {  flg = InsertBST( root,a[i] );   //将关键字 a[i]插入到二叉排序树 root 中
       if( flg == 0 )   //树中存在关键字相同的结点,a[i]插入失败!
          printf( "\n% s% d% s","关键字 ",a[i]," 无法插入!" );
    }
    return root;
}
```

在找到插入位置后，向二叉排序树中插入结点的操作只是修改相应的指针，而寻找插入位置的比较次数不会超过树的深度，所以二叉排序树具有较高的插入效率。

对于一组关键字集合，关键字序列不同（插入结点的次序不同），所构造的二叉排序树的形状就不同。例如，对于例 8-4 中的关键字集合，如果按照 {42,55,63,67,70,90,98} 次序插入，形成的就是一棵左单支树。因此，对于同一个查找集合，可以有不同的二叉排序树形式，而不同的二叉排序树可能具有不同的深度，查找和插入效率也会不同。二叉排序树的高度越小，查找效率越高，下一节将讨论如何构造这种查找效率高的二叉排序树。

3. 二叉排序树的删除

二叉排序树的删除是指在二叉排序树中删除一个关键字与给定值 k 相等的结点，并保持二叉排序树的特性不变。二叉排序树的删除操作比插入操作要复杂一些，由于被插入的结点都是作为叶子结点插入的，因而不会破坏结点之间的链接关系，而删除的结点可能是叶子结点，也可能是分支结点，当删除分支结点时就会破坏二叉排序树

[视频 8-13 删除情况 1]

243

中原有结点之间的链接关系，需要重新修改指针，使删除结点后仍为一棵二叉排序树。

不失一般性，假设 p 指向待删除结点，删除过程可分为以下几种情况。

1）若结点 p 是叶子结点，则直接删除该结点。如图 8-9 所示，要删除 70，可以直接将其父结点的孩子指针置空，再释放结点 p 即可。这是最简单的结点删除情况。

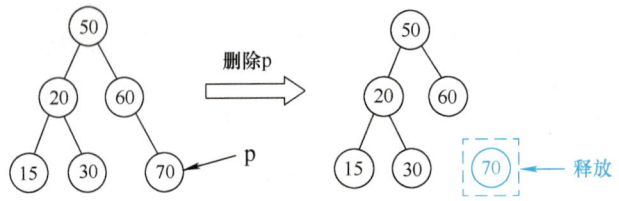

图 8-9 从二叉排序树中删除一个叶结点

2）若结点 p 只有左子树 P_L 或只有右子树 P_R。如图 8-10 所示，可以直接用其左孩子（或右孩子）替代结点 p，即将父结点指向 p 的指针改为指向 P_L（或 P_R），再释放结点。

[视频 8-14 删除情况 2]

3）若结点 p 既有左子树 P_L 又有右子树 P_R。一个简单但代价很高的方法是让父结点的左指针（或右指针）指向 p 的任意一个子树，然后将另一个子树中的结点重新插入，这将使二叉排序树的结构发生变化，并可能增加树的高度。一个较好的方式是从 p 的某个子树中找出一个结点 s，其值能代替 p 的值，这样就可以用结点 s 替代结点 p，再删除 s 结点。

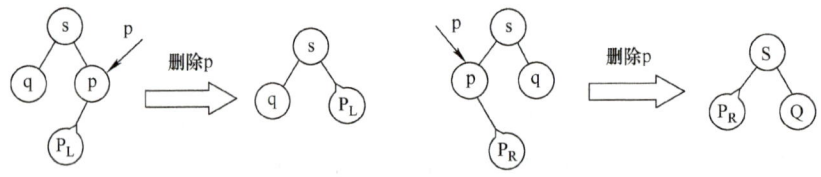

a）结点 p 只有左子树　　　　　　b）结点 p 只有右子树

图 8-10 从二叉排序树中删除只有一个子树的结点

根据二叉排序树的特点，可以用 p 的中序前驱（或中序后继）代替该结点，即从 p 的左子树中选择关键字最大的结点 s（或 p 的右子树中关键字最小的结点），用结点 s 的值代替结点 p 的值，并删除结点 s。由于结点 s 一定是结点 p 的左子树中最右下方的结点（或是 p 的右子树中最左下方的结点），s 要么是一个只有左子树而无右子树的结点，要么是一个叶子结点，因此删除 s 就转换为 1）和 2）中讨论的删除问题。

算法实现中，通常采用 p 的中序前驱结点作为替代结点，删除示意如图 8-11 所示。

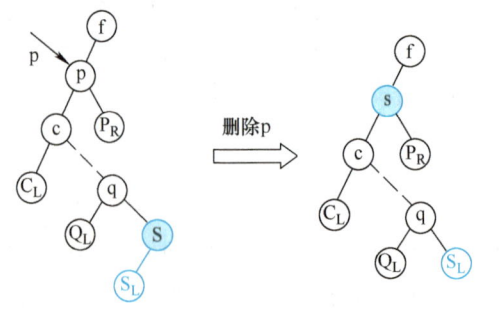

图 8-11 从二叉排序树中删除有两个子树的结点

[视频 8-15 删除情况 3]

【例8-5】 请在如图8-12a所示的二叉排序树中删除关键字值为400的结点。

解：要删除关键字值为400的结点，可以用其中序前驱结点的值300替代400，然后再删除值为300的结点，得到如图8-12b所示的二叉排序树。

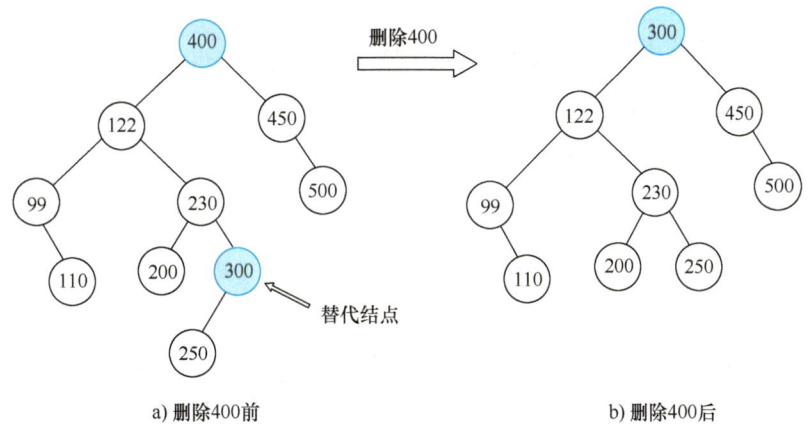

图 8-12 二叉排序树的删除

综上所述，在二叉排序树root中删除关键字为k的结点的算法见算法8.6。

算法8.6 二叉排序树的删除算法

```
int DeleteBST( BiTNode  * &root, ElemType k)
{/* 在二叉排序树root中删除关键字为k的结点，若删除成功返回1，否则返回0 */
    if( root == NULL)    return 0;    //空树删除失败
    else
    { if( root  -> data == k)
        {  DeleteP( root);    //调用DeleteP()函数删除结点root
           return  1;
        }
        else if( k  <  root  -> data)
           return DeleteBST( root -> lchild, k);   /* 递归在左子树中删除关键字为k的结点 */
        else    return DeleteBST( root -> rchild, k);  /* 递归在右子树中删除关键字为k的结点 */
    }
}
```

其中，删除结点p的算法如算法8.7所示。

算法8.7 在二叉排序树中删除结点p

```
void DeleteP( BiTNode  * &p)
{//在二叉排序树中删除结点p
    BiTNode  * q, * s;
    if( p -> rchild == NULL && p -> lchild == NULL)   // p是叶子结点
       {  q = p;    p = NULL;    free( q);  }
    if( p -> rchild == NULL && p -> lchild! = NULL)   /* p只有左子树，用p的左孩子替代它 */
       {  q = p;    p = p -> lchild;   free( q);  }
    if( p -> lchild == NULL && p -> rchild! = NULL)   /* p只有右子树，用p的右孩子替代它 */
```

245

```
        { q = p;   p = p -> rchild;  free(q);     }
    else {     //p 既有左子树，又有右子树
        q = p;    s = p -> lchild;
        while(s -> rchild)    {q = s;   s = s -> rchild;}
            //s 为 p 的中序前驱结点，q 为 s 的父结点
        p -> data = s -> data;       //用 s 替换 p 的关键字
        if(q! = p)   q -> rchild = s -> lchild;  /* 将父结点 q 指向 s 的指针变为指向 s 的左孩子 */
            else    q -> lchild = s -> lchild;
        free(s);
        }
}
```

算法 8.7 是不对称的：它总是删除 p 的直接前驱结点，如果进行多次删除，就会减少左子树的高度却不影响右子树。进行多次删除后，整个树变得向右侧偏斜，右子树比左子树高得多。为了解决这个问题，可以对算法进行改进，交替地从左子树删除前驱、从右子树删除后继结点，叫作"对称删除法"。

4. 二叉排序树的查找

因为二叉排序树可看成有序的，所以在二叉排序树上进行查找和折半查找类似，也是一个逐步缩小查找范围的过程。

在二叉排序树中查找给定值 k 的过程是：若二叉排树 root 为空，则查找失败；否则，若给定值 k = root -> data，则查找成功；若 k < root -> data，则在 root 的左子树中继续查找；若 k > root -> data，则在 root 的右子树中继续查找。

[视频 8-16 二叉排序树的查找]

二叉排序树的查找的递归和非递归算法实现详见算法 8.8 和算法 8.9。

算法 8.8   二叉排序树的查找——递归算法

```
BiTNode  * SearchBST1( BiTNode  * root, ElemType k)
{/* 在二叉排序树 root 中查找关键字为 k 的结点，成功则返回该结点指针，失败则返回 NULL */
    if( root == NULL)    return NULL;       //查找失败
    if( root -> data == k)    return root;       //查找成功
        else if(k  <  root -> data)    return SearchBST1( root -> lchild, k);  /* 在左子树中递归查找 */
        else return SearchBST1( root -> rchild, k);   //在右子树中递归查找
}
```

算法 8.9   二叉排序树的查找——非递归算法

```
BiTNode  * SearchBST2( BiTNode  * root, ElemType k)
{/* 在二叉排序树 root 中查找关键字为 k 的结点，成功则返回该结点指针，失败则返回 NULL */
    BiTNode  * p = root;
    while( p! = NULL)
    {  if( p -> data == k)    return p;
        else if(k  <  p -> data)    p = p -> lchild;
        else p = p -> rchild;
    }
    return NULL;
}
```

从查找过程可以看出，在二叉排序树上进行查找，是一个从根结点开始，沿某一个分支逐层向下进行比较判等的过程。查找关键字等于给定值结点的过程，恰好走了一条从根结点到该结点的路径，查找过程中关键字的比较次数等于给定值结点在二叉排序树中的层数，其关键字比较次数不会超过二叉排序树的高度。

折半查找过程中关键字的比较次数也不会超过折半查找判断树的高度，然而，长度为 n 的有序表，其判定树是唯一的，而含有 n 个结点的二叉排序树却不唯一。对于含有同样一组元素的表，由于元素插入的先后次序不同，所构成的二叉排序树形态和高度可能不同。例如，如图 8-13a 和图 8-13b 所示的两棵二叉排序树的高度分别为 4 和 7。

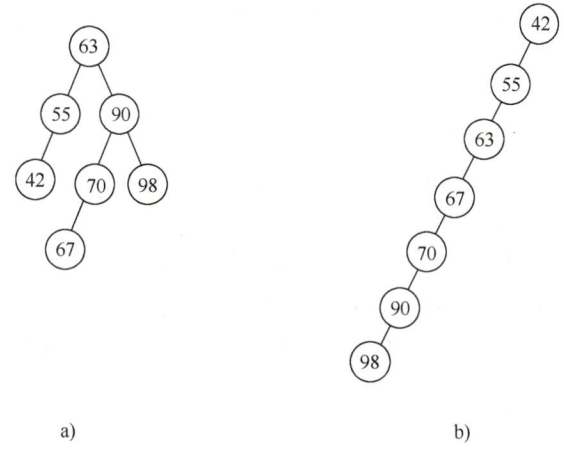

图 8-13 两棵形态不同的二叉排序树

对于如图 8-13a 所示的二叉排序树，在等概率情况下，查找成功的平均查找长度为：

$$\text{ASL}_{成功} = \frac{1 \times 1 + 2 \times 2 + 3 \times 3 + 1 \times 4}{7} = \frac{18}{7}$$

类似地，如图 8-13b 所示的二叉排序树，等概率情况下查找成功的平均查找长度为：

$$\text{ASL}_{成功} = \frac{1 \times 1 + 1 \times 2 + 1 \times 3 + 1 \times 4 + 1 \times 5 + 1 \times 6 + 1 \times 7}{7} = \frac{28}{7}$$

[视频 8-17 查找性能分析]

由此可见，在二叉排序树上进行查找的平均查找长度和二叉排序树的形态有关。最好情况下，二叉排序树形态比较均匀，最终得到的是一棵形态于折半查找的判定树相似的二叉排序树，此时有 n 个结点的二叉排序树的高度为 $\lfloor \log_2 n \rfloor + 1$，其平均查找长度为 $O(\log_2 n)$，近似于折半查找。最坏情况下，二叉排序树蜕化为一棵高度为 n 的左（或右）单支树，其平均查找长度与顺序查找相同，也是 $(n+1)/2$，查找效率为 $O(n)$。

一般情况下，二叉排序树上的查找与折半查找差不多，但就维护表的有序性而言，二叉排序树更有效，因为无须移动元素，只需修改指针就可以完成结点的插入和删除操作。而在某些情况下，二叉排序树会严重失衡，向某一侧偏斜。为了获得较好的查找性能，就需要在构造二叉排序树的过程中进行"平衡化"处理，使其成为平衡的二叉排序树。

8.3.2 AVL 树

从上节的讨论可知，二叉排序树的查找效率取决于二叉排序树的形态，而二叉排序树的形态与构造过程中结点插入的次序有关。为了对任意次序的插入都能构造一棵形态均匀的二叉排序树，就需要在树中插入或删除结点时通过调整形态来保持树的"平衡"，以获得好的查找性能。

平衡的二叉排序树有很多种，较为著名的是由苏联数学家 Adelson – Velskii 和 Landis 在 1962 年提出的 AVL 树，本节后面讨论的平衡二叉排序树都指 AVL 树。

1. 平衡二叉树定义

若一棵二叉排序树中每个结点的左、右子树的高度最多相差 1，则称此二叉排序树为平衡二叉树（Balanced Binary Tree）。一个结点的左子树高度减去右子树高度的差值称为该结点的平衡因子（Balance Factor），记为 Δ。从平衡因子的角度说，若一棵二叉排序树的所有结点的平衡因子的绝对值小于或等于 1，即 Δ=0、1 或 –1 时，该二叉排序树就是平衡二叉树，否则就不是平衡二叉树。

图 8-14 是平衡二叉树和不平衡二叉树的例子。图 8-14 中结点旁边标注的数字为该结点的平衡因子。图 8-14a 中，所有结点的平衡因子的绝对值都小于或等于 1，因此是一棵平衡二叉树；图 8-14b 中，结点 16，3，7 的平衡因子分别为 3，–4，–3，因此是不平衡的。

平衡二叉树的所有叶结点都在最下面两层（否则某个结点的平衡因子不在 0、1、–1 范围内），所以平衡二叉树的高度约为 $\log_2 n$，具有优越的查找性能。例如，若一棵平衡二叉树中存储了 10000 个结点，那么树的高度不超过 14。在实际应用中，这意味着如果在一棵平衡二叉树中存放 10000 条记录，查找一条记录时最多需要检测 14 个结点。因此，构造平衡二叉树是值得的。

［视频 8-18　AVL 树定义］

2. 平衡二叉树的构造

如何使构造的二叉排序树是一棵平衡二叉树呢？关键是每次向二叉排序树中插入新结点时要保证所有结点满足平衡二叉树的要求。就是说，一旦插入某结点出现了不平衡（某些结点的平衡因子不满足要求），就要对该二叉树进行调整（平衡化处理），使其变成一棵平衡二叉树。下面介绍的平衡化处理方法是由 Adelson – Velskii 和 Landis 提出的，为纪念他们，将用该方法得到的平衡二叉树称为 AVL 树。

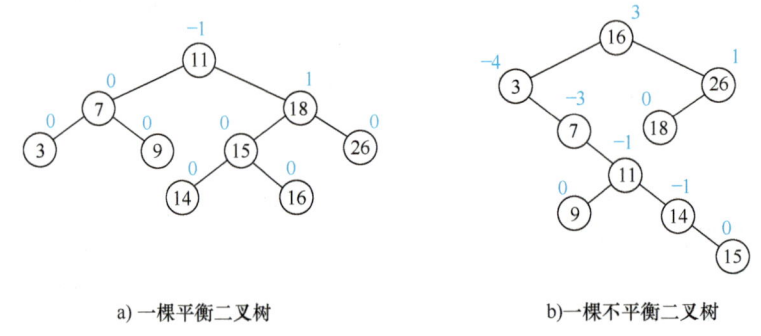

a) 一棵平衡二叉树　　　　　　b) 一棵不平衡二叉树

图 8-14　平衡二叉树和不平衡二叉树

本文中 AVL 树的结点结构为：
```
typedef struct AVLNode
{   ElemType data;
    int bf;    //平衡因子
    struct AVLNode *lchild, *rchild;
} AVLNode;
```

即在二叉链表结点中增设一个 bf 域，存储当前结点的平衡因子。

构建平衡二叉树的基本思想是：在构造二叉排序树的过程中，每当插入一个新结点时，首先检查是否因插入而破坏了树的平衡性。若是，则找出最小不平衡子树，在保持二叉排序树特性的前提下，调整最小不平衡子树中各结点之间的连接关系，使之成为新的平衡子树。

最小不平衡子树（Minimal Unbalance Subreee）是指在二叉排序树构造过程中，以离插入结点最近的、且平衡因子绝对值大于 1 的结点为根的子树。

假设用 A 表示最小不平衡子树的根结点，调整该子树的平衡化处理可归纳为如下 4 种情况。

（1）LL 型调整　图 8-15a 为插入前的平衡二叉树，在 A 结点的左孩子（设为 B 结点）的左子树中插入一个新结点，使得 A 结点的平衡因子由 1 变为 2 而引起不平衡，如图 8-15b 所示。这时的平衡化处理为：将 A 顺时针旋转，成为 B 的右孩子，而原来 B 的右子树成为 A 的左子树，如图 8-15c 所示。由于新插入结点是插在结点 A 的左孩子的左子树中，A、B 和 B 的左孩子处于一条左 – 左（或 LL）型直线上，因此采用顺时针方向旋转 A，这种操作叫作右单旋。

由图 8-15 可以看出，以结点 A 为根的最小不平衡子树在插入结点前和平衡化处理后的高度都是 $h+2$，对于以它为子树的结点（即 A 的祖先结点）来说，处理前和处理后的平衡因子是不变的，高度始终保持平衡。平衡丢失只影响到了结点 A，没有扩散到 A 的上层结点，因此，只需对以 A 为根的子树进行局部平衡化处理，而无须扩展到整个的平衡二叉树。因此，AVL 树的平衡化操作本身所消耗的时间代价比较小。

[视频 8-19　LL 型调整]

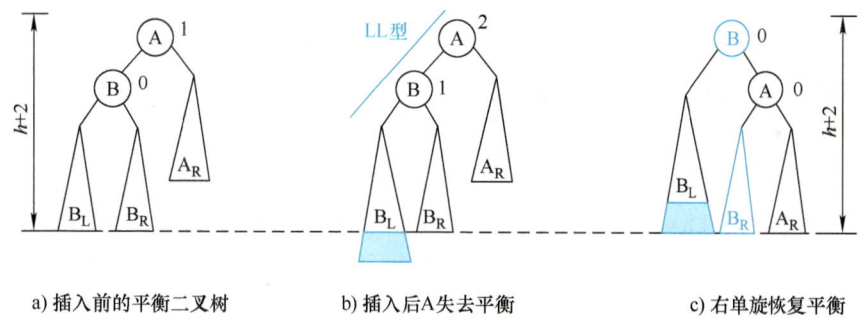

a) 插入前的平衡二叉树　　b) 插入后 A 失去平衡　　c) 右单旋恢复平衡

图 8-15　LL 型调整过程

算法 8.10 为 LL 型调整的右单旋算法实现，其中 p 指向失衡的结点。

算法 8.10　右单旋算法

```
void rotate_right( AVLNode * &p)
{   AVLNode * leftchild;
    leftchild = p -> lchild;    //p 的左孩子
    p -> lchild = leftchild -> rchild;    //p 的左孩子的右子树变为 p 的左子树
    leftchild -> rchild = p;    //p 变为它的左孩子的右子树
    p = leftchild;    //p 的左孩子变为新的根结点
}
```

（2）RR 型调整　图 8-16a 为插入前的平衡二叉树，在 A 结点的右孩子（设为 B 结点）的右子树中插入一个新结点，使得 A 结点的平衡因子由 -1 变为 -2 而引起不平衡，如

图 8-16b 所示。这时的平衡化处理为：将 A 逆时针旋转，成为 B 的左孩子，而原来 B 的左子树成为 A 的右子树，如图 8-16c 所示。由于新插入结点是插在结点 A 的右孩子的右子树中，A、B 和 B 的右孩子处于一条右 – 右（或 RR）型直线上，因此采用逆时针方向旋转 A，这种操作叫作**左单旋**。

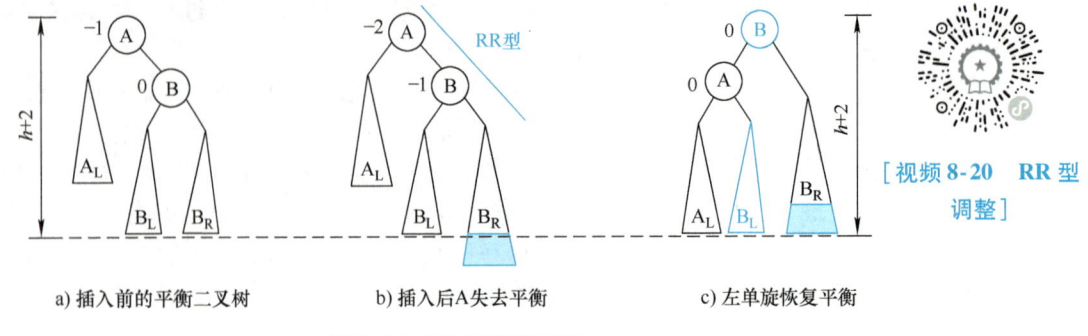

a）插入前的平衡二叉树　　　b）插入后A失去平衡　　　c）左单旋恢复平衡

[视频 8-20　RR 型调整]

图 8-16　RR 型调整过程

由图 8-16 可以看出，左单旋操作是右单旋的镜像操作，与右单旋具有相似的性质。
算法 8.11 为 RR 型调整的左单旋算法实现，其中，p 指向失衡的结点。

算法 8.11　左单旋算法

```
void rotate_left( AVLNode * &p)
{
    AVLNode   * rightchild;
    rightchild = p –> rchild;   //p 的右孩子
    p –> rchild = rightchild –> lchild;   //p 的右孩子的左子树变为 p 的右子树
    rightchild –> lchild = p;   //p 变为它的右孩子的左孩子
    p = rightchild;   //p 的右孩子变为新的根结点
}
```

（3）**LR 型调整**　　图 8-17a 为插入前的平衡二叉树，在 A 结点的左孩子（设为 B 结点）的右子树中插入一个新结点，使得 A 结点的平衡因子由 1 变为 2 而引起不平衡，如图 8-17b 所示。为方便讨论，将 B 的右子树进一步细化，如图 8-17c 所示。此时的平衡化处理需要做两次旋转：先对以 B 为根的子树做左单旋，使之成为 LL 型，如图 8-17d 所示；再对以 A 为根的子树做右单旋，恢复平衡，如图 8-17e 所示。由于新插入结点是插在结点 A 的左孩子的右子树中，A、B 和 C 处于一条左 – 右（或 LR）型折线上，因此采用先左单旋、后右单旋（简称先左后右）的双旋转操作。

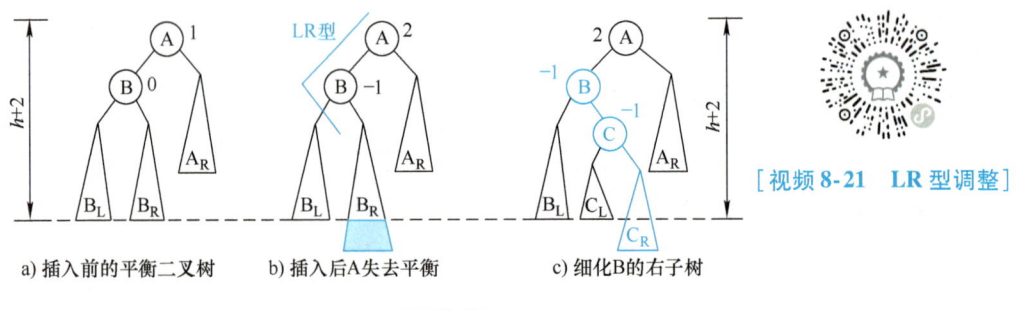

a）插入前的平衡二叉树　　　b）插入后A失去平衡　　　c）细化B的右子树

[视频 8-21　LR 型调整]

图 8-17　LR 型调整过程

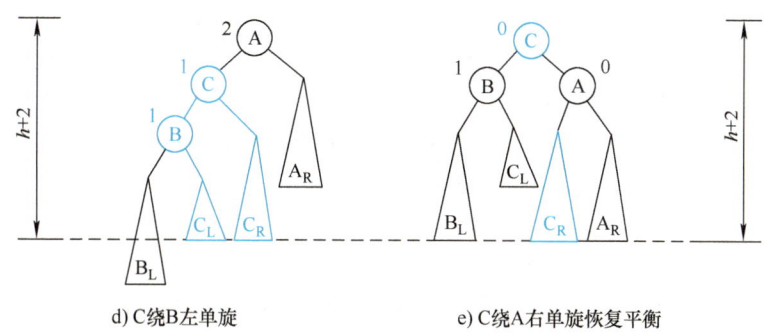

d) C绕B左单旋　　　　　　　e) C绕A右单旋恢复平衡

图 8-17　LR 型调整过程（续）

由图 8-17 可见，以结点 A 为根的二叉排序树在插入结点前和平衡化处理后的高度都是 $h+2$，因此对于以这棵二叉树为子树的结点（即 A 的祖先结点）来说，处理前和处理后的平衡因子是不变的，高度始终保持平衡。平衡的丢失只影响到了 A，没有扩散到 A 的上层结点，因此只需对以 A 为根的子树进行局部平衡化处理，而无须扩展到整个的平衡二叉树。

LR 型调整需要进行<u>两次旋转</u>，即对以 B 为根的子树做<u>左单旋</u>，再对以 A 为根的子树做<u>右单旋</u>，可以调用算法 8.10 和算法 8.11 实现两次不同的旋转。设 p 指向失衡的结点 A，则 LR 型调整的实现过程为：

rotate_left(p -> lchild)；　　//先对以 p 的左孩子为根的子树做左单旋
rotate_right(p)；　　　　　　//对以 p 为根的子树做右单旋

（4）**RL 型调整**　图 8-18a 为插入前的平衡二叉树，在 A 结点的右孩子（设为 B 结点）的左子树中插入一个新结点，使得 A 结点的平衡因子由 -1 变为 -2 而引起不平衡，如图 8-18b 所示。为方便讨论，将 B 的左子树进一步细化，如图 8-18c 所示。此时的平衡化处

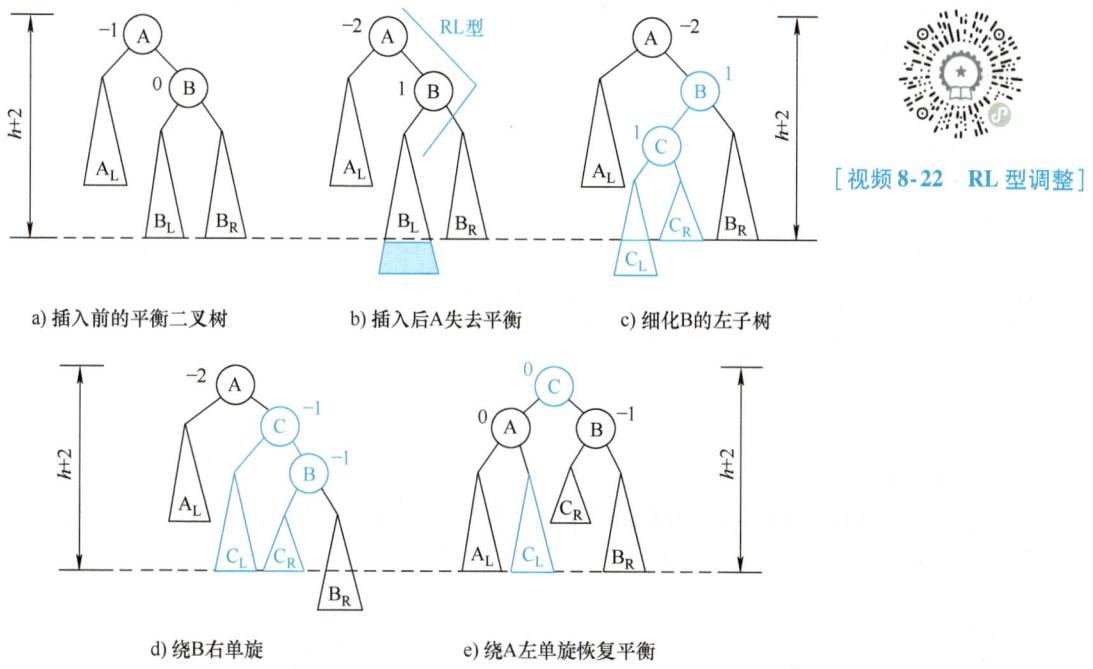

［视频 8-22　RL 型调整］

a) 插入前的平衡二叉树　　b) 插入后A失去平衡　　c) 细化B的左子树

d) 绕B右单旋　　　　　　　e) 绕A左单旋恢复平衡

图 8-18　RL 型调整过程

理需要做两次旋转：先对以 B 为根的子树做右单旋，使之成为 RR 型，如图 8-18d 所示；再对以 A 为根的子树做左单旋，恢复平衡，如图 8-18e 所示。由于新插入结点是插在结点 A 的右孩子的左子树中，A、B 和 C 处于一条右 – 左（或 RL）型折线上，因此采用先右单旋、再左单旋（简称先右后左）的双旋转操作。

由图 8-18 可以看出，RL 型调整是 LR 型调整的镜像，与 LR 型调整具有相似的性质。

设 p 指向失衡的结点 A，则 RL 型调整的实现过程为：

rotate_right(p –> rchild)；　　//先对以 p 的右孩子为根的子树做右单旋

rotate_left(p)；　　//再对以 p 为根的子树做左单旋

综上所述，在 AVL 树中插入一个结点并做平衡化处理的算法实现见算法 8.12。

算法 8.12　AVL 树的插入及平衡化处理

```
# define LH   1   //左高
# define EH   0   //等高
# define RH  -1   //右高

void  LeftBalance( AVLNode * &p)
{ // 对以 p 为根的子树做右单旋或先左后右旋转
  AVLNode * lchild = p –> lchild;   //lchild 指向 p 的左孩子
  AVLNode * rchild = NULL;
  switch(lchild –> bf)
  { //判断 p 的左孩子的平衡因子
   case LH：//新结点插在 p 的左孩子的左子树上，做右单旋转处理
    p –> bf = lchild –> bf = EH; rotate_right(p); break;
   case EH: break;   //没有发生失衡现象
   case RH：//新结点插在 p 的左孩子的右子树上，先左后右双旋转处理
    rchild = lchild –> rchild;   //rchild 指向 p 左孩子的右孩子
    switch(rchild –> bf)
     {//判断 p 的左孩子的右孩子的平衡因子
        case LH: p –> bf = RH; lchild –> bf = EH; break;
        case EH: p –> bf = lchild –> bf = EH; break;
        case RH: p –> bf = EH; lchild –> bf = LH; break;
     }  //调整各个结点的平衡因子
    rchild –> bf = EH;
    rotate_left(p –> lchild);   //先对以 p 的左孩子为根的子树做左单旋
     rotate_right(p);   //再对以 p 为根的子树做右单旋
  }
}

void   RightBalance( AVLNode * &p)
{ //对以 p 为根的子树做左单旋或先右后左旋转
  AVLNode * rchild = p –> rchild;   //rchild 指向 p 的右孩子
  AVLNode * lchild = NULL;
  switch( rchild –> bf)
   { //判断 p 的右孩子的平衡因子
     case RH：//新结点插在 p 的右孩子的右子树上，做左单旋转处理
```

```
          p −> bf = rchild −> bf = EH; rotate_left(p); break;
     case EH: break;   //没有发生失衡现象
     case LH:   //新结点插在 p 的右孩子的左子树上,先右后左双旋转处理
        lchild = rchild −> lchild;   //lchild 指向 p 的右孩子的左孩子
        switch(lchild −> bf)
        { //判断 p 的右孩子的左孩子的平衡因子
           case LH: p −> bf = EH; rchild −> bf = RH; break;
           case EH: p −> bf = rchild −> bf = EH; break;
           case RH: p −> bf = LH; rchild −> bf = EH; break;
        }  //调整各个结点的平衡因子
        lchild −> bf = EH;
        rotate_right(p −> rchild);   //先对以 p 的右孩子为根的子树做右单旋
        rotate_left(p);   //再对以 p 为根的子树做左单旋
  }
}


int InsertAVL(AVLNode * &T,ElemType e,int &taller)
{/* 若 AVL 树 T 中不存在关键字 e,则插入一个数据元素为 e 的新结点,并返回 1,否则返回 0。若因插入而
  使二叉排序树失衡,做平衡化旋转。变量 taller 反映 T 长高与否 */
  if(!T)
  { //插入新结点,树"长高",置 taller 为 1
     T = (AVLNode *)malloc(sizeof(AVLNode));
     T −> data = e;T −> lchild = T −> rchild = NULL;
     T −> bf = EH; taller = 1;
  }
  else if(e == T −> data)
  { //树中存在关键字和 e 相同的结点,不插入
     taller = 0; return 0;
  }
  else if(e < T −> data)
  { //应继续在 T 的左子树上进行查找
     if(!InsertAVL(T −> lchild,e,taller))
        return 0;   //未插入
     if(taller)   //已插入到 T 的左子树中,且左子树增高
        switch(T −> bf)
        { //检查 T 原先的平衡因子
           case LH:   //T 原本左高,T 失衡,需作 LeftBalance 平衡化处理
              LeftBalance(T); taller = 0; break;
           case EH:   /*T 原本等高,因左子树增高使平衡因子发生变化,但尚未失衡*/
              T −> bf = LH; taller = 1; break;
           case RH:   //T 原本右高,因左子树增高使平衡因子变为 0
              T −> bf = EH; taller = 0; break;
        }
  }
  else if(e > T −> data)
  { //应继续在 T 的右子树上进行查找
```

```
if(!InsertAVL(T->rchild,e,taller))
    return 0;  //未插入
if(taller)  //已插入到T的右子树中,且右子树增高
    switch(T->bf)
    {  //检查T原先的平衡因子
        case RH:  //T原本右高,T失衡,需作RightBalance平衡化处理
            RightBalance(T); taller=0; break;
        case EH:  /*T原本等高,因右子树增高使平衡因子发生变化,但尚未失衡*/
            T->bf=RH; taller=1; break;
        case LH:  //T原本左高,因右子树增高使平衡因子变为0
            T->bf=EH; taller=0; break;
    }
}
return 1;
}
```

【例8-6】 输入关键字序列{16,3,7,11,9,26,18,14,15},请写出构造平衡二叉树的过程。

解：建立二叉排序树的过程如图8-19所示,图8-19n是最终结果,结点上方标注的是该结点的平衡因子。

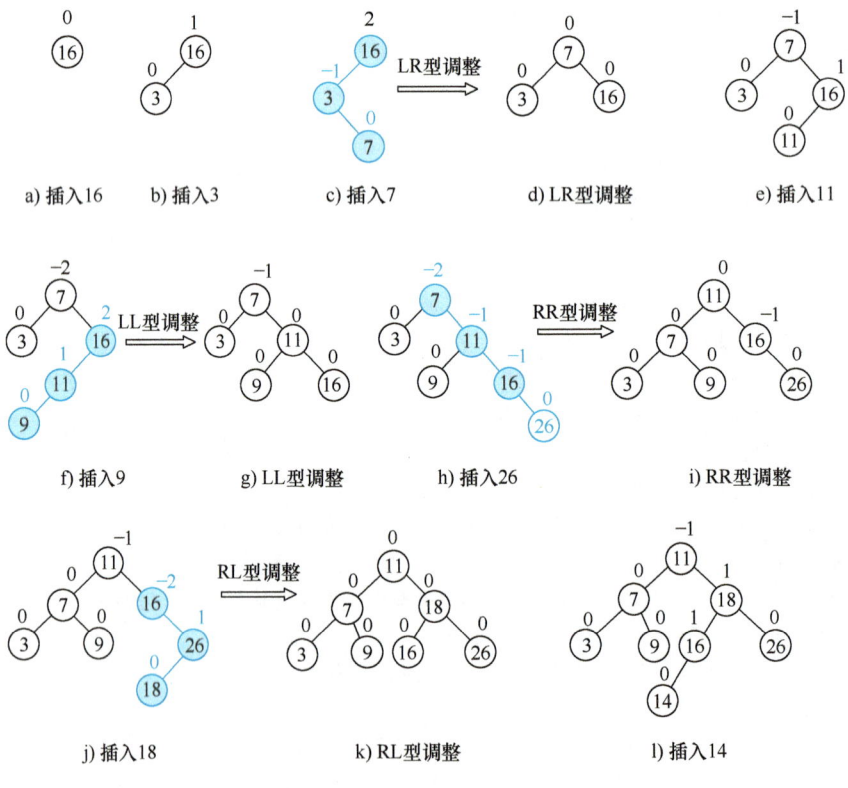

图 8-19 建立 AVL 树的过程

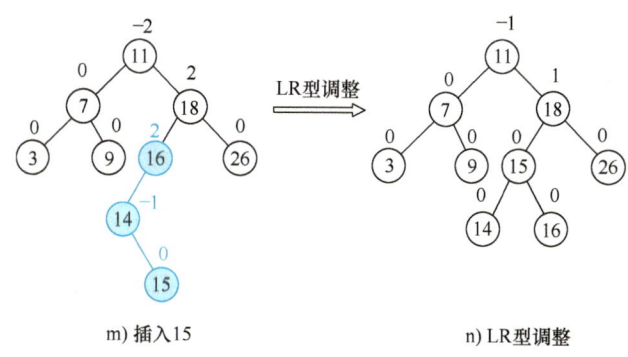

图 8-19 建立 AVL 树的过程（续）

3. 平衡二叉树的删除

在平衡二叉树中删除一个结点与二叉排序树中删除结点类似，只是增加了平衡化处理（调整）操作。要在平衡二叉树中删除关键字为 k 的结点，其过程如下。

1) 查找：先在平衡二叉树中查找到关键字为 k 的结点 p。
2) 删除：删除 p 结点分以下几种情况（与二叉排序树中删除结点相同）：
① 叶子结点：直接删除该结点；
② 单分支结点：用 p 结点的左孩子或右孩子结点替代 p 结点；
③ 双分支结点：用 p 结点的中序前驱（或中序后继）结点 s 的值替换 p 结点的值，再删除结点 s。
3) 调整：若被删除的是结点 s，则从结点 s 向根结点方向查找第一个失去平衡的结点：
① 若所有结点都是平衡的，则不需要调整；
② 假设找到某个结点的平衡因子为 -2：其右孩子的平衡因子是 -1，则做 RR 型调整；其右孩子的平衡因子是 1，则做 RL 型调整；其右孩子的平衡因子是 0，则做 RR 或 RL 型调整均可；
③ 假设找到某个结点的平衡因子为 2：其左孩子的平衡因子是 -1，则做 LR 型调整；其右孩子的平衡因子是 1，则做 LL 型调整；其右孩子的平衡因子是 0，则做 LR 或 LL 型调整均可。

【例 8-7】 在如图 8-19n 所示的 AVL 树中依次删除关键字为 11 和 3 的结点。

解：删除结点的过程如图 8-20 所示。图 8-20a 是初始 AVL 树，删除结点 11 时，先用该结点的中序前驱结点 9 的值替代被删除结点值，再删除原结点 9。删除原结点 9 后，其双亲结点 7 的平衡因子由 0 变为 1，继续向上找到根结点，都是平衡的，不需要进行调整，删除后的结果如图 8-20b 所示。

继续删除结点 3，3 是叶子结点，直接删除。删除结点 3 后其双亲结点 7 的平衡因子为 0，再向上根结点的平衡因子由 -1 变为 -2，出现不平衡，如图 8-20c 所示。找到其右孩子结点 18，它的平衡因子为 1，进行 RL 型调整，结果如图 8-20d 所示。

从上述删除过程可以看出，在 AVL 树中删除一个结点时，要从删除结点向根结点回溯，检查路径上每个结点的平衡因子。这也意味着在最坏情况下，从被删除的结点到根结点的路径上，几乎每一个结点都有可能需要重新进行平衡化处理，即平衡化处理的操作是全局性的。

4. 平衡二叉树的查找

平衡二叉树上进行查找的过程和二叉排序树查找过程完全相同，因此，在平衡二叉树上查找的关键字比较次数不会超过树的高度。由于 AVL 树是高度平衡树，它的高度与完全二叉

255

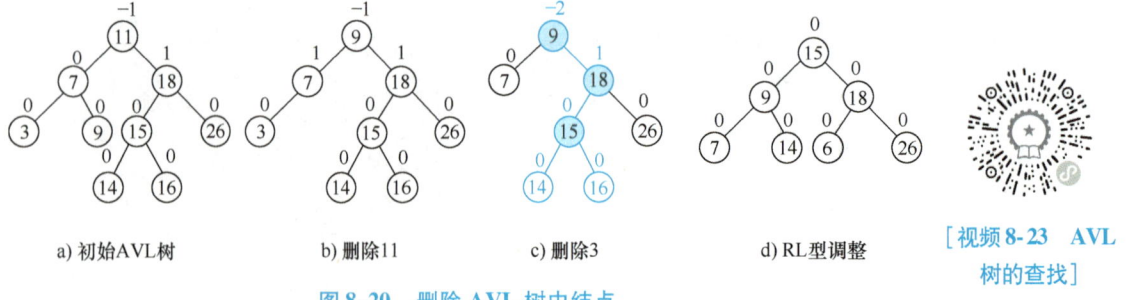

图 8-20　删除 AVL 树中结点

树相似，不像一般的二叉排序树会出现最坏的时间复杂度 $O(n)$，它的查找性能与二叉排序树的最佳情况相同，为 $O(\log_2 n)$。

> **说明：**
> 在实际应用中，为了减少由插入或删除而引发的平衡化处理，可以将平衡二叉树的平衡因子放大一些。当然，此时平衡二叉树的高度会相应增加，从而使查找效率降低。实验表明，对于含有 n 个结点的平衡二叉树，将平衡因子调整为 2 或 3 时，树的高度 h 为：
>
> $$h = \begin{cases} 1.81 \times \log_2 n - 0.71 & |\Delta| \leq 2 \\ 2.15 \times \log_2 n - 1.13 & |\Delta| \leq 3 \end{cases} \tag{8-9}$$
>
> 这时，虽然访问结点的平均查找长度比 AVL 树（$|\Delta| \leq 1$）增加了将近一倍，但插入或删除时需要进行的平衡化操作时间却能以 10 倍的速度递减。

8.3.3　B 树

二叉排序树和平衡二叉树都是适合于组织在内存中的规模较小的数据集。对于存储在外存（如磁盘）上的数据，由于数据量非常大，所以 $\log_2 n$ 仍然很大，对外存进行 $\log_2 n$ 次访问是很耗时的，因此，当外存中存储大量记录时，通常采用本节介绍的 B 树和 B + 树作为外存查找的数据结构。B + 树是大型文件系统和数据库管理系统中经常使用的一种树形索引结构。

1. B 树的定义

B 树（B Tree）是一种高度平衡的动态 m 阶搜索树。一棵 m 阶的 B 树，或者是空树，或者是满足下列特性的 m 叉树。

1）树中每个结点至多有 m 棵子树（即最多含有 $m-1$ 个关键字）。

2）若根结点不是叶子结点，则根结点至少有两棵子树（即至少含有 1 个关键字）。

3）除根结点外，所有结点至少有 $\lceil m/2 \rceil$ 棵子树（即至少含有 $\lceil m/2 \rceil - 1$ 个关键字）。

4）每个结点的结构为：

| n | p_0 | k_1 | p_1 | k_2 | p_2 | … | k_n | p_n |

其中，n 为该结点中的关键字个数，除根结点外，其他所有结点的关键字个数 n 满足 $\lceil m/2 \rceil - 1 \leq n \leq m-1$；$k_i (1 \leq i \leq n)$ 为该结点中的关键字，且满足 $k_i < k_{i+1}$，即关键字按升序排列；$p_i (0 \leq i \leq n-1)$ 是一个指向孩子结点的指针，该子树中所有结点的关键字均大于 k_i 且小于 k_{i+1}；p_n 所指子树中结点的关键字均大于 k_n。

5）所有叶子结点都在同一层上。

在 B 树中，叶子结点下面还有一层外部结点（不带信息），可以看作查找失败的结点，实际上这些结点不存在，指向这些结点的指针为空。为了方便，在后面的 B 树图中都没有画出外部结点。通常在计算一棵 B 树的高度时是含有外部结点层的。显然，如果一棵 B 树中总共含有 n 个关键字，则外部结点的个数为 n + 1。

例如，图 8-21 是一棵 5 阶 B 树的示意图。其中，m = 5，因此每个结点的子树个数小于等于 5；根结点有两个孩子结点；除根结点外，其他结点至少有⌈m/2⌉ = 3 棵子树；除根结点外，所有结点的关键字个数 n 大于等于⌈m/2⌉ - 1 = 2，小于等于 m - 1 = 4；所有叶子结点都在同一层上，树中共有 20 个关键字，外部结点有 21 个。

[视频 8-24　B 树的定义]

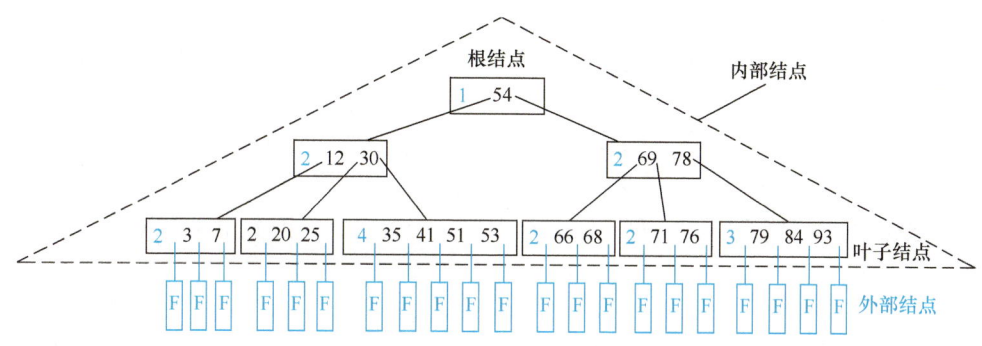

图 8-21　一棵 5 阶 B 树

m 阶 B 树的存储结构中，结点的数据类型声明如下：
#define M 100 　　//定义 B 树的最大阶数 M，这里定义为 100
typedef int KeyType；　// KeyType 为关键字的类型，这里为 int
typedef struct BNode
{ 　int n；　　//当前结点中关键字的个数
　　KeyType　k[M]；　//关键字数组，k[1..n]存放关键字，0 号单元不用
　　struct BNode　*p[M]；　//指向孩子结点的指针数组 p[0..n]
} BNode；

2. B 树的查找

在 B 树中查找给定关键字的过程与在二叉排序树中进行查找类似，不同的是 B 树中每个结点是多关键字的有序表，在到达某个结点时，先在结点内的有序表中查找，若找到，则查找成功；否则沿着数组 p 相应指针到其孩子结点中继续查找……如果到达某个外部结点，则说明 B 树中没有待查找关键字，查找失败。

在一棵 B 树中的查找关键字 key 的过程描述如下。

1）将 key 与根结点树中有序关键字数组 k[i]（1≤i≤n）进行比较：

① 若 key < k[1]，则沿指针 p[0]所指的子树继续查找；

② 若 key = k[i]，则查找成功；

③ 若 k[i] < key < k[i+1]，则沿指针 p[i]所指的子树继续查找；

④ 若 key > k[n]，则沿指针 p[n]所指的子树继续查找。

2）重复上述过程，直到找到含有关键字 key 的某个结点；如果一直比较到某个结点的外部结点，表示查找失败。

【例 8-8】　请写出在如图 8-21 所示的 5 阶 B 树中查找关键字为 84 记录的过程。

解：查找关键字为 84 记录的过程为：首先从根结点开始，根结点只有一个关键字 54，且 84 > 54，按根结点指针域 p[1]读入其孩子结点继续查找，孩子结点中有两个关键字 69、78，而 84 也都大于它们，按当前结点指针域 p[2]读入其孩子结点继续查找，此结点中关键字为

79、84、93，通过关键字比较，找到 $k[2]=84$，查找成功。

可以看出，在 B 树中的查找过程是一个顺指针向下查找结点和在结点中查找关键字交替进行的过程，其时间主要花费在搜索结点上，即查找成功时所需时间取决于关键字所在层数，查找不成功所需时间取决于 B 树的高度。那么，对于含有 n 个关键字的 m 阶 B 树可能达到的最大高度是多少呢？

[视频 8-25 B 树的查找]

根据 B 树的定义：

第 1 层有 1 个结点，至少有 1 个关键字；

第 2 层至少有 2 个结点，每个结点至少有 $q = \lceil m/2 \rceil - 1$ 个关键字，因此第 2 层至少有 $2q$ 个关键字；

第 3 层至少有 $\lceil m/2 \rceil$ 个结点，即 $q+1$ 个结点，每个结点至少有 $q = \lceil m/2 \rceil - 1$ 个关键字，因此第 3 层至少有 $2q(q+1)$ 个关键字；

第 4 层至少有 $\lceil m/2 \rceil^2$ 个结点，每个结点至少有 q 个关键字，因此第 4 层至少有 $2q(q+1)^2$ 个关键字；

……

第 h 层至少有 $2q(q+1)^{h-2}$ 个关键字。

因此，树中关键字总数 $n \geq 1 + 2q(1 + (q+1) + (q+1)^2 + \cdots + (q+1)^{h-2})$，即 $n \geq 2(q+1)^{h-1} - 1$，或 $n \geq 2\lceil m/2 \rceil^{h-1} - 1$。

于是 $h \leq \log_{\lceil m/2 \rceil}(n+1)/2 + 1$，也就是说，对于含有 n 个关键字的 m 阶 B 树，其最大高度不超过 $\log_{\lceil m/2 \rceil}(n+1)/2 + 1$，即 B 树的查找算法的时间复杂度为 $O(\log_m n)$。

说明：

提高 B 树的阶数 m，可以减少树的高度，从而减少搜索结点（一般是从外存读取结点）的次数。但是，m 不能无限增加，它受程序开辟的内存工作区大小的限制（一般一个结点是一个块）。同时，增加 m 也会增加结点内查找（可以采用顺序或折半查找方法）的时间，因此应合理地选择 m 的值，使总的时间开销最小。

3. B 树的插入

要将关键字为 key 的记录插入到 B 树中，首先利用前面介绍的查找算法在 B 树中查找关键字 key，若从根结点走到叶结点没有找到给定值 key 时，就在当前叶结点中的适当位置插入关键字 key。因此，B 树的插入结点一定是某个叶子结点。

在叶子结点中插入关键字 key 时，根据当前结点关键字个数是否超过上界 $m-1$，可以分为 2 种情况。

1）若当前结点的关键字个数小于 $m-1$，说明该结点还有空位置，直接把关键字 key 插入到该结点的合适位置上（即满足插入后结点中的关键字仍保持有序）。

2）若当前结点的关键字个数等于 $m-1$，说明该结点已没有空位置，则结点要发生"分裂"，否则就直接插入。结点"分裂"的方法是：把原结点中的关键字和 key 按升序排序后，从中间位置（即 $\lceil m/2 \rceil$ 处）把关键字序列（不包括中间位置的关键字）分成两部分，前面部分所含关键字保留在原结点中，后面部分所含关键字放在新创建的结点中，中间位置的关键字连同新结点的存储位置插入到双亲结点中。

结点"分裂"的过程可描述为：设结点 p 已经有 $m-1$ 个关键字，当插入一个关键字后，结点中的状态为 $m, p_0, (k_1, p_1), (k_2, p_2), \cdots, (k_{m-1}, p_{m-1}), (k_m, p_m)$，这时把结点 p 分解成 p 和 q 两个结点，它们包含的信息分别为：

结点 p: $\lceil m/2 \rceil - 1$, p_0, (k_1, p_1), (k_2, p_2), $\cdots$, $(k_{\lceil m/2 \rceil - 1}, p_{\lceil m/2 \rceil - 1})$
结点 q: $m - \lceil m/2 \rceil$, $p_{\lceil m/2 \rceil}$, $(k_{\lceil m/2 \rceil + 1}, p_{\lceil m/2 \rceil + 1})$, $\cdots$, (k_m, p_m)

位于中间的关键字 $k_{\lceil m/2 \rceil}$ 与指向新结点 q 的指针形成（$k_{\lceil m/2 \rceil}$, q）对，插入到 p、q 两个结点的父结点中。如果双亲结点的关键字个数也超过 $m-1$，则要再分裂、再插入到双亲结点，直到这个过程传递到根结点为止。如果根结点需要分裂，树的高度增加一层。

[视频 8-26 B 树的插入]

【例 8-9】 已知关键字序列{54, 75, 139, 49, 145, 36, 101}，创建一棵 3 阶 B 树。

解：由给定关键字序列创建 3 阶 B 树的过程如图 8-22 所示。

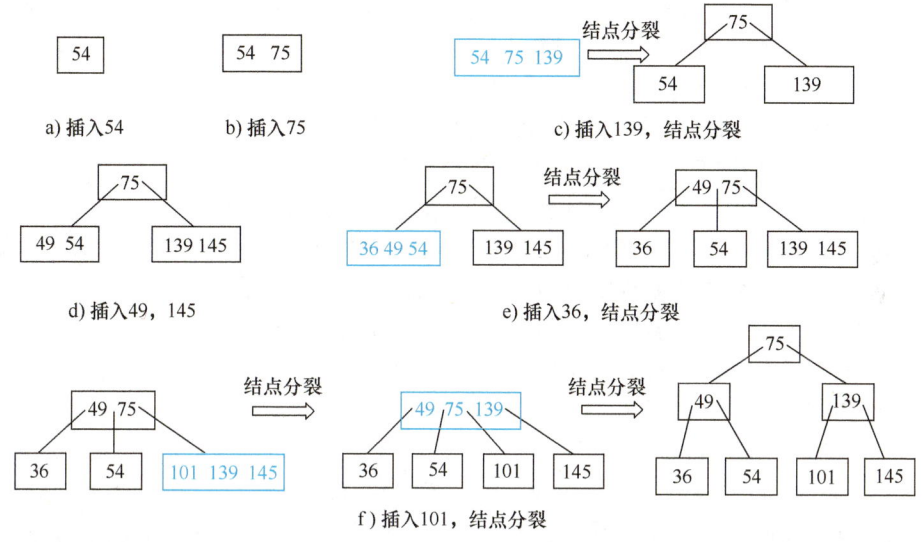

图 8-22 创建一棵 3 阶 B 树的过程

由于 $m=3$，所以每个结点中最多有 $m-1=2$ 个关键字。下面以在图 8-22d 中插入关键字 36 为例说明插入过程。在图 8-22d 中插入关键字 36 时，查找不成功失败的叶子结点是最左边的叶子结点，将 36 有序插入后，该结点变为（36, 49, 54），这时结点的关键字个数超过上界 $m-1$，需进行分裂，即由该结点分解成两个结点，分别包含关键 36 和 54，并将中间关键字 49 插入到双亲结点中变为（49, 75），如图 8-22e 所示。再看在图 8-22e 中插入关键字 101，查找不成功失败的叶子结点是最右边的叶子结点（139, 145），将 101 有序插入后，该结点变为（101, 139, 145），这时结点的关键字个数超过上界 $m-1$，需进行分裂，分裂为 101 和 145 两个结点，中间关键字 139 插入到双亲结点中变为（49, 75, 139），此时该结点的关键字个数也超过了上界 $m-1$，继续分裂为两个结点，由于分裂前的结点就是根结点，所以新建一个根结点，树的高度增加一层，如图 8-22f 所示。

4. B 树的删除

B 树的删除过程与插入过程类似，只是稍微复杂一些。在 B 树中删除关键字 key，首先利用前面介绍的查找算法在 B 树中找出关键字 key 所在的结点，称为删除结点。根据删除结点所在的位置，删除可以分为两种情况：一种是删除叶子结点层的结点；另一种是删除非叶子结点层的结点，下面分别讨论。

（1）从某个叶子结点中删除关键字 key　根据 B 树的定义，所有非根结点至少有 $\lceil m/2 \rceil$ 个子结点，即至少含有 $\lceil m/2 \rceil - 1$ 个关键字。从一个结点中删除某个关键字后，若该结点中关键

字个数小于 $\lceil m/2 \rceil - 1$，则要发生结点的"合并"，否则直接删除。因此，从某个叶子结点中删除关键字 key 有以下 3 种情况。

1) 若删除结点中的关键字个数大于 $\lceil m/2 \rceil - 1$，说明删去该关键字 key 后该结点仍满足 B 树的定义，则可以直接删去该关键字。

【例 8-10】 请在如图 8-23a 所示的 5 阶 B 树中删除关键字 6。

解：图 8-23a 是一棵 5 阶 B 树，除根结点外，每个结点至少有 2 个关键字。现在要在 B 树中删除关键字 6，找到它所在的结点（5,6,7），是一个叶子结点，当前结点中关键字个数大于 $\lceil m/2 \rceil - 1$，则可以直接在该结点中删除关键字 6，如图 8-23b 所示。

[视频 8-27　B 树删除情况 1]

2) 若删除结点中的关键字数等于 $\lceil m/2 \rceil - 1$，说明删去该关键字 key 后该结点不能满足 B 树的定义。此时，若该结点有关键字个数大于 $\lceil m/2 \rceil - 1$ 的左（或右）兄弟，则把该结点的左（或右）兄弟结点中最大（或最小）的关键字上移到双亲结点中，同时把双亲结点中大于（或小于）上移关键字的那个关键字下移到要删除关键字的结点中。

【例 8-11】 请在如图 8-23b 所示的 5 阶 B 树中删除关键字 7。

解：要在如图 8-23b 所示的 B 树中继续删除关键字 7，首先找到它所在的结点（5,7），是一个叶子结点，当前结点中关键字个数等于 $\lceil m/2 \rceil - 1$，但其右兄弟结点的关键字个数大于 $\lceil m/2 \rceil - 1$，则先删除关键字 7，再向其右兄弟借一个关键字，其过程是把右兄弟结点（13,14,15）中的最小关键字 13 上移到双亲结点中，同时把双亲结点中的关键字 8 下移到该结点中，如图 8-23c 所示。

[视频 8-28　B 树删除情况 2]

3) 若删除结点中的关键字个数等于 $\lceil m/2 \rceil - 1$，并且该结点的左兄弟和右兄弟结点中的关键字个数均为 $\lceil m/2 \rceil - 1$，这时删除关键字 key 之后，需要把该结点与其左（或右）兄弟结点合并：将该结点的关键字、其左（或右）兄弟的关键字，以及双亲结点中分割二者的关键字合并成一个结点。由于双亲结点中的分隔关键字被移走后，双亲结点的关键字数减少 1 个，有可能导致双亲结点的关键字个数小于 $\lceil m/2 \rceil - 1$，这时对双亲结点按照 2) 或 3) 的情况做同样的处理，甚至可能直到对根结点做同样的处理而使树的高度减少一层。

【例 8-12】 请在如图 8-23c 所示的 5 阶 B 树中删除关键字 8。

解：要在图 8-23c 中的 B 树中删除关键字 8，先找到它所在的结点（5,8），是一个叶子结点，当前结点和其左、右兄弟结点中关键字个数均为 $\lceil m/2 \rceil - 1$（左右兄弟均不能借），则删除关键字 8 后需要进行结点合并：将该结点中剩余关键字 3 和右兄弟结点（14,15）、双亲结点中的分割关键字 13 合并为一个结点，如图 8-23d 所示。此时，由于将双亲结点中的分割关键字下移，使得双亲结点中的关键字个数小于 $\lceil m/2 \rceil - 1$，需要继续进行处理。由于双亲结点的兄弟结点也没有可借关键字，所以双亲结点与其兄弟结点继续合并，而使树的高度减少一层，如图 8-23e 所示。

[视频 8-29　B 树删除情况 3]

(2) 从非叶子结点中删除关键字 key　从某个非叶子结点中删除关键字 key 时，可以用它的直接后继（或前驱）替代关键字 key，然后再删除其直接后继（或前驱）。假设要删除关键字 key 是某个非叶子结点中的第 i 个关键字（即 k_i），其直接后继就是 p_i 指针所指子树中的最小关键字（直接前驱是 p_{i-1} 指针所指子树中的最大关键字），这个值一定是在某个叶子结点中，删除其直接后继（或前驱）值的这就回到了第 (1) 种情况，这样就把非叶子结点中删除关键字 key 的问题转化成了在叶子结点中删除关键字 key 的问题。

【例 8-13】 请在如图 8-24a 所示的 3 阶 B 树中删除关键字 50。

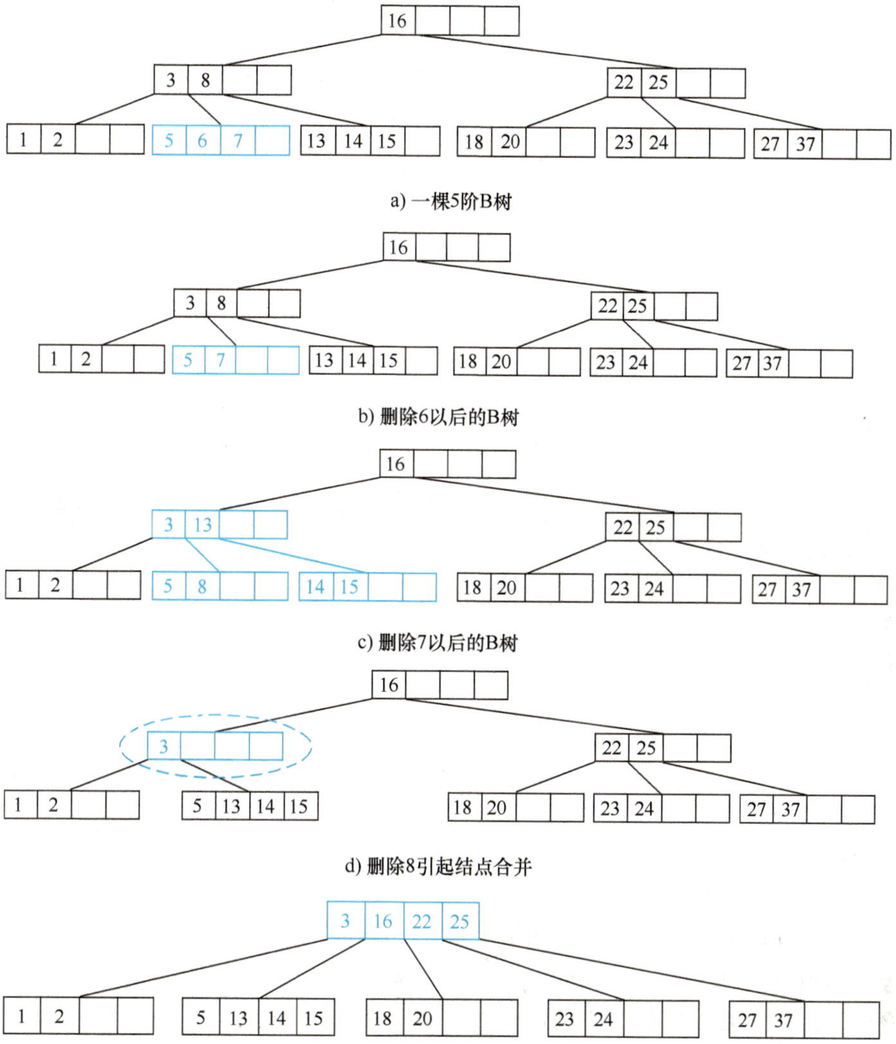

图8-23 从B树中删除关键字

解：由于50所在结点是非叶子结点，在其右边子树中找到该子树的最小关键字55，它所在结点（55,58）是一个叶子结点，用55替代50，然后再在叶子结点中删除关键字55，删除结果如图8-24b所示。

［视频8-30 非叶子结点的删除］

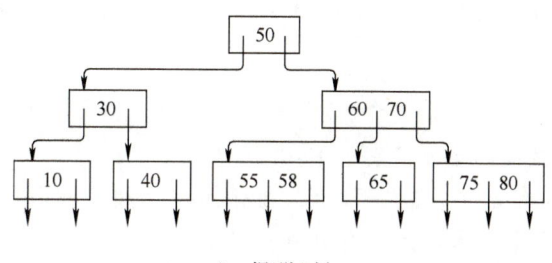

a）一棵3阶B树

图8-24 从B树非叶子结点中删除关键字

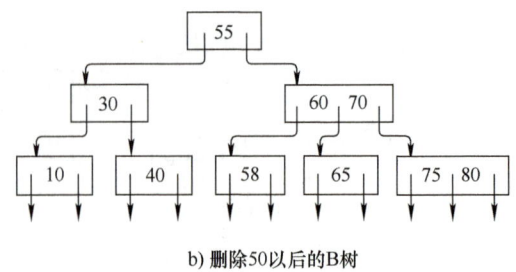

b) 删除50以后的B树

图 8-24　从 B 树非叶子结点中删除关键字（续）

> **说明：**
> 　　根据B树的定义，每个结点必须保证至少半满，因此整个 B 树可能会有 50% 的空间被浪费。实验表明，B 树的平均利用率是 69%（即 31% 的磁盘空间被浪费了）。因此，Knuth 等人在 B 树的基础上又提出了 B∗树。在 B∗树中，除根结点以外的所有结点都至少要 2/3 满，更精确地说，对 m 阶 B∗树，设某结点中的关键字数为 n，则有 $\lceil 2m/3 \rceil - 1 \leq n \leq m - 1$。实验表明，B∗树的平均利用率是 81%。

［视频 8-31　B 树改进］

8.3.4　B + 树

　　B + 树可以看成 B 树的一种变形，在实现大型文件系统和数据库管理系统的索引结构方面比 B 树的使用更广泛。

1. B + 树的定义

一棵 m 阶 B + 树满足下列条件。

1）树中每个非叶子结点（分支结点）至多有 m 棵子树。

2）若根结点不是叶子结点，则根结点至少有两棵子树。

3）除根结点外，其他每个分支结点至少有 $\lceil m/2 \rceil$ 棵子树。

4）有 n 棵子树的结点有 n 个关键字。

5）所有叶子结点都在同一层上，包含全部关键字及指向相应记录的指针，而且叶子结点按关键字从小到大顺序链接（可以把每个叶子结点看成一个基本索引块，它的指针直接指向数据文件中的记录）。

6）所有分支结点只是快速访问数据的索引，可以看成索引部分，每个分支结点中包含它的各个孩子结点（子树）中的最大关键字及指向孩子结点的指针。

　　例如，图 8-25 为一棵 4 阶 B + 树，其中叶子结点的每个关键字下面的指针指向对应数据记录的存储位置。

［视频 8-32　B + 树的定义］

> **说明：**
> 　　m 阶 B + 树和 m 阶 B 树的主要区别如下：
> 　　1）在 B + 树中，具有 n 个关键字的结点含有 n 棵子树，即每个关键字对应一棵子树；而在 B 树中，具有 n 个关键字的结点含有 $n+1$ 棵子树。
> 　　2）在 B + 树中，除根结点以外，每个结点中的关键字个数 n 的取值范围是 $\lceil m/2 \rceil \leq n \leq m$，根结点中关键字个数 n 的取值范围是 $2 \leq n \leq m$；而在 B 树中，除根结点以外，其他所有非

叶子结点的关键字个数 n 为 $\lceil m/2 \rceil - 1 \leq n \leq m - 1$，根结点中关键字个数 n 的取值范围是 $1 \leq n \leq m - 1$。

3) B + 树中的所有叶子结点包含了全部关键字，即其他非叶子结点中的关键字包含在叶子结点中；而在 B 树中关键字是不重复的。

4) B + 树中的所有非叶子结点仅起到索引的作用，即结点中的每个索引项只含有对应子树的最大关键字和指向该子树的指针，不含有该关键字对应数据记录的存储地址；而在 B 树中，每个关键字对应一个数据记录的存储地址。

5) 通常在 B + 树中有两个指针，一个指向根结点（图 8-25 中的 root），另一个指向关键字最小的叶子结点（图 8-25 中的 sqt），所有叶子结点链接成一个线性链表，所以在 B + 树上可以进行随机查找和顺序查找；而在 B 树上只能进行随机查找。

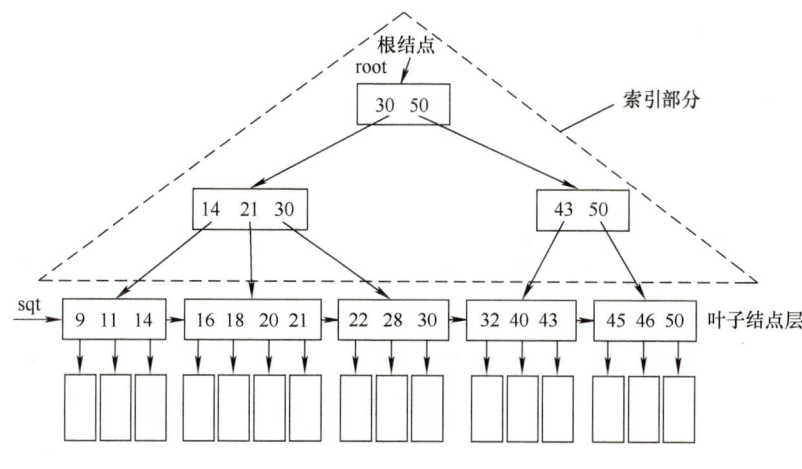

图 8-25　一棵 4 阶 B + 树

2. B + 树的查找

通常，在 B + 树中有两个指针，一个指向根结点（图 8-25 中的 root），另一个指向关键字最小的叶子结点（图 8-25 中的 sqt）。因此，可以对 B + 树进行两种查找运算：一种是沿着叶子结点构成的线性链表顺序查找，通常适用于范围查找；另一种是从根结点开始，进行自顶向下直至叶结点的随机查找，通常适用于精确查找。

在 B + 树上进行随机查找的方式与 B 树的查找方法相似，只是在查找时，若非叶子结点（分支结点）上的关键字等于查找值，查找并不停止，而是继续沿指针向下查找，一直查到叶子结点上的这个关键字，才能获得包含这个关键字的记录位置。因此，在 B + 树中，不论查找成功与否，每次查找都走了一条从根结点到叶子结点的路径。因此，在 B + 树上进行查找，查找成功或不成功所需的时间都取决于 B + 树的高度。

3. B + 树的插入

与 B 树的插入操作相似，B + 树的插入也是在叶子结点中进行的。若插入关键字后结点中关键字个数没有超过 m，则直接将关键字按顺序插入到当前叶子结点的适当位置；若插入关键字后结点中关键字个数大于 m，这个叶结点就要分裂成两个叶子结点，它们包含的关键字个数分别为 $\lfloor (m+1)/2 \rfloor$ 和 $\lceil (m+1)/2 \rceil$，同时，将这两个结点中的最大关键字和指向它们的指针插入到双亲结点中。若双亲结点的关键字个数大于 m，应继续分裂，以次类推。

4. B + 树的删除

B + 树的删除也是在叶子结点中进行的。在叶子结点中删除一个关键字后，若结点中的关键字个数仍然大于或等于⌈m/2⌉(至少半满)直接删除关键字即可,其上层结点不变;若删除的是叶子结点中的最大关键字,上层分支结点中的值仍可以作为"分割关键字"存在。在叶结点中删除一个关键字后,若结点中的关键字个数小于⌈m/2⌉(低于半满),则要从兄弟结点中调整关键字或和兄弟结点合并,调整或合并过程和 B 树类似。

8.4 散列表的查找

【问题导入】 前面介绍的查找技术都是建立在比较基础上的,查找效率取决于查找过程中进行的待查关键字与集合中元素进行比较的次数,这不仅与查找集合的存储结构有关,还与查找集合的大小以及待查记录在集合中的位置有关。那么,有没有一种方法根据待查关键字本身的特点就能直接获得记录的存储地址呢?

答案是肯定的,这就是散列技术。散列查找与前面介绍的查找方法完全不同,它在记录的存储位置和它的关键字之间建立了某种对应关系,理想情况下不经过任何比较,直接能得到待查记录的存储位置,从而获得较高的查找效率。

8.4.1 散列表的基本概念

散列(Hash)又称为哈希,它既是一种查找方法,也是一种数据存储方法。散列的**基本思想**是在记录的关键字和它的存储位置之间建立了一个确定的对应关系 H,使得每个关键字 key 和唯一的存储位置 $H(key)$ 相对应,如图 8-26 所示。

存储时,将关键字为 key 的记录存储到函数值 $H(key)$ 所指的位置;查找时,根据要查找的关键字 key,用同样的映射函数计算出存储地址,然后到相应单元中去取要找的记录,这种查找技术成为散列技术。采用散列技术将记录存储在一块连续的存储空间中,这块连续的存储空间称为**散列表**(Hash Table),将关键字映射为散列表中适当存储位置的函数 H 称为**散列函数**(Hash Function),所得的存储位置称为**散列地址**(Hash Address)。

[视频 8-33 散列表定义]

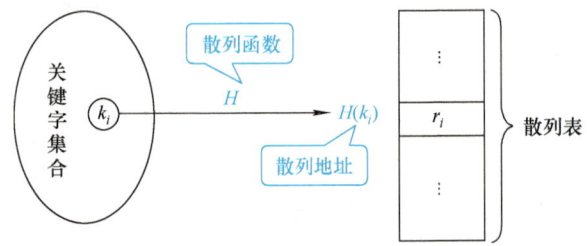

图 8-26 散列基本思想示意图

【例 8-14】 设关键字序列为{18,75,60,43,54,90,46},给定散列函数 $H(key) = key \% 13$,存储区的大小为 16,请将上述关键字映射到散列表中。

解:根据散列函数,可以计算得到每个关键字的散列地址值为:
$H(18) = 18\%13 = 5$,$H(75) = 75\%13 = 10$,$H(60) = 60\%13 = 8$,$H(43) = 43\%13 = 4$,$H(54) = 54\%13 = 2$,$H(90) = 90\%13 = 12$,$H(46) = 46\%13 = 7$。

根据这些散列地址值,可以将上述 7 个关键字存储到一个一维数组 HT 中(代表散列表),具体表示如图 8-27 所示。

例 8-14 中,HT 就是散列表。从散列表中查找数据元素时,如要查找 75,只需计算散列

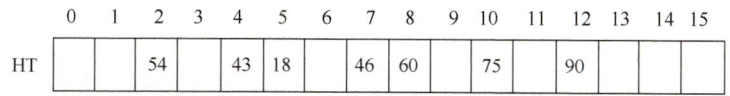

图 8-27 散列表示意图

函数 $H(75) = 75\%13 = 10$，则可以在 HT[10] 中找到 75。

上面讨论的散列表是一种理想的情形，即每一个关键字对应一个唯一的地址。但是有可能出现这样的情形：两个不同的关键字有可能对应同一地址，即 $k_i \neq k_j$，而 $H(k_i) = H(k_j)$，即两个不同的记录需要存放在同一个存储位置中，这种现象称为冲突（Collision），把相互发生冲突的关键字 k_i 和 k_j 称为同义词（Synonym）。

在散列表存储中，同义词冲突是很难避免的，因为散列函数是从关键字集合到地址集合的映像。通常，关键字集合比较大，它的元素包括所有可能的关键字，而地址集合比较小，它的元素仅为散列表中的地址值。因此，在一般情况下，散列函数是一个压缩映像，这就不可避免地产生冲突。

如果记录按散列函数计算出的地址加入散列表时产生了冲突，就必须另外再找一个地方来存放它，这就引发了如何处理冲突的问题。因此，采用散列技术需要考虑如下两个问题。

1）对于给定的关键字集合，如何设计一个简单、地址分布均匀、存储利用率高的散列函数。

2）确定一个处理冲突的方法，即发生冲突时采取什么样的方法解决冲突。

8.4.2 节和 8.4.3 节将分别介绍散列函数的构造方法和解决冲突的方法。

8.4.2 散列函数的设计

构造散列函数的目标是使所有元素的散列地址尽可能均匀地分布在散列表的所有地址空间中。设计散列函数一般应遵循以下原则。

1）散列函数的计算应简单，否则运算量过大会降低查找效率。

2）如果散列表允许有 m 个地址，散列函数值要尽量均匀地分布在整个散列表空间中，这样才能保证存储空间的有效利用，并减少冲突。

以上两方面在实际应用中往往是矛盾的。为了保证散列地址的均匀性比较好，散列函数的计算往往要复杂；反之，如果散列函数的计算比较简单，均匀性就可能比较差。一般来说，散列函数依赖于关键字的结构和分布情况，而在实际应用中，往往事先并不知道关键字的分布概况，或者关键字分布很差（如高度汇集）。因此在设计散列函数时，要根据具体情况，选择一个比较合理的方案。下面主要讨论几种常用的整数类型关键字的散列函数构造方法。

1. 直接定址法

直接定址法的散列函数是关键字的线性函数，即
$$H(\text{key}) = a \times \text{key} + b \quad (a,b \text{ 均为常数})$$

[视频 8-34 直接定址法]

【例 8-15】 设一组元素的关键字集合为 {942148, 941269, 940527, 941630, 941805, 941559, 942047, 940001}，选取的散列函数为 $H(\text{key}) = \text{key} - 940000$，请求出各个元素的散列地址。

解：各个元素的散列地址为：

$H(942148) = 2148$　$H(941269) = 1269$　$H(940527) = 527$　$H(941630) = 1630$
$H(941805) = 1805$　$H(941559) = 1559$　$H(942047) = 2047$　$H(940001) = 1$

可以将上述元素按照计算出的散列函数值存储到散列表的对应地址单元中。

直接定址法的特点是散列函数计算简单,并且是一对一的映射,不会产生冲突,但是它要求散列地址空间与关键字集合的大小相同,若关键字的分布不连续将造成内存单元的大量浪费(如例 8-15),因此在实际应用中一般很少采用这种方法。

2. 除留余数法

除留余数法是用关键字 key 除以某个不大于散列表长度 m 的整数 p 所得的余数作为散列地址。除留余数法的散列函数为:

$$H(\text{key}) = \text{key mod } p \quad (\text{mod 为求余运算}, p \leq m)$$

这种方法的关键是选取适当的 p,使得元素集合中的每一个关键字通过该函数转换后映射到散列表范围内任意地址上的概率相等,从而尽可能减少发生冲突的可能性。例如,p 取奇数比取偶数好。一般情况下,若散列表长度为 m,p 通常取小于或等于 m 的最大素数比较好。例如,表 8-1 中列出了部分不同 m 值对应的 p 取值。

表 8-1　根据不同 m 值选取 p 值的举例

散列表长度 m	8	16	32	64	128	256	512	1024
p 的取值	7	13	31	61	127	251	503	1019

【例 8-16】　设一组元素的关键字集合为{942148,941269,940527,941630,941805,941559,942047,940001},散列表长度为 13,请用除留余数法设计散列函数。

[视频 8-35　除留余数法]

解:散列表长度 $m = 3$,可以取 $p = 13$,用除留余数法设计的散列函数为:

$$H(\text{key}) = \text{key mod } 13$$

各个元素的散列地址为:

$H(942148) = 942148 \% 13 = 12 \quad H(941269) = 941269 \% 13 = 4$

$H(940527) = 940527 \% 13 = 3 \quad H(941630) = 941630 \% 13 = 1$

$H(941805) = 941805 \% 13 = 7 \quad H(941559) = 941559 \% 13 = 8$

$H(942047) = 942047 \% 13 = 2 \quad H(940001) = 940001 \% 13 = 10$

构造的散列表如图 8-28 所示。

0	1	2	3	4	5	6	7	8	9	10	11	12
	941630	942047	940527	941269			941805	941559		940001		942148

图 8-28　用除留余数法构造的散列表

除留余数法计算比较简单,也不要求事先知道关键字的分布,适用范围非常广,是一种最常用的构造散列函数的方法。

3. 数字分析法

数字分析法是提取关键字中取值较均匀的若干位作为散列地址。设有 n 个由若干位符号组成的关键字,每一位中可能有 r 种不同的符号。这 r 种不同的符号在各个位上出现的概率不一定相同,可能在某些位上分布得均匀些,每种符号出现的机会均等,而在某些位上分布不均匀,只有某几个符号经常出现。这时,可根据散列表的大小,选取其中各种符号分布比较均匀的若干位作为散列地址。

计算第 k 位符号分布均匀度 λ_k 的公式为:

$$\lambda_k = \sum_{i=1}^{r} (\alpha_i^k - n/r)^2 \tag{8-10}$$

式中，α_i^k 表示第 i 种符号在第 k 位上出现的次数。计算出的 λ_k 值越小，表明在第 k 位上各种符号分布得越均匀。

【例 8-17】 设一组元素的关键字集合为 {942148，941269，940527，941630，941805，941559，942047，940001}，请用数字分析法设计散列函数。

解： 本题中有 $n = 8$ 个关键字，关键字的每一位中可能有 $r = 10$ 种不同的符号（从 0 到 9 共 10 个符号）。

[视频 8-36 数字分析法]

根据关键字每一位上不同符号出现的频率，计算第 k 位符号分布均匀度 λ_k 为：

9 4 2 1 4 8　①位仅 9 出现 8 次，$\lambda_1 = (8 - 8/10)^2 \times 1 + (0 - 8/10)^2 \times 9 = 57.60$
9 4 1 2 6 9　②位仅 4 出现 8 次，$\lambda_2 = (8 - 8/10)^2 \times 1 + (0 - 8/10)^2 \times 9 = 57.60$
9 4 0 5 2 7　③位，0、2 各出现 2 次，1 出现 4 次，$\lambda_3 = (2 - 8/10)^2 \times 2 + (4 - 8/10)^2 \times 1 + (0 - 8/10)^2 \times 7 = 17.60$
9 4 1 6 3 0
9 4 1 8 0 5　④位，0、5 各出现 2 次，1、2、6、8 各出现 1 次
9 4 1 5 5 9　⑤位，0、4 各出现 2 次，2、3、5、6 各出现 1 次
9 4 2 0 4 7　⑥位，7、9 各出现 2 次，0、1、5、8 各出现 1 次
9 4 0 0 0 1　$\lambda_4 = \lambda_5 = \lambda_6 = (2 - 8/10)^2 \times 2 + (1 - 8/10)^2 \times 4 + (0 - 8/10)^2 \times 7 = 5.60$
① ② ③ ④ ⑤ ⑥

由于 $\lambda_4 = \lambda_5 = \lambda_6 = 5.60$，是所有分布均匀度中的最小值，可以根据实际需要，选取关键字的第 4、5、6 三位中的若干位作为散列地址。例如，若散列地址是两位，可以取三位中的任意两位组合成散列地址。本例中选取了第 5、6 两位作为散列地址，见表 8-2。

表 8-2　数字分析法

关键字	散列地址
942148	48
941269	69
940527	27
941630	30
941805	05
941559	59
942047	47
940001	01

数字分析法适用于所有关键字的值都已知的情况，并需要对关键字中每一位的取值分布情况进行分析。它完全依赖于关键字集合，如果换一组关键字集合，选择哪几位要重新决定。

4. 平方取中法

平方取中法是对关键字的平方后，再根据散列表的大小，取中间的若干位作为散列地址（平方后截取）。

之所以这样，是因为在实际应用中，设计散列函数时不一定知道关键字的全部信息，预先估计关键字的数字分布并不容易，要找均匀分布的位更难。而一个数平方后的中间几位一般由关键字的所有位决定，分布比较均匀，也就是说不同的关键字进行平方后截取得到的值

相同的概率较低,从而发生冲突的概率较低。

【例 8-18】 设一组关键字集合为{1013,1014,1113,1114,1123,1124},请用平方取中法设计散列函数。

解:从表 8-3 可以看出,对每个关键字取平方后,中间三位的分布比较均匀,可以根据散列表的长度从中选取若干位作为散列地址。本例中假设散列地址是 2 位,选取了中间 3 位中的前 2 位作为散列地址,见表 8-3。

[视频 8-37 平方取中法]

表 8-3 平方取中法

关键字	(关键字)^2	散列地址
1013	1026169	26
1014	1028196	28
1113	1238769	38
1114	1240996	40
1123	1261129	61
1124	1263376	63

平方取中法通常用在不知道关键字的分布且关键字的位数不是很大的情况,例如有些编译器对标识符的管理就是采用这种方法。

5. 折叠法

折叠法是将关键字从左向右分割成位数相等的几部分,最后一部分的位数可以短一些,然后将这几部分迭加求和,并根据散列表长度,取后几位作为散列地址。

通常有两种叠加方法。

1)移位叠加:把各部分的最后一位对齐相加。

2)分界叠加:从一端向另一端沿各部分的分界来回折叠(像折扇一样),最后一位对齐相加。

【例 8-19】 设关键字为 58242324169,散列地址为三位,请用折叠法求该关键字的散列地址。

解:由于散列表地址为 3 位,对关键字每三位一段做分割,将关键字分割为如下四组:582,423,241,69。用折叠法计算的散列地址如图 8-29 所示。

[视频 8-38 折叠法]

```
    5 8 2           5 8 2
    4 2 3           3 2 4
    2 4 1           2 4 1
  +   6 9         +   9 6
  ─────────       ─────────
    3 1 5           2 4 3
  H(k) = 315      H(k) = 243

  a)移位法         b)分界法
```

图 8-29 折叠法

折叠法适用于关键字的位数很多,且每一位上符号分布都不均匀的情况。折叠法事先不需要知道关键字的分布。

8.4.3 处理冲突的方法

一般情况下，散列函数是一个压缩映像，不可避免地会产生冲突。如果某记录按散列函数计算出的地址加入散列表时产生了冲突，就必须另外再找一个地方来存放它，因此需要有合适的处理冲突的方法。处理冲突的方法有许多，下面介绍几种常见的处理冲突的方法。

1. 开放定址法

开放定址法（Open Addressing）就是在发生冲突时，在散列表中找一个新的空闲位置，把发生冲突的关键字存储到该单元中，从而解决冲突。如果散列表未被填满，则在表长允许的范围内必定有新的位置。用开放定址法处理冲突得到的散列表叫作闭散列表。

在散列表中找出下一个空闲位置的方法很多，下面介绍常用的几种探查方法。

（1）线性探测法　**线性探测法**（Linear Probing）是从发生冲突位置的下一个位置开始，依次寻找空闲位置。设散列表的长度为 m，对于关键字 key，$H(key) = d$，若地址为 d 的单元发生冲突，则依次探查 $d+1, d+2, \cdots, m-1, 0, 1, \cdots, d-1$ 单元，直到找到一个空单元为止。即寻找下一个散列地址的公式为：

$$H_i = (H(key) + d_i) \bmod m \quad (d_i = 1, 2, 3, \cdots, m-1) \tag{8-11}$$

【**例 8-20**】假设散列表长度 $m = 13$，采用除留余数法和线性探测法设计散列函数和处理冲突，请构造关键字集合 $\{19, 14, 23, 1, 67, 20, 84, 27, 11\}$ 的散列表。

解：散列表长度 $m = 13$，采用除留余数法设计的散列函数为：$H(key) = key \bmod 13$。

[视频 8-39　线性探测法]

计算每个关键字的散列地址：

$H(19) = 6$，$H(14) = 1$，$H(23) = 10$，散列地址没有冲突，直接存入相应地址单元；

$H(1) = 1$，散列地址发生冲突，需采用线性探测法寻找下一个空的散列地址，由 $H_1 = (H(1) + 1) \bmod 13 = 2$，散列地址 2 为空，将 1 存入；

$H(67) = 2$，散列地址发生冲突，由 $H_1 = (H(67) + 1) \bmod 13 = 3$，散列地址 3 为空，将 67 存入；

$H(20) = 7$，散列地址没有冲突，直接存入相应地址单元；

$H(84) = 6$，散列地址发生冲突，由 $H_1 = (H(84) + 1) \bmod 13 = 7$，仍然冲突；$H_2 = (H(84) + 2) \bmod 13 = 8$，散列地址 8 为空，将 84 存入；

$H(27) = 1$，散列地址发生冲突，由 $H_1 = (H(27) + 1) \bmod 13 = 2$，仍然冲突；$H_2 = (H(27) + 2) \bmod 13 = 3$，仍然冲突；$H_3 = (H(27) + 3) \bmod 13 = 4$，散列地址 4 为空，将 27 存入；

$H(11) = 11$，散列地址没有冲突，直接存入相应地址单元。

构造的散列表如图 8-30 所示。

0	1	2	3	4	5	6	7	8	9	10	11	12
	14	1	67	27		19	20	84		23	11	

图 8-30　线性探测法处理冲突构造的散列表

用线性探测法处理冲突很简单，缺点是容易产生"堆积"问题。这是由于当连续出现若干个同义词时，都会向后面一位一位的寻找空单元，随着关键字的插入，就会在散列表的某个部位形成大量元素的聚集，而使后面单元上的散列映射由于前面同义词的堆积而产生冲突。如在例 8-20 中，当插入 67 时，67 和 1 本来不是同义词，但由于 1 和 14 是同义词冲突，而使

67 和 1 争夺同一个后继地址。这种在处理冲突过程中出现的非同义词争夺同一个散列地址的现象称为"堆积"（或聚集）。显然，堆积会造成日后查找效率的降低。

（2）二次探测法　为了避免线性堆积的发生，可以选择二次探测法处理冲突。**二次探测法**（Quadratic Probing）是将同义词来回在冲突地址的两端进行散列。寻找下一个散列地址的公式为：

$$H_i = (H(\text{key}) + d_i) \bmod m \quad (d_i = 1^2, -1^2, 2^2, -2^2, \cdots, q^2, -q^2 \text{且} q \leq \sqrt{m}) \quad (8-12)$$

【例 8-21】 假设散列表长度 $m = 13$，采用除留余数法和二次探测法设计散列函数和处理冲突，请构造关键字集合 $\{19, 14, 23, 1, 67, 20, 84, 27, 11\}$ 的散列表。

[视频 8-40　二次探测法]

解：散列表长度 $m = 13$，采用除留余数法设计的散列函数为：$H(\text{key}) = \text{key} \bmod 13$。

计算每个关键字的散列地址：

$H(19) = 6$，$H(14) = 1$，$H(23) = 10$，散列地址没有冲突，直接存入相应地址单元；

$H(1) = 1$，散列地址发生冲突，需采用二次探测法寻找下一个空的散列地址，由 $H_1 = (H(1) + 1) \bmod 13 = 2$，散列地址 2 为空，将 1 存入；

$H(67) = 2$，散列地址发生冲突，由 $H_1 = (H(67) + 1) \bmod 13 = 3$，散列地址 3 为空，将 67 存入；

$H(20) = 7$，散列地址没有冲突，直接存入相应地址单元；

$H(84) = 6$，散列地址发生冲突，由 $H_1 = (H(84) + 1) \bmod 13 = 7$，仍然冲突；$H_2 = (H(84) - 1) \bmod 13 = 5$，散列地址 5 为空，将 84 存入；

$H(27) = 1$，散列地址发生冲突，由 $H_1 = (H(27) + 1) \bmod 13 = 2$，仍然冲突；$H_2 = (H(27) - 1) \bmod 13 = 0$，散列地址 0 为空，将 27 存入；

$H(11) = 11$。散列地址没有冲突，直接存入相应地址单元。

构造的散列表如图 8-31 所示。

0	1	2	3	4	5	6	7	8	9	10	11	12
27	14	1	67		84	19	20			23	11	

图 8-31　二次探测法处理冲突构造的散列表

和线性探测法相比，二次探测法可以减少堆积的发生，但仍不能完全避免堆积现象，因为对于发生冲突的关键字，使用的探测序列相同，后面仍有进一步发生冲突的可能。二次探测法的另一个缺点是不一定能探测到散列表上的所有单元，但最少能探测到一半单元。

（3）随机探测法　**随机探测法**（Random Probing）在发生冲突时，探测下一个散列地址的位移量 d_i 是一个随机数列，即寻找下一个散列地址的公式为：

$$H_i = (H(\text{key}) + d_i) \bmod m \quad (d_i \text{是一个随机数列}, i = 1, 2, \cdots, m-1) \quad (8-13)$$

（4）双散列法　双散列法（Rehash）可以有效解决堆积问题，该方法使用两个散列函数，一个散列函数 $H(\text{key})$ 计算散列地址，另一个函数 $RH(\text{key})$ 用于处理冲突。当用散列函数 $H(\text{key})$ 计算的散列地址发生冲突时，寻找下一个散列地址的公式为：

$$H_i = (H(\text{key}) + i \times RH(\text{key})) \bmod m \quad (i = 1, 2, \cdots, m-1) \quad (8-14)$$

如果谨慎地选取 $RH(\text{key})$ 函数就可以避免堆积，因为即使两个关键字发生冲突，它们的 $RH()$ 函数值相等的可能性也很小。

2. 拉链法

拉链法（Chaining）是把所有同义词链接到一个单链表中，形成同义词链表，在散列表中存储的是所有同义词链表的头指针。设散列表长度为 m，将 n 个记录存储到散列表中，则同义词链表的平均长度为 n/m。

用拉链法处理冲突构造的散列表称为开散列表。

[视频 8-41　拉链法]

【例 8-22】　关键字集合为 $\{19,14,23,1,67,20,84,27,11\}$，散列函数为 $H(\text{key}) = \text{key mod } 13$，用拉链法处理冲突构造散列表。

解：用拉链法处理冲突构造的散列表如图 8-32 所示。

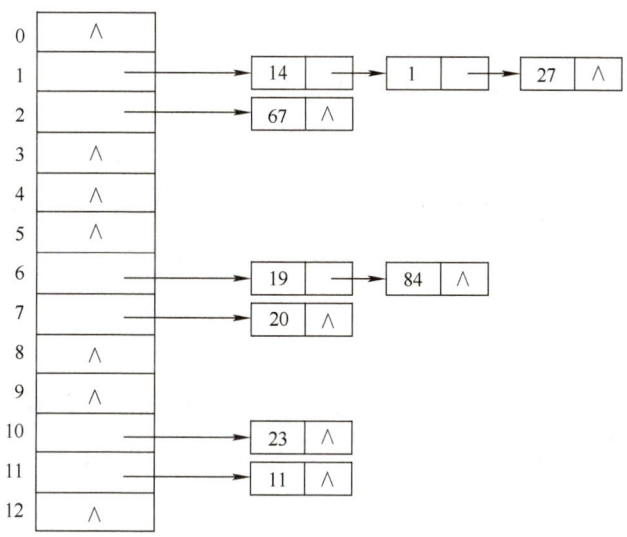

图 8-32　用拉链法处理冲突构造的散列表

与开放定址法相比，拉链法有以下几个优点。

1）用拉链法处理冲突不会产生"堆积"现象，即非同义词绝对不会发生冲突。
2）由于拉链法中各单链表上的结点空间是动态申请的，故更适合无法确定表长的情况。
3）用拉链法构造的散列表中，删除结点的操作易于实现。

用拉链法处理冲突需要增设指针，增加了存储开销，故当元素规模较小时用开放定址法较为节省空间；但当元素规模较大时，采用开放定址法时必须保证表中有大量的空闲空间，以减少冲突确保查找效率，而这种空间不仅要存储关键字，还要存储含有该关键字的记录在内存或外存中的地址，其实比指针所占用的存储空间还要大，所以这时使用拉链法反而更节省存储空间。

8.4.4　散列表的查找及性能分析

散列表的查找过程和建表过程类似。假设查找关键字为 key，根据建表时采用的散列函数 H 计算出散列地址 $H(\text{key})$，若表中该地址对应的单元为空，则查找失败；否则将该地址中的关键字与 key 比较，若相等则查找成功，若不相等，则按建表时采用的处理冲突的方法查找下一个地址，如此重复，直到某个地址单元为空（查找失败）或关键字比较相等（查找成功）为止。

查找成功的平均查找长度是指查找散列表中已有关键字的平均比较次数，实际上，查找到一个关键字所需要的比较次数恰好等于对应的探测次数。

查找不成功的平均查找长度是指在散列表中查找不到待查的元素，最后找到空位置的探测次数的平均值。

【例8-23】 对于例8-20中采用除留余数法和线性探测法构造的散列表HT（如图8-30所示），求等概率下查找成功和查找不成功的平均查找长度。

[视频8-42 散列表的查找]

解： 散列表HT中共9个元素，查找19，14，23，20，11时，由于构造散列表时没有冲突，只需1次关键字比较就可以查找成功；查找1和67时，需进行2次关键字比较；查找84时，需进行3次关键字比较；查找27时，需进行4次关键字比较，故等概率下查找成功的平均查找长度为：

$$\text{ASL}_{成功} = \frac{1}{9}(1+2+2+4+1+1+3+1+1) = \frac{16}{9}$$

对于例8-20中的散列表HT，假设待查关键字key不在该表中，如果计算出$H(\text{key})=0$，将HT[0]中的关键字与key进行比较，发现HT[0]为空，表示查找不成功，一共比较了1次；如果计算出$H(\text{key})=1$，将HT[1]中关键字与key进行比较，不相等，继续与HT[2]进行比较，不相等，再分别与HT[3]、HT[4]进行比较，直到比到HT[5]，发现HT[5]为空，表示查找不成功，一共比较了5次；以次类推，得出等概率下查找不成功的平均查找长度为：

$$\text{ASL}_{不成功} = \frac{1}{13}(1+5+4+3+2+1+4+3+2+1+3+2+1) = \frac{32}{13}$$

【例8-24】 对于例8-22中用拉链法处理冲突构造的散列表HT（如图8-32所示），求等概率下查找成功和查找不成功的平均查找长度。

解： 对于散列表中存在的某个关键字key，对应的结点在单链表$H(\text{key})$中，它在单链表中是第几个结点，查找成功时就需要进行几次关键字比较，所以等概率下查找成功的平均查找长度为：

$$\text{ASL}_{成功} = \frac{1}{9}(1\times6+2\times3+3\times1) = \frac{15}{9}$$

若待查关键字key的散列地址为$d=H(\text{key})(0\leq d\leq m-1)$，且第$d$个单链表中有$i$个结点，当key不在该链表中时需要进行$i$次关键字比较（不包括判定空指针）才能确定查找失败，因此，等概率下查找不成功的平均查找长度为：

$$\text{ASL}_{不成功} = \frac{1}{13}(0+3+1+0+0+0+2+1+0+0+1+1+0) = \frac{9}{13}$$

从前面的例子可以看出，散列表查找过程中，关键字的比较次数取决于产生冲突的概率。产生的冲突越多，查找效率就越低。影响冲突产生的概率有下面三个因素。

1）散列函数：散列函数是否均匀直接影响冲突发生的概率。一般情况下，设计散列函数时，尽量选取能将关键字均匀映射到散列表空间的散列函数，因此，可以不考虑散列函数对平均查找长度的影响。

2）处理冲突的方法：相同的关键字集合、相同的散列函数，但处理冲突的方法不同，得到的散列表就不同，则它们的平均查找长度就不同。

3）散列表的**装填因子**（Load Factor）：一般情况下，散列函数和处理冲突的方法相同的散列表，其平均查找长度依赖于散列表的装填因子：

$$散列表的装填因子 \alpha = \frac{散列表中已存入的元素个数n}{散列表长度m} \qquad (8-15)$$

装填因子α标志散列表的装满程度。由于表长是定值，α与存入表中的记录个数成正比。α越小，表示表中空闲空间越多，发生冲突的可能性越小；α越大，表示表中已填入的记录越多，再填入关键字时，发生冲突的可能性就越大。实际上，散列表的平均查找长度是装填因

子 α 的函数，只是不同处理冲突的方法有不同的函数。表 8-4 给出了几种处理冲突方法的平均查找长度。

表 8-4　几种处理冲突方法的平均查找长度

处理冲突的方法	平均查找长度	
	查找成功时	查找不成功时
线性探测法	$\frac{1}{2}\left(1+\frac{1}{1-\alpha}\right)$	$\frac{1}{2}\left(1+\frac{1}{(1-\alpha)^2}\right)$
二次探测法	$-\frac{1}{\alpha}\ln(1+\alpha)$	$\frac{1}{1-\alpha}$
拉链法	$1+\frac{\alpha}{2}$	$\alpha+e^{-\alpha}\approx\alpha$

散列表的平均查找长度是装填因子 α 的函数。这意味着，不管记录个数 n 有多大，总可以通过扩大散列表的长度 m，将装载因子 α 降低到一个合适的程度，以便将平均查找长度限定在一个合理的范围内。在多数情况下，散列表的空间比查找集合大，此时虽然浪费了一定的空间，但换来的是查找效率。

本章小结

查找是一种十分有用的操作，在日常生活中，人们几乎每天都要进行各种查找。本章主要讨论了线性表的查找、树表的查找和散列表的查找技术及性能分析。

主要学习要点如下。

1）理解查找的基本概念，包括静态查找和动态查找的差异、平均查找长度等概念。

2）掌握线性表上的各种查找算法，包括顺序查找、折半查找和分块查找的基本思路、算法实现和查找效率分析等。

3）掌握二叉排序树的定义，二叉排序树的插入、删除和查找方法及性能分析。

4）掌握 AVL 树（平衡二叉排序树）的定义和构造方法。

5）掌握 B 树定义及 B 树的插入、删除、查找方法；B + 树与 B 树的区别。

6）掌握散列表的构造、查找及性能分析。

7）能灵活运用各种查找技术解决具体应用中的查找问题，并进行性能分析。

思想园地——查找技术的发展与挑战

在古代，人们主要通过手工翻阅书籍、卷轴或卡片目录来查找信息。进入工业时代，随着信息量的爆炸式增长，人们开始探索更为高效的查找方法。例如，卡片目录和索引系统的出现，使得信息可以按照一定的规则进行排序和分类，提高了查找效率。然而，这些方法仍然依赖于人工操作，无法满足大规模信息检索的需求。

直到 20 世纪中叶，计算机技术的兴起为查找技术带来了革命性的变革。计算机强大的计算能力和存储能力使得大规模信息检索成为可能。随着数据库技术的发展，人们可以将大量信息存储在计算机中，并通过特定的查询语言来快速检索所需信息。此后，随着互联网的普及和搜索引擎的出现，查找技术进一步得到发展，人们可以随时随地通过网络查找各种信息。

在现代社会，查找技术已经渗透到各个领域。例如，学者们通过搜索引擎和学术数据库查找相关文献和资料，为研究工作提供有力支持；企业利用搜索引擎进行市场调研和客户信息管理等工作，提升商业决策的效率和准确性；在日常生活中，人们利用搜索引擎查找新闻、天气、交通等各种信息，方便生活和工作。

查找技术从最初的纸质索引到现代的电子搜索引擎，技术进步都使得信息查找变得更加高效、便捷和准确，这不仅提高了人们的工作效率和生活质量，还推动了社会信息化进程的发展。例如，查找技术使人们能够更快速、更便捷地获取所需信息，促进了知识的广泛传播和共享，推动了社会的进步和发展。通过查找技术，人们可以更加高效地处理和分析大量数据，提高了工作效率和生产力，为企业和社会创造了更多的价值。查找技术在日常生活中的应用，如搜索引擎、在线购物等，改善了人们的生活方式，提高了服务质量，使人们的生活更加便捷和舒适。

查找技术的发展提高了查找效率，但同时也带来了许多挑战和问题。例如，大量的信息使得人们难以分辨真伪，容易受到虚假信息的误导，甚至产生信任危机；在查找信息的过程中，个人隐私容易被泄露，给个人安全带来威胁等。在考虑查找技术的应用时，不仅要关注技术上的可行性，还要考虑到它们对社会、环境和个人的影响。

未来的查找技术将更加注重个性化和智能化，为用户提供更加精准和高效的信息检索服务。同时，随着跨语言信息检索和多模态信息检索的需求不断增加，查找技术也将不断发展和完善，以满足用户多样化的需求。随着人工智能在信息检索中的应用越来越广泛，需要更加关注其带来的伦理和隐私问题。面对这些挑战，需要积极寻求解决方案，确保技术的健康发展和社会利益的最大化。

思考题

1. 当采用顺序查找时，若查找表中数据元素的查找概率不相等，如何提高查找效率？
2. 某电视节目中有这样一个猜价格的游戏：给出某个商品让游戏者猜测这个商品的价格。如果游戏者给出的价格高，主持人会提示"高了，请重猜"；如果游戏者给出的价格低，主持人会提示"低了，请重猜"，在给定的次数内猜测的价格最接近商品价格的游戏者将获胜。请为游戏者设计一个最好的猜测方案。
3. 针对大型数据集，有没有一种查找结构，其插入、删除、查找均具有较高的效率？
4. 二叉排序树的查找性能取决于什么？折半查找对应的二叉判定树是否相当于一棵高度达到最小的二叉排序树？
5. 对于查找集合的任意排列，如何得到一棵深度尽可能小的二叉排序树？
6. 含有 n 个关键字的 m 阶 B 树，最坏情况下的深度是多少？
7. 提高 B 树阶数 m，可以减少树高度，从而减少从外存读取索引结点的次数，m 是不是可以无限增加？
8. B 树查找与二叉排序树查找有何不同？
9. m 阶的 B 树和 m 阶的 B+树的主要区别是什么？
10. 散列技术最适合于哪种类型的查找？

练习题

1. 选择题

1）在表长为 n 的链表中进行查找，它的平均查找长度为（　　）。
A. n　　　　B. $(n+1)/2$　　　　C. $\log_2(n+1)-1$　　　　D. n^2

2）在有 100 个元素的有序表中进行折半查找，查找不成功时最大的比较次数是（　　）。
  A. 7　　　　　B. 8　　　　　C. 10　　　　　D. 25

3）二叉排序树中，最小值结点（　　）。
  A. 一定没有左孩子　　　　　　B. 一定没有右孩子
  C. 一定没有左孩子和右孩子　　D. 一定有左孩子和右孩子

4）在含有 27 个结点的二叉排序树上，查找关键字为 35 的结点，则依次比较的关键字有可能是（　　）。
  A. 28，36，18，46，35　　　　B. 18，36，28，46，35
  C. 46，28，18，36，35　　　　D. 46，36，18，26，35

5）在平衡二叉树中插入一个结点后造成了不平衡，设最低的不平衡结点为 A，并已知 A 的左孩子的平衡因子为 0，右孩子的平衡因子为 1，则应做（　　）型调整以使其平衡。
  A. LL　　　　B. LR　　　　C. RL　　　　D. RR

6）在一棵 m 阶 B 树中删除一个关键字会引起合并，则该结点原有（　　）个关键字。
  A. 1　　B. $\lceil m/2 \rceil$　　C. $\lceil m/2 \rceil - 1$　　D. $\lceil m/2 \rceil + 1$

7）关于 m 阶 B 树说法错误的是（　　）。
  A. m 阶 B 树是一棵平衡的 m 叉树
  B. B 树中的查找无论是否成功都必须找到最下层结点
  C. 根结点最多含有 m 棵子树
  D. 根结点至少含有 2 棵子树

8）散列技术中冲突指的是（　　）。
  A. 两个元素具有相同的序号
  B. 两个元素的关键字值不同，而其他属性相同
  C. 数据元素过多
  D. 不同关键字值的元素对应相同的存储地址

9）设散列表长度 $m = 12$，散列函数 $H(k) = k \bmod 11$，表中已有 15，38，61，84 四个元素，如果用线性探测法处理冲突，则元素 49 的存储地址为（　　）。
  A. 3　　　　　B. 5　　　　　C. 8　　　　　D. 9

10）假设有 k 个关键字互为同义词，若用线性探测法把这 k 个关键字存入散列表中，至少要进行（　　）次探测。
  A. $k - 1$　　B. k　　C. $k + 1$　　D. $k(k + 1)/2$

2. 简答题

1）已知关键字集合{11,78,10,1,3,2,4,21}，若采用折半查找方法进行查找，请画出它的折半查找判定树，并计算等概率下查找成功时的平均查找长度。

2）设散列表 HT 的长度 $m = 14$，请用除留余数法设计散列函数，用线性探测法处理冲突，为关键字集合{12,23,45,57,20,3,78,31,15,36}构建散列表：
  ① 写出插入这 10 个关键字后的散列表。
  ② 计算等概率下查找成功的平均查找长度和查找不成功的平均查找长度。

3）给定关键字集合{26,25,20,34,28,24,45,64,42}，设定装填因子为 0.6，请采用除留余数法设计散列函数，并画出采用线性探测法处理冲突构造的散列表。

4）请画出按关键字集合{46,88,45,39,70,58,101,10,66,34}生成的二叉排序树和 AVL 树，并求 AVL 树在等概率下查找成功的平均查找长度和查找不成功的平均查找长度。

5）请画出向如图 8-33 所示的 5 阶 B 树中插入关键字 390 后得到的 B 树，接着画出删除

150 后得到的 B 树。

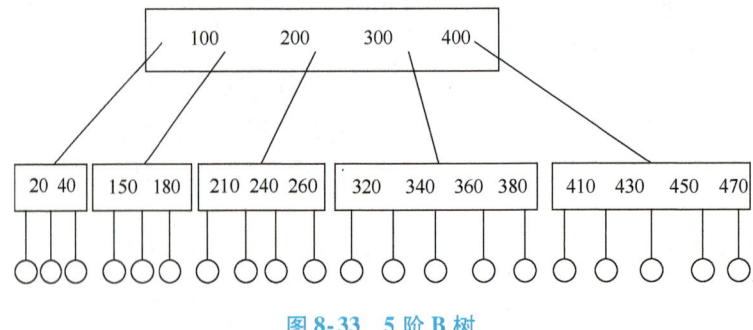

图 8-33　5 阶 B 树

6) 设有一组关键字集合{55,31,11,37,46,73,63,2,7}，请画出从空树开始构造 AVL 树的过程，要求标明平衡旋转的类型及平衡旋转的结果。

7) 将关键字集合{DEC,FEB,NOV,OCT,JUL,SEP,AUG,APR,MAR,MAY,JUN,JAN}依次插入到一棵初始为空的 AVL 树中。

① 请画出每插入一个关键字后的 AVL 树，并标明平衡旋转的类型及平衡旋转的结果（按字典顺序比较）。

② 在①中建立的 AVL 树中删除关键字 MAY，为保持 AVL 树的特性，应如何进行删除和调整？若接着删除关键字 FEB，又应如何删除和调整？

8) 对于一棵有 1999999 个关键字的 199 阶 B 树，请估算该 B 树的最大高度和最小高度。

上机实验题

1. 顺序查找算法

目的：掌握顺序查找的过程和算法设计。

内容：

1) 问题描述：已知顺序表 T = {18,21,13,45,15,36,76,38,29}，编写算法，输出在顺序表 T 中采用顺序查找方法查找关键字 15 的过程。

2) 要求：查找成功时依次输出查找过程中比较的关键字；若查找失败返回 0。

2. 折半查找算法

目的：掌握折半查找的过程和算法设计。

内容：

1) 问题描述：从键盘读入一个整数序列（升序）和一个待查关键字 k，利用折半查找实现关键字查找。查找成功，输出关键字 k 在整数序列中的位置（序号），查找失败，返回 -1。

2) 要求：采用递归和非递归两种方式实现折半查找算法。

3. 二叉排序树的基本运算

目的：领会二叉排序树的特性，掌握二叉排序树的创建、查找、删除过程和算法设计。

内容：

1) 问题描述：从键盘读入一个整数序列（任意顺序）创建一棵二叉排序树 bt，并对 bt 进行如下操作：

① 中序遍历二叉排序树 bt，输出遍历序列。

② 从键盘读入一个待查关键字 k，在二叉排序树 bt 中查找关键字 k。若查找成功，输出其查找路径；若查找失败，将关键字 k 插入到 bt 中。

③ 从键盘读入一个关键字 k（已存在的关键字），在二叉排序树 bt 中删除关键字 k，并输出删除后二叉排序树的中序遍历序列。

2）要求：二叉排序树采用二叉链表存储结构。

4. 由有序序列创建一棵高度最小的二叉排序树

目的：掌握平衡二叉排序树的构造过程和算法设计。

内容：

1）问题描述：从键盘读入一个有序的关键字序列（升序），创建一棵高度最小的二叉排序树 bt，并对 bt 进行如下操作：

① 中序遍历二叉排序树 bt，输出遍历序列。

② 求二叉排序树 bt 的高度并输出。

2）要求：二叉排序树采用二叉链表存储结构。

5. 散列表的相关运算

目的：掌握散列表的构造及相关算法设计。

内容：

1）问题描述：假设某个集体共有 30 个人，人的"姓名"为汉语拼音。针对这个集体的人名构造散列表，实现按"姓名"查找，实现相应的建表和查表算法。

2）实验要求：用除留余数法设计散列函数，用线性探测法处理冲突。要求散列表的平均查找长度不超过 R（R 可以从键盘输入确定）。

第9章 排序

排序是数据处理中经常执行的一种操作，在数据有序的基础上进行查找能够有效提高查找的效率。本章重点介绍各种常用的内排序算法，包括插入排序、交换排序、选择排序、归并排序和基数排序。

【学习重点】
① 各类内排序算法的基本思想、算法特点；
② 各类内排序算法的执行过程和算法实现；
③ 各类内排序算法的性能分析；
④ 各类内排序算法的比较。

【学习难点】
① 快速排序、堆排序、归并排序、基数排序算法；
② 算法改进思路与改进算法的性能分析。

9.1 概述

【问题导入】 在学生成绩管理系统中，如何根据学生的分数、课程难度和学时等因素对学生的成绩进行排序，以便教师和家长方便地了解学生的学习情况？在搜索引擎中，如何根据网页的相关性对搜索结果进行排序，以便用户能够更快地找到所需信息？在社交媒体中，如何根据帖子的热度、评论和点赞数等因素对帖子进行排序，以便用户能够看到最热门或最相关的帖子？

解决这些问题都需要根据一定的规则或标准对一组数据进行排序。排序有助于提高数据处理的效率，在日常生活和工作中应用非常广泛。本节将介绍排序相关的基本概念。

1. 基本概念

假设待排序的数据是由一组数据元素（记录）组成的表，每个数据元素由若干数据项组成，可以指定其中一个数据项为关键字，作为排序运算的依据。在排序表中，可能存在关键字相同的两个或多个元素。

排序（Sorting）就是将一组数据元素（记录）按照相应关键字的键值递增或递减次序重新排列的过程。

例如，输入 n 个记录 $R_1, R_2, \cdots, R_n$，其相应的关键字分别为 $k_1, k_2, \cdots, k_n$，排序后输出的记录序列为 $R_{i1}, R_{i2}, \cdots, R_{in}$，使得 $k_{i1} \leq k_{i2} \leq \cdots \leq k_{in}$（或 $k_{i1} \geq k_{i2} \geq \cdots \geq k_{in}$）。

若待排序序列中的记录已按关键字顺序（本书为升序排列）排好序，则称记录序列为正序（Exact Order）；若待排序序列中的记录的排列顺序正好与关键字排序顺序相反，则称记录序列为逆序（Inverse Order）或反序（Anti-Order）。

在排序过程中，将待排序的记录序列扫描一遍称为一趟（Pass）。在排序操作中，理解趟的含义能够更好地掌握排序方法的思想和过程。

2. 排序算法的稳定性

若待排序列中所有记录的关键字均不相同，则排序后的结果是唯一的，否则排序后的结果不一定唯一。如果待排序列中存在多个关键字相同的记录，经过排序后这些具有相同关键字的记录之间的相对次序保持不变（如待排序列中有两个记录 R_i 和 R_j，它们的关键字 $k_i = k_j$，排序之前记录 R_i 排在 R_j 前面，排序之后记录 R_i 仍在记录 R_j 的前面），则称这种排序方法是稳定的（Stable），否则称为不稳定的（Unstable）。

注意：排序算法的稳定性是针对所有输入实例而言的，即在所有可能的待排序实例中，只要有一个待排序实例使得算法不满足稳定性要求，该排序算法就是不稳定的。

3. 排序的分类

根据排序过程中待排序的所有记录是否全部放在内存中，排序方法分为内排序和外排序两大类。内排序（Internal Sort）是指在排序过程中，待排序列的所有记录全部存放于内存中进行处理，无内外存储器之间的数据交换问题；外排序（External Sort）是指待排序的记录个数较多，不可能全部存放在内存中，整个排序过程需要在内、外存之间多次交换数据才能得到排序的结果。内排序速度快，适合少量数据的排序处理；外排序则适用于大量数据的排序问题。内排序是外排序的基础，本章重点讨论内排序。

内排序的方法较多，按照实现策略的不同，可以将排序方法分为基于比较的排序和不基于比较的排序两大类。基于比较的排序方法主要通过关键字之间的比较和记录的移动实现排序，包括插入排序、交换排序、选择排序、归并排序四类；不基于比较的排序方法是根据待排序数据的特点采取其他方法实现排序，通常没有大量的关键字比较和记录移动操作，如基数排序等。

4. 排序算法的性能

对于基于比较的内排序，在排序过程中主要进行以下两种基本操作。

1）比较（Compare）：关键字之间的比较。

2）移动（Move）：元素从一个位置移动到另一个位置。

在待排序的记录个数 n 确定的情况下，算法的执行时间主要消耗在关键字之间的比较和记录的移动上，故排序算法的时间复杂度是用算法执行中的关键字比较次数与记录移动次数来衡量。

排序算法的空间复杂度通过算法执行时所需的辅助存储空间数量衡量。辅助存储空间是指除了存放待排序记录占用的存储空间之外，执行算法所需要的其他存储空间。

5. 排序数据的组织

在没有特别说明的情况下，本章所讨论的各种排序方法中均以顺序表作为排序数据的存储结构。为简单起见，假设待排序列中每个记录只有一个关键字，并且关键字的类型为整型。待排序列中记录的数据类型声明如下：

```
typedef int KeyType;
typedef struct
{   KeyType key;        /* key 为待排序列的关键字 */
    InfoType  otherinfo;     /* 排序记录中的其他数据项，假设类型为 InfoType */
} RecordType;
```

9.2 插入排序

【问题导入】 在图书馆整理书籍时,新书是如何按照书名的字典顺序插入到已经排序好的书架上的?在编写代码时,如何将一个新的元素插入到一个已经按照升序排列的整数数组中,同时保持数组的有序性?

这些问题都涉及将一个新的元素插入到已经排序好的数据集合中,而插入的过程需要保持数据集合的有序性,这种排序方法就是插入排序。插入排序是通过"插入"实现排序,其基本思想是:每次将一个待排序的记录按其关键字大小插入到一个已经排好序的有序系列中的适当位置,直到全部记录插入完成为止。

本节主要介绍两种插入排序方法:直接插入排序和希尔排序。

9.2.1 直接插入排序

1. 基本思想

直接插入排序(Straight Insertion Sort)是一种最简单的插入排序方法,在一趟排序中将一个记录插入到已排好序的有序表的适当位置,从而得到一个新的、记录数增加 1 的有序表,如图 9-1 所示。如此重复,直到所有记录都插入到有序表中。

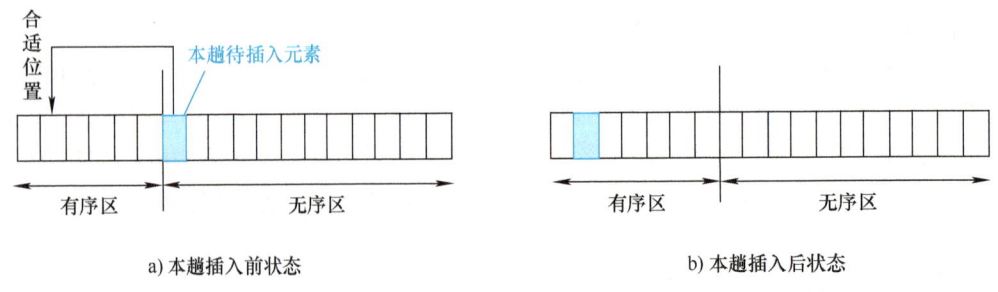

a) 本趟插入前状态　　　　　b) 本趟插入后状态

图 9-1　直接插入排序示意图

假设待排序的记录为 $[R_1, R_2, \cdots, R_n]$,则直接插入排序的过程描述如下。

1)将顺序存储的 n 个待排序记录划分为两个区间:一个有序区,一个无序区;初始时,有序区为 $[R_1]$,无序区为 $[R_2, \cdots, R_n]$,令 i 指向无序区中第一个记录,初始时 $i=2$。

2)当 $i \leq n$ 时,重复进行如下操作:将当前无序区中第一个记录 R_i 插入到有序区的适当位置,使有序区变为:$[R'_1, \cdots, R'_i]$,无序区变为 $[R_{i+1}, \cdots, R_n]$。

[视频 9-1　直接插入排序基本思想]

3)重复执行 2),直到无序区中没有记录为止($i>n$),此时有序区变为 $[R'_1, \cdots, R'_n]$,排序结束。

对于第 i 趟排序,如何将无序区的第一个元素 R_i 插入到有序区 $[R_1, \cdots, R_{i-1}]$ 中的适当位置,同时保持有序区仍然有序,具体做法为:当插入第 i 个记录时,前面的 $R_1, R_2, \cdots, R_n$ 已经排好序。这时,用 R_i 的关键字与 $R_{i-1}, R_{i-2}, \cdots, R_1$ 的关键字进行比较,若 R_i 的关键字小于 R_j 的关键字($j=i-1, i-2, \cdots, 1$),就将 R_j 后移一个位置,如此重复,直到找到适当的插入位置(R_i 的关键字大于等于 R_j 的关键字),将 R_i 插入到 R_j 后即可,即 $R_{j+1}=R_i$。

【例 9-1】 有一组记录的关键字序列为{46,52,16,45,88,20,8,72},写出用直接插入排序方法进行排序的过程。

解：应用直接插入排序方法进行排序,各趟排序结果如图 9-2 所示。

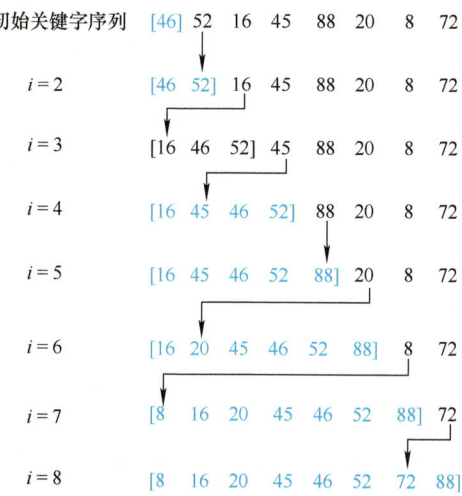

图 9-2　直接插入排序过程示例

2. 算法实现

直接插入排序的算法实现见算法 9.1。

算法 9.1　直接插入排序算法

```
void InsertSort( RecordType R[ ],int n)
{/*功能：对待排序序列 R[1..n] 用直接插入方法排序,n 为待排序列长度*/
    int i,j;
    for( i = 2; i < = n; i + + )
      if( R[i]. key < R[i - 1]. key)
      { /* 条件成立时,将 R[i]插入有序表 */
          R[0] = R[i];              /* R[0]作监测哨兵 */
          for( j = i - 1; R[0]. key < R[j]. key; j - - )
            R[j + 1] = R[j];        /* 记录后移 */
          R[j + 1] = R[0];          /* 将 R[i]插入到适当位置 */
      }
}
```

在算法 9.1 中,待排序序列数组 R 的第 0 个单元没有存放待排序记录,待排序记录存储在 R 中,$R[0]$ 被用作插入记录的暂存单元和查找插入位置过程的监测"哨兵",其作用有两个。

1) 进入查找(插入位置)循环之前,它保存了 $R[i]$ 的副本,不会因记录后移而丢失 $R[i]$ 的内容;

2) 在查找循环中"监视"下标变量 j 是否越界。一旦越界(即 $j=0$),因为 $R[0]$. key 与 $R[i]$. key 相等,循环判定条件不成立使得查找循环结束,从而避免了在该循环内每一次均要检测 j 是否越界(省略了循环判定条件"$j ≥ 1$")。

3. 算法分析

(1) 时间复杂度　设待排序记录个数为 n,需要进行 $n-1$ 趟插入完成排序。每趟排序过程中关键字比较次数和记录移动次数与记录的初始排列有关。

最好情况是待排序序列本身是正序排列（本章指按关键字递增有序），这样每趟排序只需与有序序列的最后一个记录的关键字比较 1 次，则整个排序过程总的关键字比较次数为 $n-1$ 次，总的记录移动次数为 0 次。

[视频 9-2 直接插入排序性能分析]

最坏情况是待排序序列本身是逆序排列（初始序列按关键字递减有序），这样第 i 趟排序时，第 i 个记录必须与前面 $i-1$ 个记录都进行关键字比较，并且每比较一次就要做一次记录移动，则总的关键字比较次数为：

$$\sum_{i=2}^{n} i = \frac{(n+2)(n-1)}{2} \qquad (9-1)$$

记录移动次数为：

$$\sum_{i=2}^{n} (i+1) = \frac{(n+4)(n+1)}{2} \qquad (9-2)$$

在**平均情况**下，待排序序列中各种可能排列的概率相同，在插入第 i 个记录时，平均需要比较有序区中一半的记录，所以总的关键字比较次数为：

$$\sum_{i=2}^{n} \frac{i}{2} = \frac{(n+2)(n-1)}{4} \qquad (9-3)$$

记录移动次数为：

$$\sum_{i=2}^{n} \frac{i+1}{2} = \frac{(n+4)(n-1)}{4} \qquad (9-4)$$

因此，直接插入排序的**时间复杂度为 $O(n^2)$**。

（2）空间复杂度　直接插入排序算法所需的辅助空间不依赖于问题的规模 n，排序过程中只需一个记录的辅助空间（$R[0]$），所以直接插入排序的**空间复杂度为 $O(1)$**。

（3）稳定性　由直接插入排序算法可知，当 $i>j$ 且 $R[i]$ 与 $R[j]$ 的关键字相同时，本算法将 $R[i]$ 插入到 $R[j]$ 的后面，即经过排序后具有相同关键字的记录之间的相对次序保持不变，所以直接插入排序是一种**稳定**的排序方法。

直接插入排序算法简单、容易实现，当待排序序列中记录基本有序或记录较少时，它是最佳的排序方法。但是，当待排序的记录个数较多时，大量的比较和移动使直接插入排序算法的效率降低。

9.2.2　希尔排序

希尔排序（Shell Sort）也叫缩小增量排序（Diminishing Increment Sort），是由 Donald L. Shell 于 1959 年提出的。它是对直接插入排序的一种改进，**改进的着眼点**是充分发挥直接插入排序在如下两种情况下的优势：一是待排序序列基本有序时，直接插入排序的效率很高；另一个是直接插入排序算法简单，待排序记录个数 n 较少时，直接插入排序的效率很高。

1. 基本思想

希尔排序实际上是一种分组插入的方法，其**基本思想**是：先将整个待排序记录序列分割成若干子序列，在子序列中分别进行直接插入排序，待整个序列"基本有序"时，再对全体记录进行一次直接插入排序。

假设待排序的记录为 $[R_1, R_2, \cdots, R_n]$，则希尔排序的过程描述如下。

1）先将整个待排序记录以 $d_1(d_1<n)$ 为步长分成若干子序列，把所有相距为 d_1 的记录分

在同一组内，并在每个分组内分别进行直接插入排序。

2）再缩小间隔，将整个待排序记录序列以 $d_2(d_2<d_1<n)$ 为步长重新进行分组，并在每组内进行直接插入排序。

3）重复 2）步，直至 $d_t=1(d_t<d_{t-1}<\cdots<d_2<d_1)$，即所有记录放进一个组中进行一次直接插入排序，最终得到的有序序列即为排序结果。

从上面的描述可以看出，子序列的划分不是简单地"逐段分割"，而是将相距某个"增量"的记录组成一个子序列，这样才能保证在子序列中分别进行直接插入排序后得到的是基本有序而不是局部有序。那么，增量序列应该如何取呢？到目前为止，尚未有人求得一个最好的增量序列，希尔最早提出的方法是 $d_1=\lfloor n/2 \rfloor$，$d_{i+1}=\lfloor d_i/2 \rfloor$，且没有除 1 之外的公因子，最后一个增量必须等于 1。开始时，增量 d 的值较大、分组较多，每组内记录个数较少，在每组内进行直接插入排序的速度较快，并且对整个序列而言，关键字较小记录呈跳跃式前移。随着排序的进行，增量 d 的值逐渐变小，每组内记录数逐渐变多，但由于前面工作的基础，大多数记录已基本有序，所以在每组内进行直接插入排序速度仍然很快。

【例 9-2】 一组记录的关键字序列为 $\{49,38,65,97,76,13,27,48,55,4\}$，写出用希尔排序方法进行排序的过程。

[视频 9-3 希尔排序]

解：应用希尔排序方法进行排序，各趟排序结果如图 9-3 所示。

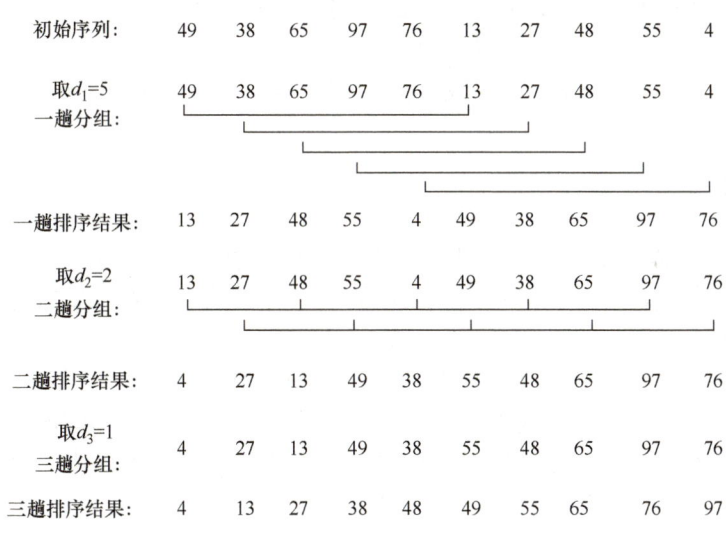

图 9-3 希尔排序过程示例

2. 算法实现

在希尔排序中，若要设置监视哨兵，则必须为每组各设一个。因为每趟排序的增量不同，导致分组的数目也不同，故各趟所需的哨兵个数及位置均不相同，哨兵的设置与处理使算法相对复杂化。为了简化算法，本文描述的算法中不设置哨兵，$R[0]$ 只用作暂存单元，算法具体描述见算法 9.2。

算法 9.2 希尔排序算法

```
void ShellSort(RecordType R[ ],int n)
{ /*功能：对待排序序列 R[1..n] 进行希尔排序，n 为待排序列长度*/
    int i,j,d;
    for(d = n/2; d > 0; d = d/2)
```

```
    { for(i=d+1;i<=n;i++)//将 R[d+1..n]分别插入各组当前的有序区
        { R[0]=R[i];          // R[0]只是暂存单元,不是哨兵
            for(j=i-d;j>0&&R[0].key<R[j].key;j=j-d)//查找 R[i]的插入位置
                R[j+d]=R[j];   // 记录后移 d 个位置
            R[j+d]=R[0];       //把 R[i]插入到正确的位置上
        }
    }
}
```

3. 算法分析

（1）时间复杂度　希尔排序的性能分析是一个复杂问题，因为排序所用时间是所取"增量"序列的函数，但要弄清关键字比较次数和记录移动次数与增量选取之间的依赖关系，并给出完整的数学分析，到目前为止还没有人能够做到。

Knuth 等人通过大量的实验统计得出，希尔排序的时间性能在 $O(n^2)$ 和 $O(n\log_2 n)$ 之间，当 n 很大时，希尔排序算法<u>平均时间复杂度约为 $O(n^{1.3})$</u>。希尔排序的速度通常比直接插入排序快。

（2）空间复杂度　希尔排序算法所需的辅助空间不依赖于问题的规模 n，只用一个暂存单元，所以希尔排序的空间复杂度为 $O(1)$。

［视频 9-4　希尔排序性能分析］

（3）稳定性　由于分组排序的原因，排序过程中具有相同关键字的记录之间的相对次序无法保持，所以希尔排序是一种<u>不稳定</u>的排序方法。

9.3　交换排序

【问题导入】　在体育比赛中，裁判是如何通过比较运动员的成绩，并交换位置来排序他们的排名的？在数据清洗中，如果有一列数据需要按大小顺序排列，如何通过比较和交换元素来实现这一目标？

这些问题都涉及通过比较两个元素的大小，并根据比较结果交换它们的位置来实现排序，这种排序方法就是交换排序。交换排序是一类在排序过程中借助交换操作来完成排序的方法。交换排序的<u>基本思想</u>是：两两比较待排序记录的关键字，如果发现两个关键字逆序，则将两个记录位置互换，重复此过程，直到该序列中的所有关键字都有序为止。

本节主要介绍两种常用的交换排序方法：冒泡排序和快速排序。

9.3.1　冒泡排序

1. 基本思想

冒泡排序（Bubble Sort）又称起泡排序，是一种典型的交换排序方法，其<u>基本思想</u>是：两两比较相邻记录的关键字，如果存在逆序则交换，直到没有逆序的记录为止。

假设待排序的记录为 $[R_1,R_2,\cdots,R_n]$，则冒泡排序的过程描述如下。

1）将顺序存储的 n 个待排序记录划分为有序区和无序区，初始时有序区为空，无序区为 $[R_1,R_2,\cdots,R_n]$。

2）对无序区从第一个记录开始依次将相邻记录的关键字进行比较，若两个关键字为逆序（$R[i].key>R[i+1].key$），则交换两个记录的位置，从而使关键字小的记录向前移，关键字大的记录向后移，以次类推，直至无序区的最后两个记录比较完，完成一趟冒泡排序，其结

果使得无序区中关键字最大的记录被移到无序区表尾,并入有序区。

3)重复执行2),直到"在一趟排序过程中没有进行交换记录的操作"为止,所得记录序列就是有序序列。

【例9-3】 一组记录的关键字序列为{21,25,49,08,16,25},写出采用冒泡排序方法进行排序的过程。

解:采用冒泡排序法对该组记录进行排序,排序过程如图 9-4 所示。

[视频9-5 冒泡排序]

```
初始序列:    21   25   49   08   16   25
i=1:        21   25   08   16   25   49    exchange = 1
i=2:        21   08   16   25   25   49    exchange = 1
i=3:        08   16   21   25   25   49    exchange = 1
i=4:        08   16   21   25   25   49    exchange = 0
```

图 9-4 冒泡排序示例

2. 算法实现

冒泡排序的结束条件是在一趟排序过程中没有进行交换记录的操作。为此,需要设置一个变量 exchange 用来标识一趟排序中是否有交换发生。每趟排序前,将 exchange 设置为 0,在该趟排序过程中只要有记录的交换,就将 exchange 置为 1。这样一趟排序完毕,就可以通过 exchange 的值是否为 1 来判别是否有记录的交换,从而判别整个冒泡排序是否结束。冒泡排序算法的实现见算法 9.3,其中待排序记录存储在数组 R 中,$R[0]$ 被用作数据交换的暂存单元。

算法 9.3 冒泡排序算法

```
void BubbleSort( RecordType R[ ],int n)
/* 功能:对待排序序列 R[1..n] 采用冒泡法排序,n 为待排序列长度 */
  int i,j,exchange = 1;        /* exchange 为发生交换标志 */
  for( i = 1; i <= n && exchange; i ++ )
  {  exchange = 0;
     for( j = 1; j <= n - i; j ++ )
        if( R[j].key > R[j+1].key )
        {  R[0] = R[j];        /* 发生逆序,用 R[0] 做暂存单元 */
           R[j] = R[j+1];
           R[j+1] = R[0];
           exchange = 1;       /* 做"发生了交换"标志 */
        }
  }
}
```

3. 算法分析

(1)时间复杂度 冒泡排序的执行时间取决于排序的趟数。

最好情况是待排序序列本身已是正序排列,这种情况下算法只执行一趟排序,进行 $n-1$ 次关键字比较,不需要移动记录,时间复杂度为 $O(n)$。

最坏情况是待排序序列本身是逆序排列,则算法共需要执行 $n-1$ 趟排序,第 $i(1 \leq i < n)$ 趟需要做 $n-i$ 次关键字比较操作,执行 $n-i$ 次记录交换操作。可计算出最坏情况下总的关键

字比较次数为：

$$\sum_{i=1}^{n-1}(n-i) = \frac{1}{2}n(n-1) \tag{9-5}$$

最坏情况下总的记录移动次数为：

$$\sum_{i=1}^{n-1}3(n-i) = \frac{3}{2}n(n-1) \tag{9-6}$$

因此，冒泡排序的时间复杂度可达到 $O(n^2)$。

平均情况下，冒泡排序的时间复杂度与最坏情况同数量级，也为 $O(n^2)$。

（2）空间复杂度 冒泡排序过程中只需一个暂存单元用于记录交换，故空间复杂度为 $O(1)$。

（3）稳定性 由于排序过程中关键字的比较和交换都是发生在相邻记录间的，对于关键字相同的记录，排序后它们之间的相对次序会保持不变，所以冒泡排序是一种稳定的排序方法。

9.3.2 快速排序

快速排序（Quick Sort）是英国牛津大学计算机科学家查尔斯·霍尔（Charles Antony Richard Hoare）在1962年提出的一种划分交换排序。它是对冒泡排序的一种改进，改进的着眼点是：在冒泡排序中，记录的比较和移动是在相邻位置进行的，记录每次交换只能后移一个位置，因而总的比较次数和移动次数较多。在快速排序中，记录的比较和移动是从两端向中间进行的，关键字较大的记录一次就能从前面移到后面，关键字较小的记录一次就能从后面移到前面，记录移动的距离较远，从而减少了总的比较和移动次数。

1. 基本思想

快速排序的基本思想是：在待排序的 n 个记录中任取一个元素（通常取第一个元素）作为枢轴元素（Povit，即比较的基准），通过一趟排序，将待排序记录划分成独立的两部分，左侧记录的关键字均小于等于枢轴元素值，右侧记录的关键字均大于等于枢轴元素值，然后分别对这两部分记录进行排序，直到整个序列有序。

假设待排序的记录为 $[R_1, R_2, \cdots, R_n]$，则快速排序的过程描述如下。

1）取 R_1 作为枢轴记录，设置两个变量 i 和 j 分别用来指示将要与枢轴元素进行比较的左侧记录的位置和右侧记录的位置（划分的区间），初始时令 $i=1$，$j=n$，并令 $R_0 = R_1$（将枢轴记录保存在 R_0 中）。首先从 j 所指位置自右向左逐一搜索，找到第一个关键字小于 $R_0.key$（枢轴）的记录，将其存入 i 所指的位置，并令 $i=i+1$；然后再从 i 所指位置起自左向右逐一搜索，找到第一个关键字大于 $R_0.key$（枢轴）的记录，将其存入 j 所指的位置，并令 $j=j-1$。重复上述过程，直至 $i=j$ 为止，此时令 $R_i = R_0$，至此完成一趟快速排序（或一次划分）。

[视频9-6 快速排序]

2）对左右两个子序列分别重复上述过程，直到每个子序列只有一个记录或空为止。

【例9-4】 一组记录的关键字序列为 {21,25,25,49,08,16}，写出采用快速排序方法进行排序的过程和第一次划分的过程。

解：快速排序第一次划分的过程如图9-5a所示，各趟排序的结果如图9-5b所示。

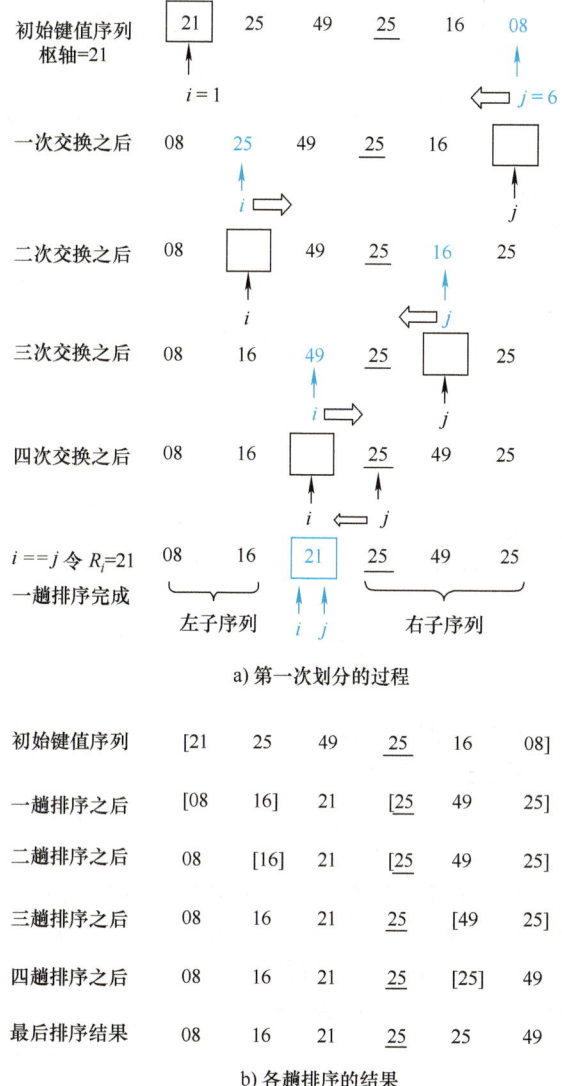

图 9-5 快速排序示例

2. 算法实现

设待划分区间为 $R[s] \sim R[t]$，则一次划分的算法实现见算法 9.4 中 Partition( ) 函数。其中，用区间的第一个记录作为枢轴记录，并暂存于 $R[0]$ 单元中。

整个快速排序的过程可递归进行，若待排序序列中只有一个记录，则递归结束，否则进行一次划分后，再分别对划分得到的两个子序列进行快速排序（递归处理）。具体的算法实现见算法 9.4。

算法 9.4　快速排序算法

```
int Partition( RecordType R[ ],int s,int t)
/*功能：对 R[s..t]中元素进行一次划分(一趟排序)，并返回枢轴记录的位置 */
    int i = s,j = t;
    R[0] = R[i];    /*用区间的第一个记录作为枢轴记录，并暂存于 R[0]中*/
    while(i<j)
```

287

```
    while(R[j].key > R[0].key && i<j)   j--;       //自右向左扫描
    if(i<j){  R[i] = R[j];   i++;}                 //将较小记录交换到前面
    while(R[i].key <= R[0].key && i<j)  i++;       //自左向右扫描
    if(i<j){  R[j] = R[i];   j--;  }               //将较大记录交换到后面
  }
  R[i] = R[0];       /* 枢轴记录最后定位 */
  return i;          /* 返回枢轴位置 */
}
void QuickSort(RecordType R[ ],int s,int t)
{/* 功能: 对序列R[s..t]中元素采用快速排序法进行排序   */
    int p;
    if(s<t)
    {   p = Partition(R,s,t);
        QuickSort(R,s,p-1);
        QuickSort(R,p+1,t);
    }
}
```

3. 算法分析

（1）时间复杂度　快速排序的时间主要消耗在划分操作上，从快速排序的执行过程可以看出，快速排序的趟数取决于递归的深度。

最好情况下，每次划分所取的枢轴记录都是当前无序区的"中值"记录，划分的结果是左侧子序列与右侧子序列的长度大致相同，则下一步将对两个长度减半的子序列进行排序。对长度为 n 的区间进行划分，共需 $n-1$ 次关键字的比较，即所需时间为 $O(n)$。设 $T(n)$ 是对具有 n 个元素的序列进行排序所需的时间，而且每次划分后，正好把序列划分为长度大致相等的两个子序列，则有：

[视频9-7　快速排序性能分析]

$$T(n) \leq 2T(n/2) + n$$
$$\leq 2(2T(n/4) + n/2) + n = 4T(n/4) + 2n$$
$$\leq 4(2T(n/8) + n/4) + 2n = 8T(n/8) + 3n$$
$$\cdots$$
$$\leq nT(1) + n\log_2 n = O(n\log_2 n)$$

因此，时间复杂度为 $O(n\log_2 n)$。

最坏情况下，待排序记录本身已按关键字正序或反序排列，每次划分选取的枢轴都是当前无序区中关键字最小（或最大）的记录，这样每次划分只得到一个比上一次少一个元素的子序列，另一个子序列为空。这样，必须经过 $n-1$ 趟递归调用才能把所有记录定位，而且第 i 趟划分需要经过 $n-i$ 次关键字比较才能找到第 i 个记录的枢轴位置，因此，总的关键字比较次数为：

$$\sum_{i=1}^{n-1}(n-i) = \frac{1}{2}n(n-1) \approx \frac{n^2}{2} \qquad (9-7)$$

记录的移动次数小于等于关键字比较次数，因此，时间复杂度为 $O(n^2)$。

平均情况下，每一次划分将 n 个元素划分为两个长度分别为 $k-1$ 和 $n-k$ 的子序列，k 的取值范围是 $1 \sim n$，共有 n 种情况，则有：

$$T(n) = \frac{1}{n}\sum_{k=1}^{n-1}(T(k-1)+T(n-k))+n = \frac{2}{n}\sum_{k=1}^{n}T(k)+n \qquad (9\text{-}8)$$

可以用归纳法证明，快速排序的平均时间复杂度也是 $O(n\log_2 n)$。

（2）空间复杂度　　由于快速排序是通过递归调用实现的，需要一个栈存放每层递归调用的必要信息，其最大容量与递归调用的深度一致。最好情况下为 $O(\log_2 n)$，最坏情况下为 $O(n)$，平均情况下，空间复杂度也为 $O(\log_2 n)$。

（3）稳定性　　快速排序<u>不</u>是一种<u>稳定</u>的排序方法，图 9-5 所示的排序过程充分说明了这一点。

快速排序的平均性能是迄今为止所有内排序算法中最好的一种，它适用于待排序记录个数 n 很大且原始记录随机排列的情况。

> **说明：**
> 　　在当前无序区中选取划分的枢轴是决定算法性能的关键。下面介绍两种枢轴元素的选取方法。
> 　　1)"三者取中"方法：将待排序区间的首、尾和中间位置上的关键字进行比较，取三者中关键字居中的记录作为枢轴，并在划分之前将选定的枢轴记录与该区间的第一个记录进行交换，此后的划分过程与算法 9.4 中的 Partition( ) 完全相同。
> 　　2)随机选取法：通过随机函数从待排序区间中随机选取一个记录作为枢轴记录，同样在划分之前将选定的枢轴记录与该区间的第一个记录进行交换，此后的划分过程与算法 9.4 中的 Partition( ) 完全相同。用此方法所得的快速排序一般称为随机的快速排序。

9.4　选择排序

【问题导入】　超市想要根据商品的畅销程度来调整货架上商品的陈列顺序，如何根据销售数据选出最畅销的 10 种商品放到最容易被顾客看到的位置？在软件应用中，开发人员想要对用户输入的一组数字进行降序排列，他们如何从数字中选出最大的数，并将其移动到已排序数组的开头？

这些问题都涉及从一组元素中选择出最小（或最大）的元素，并将其放置在序列的特定位置，这种排序方法就是选择排序。选择排序是一类通过"选择"进行排序的方法，其<u>基本思想</u>是：每一趟排序从待排序记录中选出关键字最小（或最大）的记录，放到已排好序的有序序列中，直到全部记录排序完毕。由于选择排序方法每一趟总是从无序区中选出全局最小（或最大）的关键字，所以适合于从大量元素中选择一部分排序元素的应用。

本节介绍两种选择排序方法，简单选择排序（或称直接选择排序）和堆排序。

9.4.1　简单选择排序

1. 基本思想

简单选择排序（Simple Selection Sort）又称直接选择排序，是选择排序中最简单的排序方法，其<u>基本思想</u>是：第 i 趟排序从待排序记录 $R_i \sim R_n (1 \leqslant i \leqslant n-1)$ 中选出关键字最小（或最大）的记录，并和第 i 个记录交换，作为有序序列的第 i 个记录。

假设待排序的记录为 $[R_1, R_2, \cdots, R_n]$，则简单选择排序的过程描述如下：

1) 将整个待排序记录序列看成由一个有序区和一个无序区组成，初始时有序区为空，无序区为 $(R_1, R_2, \cdots, R_n)$。

2）第 i 趟排序开始时，当前有序区和无序区分别为 $(R_1,\cdots,R_{i-1})$ 和 $(R_i,\cdots,R_n)$。该趟排序从当前无序区中选出关键字最小（或最大）的记录 $R_k(i \leq k \leq n)$，将它与无序区的第一个记录 R_i 交换，使有序区变为记录个数增加一个记录的新有序区（无序区记录个数减少一个）。

3）不断重复2），直到无序区只剩下一个记录为止，所得记录序列就是有序序列。

【例 9-5】 一组记录的关键字序列为 $\{49,38,65,97,76,13,27\}$，写出采用简单选择排序方法进行排序的过程。

解：采用简单选择排序各趟排序结果如图 9-6 所示。

［视频 9-8 简单选择排序］

2. 算法实现

第 i 趟简单选择排序过程中，待排序的无序区为 $R[i] \sim R[n]$，为了从当前无序区中选出关键字最小的记录，设置了一个变量 k，开始时将 k 设定为当前无序区的第一个位置，然后用 $R[k]$ 的关键字与无序区中其他记录的关键字进行比较，若比 $R[k].key$ 小，就将 k 改为指向这个新的最小记录的位置，然后再用 $R[k].key$ 与后面的记录进行比较，并根据比较结果修改 k 的值。一趟比较结束后，k 中保留的就是本趟排序的关键字最小的记录位置，直接将它与无序区第一个元素 $R[i]$ 交换。具体算法实现见算法 9.5。

```
初始键值序列:    [49   38   65   97   76    13   27]
第1趟排序后:     13   [38   65   97   76    49   27]
第2趟排序后:     13    27   [65  97   76    49   38]
第3趟排序后:     13    27    38  [97  76    49   65]
第4趟排序后:     13    27    38   49  [76    97   65]
第5趟排序后:     13    27    38   49   65   [97   76]
第6趟排序后:     13    27    38   49   65    76   [97]
```

图 9-6 简单选择排序示例

算法 9.5 简单选择排序算法

```
void SelectSort(RecordType R[ ],int n)
{/* 功能：对待排序序列 R[1..n] 采用简单选择排序，n 为待排序列长度*/
    int i,j,k;
    for(i=1; i<n; i++)        //第 i 趟排序(1≤i≤n)
    { k=i;    //每一趟均设第 i 个记录(无序区第一个记录)关键字最小
        for( j=i+1; j<=n; j++)  /*在当前无序区 R[i],…,R[n]中选 key 最小的记录 R[k] */
            if(R[j].key <R[k].key)  k=j;  /* k 记下目前找到的最小关键字所在的位置*/
        if(k!=i)           //如果 k 不是无序区第一个记录，交换 R[i]和 R[k]
        { R[0]=R[i];    // R[0]作暂存单元
            R[i]=R[k];
            R[k]=R[0];
        }
    }
}
```

3. 算法分析

（1）时间复杂度　简单选择排序的关键字比较次数与待排序数据的初始排列无关。无论待排序记录序列的初始状态如何，第 i 趟排序中选出最小关键字的记录，需要进行 $n-i$ 次关键字比较，因此，总的关键字比较次数为：

$$\sum_{i=1}^{n-1}(n-i)=\frac{1}{2}(n^2-n) \tag{9-9}$$

在简单选择排序中记录的移动次数较少。最好情况下，待排序序列初始状态为正序，记录移动次数为 0；最坏情况下，待排序序列初始状态为反序，每趟排序均要执行交换操作，所以总的移动次数取最大值为 $3(n-1)$。

因此，简单选择排序最好、最坏和平均时间复杂度均为 $O(n^2)$。

（2）空间复杂度　在简单选择排序过程中，只需要一个辅助单元用来进行记录的交换，因此，算法的空间复杂度为 $O(1)$。

（3）稳定性　简单选择排序在待排序区间中选出最小记录时，总是与待排序区间的第一个记录交换，不能保证关键字相同记录的相对顺序不发生改变，因此简单选择排序不是一种稳定的排序方法。

9.4.2　堆排序

堆排序（Heap Sort）是简单选择排序的一种改进，改进的着眼点是：如何减少排序过程中关键字的比较次数。在简单选择排序中，为了从 $R_1,R_2,\cdots,R_n$ 中选择出关键字最小的记录，必须进行 $n-1$ 次关键字比较，然后在 $R_2,\cdots,R_n$ 中选出关键字最小的记录，又需要进行 $n-2$ 次比较。事实上，后面的这 $n-2$ 次比较中，有些比较可能在前面 $n-1$ 次比较中已经做过，但由于前一趟排序时未保留这些比较的结果，所以在后一趟排序时要重复进行比较操作，这样大大影响了排序效率。本节介绍的堆排序可以克服这种重复比较的缺点，从而提高排序效率。

1. 堆的定义

含有 n 个元素的序列（$R_1,R_2,\cdots,R_n$）所对应的关键字序列为（$k_1,k_2,\cdots,k_n$），若此关键字序列满足如下关系，则称该元素序列为堆（Heap）。

$$\begin{cases}k_i\leqslant k_{2i}\\k_i\leqslant k_{2i+1}\end{cases}\text{或}\begin{cases}k_i\geqslant k_{2i}\\k_i\geqslant k_{2i+1}\end{cases}\quad 1\leqslant i\leqslant\lfloor n/2\rfloor$$

如果将此序列（$R_1,R_2,\cdots,R_n$）看作一棵顺序存储的完全二叉树，堆实质上是满足如下性质的完全二叉树：每个结点的关键字均不大于（或不小于）其左右孩子（若存在）结点的关键字。图 9-7 是堆的示例。

[视频 9-9　堆的定义]

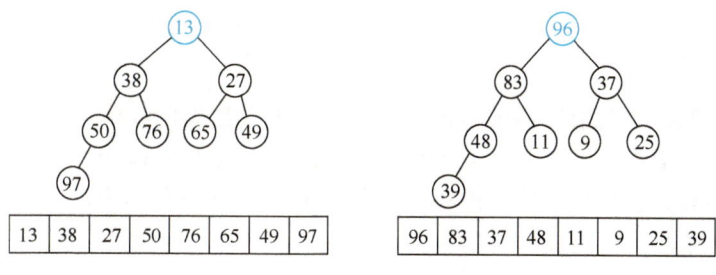

图 9-7　堆的示例

从堆的定义可以看出，一个完全二叉树对应的序列如果是堆，则根结点（称为堆顶）的关键字一定是所有结点中的关键字中最小者（小根堆）或最大者（大根堆），如图 9-7a 和图 9-7b 所示。

2. 堆排序的基本思想

堆排序是利用堆的特性进行排序的方法，其基本思想是：将待排序列看成一棵顺序存储的完全二叉树，利用完全二叉树中双亲结点和孩子结点之间的位置关系，通过将其构造成堆在当前无序区中来选择关键字最大（或最小）的记录。

假设待排序的记录为 $[R_1, R_2, \cdots, R_n]$，堆排序的过程描述如下。

1）将整个待排序记录分为有序区和无序区，初始时有序区为空，无序区为 $[R_1, R_2, \cdots, R_n]$。

2）初始建堆：将初始无序区中的记录看作一棵顺序存储的完全二叉树上的结点，对该完全二叉树按照堆定义（以大根堆为例）的要求进行调整，使关键字最大的记录成为二叉树的根（存放于 R_1 中）。

[视频 9-10　堆排序]

3）交换：将堆顶（根结点）与无序区中最后一个结点（最后一个叶子结点）交换，并将其划入有序区，则堆中减少了一个记录，有序区增加了一个记录。

4）堆调整：由于交换后根结点改变，新的根结点 R_1 与其左、右孩子结点不一定满足堆定义，需要将当前无序区 $[R_1, \cdots, R_{n-1}]$ 重新调整为堆，使关键字最大的记录成为根。

5）重复第 3）、4）步，直到无序区为空（即执行 $n-1$ 趟）。

注意：小根堆排序和大根堆排序类似，只不过采用小根堆时，排序结果是反序。另外，堆排序和简单选择排序相反，堆排序的无序区总是在有序区前面，并且有序区是在无序区的尾部由后向前逐步扩大直至整个序列。

3. 堆排序的算法实现

在堆排序中，需要解决的关键问题有两个：一是如何将一个无序序列构造成一个堆（即初始建堆）？二是在根结点与无序区中最后一个结点交换后，如何调整剩余记录，使之成为一个新的堆（即堆调整）？

由于初始建堆需要用到堆调整的操作，下面先讨论堆调整算法。

（1）堆调整算法　每趟排序中在完成堆顶元素 R_1 与堆中最后一个元素 R_i 交换后，新的无序区 $[R_1, \cdots, R_{i-1}]$ 中只有 R_1 的值发生了变化，此时，除了 R_1 与其左、右孩子结点可能违背堆定义外，其左、右子树都是符合堆定义的。这时需要对当前根结点按照堆定义进行调整，将无序区重新调整为堆。具体调整过程为（仍以大根堆为例）：将当前根结点 R_1 与左、右孩子（若存在）进行比较，若 R_1 的值不小于两个孩子结点的值，则无须调整；否则将 R_1 与它两个孩子结点中关键字较大者进行交换，这有可能使下一层结点不满足堆定义，继续采用上述方法自上而下进行调整，直到当前被调整的结点已满足堆的定义，或者该结点已是叶结点为止。

上述堆调整过程就像过筛子一样，"自上而下"把较小的关键字逐层筛下去，因此称为"筛选法"。

注意：小根堆调整与大根堆调整类似，区别在于需要调整时，为保证筛选上去的结点值满足堆定义，大根堆是用当前根结点与它两个孩子结点中关键字较大者进行交换，而小根堆是当前根结点与它两个孩子结点中关键字较小者进行交换。

大根堆调整算法（筛选法）的具体实现见算法 9.6。

[视频 9-11　堆调整]

算法 9.6　大根堆调整算法

```
void HeapRectify( RecordType R[ ],int low,int high)
/*参数条件：序列 R[low],…,R[high]中，除 R[low].key 之外均满足堆定义。
  函数功能：将序列 R[low],…,R[high]重新调整为一个大根堆*/
    int i,j;
    R[0] = R[low];      //用 R[low]暂存被调整结点
    i = low;            //i 中存放被调整结点的当前位置
    j = 2 * i;          //被调整结点如有左孩子结点，其位置为 j
    while(j <= high)    //j<=high 说明 R[i]有左孩子,左孩子是 R[j]
    { if(j < high && R[j].key < R[j+1].key)   //j<high,则 R[j+1]是 R[i]的右孩子
         j++;  /*若存在右子树且右子树根的关键字大，则沿右分支"筛选"；否则 j 的值保持不变，沿左分
支"筛选"*/
        if(R[0].key < R[j].key)    //条件成立时,孩子结点的关键字较大
        { R[i] = R[j];      //将孩子结点 R[j]换到双亲位置上
          i = j;            //修改被调整结点当前位置
          j = 2 * i;        //被调整结点在当前位置 j(如有左孩子)继续筛选
        }
        else break;         //当前被调整结点已满足堆定义,无须再调整,筛选完毕
    }
    R[i] = R[0];            //将被调整结点填入堆的恰当位置
}
```

（2）**初始建堆算法**　要将初始无序区 $[R_1, R_2, \cdots, R_n]$ 建成一个大根堆，就必须将它所对应的完全二叉树中每一个结点为根的子树都调整为堆。显然，只有一个结点的树是堆，而在完全二叉树中，所有序号大于 $\lfloor n/2 \rfloor$ 的结点都是叶结点，以这些结点为根的子树均满足堆定义，这样，只需从无序序列的第 $\lfloor n/2 \rfloor$ 个记录（即最后一个分支结点）开始执行筛选，然后对 $\lfloor n/2 \rfloor -1$ 个结点进行筛选，直至以第 1 个元素为根的子树进行堆调整即可。

[视频 9-12　初建堆]

构造初始堆算法实现见算法 9.7。

算法 9.7　构造初始堆算法

```
void BuildHeap( RecordType R[ ],int n)
/*用筛选法(HeapRectif( )函数)将初始序列 R[1],…,R[n]调整为一个大根堆*/
    int i;
    for(i = n/2; i >= 1; i-- )
        HeapRectify(R,i,n);
}
```

【**例 9-6**】　设待排序序列有 8 个元素，其关键字分别为 {49,38,27,50,76,13,65,97}，用筛选法构建大根堆，请写出初建堆的过程。

解：根据给定关键字序列，先对以第 4 个结点为根的子树进行调整，然后依次对以第 3、2、1 个结点为根的子树进行调整。初建堆的过程如图 9-8 所示。

（3）**堆排序算法**　完整的堆排序算法见算法 9.8。

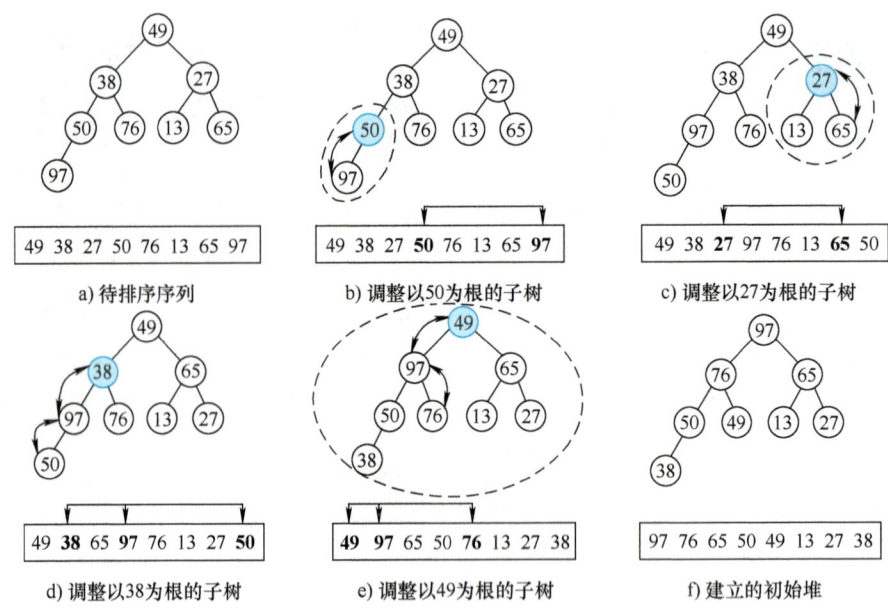

图 9-8 初建堆的过程示例

算法 9.8 堆排序算法

```
void HeapSort( RecordType R[ ] ,int n)
/* 功能：对待排序序列 R 采用堆排序，n 为待排序列长度 */
    int i;
    BuildHeap(R,n);   //构建初始大根堆
    for(i=n; i >1; i--)   //进行 n-1 趟堆排序
    {  R[0] = R[1];   //用 R[0]作暂存单元,将堆顶和堆中最后一个记录交换
       R[1] = R[i];
       R[i] = R[0];
       HeapRectify(R,1,i-1); //将 R[1],…,R[i-1]重新调整为堆
    }
}
```

4. 算法分析

堆排序的时间主要消耗在建立初始堆和重建堆时进行的反复筛选上，它们均是通过调用算法 9.7 中的 HeapRectify( ) 函数实现的。

对于高度为 h 的完全二叉树/子树，调用 HeapRectify( ) 时，其中 while 循环最多执行 $h-1$ 次，所以最多进行 $2(h-1)$ 次关键字比较，最多进行 $h+1$ 次元素移动，因此主要以关键字比较次数来分析时间性能。

含有 n 个结点的完全二叉树的高度 h 为 $\lfloor \log_2 n \rfloor +1$。在建立初始堆时，需要筛选调整的层为 $h-1 \sim 1$ 层，以第 i 层中某个结点为根的子树高度为 $h-i+1$，并且第 i 层中最多有 2^{i-1} 个结点，则建立初始堆需要进行关键字比较次数最多为：

$$\sum_{i=h-1}^{1} 2^{i-1} \times 2(h-i+1-1) = \sum_{i=h-1}^{1} 2^{i-1} \times 2(h-i)$$
$$= 2^{h-1} \times 1 + 2^{h-2} \times 2 + \cdots + 2^1 \times (h-1)$$
$$= 2^{h+1} - 2h - 2 < 2^{\lfloor \log_2 n \rfloor +2} < 4 \times 2^{\log_2 n} = 4n \quad (9-10)$$

因此，建立初始堆总共进行的关键字比较次数不超过 $4n$。类似地，排序过程中调用了 $n-1$ 次 HeapRectify( ) 函数进行重建堆，每次对含有 $i-1(2 \leq i \leq n)$ 个结点的完全二叉树进行筛选调整，该树的高度为 $\lfloor \log_2(i-1) \rfloor + 1$，所以 $n-1$ 次重建堆总的关键字比较次数为：

$$\sum_{i=2}^{n} 2 \times \lfloor \log_2(i-1) \rfloor + 1 - 1 = 2 \sum_{i=2}^{n} \lfloor \log_2(i-1) \rfloor < 2n\log_2 n \qquad (9-11)$$

因此，堆排序总共进行的关键字比较次数最多为 $4n + 2n\log_2 n$。

综上所述，堆排序的最坏时间复杂度为 $O(n\log_2 n)$。堆排序的平均性能分析较难，但实验研究表明，它较接近于最坏性能。实际上，堆排序和简单选择排序算法一样，其时间性能与初始序列的状态无关，也就是说，堆排序算法的 最好、最坏、平均时间复杂度都是 $O(n\log_2 n)$。

由于建初始堆所需的比较次数较多，所以堆排序不适宜于记录数较少的序列。

堆排序过程中，只需要一个辅助单元用来进行记录的交换，因此，算法的空间复杂度为 $O(1)$。

堆排序过程中，在进行筛选时可能把后面关键字相同的元素调整到前面，不能保证关键字相同记录的相对顺序不发生改变，因此堆排序不是一种稳定的排序方法。

9.5 归并排序

【问题导入】 在学籍管理系统中，对于大量的成绩单，如何有效地合并两个已经排好序的成绩单，以保持整体的顺序？在文件合并问题中，需要将多个已经排序的小文件合并成一个有序的大文件，如何设计这个合并过程？在合并过程中，如何确保合并的效率，避免不必要的比较和移动？

这些问题都涉及将小的有序表合并成大的有序表，这种排序方法称为归并排序。归并排序（Merge Sort）是利用"归并"来进行排序，归并是将两个或两个以上有序序列合并成一个有序序列的过程。归并排序的基本思想是：将若干个有序的子序列逐步归并，最终合并成一个有序序列。归并排序通过分治策略，将大问题分解成小问题，分别排序后再合并，从而实现高效的排序。归并排序能够高效地解决大规模数据的排序问题。

最简单的归并排序是通过两个有序序列的两两归并来实现排序，称为二路归并排序（2-Way Merge Sort）。本节主要针对二路归并排序进行介绍。

1. 二路归并排序的基本思想

二路归并排序的基本思想是：将若干个有序序列进行两两归并，直到所有待排序记录都在一个有序序列为止。

假设待排序的记录为 $[R_1, R_2, \cdots, R_n]$，则二路归并排序的过程描述如下：

1）将初始待排序序列看成 n 个长度为 1 的有序序列，对 n 个有序序列进行两两二路归并排序，得到 $\lceil n/2 \rceil$ 个长度为 2（最后一个有序序列的长度可能为 1）的有序子序列。

2）对 $\lceil n/2 \rceil$ 个有序序列再进行两两二路归并排序，得到 $\lceil n/4 \rceil$ 个长度为 4（最后一个有序序列的长度可能小于 4）的有序子序列。

3）如此重复，直至得到一个长度为 n 的有序序列。

【例 9-7】 一组记录的关键字序列为 $\{49, 97, 65, 38, 13, 27, 76\}$，写出采用二路归并排序方法进行排序的过程。

解： 采用二路归并排序各趟排序结果如图 9-9 所示。

[视频 9-13 归并排序]

```
初始关键字序列:    [49]  [97]  [65]  [38]  [13]  [27]  [76]
一趟归并后:       [49   97]  [38   65]  [13   27]  [76]
二趟归并后:       [38   49   65   97]  [13   27   76]
三趟归并后:       [13   27   38   49   65   76   97]
```

图 9-9　二路归并排序过程示例

说明:
归并排序每趟产生的有序区只是局部有序的，也就是说最后一趟排序结束前，所有元素并不一定归位到最终位置。

2. 二路归并算法

从二路归并排序的过程可以看出，归并排序的基础问题就是归并问题。如何将两个相邻的有序序列归并成一个有序序列（二路归并算法）是排序的核心操作，因此，先讨论将两个有序序列归并为一个有序序列的算法 Merge( )。

设序列 R 由两个相邻的有序子序列 $R[low] \sim R[mid]$ 和 $R[mid+1] \sim R[high]$ 组成，将这两个子序列归并成一个有序序列 $R[low] \sim R[high]$。因为归并过程中可能会破坏原来的有序序列，因此先将归并结果存入另一个序列 Rt 中，待合并完成后再将 Rt 复制回 R 中。

归并过程中，用 i、j 和 k 三个变量分别指向两个待归并有序序列和最终有序序列的当前记录。初始时 i、j 分别指向两个有序序列的第一个记录，即 i = low，j = mid + 1，k 指向存放归并结果的位置，初始时 k = 0。归并时比较 i 和 j 所指记录的关键字，取关键字较小的记录复制到 Rt[k] 中，然后将指示较小记录的变量 i（或 j）和指示归并位置的变量 k 加 1。重复上述过程，直至两个有序子序列中有一个已全部被复制完毕（i > mid 或 j > high），此时将另一子序列中剩余记录依次复制到 Rt 中即可。具体的二路归并算法实现见算法 9.9。

算法 9.9　二路归并算法

```
void Merge(RecordType R[ ],int low,int mid,int high)
{/*功能：将有序序列 R[low…mid]与 R[mid+1…high]归并成一个有序序列 R[low…high]*/
    int i=low,j=mid+1,k=0;
    RecordType *Rt;
    Rt=(RecordType *)malloc((high-low+1)*sizeof(RecordType));
    if(!Rt) {printf("申请空间失败!");  exit(0);}   //归并失败
    while(i<=mid && j<=high)   //两个子序列均未处理完(均不为空)
        if(R[i].key<=R[j].key)  //将较小者复制到 Rt 序列中
        {  Rt[k]=R[i]    i++;  k++; }
        else{  Rt[k]=R[j];  j++;  k++;}
    while(i<=mid)   /*若子序列 R[low…mid]中有剩余记录，将其复制到 Rt 中*/
        Rt[k++]=R[i++];
    while(j<=high)  //若子序列 R[mid+1…high]中有剩余记录，将其复制到 Rt 中
        Rt[k++]=R[j++];
    for(i=low,k=0; i<=high; i++,k++)   R[i]=Rt[k]; //将 Rt 中记录复制回 R 中
    free(Rt);    //释放 Rt 分配的存储空间
}
```

3. 二路归并排序算法

算法 9.9 中的 Merge( ) 实现了一次归并,其中使用的辅助空间正好是要归并元素的个数。接下来讨论如何利用 Merge( ) 完成一趟归并排序。

在某趟归并中,设待归并的序列存放在 R 中,各个有序子序列的长度为 length(最后一个子序列的长度可能小于 length),设参数 i 指向待归并序列的第一个记录,则在调用 Merge( ) 将相邻的一对子序列进行归并时,有以下三种情况。

1)两个有序子序列的长度均等于 length,满足 $i + 2 \times \text{length} - 1 < n$,则调用:
$$\text{Merge}(R, i, i + \text{length} - 1, i + 2 \times \text{length} - 1);$$

2)一个有序子序列的长度等于 length,另一个有序子序列的长度小于 length,满足 $i + \text{length} - 1 < n$,则调用:
$$\text{Merge}(R, i, i + \text{length} - 1, n);$$

3)只剩下一个长度小于等于 length 的有序子序列,满足 $i + \text{length} - 1 \geq n$,表明只剩下一个有序子序列,不需要进行合并。

综上所述,一趟二路归并排序算法实现见算法 9.10。

算法 9.10　一趟二路归并排序算法

```
void MergePass(RecordType R[ ],int length,int n)
{ /*功能:对长度为 n 的序列 R 进行一趟二路归并排序,归并的子序列长度为 length*/
    int i;
    for(i = 1; i + 2 * length - 1 < = n; i = i + 2 * length)    /*归并长度为 length 的两个相邻子序列*/
        Merge( R,i,i + length - 1,i + 2 * length - 1);
    if(i + length - 1 < n)   /*归并两个子序列,前一个长度为 length,后一个小于 length*/
        Merge( R,i,i + length - 1,n);
    //若 i≤n 且 i + length - 1≥n 只剩下一个长度小于等于 length 子序列,不合并

}
```

在进行二路归并排序时,第 1 趟归并排序对应 length = 1,第 2 趟归并排序对应 length = 2,以此类推,每一次 length 增大两倍,但 length 总是小于 n,所以总的排序趟数为 $\lceil \log_2 n \rceil$。对应的二路归并排序算法的非递归实现见算法 9.11。

算法 9.11　二路归并排序算法的非递归实现

```
void MergeSort(RecordType R[ ],int n)
{ /*功能:对记录个数为 n 的序列 R 进行二路归并排序*/
    int i;
    for(i = 1; i < n; i = 2 * i)
        MergePass(R,i,n);    //进行一趟二路归并,归并的子序列长度为 i

}
```

二路归并排序也可以通过自顶向下的递归调用方式实现:设归并排序的当前区间为 $R[\text{low}], \cdots, R[\text{high}]$,首先将当前区间一分为二,即求分裂点 mid $= \lfloor (\text{low} + \text{high})/2 \rfloor$;然后递归地对两个子区间 $R[\text{low}], \cdots, R[\text{mid}]$ 和 $R[\text{mid} + 1], \cdots, R[\text{high}]$ 进行归并排序(递归的终止条件为子区间长度等于1);最后将已排序的两个子区间 $R[\text{low}], \cdots, R[\text{mid}]$ 和 $R[\text{mid} + 1], \cdots, R[\text{high}]$ 归并为一个有序区间 $R[\text{low}], \cdots, R[\text{high}]$,具体实现见算法 9.12。

算法 9.12　二路归并排序算法的递归实现

```
void MergeSortDC(RecordType R[ ],int low,int high)
/*对序列 R[low],…,R[high]进行二路归并排序的递归实现*/
    int mid;
    if(low <high)                    //low == high 时，子区间长度等于 1
    {   mid = (low + high)/2;        //将给定区间一分为二，求分裂点
        MergeSortDC(R,low,mid);      //递归调用对 R[low…mid]归并排序
        MergeSortDC(R,mid + 1,high); //递归调用对 R[mid + 1…high]归并排序
        Merge(R,low,mid,high);       //将两个有序子区间进行二路归并操作
    }
}
```

4. 算法分析

（1）时间复杂度　对于长度为 n 的待排序序列，需要进行 $\lceil \log_2 n \rceil$ 趟二路归并排序，一趟归并排序需要将待排序序列扫描一遍，其时间性能为 $O(n)$，因此归并排序在最好、最坏、平均情况下的时间复杂度均为 $O(n\log_2 n)$。

（2）空间复杂度　二路归并排序在归并过程中，需要另外一个与待排序列同样大小的辅助空间，以便存放归并结果，因此其空间复杂度为 $O(n)$。

（3）稳定性　归并排序是一种稳定的排序方法。

> **说明：**
> 归并排序可以是多路的，如三路归并排序等。以三路归并排序为例，归并的趟数是 $\lceil \log_3 n \rceil$，每一趟归并的时间为 $O(n)$，对应的时间复杂度为 $O(n\log_3 n)$，但 $\log_3 n = \log_2 n / \log_2 3$，所以时间复杂度仍为 $O(n\log n)$，不过三路归并排序算法的实现远比二路归并排序算法复杂。

9.6　基数排序

【问题导入】　假设有一个包含大量字符串的数组，每个字符串的长度相同，由小写字母组成。现在需要按照字符串的字典顺序对这些字符串进行排序。有没有一种特殊的排序算法，可以避免比较字符串的字符，而是直接利用字符串的字符位置进行排序？

前面介绍的排序算法都是建立在关键字比较的基础上的，而基数排序（Radix Sort）与前面介绍的其他内部排序算法的思想有很大不同，它通过"分配"与"收集"两种操作来实现排序，不需要进行关键字比较，是一种借助于多关键字排序的思想实现对单关键字排序的方法。采用基数排序可以不通过字符比较，解决上述的字符串排序问题。

1. 多关键字排序简介

一般情况下，给定一组记录 $[R_1, R_2, \cdots, R_n]$，每个记录 R_i 中含有 d 个关键字 $(k_i^1, k_i^2, \cdots, k_i^d)$，如果对于序列中任意两个记录 R_i 和 R_j（$1 \leq i < j \leq n$）都满足 $(k_i^1, k_i^2, \cdots, k_i^d) \leq (k_j^1, k_j^2, \cdots, k_j^d)$，则称序列对关键字 $(k^1, k^2, \cdots, k^d)$ 有序。其中，k^1 称为最高位关键字，k^d 称为最低位关键字。

例如，对 52 张扑克牌进行排序，每张扑克牌有两个"关键字"：花色和面值。假设有如下有序关系：

花色：方片 <梅花 <红桃 <黑桃

面值：2 < 3 < 4 < 5 < 6 < 7 < 8 < 9 < 10 < J < Q < K < A

且花色的优先级高于面值，则在对扑克牌排序时，可以先按花色将扑克牌分成 4 堆，每堆具有相同花色的按面值排序，然后再按花色次序将 4 堆排列起来，将所有扑克牌排成以下次序：

（方片）2 ～ A，（梅花）2 ～ A，（红桃）2 ～ A，（黑桃）2 ～ A

这种排序就是多关键字排序，排序后形成的有序序列叫作<u>字典有序序列</u>。对于上面两关键字的排序，可以先按花色排序，之后再按面值排序；也可以先按面值排序，再按花色排序。因此，对多关键字排序有两种常用方法：

（1）最高位优先（Most Significant Digit first，MSD）法

最高位优先法通常是一个递归的过程：先根据最高位关键字 k^1 排序，将序列分成若干子序列，子序列中每个记录都有相同关键字 k^1；再分别对每个子序列中的记录根据关键字 k^2 进行排序，按 k^2 值的不同，再分成若干个更小的子序列，每个子序列中的记录具有相同的 k^1 和 k^2 值；重复该过程，直到对关键字 k^d 完成排序为止。最后把所有子序列中的记录依次连接起来，就得到一个有序序列。使用 MSD 法进行排序时，必须将待排序列逐层分割成若干子序列，然后对各子序列分别进行排序。

（2）最低位优先（Least Significant Digit first，LSD）法

最低位优先法先根据最低位关键字 k^d 对所有记录进行一趟排序，再根据次低位关键字 k^{d-1} 对上一趟排序的结果再排序，依次重复，直到依据关键字 k^1 最后一趟排序完成，就可以得到一个有序的序列。使用 LSD 法进行排序时，不必将待排序列分成子序列，对每个关键字都是整个序列参加排序；并且不通过关键字比较，而通过若干次分配与收集实现排序。

2. 基数排序基本思想

假设待排序的记录为 $[R_1, R_2, \cdots, R_n]$，若任一记录 R_i 的关键字 k_i 是由 d 个分量 $k_i^1, k_i^2, \cdots, k_i^d$ 组成的，每个分量表示关键字的一位（数字或字符），且每个分量的取值范围相同：$C_1 \leq k_i^j \leq C_{rd}$（$1 \leq j \leq d$），则分量可能的取值个数 rd 称为<u>基数</u>。

基数的选择与关键字的分解均因关键字的类型而有所不同：若关键字是十进制整数，则按个、十、百、千等位进行分解，基数 $rd = 10$，分量的可能取值 $C_1 = 0, C_2 = 1, \cdots, C_{10} = 9$，而 d 为最长整数的位数；若关键字是小写的英文字符串，则按小写英文字符进行分解，基数 $rd = 26$，分量的可能取值 $C_1 =$ 'a'，$C_2 =$ 'b'，$\cdots$，$C_{26} =$ 'z'，而 d 为字符串的最大长度。

基数排序是用对多关键字排序的思想实现对单关键字排序的方法，其<u>基本思想</u>是：将关键字看成由若干个分量复合而成，然后借助"分配"与"收集"两种操作，采用 LSD 法进行排序。具体排序过程如下。

[视频 9-14 基数排序]

1）设置 rd 个箱子（本文使用队列实现）。

2）首先根据 k_i^d 分量的取值，将记录"<u>分配</u>"到对应序号的箱子中，然后按照箱子的序号依次将各非空箱子中的记录"<u>收集</u>"起来，得到一个按 k_i^d 值有序的序列。这个过程称为一趟排序。

3）再依次按 $k_i^{d-1}, k_i^{d-2}, \cdots, k_i^1$ 的取值重复"分配"与"收集"过程，直到最后一趟对 k_i^1 的"分配"和"收集"完成后，所有记录已经按关键字的值排序完毕。

3. 基数排序算法实现

在基数排序中，每个元素要多次进出箱子（队列），如果采用顺序表存储，需要移动大量元素，而采用链式存储结构时，只需要修改相关指针域。为了更有效地存储和重排记录，本文采用静态链表存储待排序列，相关数据类型定义如下：

```
# define    MaxSize   100      /*假定待排序序列中记录的最大个数为100 */
# define    Radix   10
# define    KeySize   5
typedef int KeyType；    //假设关键字类型为int 型
typedef struct {
    KeyType    key[KeySize]；    //关键字key 最多包含KeySize 个分量
    InfoType    otherinfo；    //排序记录中的其他数据项，假设类型为InfoType
    int    next；           // 静态链表指针域
} RecordType；
```

其中，key 域存放关键字，key 依次存放关键字的低位到高位的各个分量；next 域指向下一个结点（记录）的存储位置。

基数排序需经过多次"分配"与"收集"操作，分配和收集的具体算法实现见算法9.13 和算法9.14。

算法9.13 基数排序分配算法

```
void Distribute( RecordType R[ ],int i,int head[ ],int tail[ ])
{/*功能：对静态链表R 按关键字第i 位进行一次分配操作，分配结果保存在Radix 个队列中，同一个队列中记录的key[i]相同。队列i 的头指针保存在head[i]中，尾指针保留在tail[i]中。*/
    int j,p,t；
    for(j = 0; j <= Radix - 1; j ++ ) /*将Radix 个队列初始化为空队列,head[j] = 0 表示队空*/
        head[j] = tail[j] = 0；
    p = R[0]. next；    //用指针p 指向链表中的第一个记录,R[0]为静态链表头结点
    while(p! = 0)
    { j = R[p]. key[i]；//通过记录中第i 位子关键字求出其对应的队列号j
      if(head[j] == 0)//若第j 个队列为空，将p 所指结点加入队列中，并成为队头
          head[j] = p；//置第j 个队列队头指针为p
      else{ //若第j 个队列非空，将p 所指结点加入队列，并成为队尾
          t = tail[j]；R[t]. next = p；    }
      tail[j] = p；      //置第j 个队列队尾指针为p
      p = R[p]. next；    //用指针p 指向链表中的下一个记录，继续分配操作
    }
}
```

算法9.14 基数排序收集算法

```
void Collect( RecordType R[ ],int head[ ],int tail[ ] )
{/*功能：依次扫描第0,…,Radix - 1 个队列，将所有非空队列首尾相连，重建静态链表*/
    int    j,t；
    j = 0；
    while( head[j] == 0)    /* 循环结束，将找到第一个非空队列,队列号为j */
        j ++ ；
    R[0]. next = head[j]；    /* 将链头结点指向第一个非空队列的队头结点 */
    t = tail[j]；    /*保存第一个非空队列的队尾指针，用于链接下一个非空队列的队头指针*/
    while( j < Radix - 1 )    /* 寻找并链接所有非空队列 */
    { j ++ ；
        while( j < Radix - 1 && head[j] == 0)    /* 找下一个非空队列 */
```

```
            j ++;
        if(head[j]! =0)
        { R[t].next = head[j];      /* 找到非空队列,并进行链接 */
          t = tail[j];      /* 保存当前非空队列的队尾指针,用于后续链接 */
        }
    }
    R[t].next =0;      /* 最后一个非空队列的队尾结点指针域置0,表示链尾结点 */
}
```

基数排序算法的实现见算法 9.15。

算法 9.15　基数排序算法

```
void RadixSort( RecordType R[ ], int n)
{/ 功能:对静态链表 R(初始序列存放在 R[1],…,R[n]中)进行基数排序 */
    int head[Radix],tail[Radix];
    int i;
    for( i =0; i <= n -1; i ++)      /* 构造静态链表,R[0]为静态链表头结点 */
        R[i].next = i +1;
    R[n].next =0;      /* 最后一个记录的指针域置0,表示链表尾结点 */
    for( i = KeySize -1; i > =0; i -- )   /* 从最低子关键字开始,进行 KeySize 趟分配与收集 */
    { Distribute(R,i,head,tail);
        Collect(R,head,tail);
    }
}
```

【例 9-8】　一组记录的关键字序列为{278,109,63,930,589,184,505,269,8,83},采用基数排序方法进行排序,请写出排序的过程。

解: 采用静态链表存储待排序列,其关键字的子关键字个数为 3,序列长度为 10。采用基数排序,排序过程中静态链表、队列的状态变化如图 9-10 所示。

4. 算法分析

(1) 时间复杂度　基数排序所需时间不仅与待排序序列中记录个数 n 有关,还与关键字的位数和基数有关。假设每个关键字由 d 个分量复合而成,需要重复执行 d 趟"分配"和"收集"操作。每一趟对 n 个记录进行"分配"的时间复杂度为 $O(n)$,对 rd 个箱子进行"收集"的时间复杂度为 $O(rd)$,故整个排序算法的时间复杂度为 $O(d(n+rd))$。

(2) 空间复杂度　基数排序需要 rd 个队列作为辅助存储空间,故空间复杂度为 $O(rd)$。

(3) 稳定性　基数排序中使用的队列,排在后面的元素只能排在前面相同关键字元素的后面,相同关键字之间的相对次序不会发生改变,因此它是一种<u>稳定</u>的排序方法。

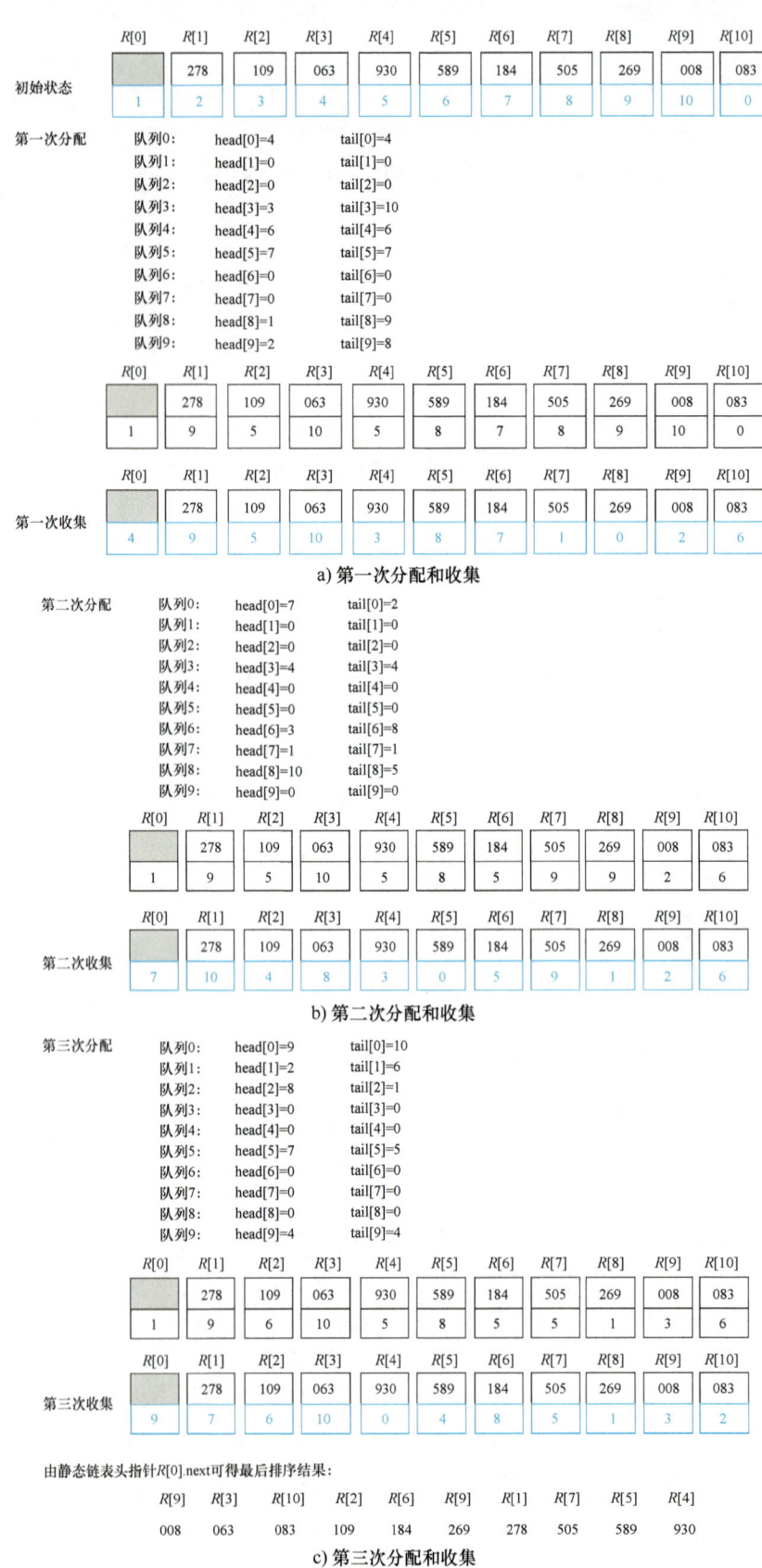

图 9-10 基数排序过程示例

9.7 各种内排序方法的比较

【问题导入】 假设有一个包含 100 个随机分布元素的小数组,需要在短时间内完成排序,你会选择哪种排序方法?若有一个包含几百个随机分布元素的大数组,要对这个数组进行高效排序,你会选择哪种排序方法?若需要在任何数据分布情况下都能保证排序方法有较好性能,哪种排序方法最坏情况下仍然能保持较好的时间复杂度?假设在一个内存使用限制的场景中,要在有限的内存空间内完成排序,哪种排序方法在内存使用上更加高效?

这些问题涉及不同排序方法的性能、内存使用效率等方面的差异。本章介绍了多种内排序方法,每种排序方法都有其适用场景和优缺点,选择合适的排序方法需要根据具体问题和需求来决定。在实际应用中排序方法的选用应该根据具体情况而定,一般从如下几个方面综合考虑。

1. 时间复杂度

前面讨论各种内排序方法的时间和空间复杂度等的比较结果见表 9-1。

表 9-1 各种内排序方法性能的比较

排序方法	时间复杂度 最好情况	时间复杂度 最坏情况	时间复杂度 平均情况	空间复杂度 最好情况	空间复杂度 最坏情况	排序稳定性
直接插入排序	$O(n)$	$O(n^2)$	$O(n^2)$	$O(1)$	$O(1)$	稳定
希尔排序	$O(n\log_2 n)$	$O(n^2)$	$O(n^{1.3})$	$O(1)$	$O(1)$	不稳定
冒泡排序	$O(n)$	$O(n^2)$	$O(n^2)$	$O(1)$	$O(1)$	稳定
快速排序	$O(n\log_2 n)$	$O(n^2)$	$O(n\log_2 n)$	$O(\log_2 n)$	$O(n)$	不稳定
简单选择排序	$O(n^2)$	$O(n^2)$	$O(n^2)$	$O(1)$	$O(1)$	不稳定
堆排序	$O(n\log_2 n)$	$O(n\log_2 n)$	$O(n\log_2 n)$	$O(1)$	$O(1)$	不稳定
二路归并排序	$O(n\log_2 n)$	$O(n\log_2 n)$	$O(n\log_2 n)$	$O(n)$	$O(n)$	稳定
基数排序	$O(d(n+rd))$	$O(d(n+rd))$	$O(d(n+rd))$	$O(rd)$	$O(rd)$	稳定

按照平均性能,可以将排序方法分为以下几种。

1)平方阶 $O(n^2)$ 排序:一般称为简单排序方法,例如直接插入排序、简单选择排序和冒泡排序。

2)线性对数阶 $O(n\log_2 n)$ 排序:一般称为改进的排序方法,例如堆排序、快速排序和归并排序。希尔排序的时间性能取决于增量序列,介于 $O(n^2)$ 和 $O(n\log_2 n)$ 之间。

3)线性阶 $O(n)$ 排序:如基数排序在关键字的位数 d 较少时可以看成线性排序。基数排序可能在 $O(n)$ 时间内完成对 n 个记录的排序,但遗憾的是基数排序只适用于像字符串和整数这类有明显结构特征的关键字。当关键字的取值范围属于某个无穷集合(如实数类型)时无法使用基数排序,这时只能采用基于比较的方法来排序。

从最好情况看,直接插入排序和冒泡排序的时间复杂度最好,为 $O(n)$,其他排序方法的最好情况与平均情况相同。如果待排序序列接近正序时,首选冒泡排序和直接插入排序。

从最坏情况看,快速排序的时间复杂度为 $O(n^2)$,直接插入排序和冒泡排序虽然与平均情况相同,但系数大约增加一倍,所以运行速度将降低一半;最坏情况对直接选择排序、堆排序和归并排序影响不大。

2. 空间复杂度

归并排序的空间复杂度为 $O(n)$,快速排序的空间复杂度为 $O(\log_2 n) \sim O(n)$,其他排序方法的空间复杂度为 $O(1)$。

3. 稳定性

在内排序方法中,一类是稳定的,另一类是不稳定的。下面通过一个例子说明什么情况下需要考虑算法的稳定性。

【例9-9】 设线性表中每个元素有两个数据项 k_1 和 k_2,现对线性表按以下规则进行排序:先看数据项 k_1,k_1 值小的在前,k_1 值大的在后;在 k_1 值相同的情况下再看 k_2,k_2 值小的在前,k_2 值大的在后。以下哪种排序方法满足这种要求?

1) 先按 k_1 值进行直接插入排序,再按 k_2 值进行简单选择排序。
2) 先按 k_2 值进行直接插入排序,再按 k_1 值进行简单选择排序。
3) 先按 k_1 值进行简单选择排序,再按 k_2 值进行直接插入排序。
4) 先按 k_2 值进行简单选择排序,再按 k_1 值进行直接插入排序。

解:这里是按两个关键字排序,越重要的关键字越在后面排序,所以应该先按 k_2 值排序再按 k_1 值排序。直接插入排序是稳定的排序方法,而简单选择排序不是稳定的排序方法。当先按 k_2 值进行直接插入排序,再按 k_1 值进行简单选择排序时,由于简单选择排序的不稳定性,可能会造成 k_1 值相同而 k_2 值大的元素排在前面,不符合要求,所以应该先按 k_2 值进行简单选择排序,再按 k_1 值进行直接插入排序,答案是4)。

4. 待排序记录个数 n 的大小(问题规模)

待排序记录个数 n 越小,采用简单排序方法越合适,n 越大,采用改进的排序方法越合适。因为 n 越小,$O(n^2)$ 和 $O(n\log_2 n)$ 的差距越小,并且输入和调试简单算法比输入和调试改进算法要少用许多时间。

在实际应用中,若 n 较小(如 $n \leq 100$),可采用直接插入排序、冒泡排序或简单选择排序,其中直接插入排序最常用,特别是待排序序列已按关键字基本有序时。

若 n 较大时,应采用时间复杂度为 $O(n\log_2 n)$ 的排序方法,例如快速排序、堆排序或二路归并排序。快速排序被认为是目前基于比较的内排序中最快的一种排序方法,当待排序的关键字随机分布时,快速排序的平均时间最少;但堆排序所需的辅助空间少于快速排序,并且不会出现快速排序可能出现的最坏情况。这两种排序都是不稳定的,若要求排序稳定,则可选用二路归并排序。

当 n 较大,记录的关键字位数较少且可以分解时,采用基数排序较好。

5. 记录本身的大小(每个元素的规模)

记录本身信息量越大,占用的存储空间就越多,移动记录所花费的时间就越多,这对记录的移动次数较多的算法不利。

表9-2中给出了三种简单排序方法中记录移动次数的比较。当记录个数不多且本身较大时,可以选择简单选择排序方法。

表9-2 三种简单排序方法中记录移动次数的比较

排序方法	最好情况	最坏情况	平均情况
直接插入排序	$O(n)$	$O(n^2)$	$O(n^2)$
冒泡排序	0	$O(n^2)$	$O(n^2)$
简单选择排序	0	$O(n)$	$O(n)$

6. 关键字分布情况(初始状态)

当待排序记录为正序时,直接插入排序和冒泡排序的时间复杂度为 $O(n)$,而对于快速排序而言,这是最坏情况,时间复杂度为 $O(n^2)$。简单选择排序、堆排序和归并排序的时间复杂度不随记录序列中关键字的分布而改变。

在实际应用中，排序方法的选用应针对具体问题分析确定。首先考虑排序对稳定性的要求，其次考虑待排序记录个数 n 的大小，然后再考虑其他因素。下面给出综合考虑以上因素得出的大致结论，供读者参考。

1）当待排序记录个数 n 较大，关键字分布较随机，且对稳定性不做要求时，采用快速排序为宜。

2）当待排序记录个数 n 较大，内存空间允许，且要求排序稳定时，采用归并排序为宜。

3）当待排序记录个数 n 较大，关键字分布可能出现正序或逆序情况，且对稳定性不做要求时，采用堆排序或归并排序。

4）当待排序记录个数 n 较大，而只要找出最小（或最大）的前几个记录，采用堆排序或简单选择排序。例如在堆排序中，如果想找到序列中第 k 大的记录，需要的时间复杂度为 $O(n+k\log_2 n)$，如果 k 很小，排序会很快。

5）当待排序记录个数 n 较小（如 $n \leq 100$），记录已基本有序且要求排序稳定时，采用直接插入排序。

6）当待排序记录个数 n 较小，记录所含数据项较多，所占存储空间较大时，采用简单选择排序。

9.8　外排序简介

【问题导入】　假设你是一个大数据分析师，手里有一个包含数亿条记录的数据集，每条记录都有一个唯一的键值，分析数据前需要按键值对数据集进行排序，由于数据量太大，无法一次性加载到内存中，你该如何对这个数据集进行排序？

上述问题涉及数据量超出内存限制的场景，需要使用外排序技术来解决。前面几节介绍的排序技术，主要是针对较少量的记录序列而言，即内存空间足以容纳所有的记录序列。然而在很多实际应用系统中，经常遇到要对数据文件中的记录进行排序处理，由于文件中的记录数量相当大，甚至整个文件所占据的存储单元远远超过了内存的容量，所以不可能也不允许全部驻留在内存中，而必须存放在外存设备上。于是，就有必要研究适合于处理大型数据文件的排序技术。而这种排序技术往往需要借助于具有更大容量的外存设备才能完成。相对于仅用内存进行的内排序技术而言，这种排序方法就称为外排序。

外排序通常涉及将大文件分割成多个能够加载到内存中的小文件，然后对每个小文件进行内排序，最后将这些有序的小文件合并成一个大的有序文件。这个过程可能需要多次读写磁盘，因此优化磁盘 I/O 是外排序中的一个关键点。

在外排序中最常用的排序方法是归并排序法，这种方法基本上要经历两个不同的阶段方可完成。

第一阶段，按可用内存空间的大小，将外存设备上的含有 n 个记录的数据文件划分成若干长度为 h 的子文件段，逐段依次读入内存，用较好的内排序方法对输入子文件段进行排序，并将排序后的有序子文件段重新写回到外存设备上，已经排好序的子文件段通常叫作归并段，初始归并段的记录数量与给予内排序的存储空间大小有关，通常等于内排序开辟的缓冲区可容纳的记录数。

第二阶段，对这些初始归并段进行多路归并，最后在外存设备上形成单一归并段，从而最终得到有序数据文件。

在实际应用中，由于使用的外存设备不同，通常又可以分为磁盘文件排序和磁带文件排序两大类。两类排序的基本步骤类似，主要区别在于初始归并段在外存设备中的分布方式，磁盘是直接存储设备，当读/写一块记录信息之后，下一个将要读/写的信息块位置与当前读/写位置不管相距多远，对下一次读/写时间影响不大。而磁带是顺序存取设备，读取信息块的时间和所读信息块的位置关系极大。

由于在外排序过程中，需要读写外存设备上的文件信息，这样的操作（I/O 操作）显然比较费时，所以要提高外排序的效率，主要是减少外存信息的读/写次数，例如，为减少归并次数可使用多路平衡归并方法。

以上仅是对外排序的简单介绍，有关外排序的详细技术在此不做讨论，有兴趣者可参阅相关资料。

本章小结

排序是数据处理中经常用到的一种操作，本章主要介绍了内排序技术及性能分析，主要学习要点如下。

1）理解排序的基本概念，包括内排序与外排序的差异、排序的稳定性等概念。
2）掌握插入排序方法基本思想，包括直接插入排序和希尔排序的过程、算法实现及性能分析。
3）掌握交换排序方法基本思想，包括冒泡排序和快速排序的过程、算法实现及性能分析。
4）掌握选择排序方法基本思想，包括简单选择排序和堆排序的过程、算法实现及性能分析。
5）掌握二路归并排序的过程、算法实现及性能分析。
6）掌握基数排序的基本思想、排序过程、算法实现及性能分析。
7）能根据各种排序方法的特点，选择适合的排序方法解决实际应用中的排序问题。

思想园地——正确的选择需要综合了解

在复杂的系统中，选择合适的算法或技术解决问题，要求全面地了解问题背景，系统地思考各种因素。这种综合了解的过程，实际上是一个深入探究的过程，通常涉及对系统行为的深入理解，以及对算法和技术局限性的认识。

首先，全面了解问题背景是选择算法或技术的基础，包括功能、性能、安全性等方面的需求。全面了解才能准确把握问题的本质，进而有针对性地选择合适的算法或技术。例如，进程调度是操作系统的核心功能，其目标是合理地为各个进程分配 CPU 时间，以确保系统的整体性能、响应时间和吞吐量达到最优。进程调度算法负责决定哪个进程将获得 CPU 时间以及它们将运行多长时间。常用的调度算法有如下几种。

1）先来先服务（FCFS）调度：按照进程到达就绪队列的顺序进行排序。这种算法易于理解和实现，但可能导致"饥饿"现象，即短进程被长进程阻塞。
2）最短作业优先（SJF）调度：根据进程的预期运行时间进行排序，选择预计运行时间最短的进程。这种算法可以减少平均等待时间，但需要准确预测进程的运行时间，且可能导致长作业饥饿。
3）优先级调度：根据进程的优先级进行排序。这种算法允许重要或紧急的任务优先执行，但如果没有适当的机制来避免低优先级进程的饥饿，可能会导致不公平的调度。

4）轮转（Round Robin）调度：给每个进程分配一个固定的时间片，然后按照就绪队列的顺序进行轮转。这种算法确保了所有进程都能获得 CPU 时间，但时间片的大小会影响到响应时间和吞吐量。

5）多级反馈队列（MFQ）调度：结合多个队列和不同的优先级，根据进程的行为和需求动态调整优先级。这种算法结合了 SJF 和优先级调度的优点，但实现复杂。

为了选择正确的调度算法，需要考虑进程调度的具体场景和需求。不同的系统环境和应用场景对进程调度有不同的要求。例如，在某些实时系统中，如果系统有大量的交互式任务，可能需要优先考虑响应时间，选择能够快速切换任务的排序算法；在一些批处理系统中，可能更关注吞吐量和 CPU 利用率，选择能够有效利用 CPU 的调度算法；如果希望确保某些关键任务总是能够及时得到处理，可能会选择基于优先级的调度策略。

其次，系统地思考各种因素也至关重要。在选择算法或技术时，需要考虑的因素除了算法的效率、稳定性、可扩展性、兼容性等，还需要考虑系统的整体性能和资源利用情况。例如，上面例子中调度算法的选择，不仅会影响进程调度的效果，还会对整个系统的性能和资源利用产生影响。如频繁的上下文切换可能会增加 CPU 的开销，而复杂的调度算法可能会增加系统的复杂性和维护成本。因此，选择调度算法时，需要综合考虑系统的整体需求和资源限制，以确保所选算法能够在满足进程调度需求的同时，尽可能地提高系统的整体性能和资源利用率。

总之，在复杂的系统中，正确的选择需要明确目标、了解算法或技术、考虑场景和需求，通过系统地思考、综合考虑，在多个因素之间找到最佳的平衡点。只有通过这样的过程，才能确保所选算法或技术能够满足系统的需求，实现高效、稳定、可靠的运行。这种系统思维是解决复杂问题的关键，也是我们在未来职业生涯中不可或缺的技能。

思考题

1. 用直接插入排序算法对含有 n 个记录的序列进行排序，当初始待排序序列为正序、反序和关键字全部相等时，算法的时间复杂度分别是多少？

2. Mark Allen Weiss 指出，通过交换相邻元素进行排序的任何算法平均都需要 $O(n^2)$ 时间，为什么？

3. 在实现快速的非递归算法时，可以根据枢轴元素将待排序序列划分为两个子序列。若下一趟首先对较短的子序列进行排序，这种情况下快速排序所需要的栈的最大深度是多少？

4. 迭代的二路归并排序算法需要与原来待排序元素数组同样大小的辅助数组，如果想减少辅助存储空间（例如，使空间复杂度达到 $O(1)$），且时间复杂度保持在 $O(n\log_2 n)$，应该如何做？

5. 如果只想在一个有 n 个记录的任意序列中得到其中最小的第 $k(k \ll n)$ 个记录之前的部分排序序列，采用哪种排序方法最合适？为什么？例如有一个序列{59,41,37,10,12,33,45,74,5,18,8,6}，要得到第 $4(k=4)$ 个元素之前的有序序列，用所选择的算法实现时，要执行多少次比较？

6. 在基数排序过程中用队列暂存排序的元素，是否可以用栈来代替队列？为什么？

7. 线性表有顺序表和链表两种存储方式，不同的排序方法适合不同的存储结构。对于常见的内排序方法，说明哪些更适合于顺序表？哪些更适合于链表？哪些两者都适合？

练习题

1. 选择题

1)设一组初始记录关键字序列为{50,40,95,20,15,70,60,45},则以增量 $d=4$ 的一趟希尔排序结束后,前4条记录关键字为( )。

   A. 40,50,20,95
   B. 15,40,60,20
   C. 15,20,40,45
   D. 45,40,15,20

2)对以下关键字序列用快速排序法进行排序,( )的情况下,排序速度最慢。

   A. 19,23,3,15,21,28,7
   B. 23,21,28,15,19,3,7
   C. 19,7,15,28,23,21,3
   D. 3,7,15,19,21,23,28

3)排序方法中,从未排序序列中依次取出元素与已排序序列中的元素进行比较,将其放入已排序序列的正确位置上的方法,称为( )。

   A. 希尔排序
   B. 冒泡排序
   C. 插入排序
   D. 选择排序

4)在下面排序方法中,关键字的比较次数与记录的初始排列次序无关的是( )。

   A. 希尔排序
   B. 冒泡排序
   C. 直接插入排序
   D. 简单选择排序

5)堆是一种有用的数据结构。下列关键字序列中( )是一个堆。

   A. 94,31,53,23,16,72
   B. 94,53,31,72,16,23
   C. 16,53,23,94,31,72
   D. 16,31,23,94,53,72

6)快速排序方法在( )情况下最不利于发挥其长处。

   A. 要排序的数据量太大
   B. 要排序的数据中含有多个相同值
   C. 要排序的数据已基本有序
   D. 要排序的数据个数为奇数

7)一组记录的关键字为{46,79,56,38,40,84},则利用快速排序的方法,以第一个记录为基准得到的一次划分结果为( )。

   A. 38,40,46,56,79,84
   B. 40,38,46,79,56,84
   C. 40,38,46,56,79,84
   D. 40,38,46,84,56,79

8）对记录的关键字序列{50,26,38,80,70,90,8,30,40,20}进行排序，各趟排序的结果为：

50，26，38，80，70，90，8，30，40，20
50，8，30，40，20，90，26，38，80，70
26，8，30，40，20，80，50，38，90，70
8，20，26，30，38，40，50，70，80，90

其使用的排序方法是（　　）。

A. 快速排序
B. 基数排序
C. 希尔排序
D. 归并排序

9）一组记录的关键字序列为{45,80,55,40,42,85}，则利用堆排序的方法建立的初始堆为（　　）。

A. 80，45，50，40，42，85
B. 85，80，55，40，42，45
C. 85，80，55，45，42，40
D. 85，55，80，42，45，40

2. 简答题

1）对于给定的初始键值序列{88,42,75,16,90,25,98,50,36,80}，请分别给出应用直接插入排序、简单选择排序、快速排序、堆排序和二路归并排序的各趟排序结果。

2）对于给定的初始键值序列{100,12,20,31,1,5,44,66,61,200,30,80,150,4,8}，请给出应用希尔排序的各趟排序结果。其中，设增量序列为：d={5,3,1}。

3）判断以下序列是否为堆。如果是，是大根堆还是小根堆；如果不是，请将其调整为堆。

① 100，78，44，65，32，43，56，73，88，31
② 11，98，43，56，21，48，72，89，77，24
③ 10，57，24，23，41，40，26，68，36，75，25，100

4）试写将一组英文单词按字典序排列的基数排序算法。设单词均由小写字母构成，最长的单词有 d 个字母。提示：所有长度不足 d 个字母的单词，都在尾部补足空格，排序时设置 27 个箱子，分别与空格，a,b,c,…,z 对应。

上机实验题

1. 实现内排序算法

目的：掌握直接插入排序、冒泡排序、简单选择排序的过程和算法设计。

内容：

1）问题描述：编写程序实现直接插入排序、冒泡排序、简单选择排序算法，对给定的待排序序列进行升序排序。

2）要求：输出各趟排序的结果。

2. 实现快速排序算法

目的：掌握快速排序的过程和算法设计。

内容：

1）问题描述：编写程序实现快速排序算法，对给定的待排序序列进行升序排序。

2）要求：分别采用递归与非递归两种方式实现算法，输出各趟排序的结果。

3. 实现堆排序算法

目的：掌握堆排序的过程和算法设计。

内容：

1）问题描述：编写程序实现堆排序算法，对给定的待排序序列进行升序排序。

2）要求：输出各趟排序的结果。

4. 有序单链表归并算法

目的：掌握有序单链表的归并过程和算法设计。

内容：

1）问题描述：已知两个单链表中的元素递增有序，编写程序将这两个有序表归并成一个递增有序的单链表。

2）要求：算法利用原有的链表结点空间。

5. 英文单词按字典序排序

目的：掌握基数排序算法及其应用。

内容：

1）问题描述：已知一组英文单词，假设单词均由小写字母和空格构成，最长的单词有 MaxL 个字母，请编写程序采用基数排序将这组英文单词按字典序排列。

2）要求：输出各趟排序的结果。

6. 各种排序算法时间性能的比较

目的：掌握各种内排序算法设计及其比较。

内容：

1）问题描述：编写程序随机产生 n 个 1~999 之间的正整数序列，分别采用直接插入排序、希尔排序、冒泡排序、快速排序、简单选择排序、堆排序算法对其进行升序排序。

2）要求：输出每种排序方法所需要的绝对时间。

附 录

书配二维码视频清单

第 1 章

视频 1-1　数据模型　2

视频 1-2　线性结构　2

视频 1-3　树形结构　3

视频 1-4　图形结构　3

视频 1-5　数据的逻辑结构　4

视频 1-6　数据的存储结构　5

视频 1-7　抽象数据类型　6

视频 1-8　算法定义　7

视频 1-9　算法特性　7

视频 1-10　好算法　8

视频 1-11　自然语言描述　8

视频 1-12　流程图描述　8

视频 1-13　程序语言描述　9

视频 1-14　伪代码描述　9

视频 1-15　程序步分析　10

视频 1-16　大 O 记号　11

视频 1-17　时间复杂度　12

视频 1-18　不同量级时间复杂度　14

视频 1-19　空间复杂度　14

第 2 章

视频 2-1　线性表定义　21

视频 2-2　顺序表　22

视频 2-3　顺序表初始化　23

视频 2-4　顺序表插入　25

视频 2-5　顺序表删除　26

视频 2-6　按位置查找　27

视频 2-7　按值查找　27

视频 2-8　单链表　33

视频 2-9　求表长　35

视频 2-10　按序号查找　36

视频 2-11　按值查找　36

视频 2-12　单链表的插入　37

视频 2-13　单链表的删除　38

视频 2-14　头插法创建链表　39

视频 2-15　尾插法创建链表　40

视频 2-16　循环链表　45

视频 2-17　双向链表　46

视频 2-18　双向链表的插入　47

视频 2-19　双向链表的删除　48

第 3 章

视频 3-1　栈的定义　64

视频 3-2　顺序栈　66

视频 3-3　顺序栈进栈操作　67

视频 3-4　顺序栈出栈操作　68

视频 3-5　链栈　70

视频 3-6　链栈进栈操作　70

视频 3-7　链栈出栈操作　71

视频 3-8　队列的定义　83

视频 3-9　顺序队列　84

视频 3-10　循环队列　85

视频 3-11　队列初始化　86

视频 3-12　入队操作　87

视频 3-13　出队操作　87

视频 3-14　链队列　88

视频 3-15　链队列初始化　88

视频 3-16　入队操作　90

视频 3-17　出队操作　90

视频 3-18　舞伴问题　92

第 4 章

视频 4-1　数组的定义　104

视频 4-2　数组的存储　106

视频 4-3　对称矩阵的压缩存储　108

视频 4-4　稀疏矩阵的压缩存储　111

第 5 章

视频 5-1　阶乘的递归定义　126

视频 5-2　斐波那契数列　126

视频 5-3　结构递归　127

视频 5-4　汉诺塔算法　128

视频 5-5　递归与分治　129

视频 5-6　运行栈　130

视频 5-7　递归实现形式　133

第 6 章

视频 6-1　树的定义　144

视频 6-2　树的性质 1　147

视频 6-3　树的性质 2　147

视频 6-4　树的性质 3　147

视频 6-5　树的性质 4　148

视频 6-6　双亲表示法　150

视频 6-7　孩子表示法　150

视频 6-8　孩子链表表示法　151

视频 6-9　双亲孩子表示法　152

视频 6-10　孩子兄弟表示法　152

视频 6-11　二叉树定义　153

视频 6-12　二叉树性质 1、性质 2、性质 3　156

视频 6-13　二叉树性质 4　156

视频 6-14　二叉树的顺序存储结构　157

视频 6-15　二叉链表存储结构　158

视频 6-16　三叉链表存储结构　159

视频 6-17　二叉树的遍历　160

视频 6-18　遍历的递归实现　161

视频 6-19　中序遍历的非递归实现　163

视频 6-20　二叉树的递归创建　166

视频 6-21　线索二叉树　169

视频 6-22　线索二叉树存储结构　170

视频 6-23　建立中序线索二叉树　171

视频 6-24　中序线索化　171

视频 6-25　树转换为二叉树　174

视频 6-26　森林转换为二叉树　175

视频 6-27　二叉树转换为树　175

视频 6-28　最优二叉树　177

视频 6-29　构造方法　178

视频 6-30　哈夫曼树存储结构　178

视频 6-31　哈夫曼树构造算法　179

视频 6-32　编码方案　180

视频 6-33　哈夫曼编码　181

视频 6-34　最优判定问题　182

第 7 章

视频 7-1　哥尼斯堡七桥问题　193

视频 7-2　图的定义　193

视频 7-3　邻接矩阵　197

视频 7-4　创建图的邻接矩阵　199

视频 7-5　邻接表　199

视频 7-6　创建图的邻接表　202

视频 7-7　深度优先遍历　204

视频 7-8　DFS 算法　205

视频 7-9　广度优先遍历　206

视频 7-10　BFS 算法　206

视频 7-11　畅通工程问题　207

视频 7-12　图的生成树　207

视频 7-13　最小生成树　208

视频 7-14　MST 性质　208

视频 7-15　Prim 算法　209

视频 7-16　Kruskal 算法　212

视频 7-17　最短路径问题　214

视频 7-18　Dijkstra 算法　215

视频 7-19　Floyd 算法　219

视频 7-20　课程安排问题　220

视频 7-21　拓扑排序　221

第 8 章

视频 8-1　相关概念　234

视频 8-2　平均查找长度　234

视频 8-3　顺序查找　235

视频 8-4　性能分析　236

视频 8-5　折半查找　237

视频 8-6　折半查找性能分析　239

视频 8-7　分块查找　240

视频 8-8　分块查找性能分析　241

视频 8-9　动态查找问题　241

视频 8-10　二叉排序树定义　241

视频 8-11　二叉排序树的插入　242

视频 8-12　二叉排序树的创建　243

视频 8-13　删除情况 1　243

视频 8-14　删除情况 2　244

视频 8-15　删除情况 3　244

视频 8-16　二叉排序树的查找　246

视频 8-17　查找性能分析　247

视频 8-18　AVL 树定义　248

视频 8-19　LL 型调整　249

视频 8-20　RR 型调整　250

视频 8-21　LR 型调整　250

视频 8-22　RL 型调整　251

视频 8-23　AVL 树的查找　256

视频 8-24　B 树的定义　257

视频 8-25　B 树的查找　258

视频 8-26　B 树的插入　259

视频 8-27　B 树删除情况 1　260

视频 8-28　B 树删除情况 2　260

视频 8-29　B 树删除情况 3　260

视频 8-30　非叶子结点的删除　261

视频 8-31　B 树改进　262

视频 8-32　B＋树的定义　262

视频 8-33　散列表定义　264

视频 8-34　直接定址法　265

视频 8-35　除留余数法　266

视频 8-36　数字分析法　267

视频 8-37　平方取中法　268

视频 8-38　折叠法　268

视频 8-39　线性探测法　269

视频 8-40　二次探测法　270

视频 8-41　拉链法　271

视频 8-42　散列表的查找　272

第 9 章

视频 9-1　直接插入排序基本思想　280

视频 9-2　直接插入排序性能分析　282

视频 9-3　希尔排序　283

视频 9-4　希尔排序性能分析　284

视频 9-5　冒泡排序　285

视频 9-6　快速排序　286

视频 9-7　快速排序性能分析　288

视频 9-8　简单选择排序　290

315

视频 9-9　堆的定义　291
视频 9-10　堆排序　292
视频 9-11　堆调整　292
视频 9-12　初建堆　293
视频 9-13　归并排序　295
视频 9-14　基数排序　299

参 考 文 献

[1] 王红梅，胡明，王涛. 数据结构：C++版［M］. 2版. 北京：清华大学出版社，2011.
[2] 李春葆. 数据结构教程［M］. 5版. 北京：清华大学出版社，2017.
[3] 严蔚敏，吴伟民. 数据结构：C语言版［M］. 北京：清华大学出版社，1997.
[4] 戴敏. 数据结构［M］. 北京：机械工业出版社，2008.
[5] 殷人昆. 数据结构：C语言版［M］. 3版. 北京：清华大学出版社，2023.
[6] 严蔚敏，李冬梅，吴伟民. 数据结构：C语言版［M］. 2版. 北京：人民邮电出版社，2021.
[7] 陈越. 数据结构［M］. 2版. 北京：高等教育出版社，2016.
[8] 邓俊辉. 数据结构：C++语言版［M］. 3版. 北京：清华大学出版社，2013.
[9] 王晓东. 算法设计与分析［M］. 4版. 北京：清华大学出版社，2018.
[10] WEISS M A. 数据结构与算法分析［M］. 冯舜玺，译. 北京：机械工业出版社，2022.
[11] 弗金，阿尔特，迪茨费尔宾格，等. 无处不在的算法［M］. 陈道蓄，译. 北京：机械工业出版社，2018.
[12] 哈里斯，普里查德，雷宾斯，等. 工程伦理概念与案例：第5版［M］. 丛杭清，沈琪，魏丽娜，译. 杭州：浙江大学出版社，2018.